自动气象站维护与维修

主　编:金庆忠　孙林花
副主编:张　峰　黄晓梅　王遂缠　马景奕

气象出版社
China Meteorological Press

内容简介

本教材以气象行业使用的各类型自动气象站的维护与维修为主线，以基层气象台站使用的新型自动气象站、新型气象观测设备、区域气象观测站和便携式自动气象站为主要操作对象，从学生学习需求出发，配套信息化教学资源，主要介绍各类型自动气象站结构原理、安装调试步骤及方法、常规维护内容及要求、常见故障分析及排除等知识与技能。

本教材适合高职院校气象类专业、普通高等院校电子信息工程（气象类方向）、大气科学（气象仪器类）、大气探测专业学生学习，也适合基层气象台站业务人员、民航气象设备保障人员、部队气象仪器技师等从事气象装备保障工作的一线人员参考使用。此外，本教材还可作为基层气象台站工作人员备战全国气象行业技能竞赛暨县级综合业务技能竞赛参考教材。

图书在版编目（CIP）数据

自动气象站维护与维修 / 金庆忠，孙林花主编. --
北京 : 气象出版社，2023.7
ISBN 978-7-5029-8016-0

Ⅰ. ①自… Ⅱ. ①金… ②孙… Ⅲ. ①自动气象站－维修－高等学校－教材 Ⅳ. ①TH765.707

中国国家版本馆CIP数据核字(2023)第149551号

自动气象站维护与维修
ZIDONG QIXIANGZHAN WEIHU YU WEIXIU

出版发行：气象出版社
地　　址：北京市海淀区中关村南大街 46 号　　邮政编码：100081
电　　话：010-68407112（总编室）　010-68408042（发行部）
网　　址：http://www.qxcbs.com　　E-mail：qxcbs@cma.gov.cn
责任编辑：蔺学东　　终　　审：张　斌
责任校对：张硕杰　　责任技编：赵相宁
封面设计：艺点设计
印　　刷：三河市百盛印装有限公司
开　　本：787 mm×1092 mm　1/16　　印　　张：22.5
字　　数：590 千字
版　　次：2023 年 7 月第 1 版　　印　　次：2023 年 7 月第 1 次印刷
定　　价：90.00 元

前　言

气象仪器是气象观测及气象预测预报的基础，也是气象科学研究的重要手段和工具，气象仪器种类繁多，结构复杂，对气象技术保障人才要求越来越高。

目前，全国共有一万多个国家级地面气象观测站，新型自动气象站已成为综合气象观测的主要仪器设备，其自动化、智能化水平越来越高。此外，全国还有六万余个区域气象观测站，自动气象站的维护保障需求越来越大。

编者根据基层气象台站的业务发展需求及多年的教学经验，对原有的《自动气象站维护与维修》讲义进行了修订，对教材框架进行了重构，删除了一些过时的基础理论知识，增加了实践过程指导，调整了部分内容，使新版教材能够更好地应用任务驱动式教学、案例教学等手段，更好地服务于高职院校职业本科智慧气象技术专业、高职专科大气探测技术专业（含气象装备保障方向、定向直招军士方向）及其他气象类专业的《自动（气象）站维护与维修》及《气象仪器维护与维修》等课程教学。

修订后的教材共有 6 个模块。模块 1 为课程认识，主要介绍地面气象观测业务组织工作、服务地面气象观测的自动气象观测系统的相关知识及相关工作岗位职责与要求；模块 2 为电子技术知识与技能，主要介绍学习本课程应具备的基础电学知识，如电子元器件、电路知识、测量及维修工具的操作使用、相关线缆的制作等；模块 3 为新型自动气象站的维护与维修，主要介绍新型自动气象站的结构组成、工作原理、维护维修思路与方法，较为详细介绍了采集系统、供电系统、传感器的结构原理、安装调试、常规维护及常见故障的分析诊断、相关软件的安装与设置等内容；模块 4 为区域气象观测站的巡检与维修，主要介绍当前气象部门使用的区域站的结构原理、安装调试与巡检维护等知识与技能；模块 5 为便携式自动气象站的架设与维护，主要介绍便携站的安装架设、维护保养等内容；模块 6 为新型气象观测设备的原理与维护，主要介绍近年来气象台站新使用的各类观测设备的结构组成、工作原理、安装调试、常规维护等内容。

为便于使用者学习自动气象站维护与维修的相关知识，编者开发了配套信息化教学资源，网络在线学习平台网址为 https://www.xueyinonline.com/detail/235967338。

限于编者水平及时间有限，书中难免存在不足或者错误，望广大读者批评指正。

编　者

2022 年 8 月

目 录

模块 1

课程认识

任务 1.1 地面气象观测组织工作

1.1.1 地面气象观测

气象观测是气象业务工作的基础，是指利用各种探测手段对地球大气圈及其密切相关的水圈、冰冻圈、岩石圈、生物圈等的物理、化学、生物特征及其变化和相互作用过程进行系统的、连续的观察和测定，并对获得的记录进行整理的过程。气象观测主要包括地面气象观测、高空气象观测、特种观测和遥感观测等，有时也称为大气探测。

地面气象观测是气象观测的一种，是对地球表面一定范围内的气象状况及其变化过程进行系统地、连续地观察和测定，为天气预报、气象信息（数据）建设、气候分析、科学研究和气象服务提供重要的依据。

由于近地面层的气象要素存在着空间分布的不均匀性和时间变化上的脉动性，因此，地面气象观测必须具有代表性、准确性、比较性。

（1）代表性。观测记录不仅要反映测点的气象状况，而且要反映测点周围一定范围内的平均气象状况。地面气象观测在选择站址和仪器性能，确定仪器安装位置时要充分满足记录的代表性要求。

（2）准确性。观测记录要真实地反映实际气象状况。地面气象观测使用的气象观测仪器性能和制定的观测方法要充分满足《地面气象自动观测规范（第一版）》规定的准确度要求。

（3）比较性。不同地方的地面气象观测站在同一时间观测的同一气象要素值，或同一个气象站在不同时间观测的同一气象要素值能进行比较，从而能分别表示出气象要素的地区分布特征和随时间的变化特点。地面气象观测在观测时间、观测仪器、观测方法和数据处理等方面要保持高度统一。

1.1.2 观测任务

地面气象常规观测任务包括数据采集、数据质控、数据存储、数据传输、运行监控、技术保障和观测产品加工。

（1）实时获取自动气象观测数据和设备工作状态，做好数据质量控制及疑误记录处理，并存入采集器和业务终端。

（2）通过采集器和业务终端软件完成实时观测数据质控、保存及上传。

（3）做好各类业务系统的运行监控及技术保障，确保观测业务正常运行。

（4）做好历史资料备份、存储、归档、上传和上报等工作，做好气象观测产品的加工处理及应用工作。

（5）做好计量信息和元数据上报工作。

(6)按照国务院气象主管机构或省级气象主管机构要求开展应急加密观测。

(7)出现灾害性天气后及时进行调查和记录。

1.1.3 观测项目

(1)国务院气象主管机构统一布局的观测项目包括:气温、气压、湿度、风向、风速、降水、能见度、地面温度(含草面温度)、浅层地温、深层地温、大型蒸发、日照、辐射、毛毛雨、雨、雪、雨夹雪、冰雹、大风、总云量、云高、冻土、露、霜、雾、轻雾、霾、浮尘、扬沙、沙尘暴、结冰、雷暴等32项已实现仪器自动观测的项目,以及总云量、云高、冻土、露、霜、雾、轻雾、霾、浮尘、扬沙、沙尘暴、结冰、雷暴等13项可通过综合判识或图像识别实现自动观测的项目。

(2)省级气象主管机构自定观测项目包括:雨凇、雾凇、积雪、电线积冰、雪深、最大冰雹的最大直径和最大平均重量等7项观测项目。

1.1.4 时制、日界和对时

1.1.4.1 **地面时制**

辐射和日照采用地方平均太阳时,其余观测项目均采用北京时。

1.1.4.2 **日界**

辐射和日照以地方平均太阳时24时为日界,其余观测项目均以北京时20时为日界。

1.1.4.3 **对时**

地面气象观测时钟采用北京时,业务终端通过省级、国家级授时服务器与国家授时中心进行实时对时,保持全网时钟一致。

1.1.5 元数据

元数据是描述数据属性的信息。

地面气象观测元数据用于描述观测变量、观测条件、观测方法和数据处理等,主要内容包括观测目的、观测台站、观测环境、数据权限、联系人、观测变量、数据采集与分析方法、数据质量、观测仪器和方法、数据处理等。

(1)观测目的:描述观测数据的主要应用领域、所属的观测计划和观测网络等。

(2)观测台站:描述台站名称、观测模式、区站号和地理位置等。

(3)观测环境:描述地表覆盖、地形特征、仪器安装位置及观测场周边环境对观测数据的影响等。

(4)数据权限:描述观测数据所有权和使用权。

(5)联系人:描述交换和应用数据的联系人和机构。

(6)观测变量:描述观测要素值名称、测量单位和观测时间等。

(7)数据采集与分析方法:描述采样算法、采样方式、采样周期、采样空间分辨率、采样时间间隔等。

(8)数据质量:描述数据的不确定性评估、质量标识、可溯源性等。

(9)观测仪器和方法:描述仪器测量范围、传感器距地高度、仪器标定时间、仪器型号和序列号、仪器定期维护情况、仪器使用日期和时间等。

(10)数据处理:描述数据处理方法和算法、处理中心、数据水平、数据格式版本、汇总时间等。

1.1.6　气象要素

1.1.6.1　气温与湿度

(1)基本概念

气温是空气温度的简称,是表示空气冷热程度的物理量,表征了大气的热力状况。

湿度是空气湿度的简称,是表示空气中的水汽含量和潮湿程度的物理量。

湿度变化常与水汽压、相对湿度、露点温度有关。

水汽压(e)——空气中水汽部分作用在单位面积上的压力。

相对湿度(U)——空气中实际水汽压与当时气温下的饱和水汽压之比。

露点温度(T_d)——空气在水汽含量和气压不变的条件下,降低气温达到饱和时的温度。

地面气象观测中测定的是离地面 150 cm 高度处的空气温度和空气湿度。

(2)观测要素与单位

气温观测包括分钟气温、小时气温、小时最高(低)气温及出现时间、日最高(低)气温及出现时间。气温以摄氏度(℃)为单位,取一位小数。

湿度观测包括分钟相对湿度、小时相对湿度、小时最小相对湿度及出现时间、日最小相对湿度及出现时间。相对湿度以百分数(%)表示,取整数。

水汽压以百帕(hPa)为单位,取一位小数。

露点温度以摄氏度(℃)为单位,取一位小数。

(3)自动观测设备

自动观测空气温度和空气湿度的仪器主要有铂电阻温度传感器、气温多传感器标准控制系统和湿敏电容湿度传感器等。

1.1.6.2　气压

(1)基本概念

气压是作用在单位面积上的大气压力,即等于单位面积上向上延伸到大气上界的垂直空气柱的重量。

(2)观测要素与单位

气压观测包括分钟本站气压、小时本站气压、小时最高(低)本站气压及出现时间、日最高(低)本站气压及出现时间;计算小时海平面气压。

气压以百帕(hPa)为单位,取一位小数。气压国际制单位为帕斯卡,简称帕(Pa)。

(3)自动观测设备

自动观测气压的仪器主要有硅电容式数字气压传感器、振筒式气压传感器等。气象台站现用的主要是硅电容式数字气压传感器。

1.1.6.3 风向和风速

(1)基本概念

空气相对于地面的水平运动,称为风。它是由许多在时空上随机变化的小尺度脉动叠加在大尺度规则气流上的一种三维矢量。地面气象观测中测量的风是二维矢量(水平运动),用风向和风速表示。

风向是指风的来向。最多风向是指在规定时间段内出现频数最多的风向。

风速是指单位时间内空气移动的水平距离。风速的平均量是指在规定时间段内风速的平均值。瞬时风速是指 3 s 平均风速。极大风速是指某个时段内出现的最大瞬时风速值。最大风速是指在某个时段内出现的滑动 10 min 平均风速最大值。

瞬时、极大、最大风向是指瞬时、极大、最大风速所对应的风向。

(2)观测要素与单位

风向和风速观测包括 3 s、2 min、10 min 的平均风速和对应的风向;小时最大风速、风向及出现时间;小时极大风速、风向及出现时间;日最大风速、风向及出现时间;日极大风速、风向及出现时间。

风向以度(°)为单位,取整数。风速以米/秒(m/s)为单位,取一位小数。

风速≤0.2 m/s(静风)时,风向记 C。

(3)自动观测设备

自动观测风向和风速的仪器主要有单翼风向传感器、光电式风杯风速传感器、霍尔效应风杯风速传感器、螺旋桨式风传感器和超声风传感器等。

1.1.6.4 降水

(1)基本概念

降水是指自云中降落到地面上的水汽凝结物,有液态或固态两种形式,按物理特征的不同分为液态、固态和混合态降水。

降水的多少用降水量表示,降水强弱用降水强度表示。

降水量是指某一时段内的未经蒸发、渗透、流失的降水,在水平面上积累的垂直深度。

降水强度(降水率)是指单位时间的降水量。

(2)观测要素与单位

降水量观测包括分钟降水量、小时累计降水量、日累计降水量。

降水量以毫米(mm)为单位,取一位小数。

降水强度(降水率)以毫米每分钟(mm/min)为单位,取一位小数。

(3)自动观测设备

自动观测降水的仪器主要有双翻斗雨量传感器、称重式降水传感器、单翻斗雨量传感器和降水多传感器标准控制系统等。

1.1.6.5 地温

(1)基本概念

下垫面温度和不同深度的土壤温度统称地温。包括裸露土壤表面的地面温度、草面(雪面)温度。

不同深度的土壤温度统称地中温度,主要包括离地面5、10、15、20 cm深度的浅层地温及离地面40、80、160、320 cm深度的深层地温。

(2)观测要素与单位

地温观测包括分钟(小时)地面温度、草面(雪面)温度、浅层地温、深层地温以及地面温度、草面(雪面)温度的小时和日最高、最低值及对应的出现时间。地温以摄氏度(℃)为单位,取一位小数。

(3)自动观测设备

自动观测地温的仪器主要有铂电阻地温传感器。

1.1.6.6 蒸发

(1)基本概念

蒸发是指物质从液态转化为气态的相变过程。蒸发的情况在地面气象观测中用蒸发量表示。

蒸发量是水面蒸发量,它是指一定口径的蒸发器,在一定时间间隔内因蒸发而失去的水层深度。

(2)观测要素与单位

蒸发量观测包括分钟蒸发量、小时累计蒸发量、日累计蒸发量。蒸发量以毫米(mm)为单位,取一位小数。

(3)自动观测设备

自动观测蒸发采用超声波蒸发传感器,通过附加在测量筒上的超声波传感器,测量水面的初始高度和蒸发后的高度,计算出蒸发量。

1.1.6.7 云

(1)基本概念

云是悬浮在大气中的小水滴、过冷水滴、冰晶或它们的混合物组成的可见聚合体;有时也包含一些较大的雨滴、冰粒和雪晶。其底部不接触地面,并有一定的厚度。

云量是指云遮蔽天空视野的成数。

云高指云底距测量点的垂直距离,也称云底高。

(2)观测要素与单位

云观测包括总云量和云高。

总云量以成为单位,取整数;云高以米(m)为单位,取整数。

(3)自动观测设备

自动观测云量、云高的仪器主要有激光云高仪、全天空成像仪和毫米波云雷达等。

1.1.6.8 能见度

(1)基本概念

能见度是指视力正常者能将一定大小的黑色目标物从地平线附近的天空背景中区别出来的最大距离,用气象光学视程(MOR)表示。

能见度观测仪测定的是一定基线范围内的能见度。

气象光学视程是指白炽灯发出色温为2700 K的平行光束的光通量在大气中削弱至初始值的5%所通过的路径长度。

自动能见度是指基于仪器观测自动获得的能见度值,是利用标准算法将传感器测量值转换得到的能见度值,该值能够代表观测点的能见度。

1 min平均能见度值也称为瞬时值,每分钟输出一个数据,是1 min采样数据的算术平均值。10 min平均能见度值是在1 min平均能见度值基础上的10 min滑动平均,每分钟滑动更新一次。小时最小能见度是指小时内10 min平均能见度的最小值。10 min滑动能见度是指当前分钟前10 min内的10 min平均能见度的滑动平均值,又叫10 min滑动能见度。

(2)观测要素与单位

能见度观测包括1 min平均能见度、10 min平均能见度、小时最小能见度及出现时间、日最小能见度及出现时间。能见度以米(m)为单位,取整数。

(3)自动观测设备

自动观测能见度的仪器主要有前向散射能见度仪、透射式能见度仪等。

1.1.6.9 降水天气现象

(1)基本概念

降水天气现象是指从天空下降固态、液态、混合态降水的天气现象。

雨指滴状的液态降水,下降时可清楚可见,强度变化有时缓慢、有时急剧,有时伴有雷暴,落在水面上会激起波纹和水花,落在干地上可留下湿斑。

毛毛雨指稠密、细小而十分均匀的液态降水,下降情况不易分辨,看上去似乎随空气微弱的运动飘浮在空中,徐徐落下。迎面有潮湿感,落在水面无波纹,落在干地上只是均匀地润湿,地面无湿斑。

雪指固态降水,大多是白色不透明的六出分枝的星状、六角形片状结晶,常缓缓飘落,强度变化较缓慢。温度较高时多成团降落(雪暴、霰、米雪、冰粒出现时记为雪)。

雨夹雪指半融化的雪(湿雪),或雨和雪同时下降,强度变化有时缓慢、有时急剧。

冰雹指坚硬的球状、锥状或形状不规则的固态降水,雹核一般不透明,外面包有透明的冰层,或由透明的冰层与不透明的冰层相间组成。冰雹的大小差异大,大的直径可达数十毫米。常伴随雷暴出现。

(2)观测要素

降水现象观测包括毛毛雨、雨、雪、雨夹雪、冰雹等5种降水现象,以及对应的雨滴图谱数据。

(3)自动观测设备

自动观测降水现象的仪器主要有降水现象仪、二维激光雨滴谱仪等,可观测毛毛雨、雨、雪、雨夹雪和冰雹5种降水现象。

(4)观测记录

① 降水现象每天 24 h 自动连续记录;每天记录以 20 时 01 分开始,20 时 00 分结束;按出现先后顺序记录现象符号及出现时间;现象间相互转记时,出现时间不重复记录。

② 同一降水现象一天内出现两次或两次以上时,其第二次及之后出现的起止时间,接着第一次起止时间分段记录,不再重复记录该现象符号。

③ 降水现象起止时间,凡两段出现的时间间歇在 15 min 或以内时,应作为一次记载;若间歇时间超过 15 min,则另记起止时间。

④ 当降水现象出现时间不足一分钟即已终止时,只记录开始时间,不记录终止时间。

1.1.6.10 地面凝结现象

(1)基本概念

露指水汽在地面及近地面物体上凝结而成的水珠。

霜指水汽在地面和近地面物体上凝华而成的白色松脆的冰晶,或由露冻结而成的冰珠。

雨凇指过冷却液态降水碰到地面物体后直接冻结而成的坚硬冰层,呈透明或毛玻璃状,外表光滑或略有隆突。

雾凇指空气中水汽直接凝华,或过冷却雾滴直接冻结在物体上的乳白色冰晶物,常呈毛茸茸的针状或表面起伏不平的粒状,多附在细长的物体或物体的迎风面上,有时结构较松脆,受震易塌落。

(2)观测要素

地面凝结现象观测包括露、霜、雨凇、雾凇 4 个项目。

(3)自动观测设备

自动观测地面凝结现象观测的仪器主要有天气现象视频智能观测仪等。

1.1.6.11 视程障碍现象

(1)基本概念

雾指大量微小水滴浮游空中,常呈乳白色,使水平能见度小于 1.0 km。

轻雾指微小水滴或已湿的吸湿性质粒所构成的灰白色的稀薄雾幕,使水平能见度大于等于 1.0 km 至小于 10.0 km。

霾指大量极细微的干尘粒等均匀地浮游在空中,使水平能见度小于 10.0 km 的空气普遍混浊现象。

沙尘暴指由于强风将地面大量尘沙吹起,使空气相当混浊,水平能见度小于 1.0 km。

扬沙指由于风大将地面尘沙吹起,使空气相当混浊,水平能见度大于等于 1.0 km 至小于 10.0 km。

浮尘指尘土、细沙均匀地浮游在空中,使水平能见度小于 10.0 km,多为远处沙尘经上层气流传播而来,或为沙尘暴、扬沙出现后尚未下沉的细粒浮游空中而成。

(2)观测要素

视程障碍现象观测包括雾、轻雾、霾、沙尘暴、扬沙、浮尘 6 个项目。

(3)自动观测设备

自动观测地面凝结现象观测的仪器主要有视程障碍现象仪等。

1.1.6.12 其他天气现象

地面气象观测中的其他天气现象还包括大风、积雪、结冰3个项目。

(1)基本概念

大风指瞬时风速达到或超过17 m/s(或目测估计风力达到或超过8级)的风。

积雪指雪(包括霰、米雪、冰粒)覆盖地面达到气象站四周能见面积一半以上。在有积雪的情况下还要观测雪深和雪压。雪深定义详见1.1.6.13节相关内容,雪压是指单位水平面积上积雪的重量。

结冰指露天水面凝结成冰。

(2)综合判识原理

当风速传感器观测到瞬时风速达到大风标准时,即判定发生大风现象。

自动观测积雪现象的仪器主要利用天气现象视频智能观测仪、超声波式雪深传感器或激光式雪深传感器等。

结冰现象的自动观测仪器利用天气现象视频智能观测仪完成自动观测。

1.1.6.13 雪深

(1)基本概念

雪深是指从积雪表面到地面的垂直深度。

(2)观测要素与单位

雪深观测包括分钟雪深和小时雪深。

雪深以厘米(cm)为单位,取整数。

(3)自动观测设备

自动观测雪深的仪器主要有超声波式雪深仪、激光式雪深仪等。

1.1.6.14 日照

(1)基本概念

日照时数:太阳在一地实际照射的时间,以小时为单位。在一给定时段内太阳直接辐照度大于或等于120瓦/米^2($W \cdot m^{-2}$)的各分段时间总和。日照时数也称实照时数。

可照时数:在无任何遮蔽条件下,太阳中心从某地东方地平线到进入西方地平线,其光线照射到地面所经历的时间。可照时数由公式计算。

日照百分率:某一地点的日照时数与可照时数的百分比。

(2)观测要素与单位

日照观测包括分钟日照时数、小时累计日照时数和日累计日照时数。

小时累计日照时数以分钟(min)为单位,取整数;日累计日照时数以小时(h)为单位,取一位小数;日照百分率以百分比(%)为单位,取整数。

(3)自动观测设备

日照自动观测设备主要通过传感器以一定的采样频率采集太阳辐射信号,由其内部数据处理模块计算出太阳直接辐射,判断输出日照时数。

自动观测日照的仪器主要是光电式数字日照计和直接辐射表。

1.1.6.15 冻土

(1)基本概念

冻土是指含有水分的土壤因温度下降到 0 ℃或以下而呈冻结的状态。

(2)观测要素与单位

冻土观测包括土壤冻结层次和冻结深度。

冻结层次以层数(层)为单位,取整数;冻结深度以厘米(cm)为单位,取整数。

(3)自动观测设备

冻土自动观测的仪器主要有电阻式冻土自动观测仪、电容式冻土自动观测仪和测温式冻土自动观测仪等。

1.1.6.16 辐射

太阳照射到地球表面及从地球表面发射的各种辐射通量,是地球和地球表面及大气热量收支最重要的变量。太阳辐射能是地球大气最重要的能量来源,太阳、地球和大气的辐射过程是形成气候的主要因子之一。

地面辐射测量通常有以下 3 种分类方式:①根据辐射来源分为太阳辐射和地球辐射;②根据光谱范围分为短波辐射和长波辐射;③根据接收方向分为向上辐射和向下辐射。

(1)基本概念

太阳辐射是由太阳发射出来的辐射能量,99.9%集中在 0.2～10.0 μm 的波段,其中波长短于 0.4 μm 的称为紫外辐射,0.40～0.76 μm 的称为可见光辐射,长于 0.76 μm 的称为红外辐射。

紫外辐射是指波长小于可见光辐射而大于 X 射线的电磁辐射,其波长在 0.1～0.4 μm 之间,可细分为 3 个波段:长波紫外辐射 UV-A 为 0.315～0.400 μm、中波紫外辐射 UV-B 为 0.280～0.315 μm、短波紫外辐射 UV-C 为 0.100～0.280 μm。

UV-A 处在可见光光谱外,对人类无明显影响;UV-B 所占比重虽低,但对人类健康和环境有重要影响,大部分 UV-B 已被大气臭氧吸收,大气中臭氧含量减少会导致地面 UV-B 的增加;UV-C 在大气的上层已被臭氧完全吸收,不会到达地球表面。另外,UV-A 与 UV-B 统称为全紫外辐射,即 UV-AB。

光合有效辐射是指对植物光合作用有效的、集中在可见光波段的太阳辐射。通常指波长在 0.4～0.7 μm 的太阳辐射。作为光合有效辐射,其计量单位既可采用能量单位瓦/米^2(W/m^2),也可采用量子单位微摩尔/(秒·米^2)[$\mu mol \cdot s^{-1} \cdot s^{-2}$)]。

太阳光谱在 0.29～3.0 μm 范围,称为短波辐射,也称日射,约占太阳总能量的 97%,目前主要观测这部分太阳辐射。

长波辐射是地球表面、大气、气溶胶和云层所发射的辐射,波长范围为 3～100 μm,也称作地球辐射。地球平均温度约为 300 K,地球辐射能量中 99%的波长大于 5 μm。

太阳周围一个非常狭窄的环形天空辐射称为环日辐射。

直接辐射指太阳以平行光束直接投射到地面上的太阳辐射。在辐射观测中,是指来自太阳面的直接辐射和环日辐射,可以用直接辐射表来测量。常用 S 表示。

水平面直接辐射是指水平面上接收到的直接辐射。常用 S_L 表示。

散射辐射是指太阳辐射经过大气散射或云的反射,从天空 2π 立体角以短波形式向下到达地面的那部分辐射。可用总辐射表遮住太阳直接辐射的方法测量。常用 $E_d\downarrow$ 表示。

总辐射是指在水平表面上从 2π 球面度立体角中接收到的太阳直接辐射和太阳散射辐射之和。可用总辐射表测量。常用 $E_g\downarrow$ 表示。

总辐射到达地面后被下垫面(作用层)向上反射的那部分短波辐射,可用总辐射表感应面朝下测量,常用 $E_r\uparrow$ 表示。

反射比用来反映下垫面的反射能力,常用 E_k 表示。反射比通常又称作反照率、反射因素。

在日地平均距离处,地球大气外界垂直于太阳光束方向上接收到的太阳辐照度,称为太阳常数,用 S_0 表示。1981 年世界气象组织(WMO)推荐了太阳常数的最佳值是 $S_0=1367\pm7\ \mathrm{W\cdot m^{-2}}$。

大气以长波形式向下发射的那部分辐射,称大气逆辐射。常用 $E_L\downarrow$ 表示。

地球表面以长波形式向上发射的辐射(包括地面长波反射辐射),也称地球辐射。它与地面温度有密切联系。常用 $E_L\uparrow$ 表示。

短波辐射与长波辐射之和称为全辐射。波长范围为 0.29～100 μm。

净全辐射是指太阳与大气向下发射的全辐射和地面向上发射的全辐射之差值,也称为净辐射或辐射差额。

光合光子通量密度是指照射到物体表面一点处的面元上的光子通量除以该面元的面积,也称光子照度,单位:$\mathrm{m^{-2}\cdot s^{-1}}$。为了不使测量结果的量值过大,除以阿伏伽德罗常数(单位:$\mathrm{mol^{-1}}$),单位则可简化为 $\mu\mathrm{mol\cdot m^{-2}\cdot s^{-1}}$。

光合光子辐照量是指光合光子通量密度的时间积分量,也称曝光子量。单位为 $\mathrm{mol\cdot m^{-2}}$ 或 $\mu\mathrm{mol\cdot m^{-2}}$。

辐射仪器灵敏度是指仪器达到稳态后输出量与输入量之比,也就是单位辐照度产生的电压微伏数。常用 K 表示,单位为 $\mu\mathrm{V\cdot W^{-1}\cdot m^2}$,取两位小数。

辐照度是指照射到物体表面某一面元上的辐射通量除以该面元的面积,即照射到物体单位面积上的辐射通量,亦即辐射通量密度。常用 E 表示。

曝辐量是指接收到的辐射能的面密度,也就是辐照度对时间的积分。常用 H 表示,$H=\int E\mathrm{d}t$。

(2)观测要素和单位

各辐射项目均应观测辐照度、曝辐量、最大辐照度及其出现时间;光合有效辐射应观测光合光子通量密度、曝光子量、最大光合光子通量密度及其出现时间。

直接辐射项目还应观测水平面直接辐射的曝辐量、日照时数。

净全辐射和长波辐射项目还应观测最小辐照度及其出现时间。

当有总辐射和反射辐射项目时还应计算反射比。

总辐射、净全辐射、散射辐射、直接辐射、反射辐射、大气长波辐射、地球长波辐射辐照度单位为瓦/米^2($\mathrm{W\cdot m^{-2}}$),取整数;曝辐量单位为兆焦耳每平方米($\mathrm{MJ\cdot m^{-2}}$),取两位小数,$1\mathrm{MJ}=10^6\mathrm{J}=10^6\mathrm{W\cdot s}$。

UV-AB、UV-A、UV-B 辐射辐照度单位为瓦/米^2($\mathrm{W\cdot m^{-2}}$),取两位小数;曝辐量单位为兆焦耳每平方米($\mathrm{MJ\cdot m^{-2}}$),取三位小数。

光合有效辐射光合光子通量密度单位为微摩尔/(米^2·秒)($\mu\mathrm{mol\cdot m^{-2}\cdot s^{-1}}$);曝光子量

单位为摩尔/米^2(mol·m^{-2}),取两位小数。

日照时数的单位为小时(h),取一位小数。

反射比单位为百分比(%),取整数。

(3)自动观测设备

气象部门用于辐射观测设备主要包括全自动太阳跟踪器/遮光装置、总辐射表、直接辐射表、长波辐射表、净全辐射表、紫外辐射表、光合有效辐射表等。

1.1.6.17 雷电

雷电是发生在大气中伴随着声、光、电的一种自然放电现象,也称为闪电。完整的放电现象持续时间通常在1 s以内,可见部分(云外)一般有分叉现象,呈现明显发光闪烁性,远处可听到雷声。雷电自动观测仪器测定的是放电过程发生时间、位置或声、光、电特征。

(1)基本概念

雷电现象多出现在强对流天气系统,是指发生在空气中一种瞬态、大电流、高电压、长距离的放电,主要分为云闪和地闪。云闪:发生在同一块云体或在不同云体之间的放电过程。地闪:也称为云地闪,指发生于云体与地面之间的放电过程。

另外,根据从云到地之间输送的电荷符号,分为负极性、正极性,简称负闪、正闪。

(2)观测要素

雷电观测包括放电过程发生时间、位置以及极性、峰值电流等电磁场辐射或光辐射特性值。

(3)自动观测设备

自动观测雷电的仪器主要有地基闪电定位仪。

(4)雷暴现象

此外,根据测量雷电的情况可以观测雷暴现象。雷暴是发生于大气中的放电现象。自动观测设备通过对放电过程中声、光、电特性的测量,确定放电发生的时间、空间位置和特性参数等。

从雷电的形成机理、物理特性出发,利用人工和自动观测历史数据对站点进行统计分析,确定两者的相互关系,建立台站判识阈值参数,再通过各类地基和天基数据等多源数据的空间聚类分析、数据融合,得到台站级雷电现象的判识结果。

任务 1.2 认识自动气象观测系统

自动气象观测系统主要用于地面气象观测工作。

1.2.1 概述

1.2.1.1 自动气象观测系统

自动气象观测系统(Automated Weather Observing System,AWOS)是利用仪器自动地进行气象观测和发送或记录观测数据,并根据需要,可直接地或在一个编报站将观测数据转换成电码形式的系统。这是一种广义上的说法,是一个包括硬件、软件及配套的所有设施、功能等整体的系统。

自动气象站(Automatic Weather Station,AWS)是一种狭义上的说法,一般专指地面气象要素的自动观测设备。它的定义为能自动进行地面气象观测、存储和发送观测数据,并能根据需要将观测数据转换成气象电报和编制成气象报表的地面气象观测设备。从英文名称上可以明确看出它是指一个站点。

一般机场气象部门称自动气象观测系统,气象部门称自动气象站(简称自动站)。

1.2.1.2 综合气象观测系统

(1)重要作用

2022 年 4 月 28 日,国务院印发《气象高质量发展纲要(2022—2035 年)》,指出气象事业是科技型、基础性、先导性社会公益事业。综合气象观测系统是国家重要的公共基础设施,是气象和地球相关学科业务与科研的重要基础。

综合气象观测系统在防灾减灾、预报预测、大气科学研究、应对全球气候变化、我国履行国际义务、服务国民经济各行各业中起到了重要作用。综合气象观测系统观测到的数据是进行天气预报、大气科学研究的重要依据。如 2020 年底到 2021 年初的全国大范围寒潮降温天气等,综合气象观测系统在监测、预报等方面提供了及时有效的气象数据,有效地指导了全国人民做好防寒措施。

(2)系统组成

综合气象观测系统又细分为天基气象观测系统、空基气象观测系统、地基气象观测系统,主要包括气象卫星、无人飞机、火箭、高空观测站、自动气象站、雷达、海洋浮标等设备或系统。

① 天基气象观测系统,是指传感器位于地球大气层以外的观测系统,如气象卫星观测系统。

② 空基气象观测系统,是指传感器位于地球表面以上,但是在大气层以内的观测系统。如无人飞机、火箭、高空气象观测站等

③ 地基气象观测系统，是指传感器位于地球表面或直接架设在地球表面的观测系统。本任务学习的对象自动气象观测系统只是地基气象观测系统的一部分，还包括雷达、浮标等。

(3)系统规模

“十三五”期间，中国气象局深入实施《综合气象观测业务发展规划(2016—2020年)》，基本建成布局科学、技术先进、功能完善、效益显著的综合气象观测系统，为气象现代化整体水平提升提供了强有力的基础支撑，为综合防灾减灾、应对气候变化和生态文明建设做出了重大贡献。

目前，我国现有气象观测业务系统包括近8万套、340余种型号设备，开展100多项观测项目，每日观测数据量达到15TB，是全球规模最大的气象观测系统，整体水平达到国际先进。我国综合气象观测系统站网统计见表1.2.1。

从表1.2.1可以看出，地面气象观测业务承担了大部分基础观测任务，是最基本的气象业务，地面气象观测台站是整个观测网站的核心，此外，地面气象观测业务也占用了大量的人力物力财力资源。因此，自动气象观测系统的维护与维修工作在基层气象台站越来越重要。

表1.2.1 我国综合气象观测系统统计表(截至2023年6月底)

观测层	类别	通用站名	数量(个)
地面(陆表/海表～10 m)	综合观测站	国家大气本底站(全球+区域)	1+6
		国家气候观象台	27
	观测站	国家基准气候站	216
		国家基本气象站	2148
		国家常规气象观测站	8575
		省级常规气象观测站	>60000
		国家应用气象观测站	954
		志愿观测站(省级)	(试点)>1000
	观测试验基地	国家综合气象观测(科学)试验基地	36
		国家综合气象观测专项试验外场	67
高空(10 m～30 km)	观测平台	气象飞机	大型无人机2架
		气象飞艇	0
	观测站	国家高空气象观测站	120
		国家天气雷达站	242部新一代+224部X波段
		国家飞机(飞艇)气象观测基地	2
空间(30 km以上)	观测平台	风云气象卫星	8
	观测站	国家空间天气观测站	63
		国家气象卫星地面站	60
		国家卫星遥感校验站	敦煌、青海湖等

1.2.2 发展历程

1.2.2.1 地面气象观测自动化发展

1999 年以前，地面气象观测主要以人工观测为主。

1999 年，我国第一代自动气象站投入使用，2003 年纳入业务运行，自动观测气压、气温、相对湿度、风向、风速、雨量、地温等 7 个气象要素，其余 64 个项目进行人工观测。

2012 年，新型自动气象站试点布设以后，自动观测项目已经达到 16 项。后逐步又增加了能见度仪、称重降水传感器、辐射、雪深传感器、降水现象仪、视程障碍、光电式日照传感器、自动冻土仪、温度降水多传感器控制系统、天气现象智能视频仪等自动观测设备。地面气象观测也逐步实现了从小时观测到分钟观测的提升。

2020 年 4 月 1 日，全国地面气象观测站实现自动化改革。主要改革内容包括优化观测项目、改进观测方式、调整观测任务、优化业务流程，制定应急观测业务管理流程等。通过自动化改革，将地面气象观测项目优化调整为中国气象局统一布局观测项目和省局自定观测项目两大类，同时调减长期未开展观测或者观测效益不显著的观测项目。

1.2.2.2 地面气象观测发展趋势

(1)站网布局原则与组成

根据《气象高质量发展纲要(2022—2035 年)》“建设精密气象监测系统”的要求，国家地面气象观测站网将按照 30 km 的站间距布设国家级地面气象观测站，全国数量稳定在 1.1 万左右；根据灾害性天气观测需要布设省级地面气象观测站，确保致灾点 1 km 范围内有观测站点；鼓励和规范社会气象观测活动，国家级指导各省认证志愿气象观测站；推动全国民航机场地面气象观测站纳入业务布局。

根据中国气象局的安排，下一步，气象台站还会逐渐增加酸雨、辐射、超声波风传感器等自动化观测设备，部分设备现在已经开始在台站进行试点运行。

(2)气象观测技术

根据《气象高质量发展纲要(2022—2035 年)》《全国气象发展“十四五”规划》《气象观测技术发展引领计划(2020—2035 年)》及《新型气象业务技术体制改革方案(2022—2025 年)》等相关文件的要求，新型自动气象站在硬件体系框架、采集与质量控制方法、数据格式标准、自动观测规范及嵌入式软件等方面进行改革发展。

(3)智能观测系统

下一代地面气象观测业务将会成为智能观测系统的一部分，主要采用“一脑三网”的技术构架。一脑是指气象大脑，是指智能协调控制的操作系统。三网分别是指基准网，主要由各类气象观测站组成；感知网，是由智慧网格的微型设备组成；物联网，即万物互联。

1.2.2.3 自动气象站发展现状

(1)发展历史

我国气象部门最早使用的自动气象站是 1986 年从日本和美国引进的，安装在泰山、乌兰、铁卜恰、七角井和鄯善等5个站。1992年引进了25套意大利自动气象站，安装在黄河沿线。

我国自主研制自动气象站始于20世纪60年代，早期进展比较缓慢，产品没有投入业务使用。1991年研制出有线遥测自动气象站样机，经多年试验和业务考核，1999年我国自主研发的自动气象站（第一代自动气象站）开始投入使用，2003年正式纳入业务运行，陆续配备到国家级气象观测站。

2008年中国气象局制定了《新型自动气象站功能规格书》，统一了新一代自动气象站的设计要求。

2012年新型自动气象站开始在全国试点布设，到2015年底，全国2423个气象台站全部完成新型自动气象站的布设工作。

2020年4月1日起，全国所有地面气象观测实现自动化观测，自动气象观测系统设备进一步增多。

(2)发展现状

我国在自动气象站的研发设计上，总体上保持"列装一代、研制一代、探索一代"的思路。当前，气象部门配备的自动站设备主要有新型自动站、第一代自动气象站、区域气象观测站、便携式自动气象站等，以新型自动气象站为主。

新型自动气象站使用的型号（表1.2.2）主要有上海长望气象科技有限公司生产的DZZ3型、江苏省无线电科学研究所有限公司生产的DZZ4型、华云升达（北京）气象科技有限公司生产的DZZ5型、中环天仪（天津）气象仪器有限公司生产的DZZ6型自动气象站，其中，广东及个别省份还会使用广东省计算机技术应用技研究所生产的DZZ1-2型新型自动气象站等。

表1.2.2 自动气象站常见生产厂家及型号

	生产厂家				
	上海长望气象科技有限公司	江苏省无线电科学研究所有限公司	华云升达（北京）气象科技有限公司	中环天仪（天津）气象仪器有限公司	其他
新型站型号	DZZ3	DZZ4	DZZ5	DZZ6	
一代站型号		ZQZ-C系列	CAWS600-B/S/SE	CAWS600-B/S/SE	DYYZ系列
区域站型号		ZQZ系列	CAWS600-R(X)	DZZ2	DYYZ-RT

1.2.3 结构组成

自动气象观测系统一般由硬件及软件两部分组成。硬件主要包括采集系统、感应系统（传感器）、供电系统、通信系统及外围设备等，如图1.2.1所示；软件包括嵌入式软件、业务软件两部分。

1.2.3.1 采集系统

采集系统是自动气象观测系统的核心。从感应系统（传感器）采集数据，然后由内部的微处理器按照规定的算法进行运算处理和质量控制，生成各气象要素的观测值，再以规定的数据格式将这些观测值存储在存储器内，并能按照规定响应传输要求。

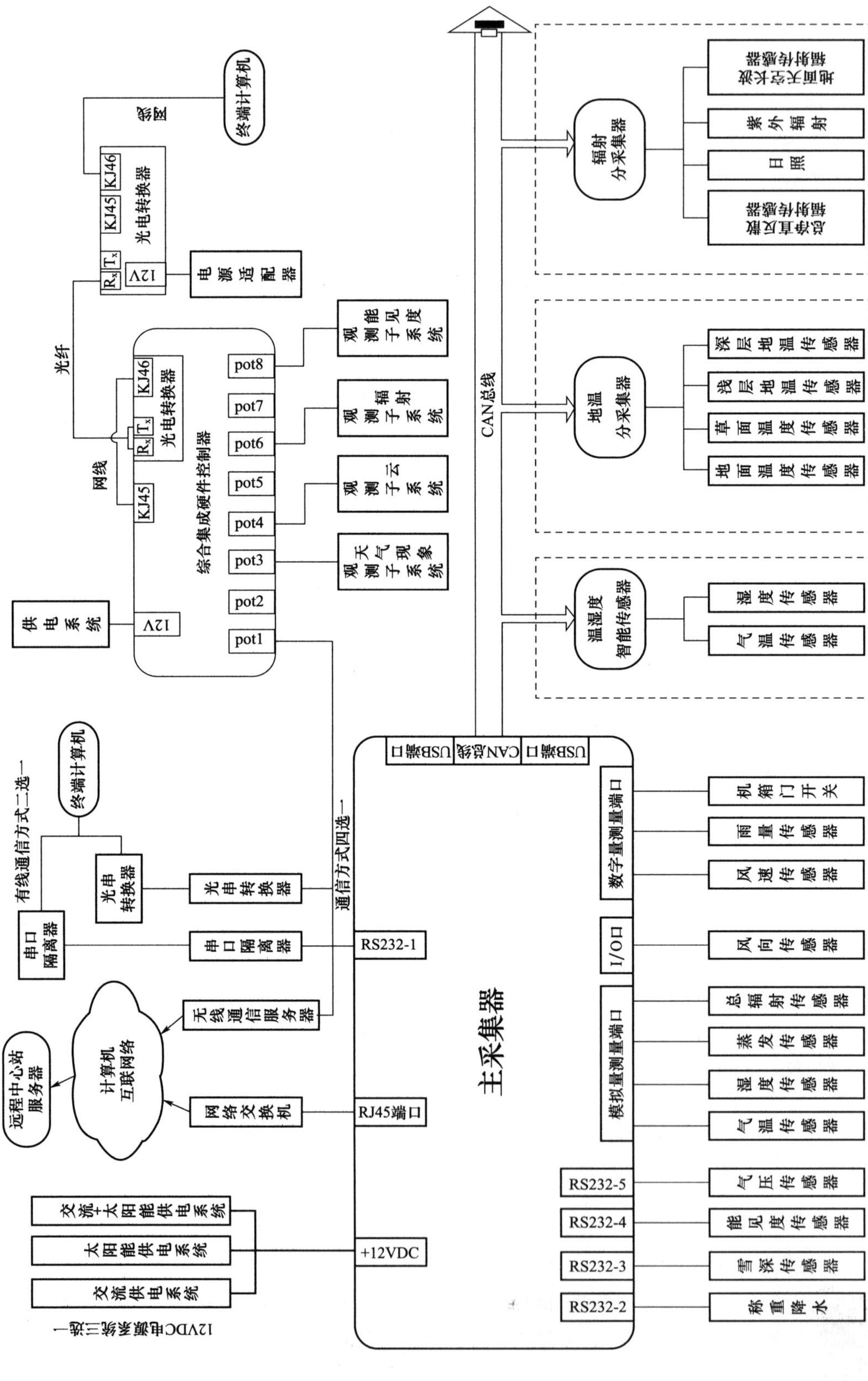

图 1.2.1 自动气象观测系统组成框图

(1)主采集器与分采集器

新型自动气象站的采集系统主要包括主采集器和分采集器。

主采集器是新型站的核心,主要实现两大功能:一是完成基本气象要素传感器和各个分采集器的采样数据,对采样数据进行控制运算、数据计算处理、数据质量控制、数据记录存储,实现数据通信和传输,与终端微机或远程数据中心进行交互;二是对构成自动气象站的其他分采集器进行管理,包括网络管理、运行管理、配置管理、时钟管理等以协同完成自动气象站的功能。

分采集器负责对所接入的气象要素传感器按预定的采样频率进行扫描,以此测量气象要素值。同时分采集器在收到主采集器发送的同步信号时,将获得的采样数据通过总线发送给主采集器。分采集器由硬件和嵌入式软件组成。

(2)数据采集器

自动气象站的采集系统在一代站中一般称为数据采集器。数据采集器是以CPU为核心,配置有存储电路、通信电路、模/数转换(A/D)电路、输入通道多路模拟开关控制电路、通道量程控制电路、通道测量类型控制电路、通道激励源控制电路、主运算放大器、数字量信号输入/输出锁存电路、计数器电路、电源控制电路等。

(3)防雷板/防雷模块

为保护采集系统,一般在采集系统与感受系统(传感器)之间安装有防雷板或防雷模块,主要由防雷二极管或稳压管组成。

1.2.3.2 感应系统(传感器)

(1)定义与组成

传感器是指能感受规定的被测量并按照一定的规律转换成可用输出信号的器件或装置。

由于电信号便于测量、传输、变换、存储和处理,因此气象传感器一般为电信号输出。输出的电信号通常有:电压、电阻、电容、电流、频率等。气象传感器是直接从信号源(大气中)获得信息的前沿装置,传感器是否准确、可靠是影响自动气象站观测结果的关键。

传感器一般由敏感元件、变换元件组成,变换元件也称为变换器。

敏感元件:直接感受(响应)被测量,并输出与被测量成确定关系的电的或非电的信号的元件。

变换元件:接受敏感元件输出的信号,转换成标准电信号输出的元件。并非所有传感器都包括敏感元件和变换器两部分,例如热敏电阻将被测量温度直接转换成电阻输出,因此热敏电阻同时兼有变换器的功能。

(2)分类

根据输出信号的特点,传感器可以分为模拟、数字和智能传感器三类。

① 模拟传感器:最通常的传感器输出是电压、电流、电荷、电阻或电容,通过信号整形,然后再把这些基本信号转换成电压信号。如温度传感器(电阻)、湿度传感器(电压)、蒸发传感器(电流)、辐射传感器(电压/电阻)等。

② 数字传感器:带有并行数字信号输出的传感器,输出由二进制位或由二进制位组组成的信息,以及那些输出脉冲和频率信号的传感器。如翻斗雨量传感器(脉冲)、风速传感器(频率)、风向传感器(格雷码)等。

③ 智能传感器:一种带有微处理的传感器,具有基本的数据采集和处理功能,可以输出并行或串行信号。如气压传感器(串行数据)、能见度传感器(串行数据)、降水现象仪(串行数据)等。

1.2.3.3 供电系统

自动气象站的供电系统应具有很高的稳定性、安全性和好的抗干扰能力,一般使用 12 V 直流电源为自动气象站供电,同时配备有 12 V 免维护电池作为后备电源。

当前,新型自动气象站的供电系统一般主要包括空气开关、电源避雷器、开关电源(电源控制器)、蓄电池等四个组成部分及其他配套设备,如 DZZ4 配有充电保护模块及防雷模块等,DZZ5、DZZ6 配备直流开关(刀片开关)、分线器等。

1.2.3.4 通信系统

通信系统主要是连接采集系统与微机终端、中心站等,进行数据与信息传输的设备或线缆等。

自动气象观测系统进行数据传输主要采用有线和无线两种方式。

(1)有线传输主要包括信号线直连、通过光纤转换盒连接、通过综合集成硬件控制器连接。

(2)无线传输主要包括 GPRS 无线网络传输、北斗卫星传输等。

1.2.3.5 外围设备

外围设备主要包括计算机终端、打印机、UPS 电源等,有时将 UPS 电源划归为供电系统。

1.2.4 工作原理

感应系统(传感器)感受到外界温度、湿度、气压等气象要素变化,通过光电转换、机电转换、压电转换等方式将气象要素变化转换成电信号的方式送到采集系统。

采集系统按照采样频率采集到各种电信号,根据采集软件中预设的各种算法对气象要素进行计算处理,将相应数据存储到采集器或 CF 卡中,并根据命令,将数据通过有线或无线的方式传输到终端计算机或中心站。

在整个过程中,供电系统给自动气象站提供电能,保证设备正常运行。

1.2.5 分类及应用

自动气象站的种类繁多,分类方法多样。

1.2.5.1 根据数据的时效性分类

世界气象组织根据数据的时效性不同可以将自动气象站分为实时和非实时自动气象站。

(1)实时自动气象站

指实时向用户提供气象观测资料的气象站,典型的例子是,在规定的时间实时提供气象观测资料的自动气象站,也指在应急环境里或根据外部要求提供资料的自动气象站。

(2)非实时自动气象站

这一类型的自动气象站的观测点记录观测资料,将资料存储在内部或外部存储设备中,并有实际资料显示功能,如需把存储资料发送到远距离的资料用户,须观测人员进行干预。

1.2.5.2 根据设备用途分类

可以将自动气象站分为气象台站自动气象站(天气站网用自动气象站、气候站网用自动气象站、中小尺度自动气象站)、机场自动气象站、公路自动气象站、农业自动气象站、沙尘暴监测站、大气湍流监测站、山体滑坡监测站等。本书介绍的自动气象站全部为气象台站用自动气象站。

1.2.5.3 根据体系结构分类

可以将自动气象站分为集散式(集中式)自动气象站、总线式(分布式)自动气象站、组合式自动气象站。

(1)集散式自动气象站是通过以CPU为核心的采集器集中采集和处理分散配置的各个传感信号。一代站多为此体系结构。

(2)总线式自动气象站是通过总线挂接各种功能模块(板)来采集和处理分散配置的各个传感器信号。

(3)组合式自动气象站是将集散式和总线式自动气象站融合在一起,通过通信口(如RS232口)连接某些独立测量系统(如能见度、云高仪),组成一个类似于分布式体系结构的自动气象站,但是本质上仍然是集散式自动气象站。

新型自动气象站多为总线式或组合式体系结构。

1.2.5.4 根据设备规模(观测要素多少)分类

可以将自动气象站分为单要素自动气象站、两要素自动气象站、四要素自动气象站、五要素自动气象站、六要素自动气象站、多要素自动气象站等。

一般情况下,常用的山洪站和雨量站多为单要素站,主要测量气象要素为降水;两要素站的测量要素一般为雨量和温度,极个别两要素站为测风站,主要测风向与风速;四要素站测量雨量、温度、风向、风速;五要素站测量雨量、温度、湿度、风向、风速;六要素站测量雨量、温度、湿度、气压、风向、风速。可以根据台站的实际情况及要求灵活配备相关观测要素设备,以满足要求。

1.2.5.5 其他分类

还可以根据有无人工值守将自动气象站分为有人值守站和无人值守站;根据采集器的工作条件分为室内型自动遥测气象站、室外型自动气象站;根据自动气象站位置分为固定站和便携(移动)站等。

1.2.6 自动气象站常见名称

在学习过程中,大家会遇到自动气象站的各种名称,自动气象站常见的名称介绍如下。

1.2.6.1 Ⅰ型站和Ⅱ型站

这是根据20世纪90年代初对研制的第一代自动气象站的编号命名的。这两类型自动气象站用于有人值守的气象台站，Ⅰ型站为基准气候站研制，Ⅱ型站为基本气象站和一般气象站研制。

Ⅱ型站自动测量气压、温度、相对湿度、风向、风速、雨量和地温；Ⅰ型站则增加了辐射、日照时数、蒸发量等气象要素的测量。

1.2.6.2 雨量站

这是根据测量的气象要素名字命名的。雨量站仅测量雨量一个要素，主要用于洪涝多发地区和人工增雨作业用，因此，有时也会被称为山洪站。

鉴于温度测量比较容易，为充分利用自动气象站的资源，又增加了温度要素的测量，于是出现了温雨站。

1.2.6.3 区域站

即区域气象观测站，又被称为中尺度站，这是根据天气系统水平尺度的大小命名的。区域站主要用于中、小尺度范围内灾害性天气的监测，通常观测温度、风向、风速、雨量四要素，也有一些型号中尺度站会增加湿度和气压的观测，成为六要素站。

当前，部分六要素区域站升级改造为国家级气象观测站，现有的6万余个区域站，下一步将增加到8万余个。

1.2.6.4 移动式自动气象站

这是根据安装方式命名的。相对于固定安装的自动气象站，移动式自动气象站可以快速安装和拆除，即具有可移动性。平时，这种自动气象站处冷备状态，一旦突发性灾害或者突发性事件发生，需要观测气象要素时，可迅速把这种自动气象站安装到观测地点。目前，更倾向于把这类自动气象站称为便携式自动气象站，以区别移动式气象观测系统。通常可观测的要素为气压、温度、风向、风速、雨量、湿度六要素。

1.2.6.5 气候站

这是根据用途命名的。气候站是为实施中国气候观测系统计划专门研制的。用于观测长期气候变化，观测和定量研究气候变化趋势和评估气候变化。其特点是：高精度地测量温度和降水量，适应恶劣的环境条件，支持本地或远程的业务系统，长期运行的稳定性和高可靠性。

1.2.7 常见的自动气象站

1.2.7.1 农田小气候自动观测站

由于农田、温室、草场等农业生产场所采用不同的农业耕作措施、不同的作物和作物群体动态变化的影响，不断改变着农田活动面的状况和各项物理特性，导致局部辐射平衡和热量平衡各分量的变化，从而形成各种不同类型的农田小气候特征。在一定的农田小气候形成后，作为农作物生长的环境条件，会直接影响农作物的生长发育进程和产量。

研究农田小气候的意义就在于通过农田小气候各要素的分布和变化特征的分析，寻找改善作物生长环境条件(即农田小气候条件)的措施，从而使这些小气候条件有利于作物的生长发育，提高农作物的产量和质量。

农田小气候自动观测站是针对农田、草场、温室等小尺度环境特点设计制造的，它能对与植被和农作物生长密切联系的土壤、水汽、光照、热量等环境参数进行连续监测。

农田小气候自动观测站主要测量如下环境要素：

① 辐射：包括光合有效辐射、辐照度、总辐射、反射辐射、净辐射、散射辐射、光照度、光照时间；

② 热量：气温、地温(地表温、浅层地温、深层地温)、水温、环境平均辐射温度、土壤热通量等；

③ 气体：二氧化碳、氧气、负氧离子等的含量；

④ 水汽：环境湿度、水汽压、露点；

⑤ 风：风速、风向等；

⑥ 墒情：土壤湿度、土壤含水量；

⑦ 降水：液态降水、固态降水(雪、雨夹雪)；

⑧ 地下水位。

1.2.7.2　机场自动气象站

机场自动气象站是安装在飞机场的自动气象站，专门用于机场跑道气象数据的采集、计算处理和储存等，主要为飞机的降落和起飞以及航空安全提供气象服务，应用于各类机场。

机场自动气象站对自动气象站整体的功能要求和自动化要求比较高。航空业要求准确掌握机场跑道、航站和航线的气象条件，对自动气象站有很高的要求。我国在能见度、云高等大型传感器的研制方面，以及自动气象站的整体水平方面，与国际上同类产品中的先进设备间还有一定的差距，因而，大中型机场所采用的自动气象站一般多采购于国外著名的自动气象站专业制造厂商。

机场自动气象站关注的气象要素比较多，有些要素的测量需要大型传感器，主要关注气压、风、能见度、云高等。能见度仪、云高仪是大型传感器，测风仪虽算不上大型传感器，但要求风杆在机翼的撞击下能够迅速倒伏而不伤及机翼。

在小型机场和部分中型机场，国产自动气象站的应用尚属普遍，一般为测量气压、温度、相对湿度、风向、风速、雨量六要素，另加跑道风的测量。

1.2.7.3　高速公路自动气象站

高速公路自动气象站分布在高速公路沿线，由若干个高速公路自动气象站联网可组成高速公路自动气象监测系统。高速公路自动气象站对高速公路沿线的气象要素进行自动检测，并将监测信息及时传送到监控中心，供交通管制系统参考，在恶劣或极端气候条件下能及时发出警示信息，以多种方式告知管理人员和驾驶员，以提高高速公路的安全行车水平。

高速公路自动气象站对高速公路沿线的能见度、风向、风速、气温、湿度、雨量、路面状况(表面温度、干湿状况、结冰)等进行自动检测,系统由高速公路自动气象站、数据传输、数据处理应用中心和道路警示等部分组成。高速公路自动气象站可以观测的气象要素包括常规气象要素(风、温、湿、雨)、能见度和路面状况(路面湿度、干湿状况、结冰等)。高速公路自动气象站配置灵活,各种观测传感器可以根据需求灵活取舍。

高速公路自动气象站必测能见度。能见度测量仪可作为单要素高速公路自动气象站使用,无能见度测量的自动气象站不能认为是高速公路自动站。

1.2.7.4 城市自动气象站

城市自动气象站是安装在城市中的自动气象站,是针对城市用户的一种实用型自动气象站。城市自动气象站用于城市气象观测,服务于城市的天气预报,为城市居民服务。

城市气象观测系统是一个复杂的观测系统,包括城市气候监测、城市空气质量观测、城市大气边界层观测、物质和能量通量观测、城市地下水环境观测、下垫面观测、城市植被观测等。城市自动气象站广泛应用于城市广场、公园、风景区、高尔夫球场、住宅区、高星级宾馆、城市高架道路、大型工厂等。

城市自动气象站除可测量常规气象要素如风向、风速、温度、湿度、气压、雨量外,还可测量紫外线、人体感知温度、特零地温(即 0 cm 土面、水泥面、沥青面、草坪),也可以根据用户的需要增加能见度、花粉浓度及二氧化碳、二氧化硫、一氧化碳等污染指数的监测。观测要素可以根据用户需求灵活调整和增减,还可以配套多种户内、户外型电子显示屏,为市民提供各类实时的气象资料。

最简单的城市自动气象站只是在传统气象要素观测的基础上增加了紫外辐射这一要素的观测,但要留有备用接口,以便接入其他方面的传感器。通常,城市自动气象站设有大屏幕显示器,显示当前的气象要素值。

1.2.7.5 森林火险气象监测站

森林火险气象监测站拥有一套高性能的传感器来监测风速、风向、降水、气温以及相对湿度,还可以监测土壤体积含水量、土壤温度、太阳辐射以及其他很多与森林防火相关的气象参数。各项测量数据和计算数据通过 CDMA/GPRS 无线网发送给中心站的计算机,并由计算机上的专业处理软件做相应的数据处理,最后进行火险的预报及火险等级的发布。

森林火险气象监测站主要功能有:

① 数据采集功能,可根据需求如防火期或非防火期任意设置采集数据时间间隔,设置采集数据的最小时间间隔为 1 min;

② 数据储存功能,设备可存储 4000 组数据,采集时间设为 1 h,存储时间则大于 160 d;

③ 自诊断功能,中心站能远程监控设备运行状态,实时监控采集站的供电和通信情况,也可任意调用设备的状态码,以确认设备的运行状态,同时能诊断设备各部分的好坏;

④ 可标定和可修复功能,设备采用了模块化设计,通信模块、采集模块和各传感器一旦发生故障,可单拆单修,不影响整套设备的运行。

森林火险气象监测站主要由温湿度、风向、风速、气压、太阳辐射、雨量、土壤温湿度、可燃物温湿度等传感器,以及气象站记录仪和无线通信控制器等组成。

1.2.7.6 生态环境监测站

生态环境监测站通过监测生态环境的气候要素，揭示该地区的气候变化，为保护该地区的生态环境提供及时准确的气象资料，根据当地的气候特点进行分析，提出建议，为人工影响天气、生态环境修复工作提供科学依据。

生态环境监测站可以检测风速、风向、空气温湿度、降雨量、光照、土壤水分等环境要素，为该地区的环境保护提供科学的气象数据和资料。典型应用包括大气环境监测、水质水体检测、海洋环境监测、植物生长及环境监测、沙漠治理监测、农业合理化灌溉。

生态环境监测站主要由温度传感器、湿度传感器、风向风速传感器、雨量传感器、太阳辐射传感器、日照传感器、土壤温度传感器等组成。

生态环境监测站在保护生态环境方面发挥着重要的作用。主要针对退耕还林还草的治理，以及沙治理、天然林保护、封山育林等生态环境监测。

1.2.7.7 土壤水分观测站

土壤水分贮存量及其变化规律的观测，是农业气象、生态气象、水分观测的基础性工作之一。掌握土壤水分变化规律，对农业生产、干旱观测预测和其他相关生态环境观测预测服务和研究都有极其重要的意义。

土壤水分观测站能够测量土壤水分含量，能够有效检测干旱发生情况、作物生长期土壤水分环境情况，结合卫星遥感、降雨等气象资料实现区域性干旱预警功能。它能够达到及时监控农田干旱程度、实施科学灌溉和有效利用水资源的目的，大大提高和改进农业气象观测水平和农业气象预测服务能力。

土壤水分观测站由传感器、采集器、微机和电源组成。土壤水分观测站目前均安装在农业气象基本观测站上，均为有人值守，配备微机作为土壤水分观测站的终端。

1.2.7.8 气象辐射观测系统

我国气象辐射观测站分为三级：一级站观测总辐射、直接辐射、散射辐射、反辐射和净全辐射；二级站观测总辐射和净全辐射；三级站只观测总辐射。

配置的仪器分别为：DFY-4 和 TBQ-2 型总辐射表；DFY-5 和 TBB-1 型净全辐射表；DFY-3 和 TBS-2 型直接辐射表。

目前，高精度的太阳辐射测量系统（大气成像仪-可见光监测子系统）已普遍应用，该系统是在基本不改变原辐射传感器的基础上，通过使用全自动太阳跟踪装置和辐射数据采集系统，把总辐射表、散射辐射表和大气长波辐射表放在跟踪装置上，完全消除总辐射表由于方位引起的误差影响，利用新的测量方法，提高太阳辐射测量的精确度，对农业、国防、生物、生态环境、气象科学、气象预测、太阳能利用等行业都具有重要的意义。

1.2.7.9 梯度环境自动观测系统

梯度环境自动观测系统是专门为风能资源调查、大气边界层观测、沙尘暴监测和污染扩散研究等设计生产的专业研究级自动气象站设备。该系统采用 CAN 总线技术，具有高可靠性、高准确性、易维护、易扩展等显著特点。

梯度环境自动观测系统可用于 4～12 层梯度气象观测(观测层数可根据需要设定),每层可测量风向、风速、温度及气压等常规气象要素场,也可以测量三维湍流、二氧化碳和水汽通量及太阳辐射。该系统典型应用于风能资源普查和风电场选址、大气边界层研究、沙尘暴梯度监测、污染扩散研究和地基大气综合气候变化监测等。

梯度环境自动观测系统由梯度观测铁塔、系统主控制单元、数据采集器单元、气象要素传感器、本地原始采样数据存储卡、电源供电系统、远程数据通信系统和组网中心站数据通信软件系统构成。

任务 1.3 相关工作岗位职责与要求

根据中国气象局及地方气象部门下发的相关规定，2020 年 4 月 1 日起，地面气象观测自动化改革从全国试运行正式切换调整为业务运行，标志着我国地面气象观测迈入全面自动化时代。自动气象站的维护与维修保障成为基层气象台站气象观测员、气象装备保障人员的主要工作之一，是地面气象观测业务的主要工作内容。

1.3.1 课程定位与功能

《自动气象站维护与维修》课程是根据基层气象台站气象观测员、气象装备保障人员、民航机场气象机务（自动气象观测系统）员及部队气象仪器技师等岗位及岗位群需要而设立的，是职业本科智慧气象技术、高职专科大气探测技术（含气象装备保障方向、定向培养军士方向）专业的核心课程之一。

课程主要培养学生具备一定的电子基本知识与技能，熟悉自动气象站的结构及工作原理，能够正确安装调试自动气象站，对自动气象站进行常规维护，当自动气象站出现故障时能分析并排除常见故障等气象装备技术保障工作所需的基础知识和技能操作。

1.3.2 课程相关岗位

根据调研，学习了本课程的学生毕业后可进入基层气象台站、机场气象站、部队、自动气象站设备生产厂家、气象科技企业及物联网公司从事相关设备的设计研发、维护维修保障及售后服务等工作。

具体的工作岗位主要有气象部门的气象装备技术保障岗（自动站保障）和气象观测岗（地面气象观测）、部队的气象仪器技师、民航机场的自动气象观测系统保障岗、自动气象站生产厂家的设备生产研发岗和销售服务岗、气象科技企业的物联网数据分析应用岗等。

1.3.3 岗位职责与规章制度

下面简单介绍课程相关的岗位职责与规章制度。

1.3.3.1 气象观测员职责

（1）严格执行《地面气象自动观测规范》和各项技术规定，及时准确地完成本班各项任务，按时取准取全第一性气象资料并按规定提供气象情报，做好气象情报服务工作。

（2）服从领导，积极完成分配的各项任务。

（3）关心集体，团结协作，作风正派，实事求是，不弄虚作假。

（4）努力学习政治、文化和专业知识，做一个有理想、有道德、有文化、守纪律的气象观测员。

1.3.3.2 仪器维修保管员职责

(1)建立器材出入库登记制度,做到账物清楚。

(2)保管好器材,防止丢失、质变和浪费。

(3)负责仪器的维护保养,发现故障及时排除,做到小修不出站。保证使用仪器合格,运转正常。

(4)负责按时撤换和送检仪器,不得使用超检仪器。

(5)对备份仪器定期检查,使之处于良好状态。

(6)当仪器维修保管员工作变动时,全部仪器设备要当面移交清楚,双方签字,以示负责。

1.3.3.3 场地、仪器设备维护制度

(1)严格执行《气象探测环境和设施保护办法》,保护好观测环境。严格执行《地面气象观测场值班室建设规范》,防雷设施应符合《自动气象站场室防雷技术规范》(QX 30—2021)的要求。

(2)经常检查百叶箱、风向杆、围栏是否牢固并保持洁白,一般1～3年油漆一次,大风和降雨(雪)等天气之后要及时检查、清洁仪器。

(3)严格执行仪器的操作规程,保证仪器状态良好、运转正常。现用仪器发生故障应及时查明原因,不能排除的立即更换,并在1 h之内报告上级维修部门,严禁私自拆卸自动气象站主要部件。不得使用超检仪器。

(4)仪器损坏要及时查明原因,填写"坏仪器情况报告表",报告上级业务和装备主管部门。

(5)保持观测场内整洁,浅草平铺,草高超过20 cm时,应及时剪割;地温场要保持裸地及土质疏松,雨后及时耙松;观测场四周在规定距离内不能种高秆作物,在围栏上不得爬蔓生植物和晾晒衣物等;沙漠地区要及时清除围栏周围的堆沙。

(6)现用仪器设备每天巡视,每月按《地面气象自动观测规范》规定全面检查清洁一次。配备辐射传感器的气象站,每天清扫一次辐射传感器感应部分外部(遇到恶劣天气时应增加维护次数),由组(站)长组织每月全面检查、维护仪器一次。定时、及时更换干燥剂、薄膜罩等。

(7)安装、维护仪器一定要严密组织,保证安全。

(8)数据处理计算机要专机专用,并按规定操作维护。

(9)网络维护和管理要安排专人负责,定期检查计算机及网络病毒,确保网络通信传输通畅。

1.3.3.4 气象装备保障员职责与要求①

(1)基本职责

① 设备运行监控。主要包括按照相关规定对设备进行巡视;通过业务采集软件及运行监控软件查看设备的运行状态,并按照相关规定及时处理监控结果。

② 常规维护。主要包括按照规定对设备进行相应的日、周、月、季、年维护。例如:清洗、吹尘、更换消耗物品等。

---

① 节选自中国气象局网络观测司编写的《气象装备技术保障——自动气象站》。

③ 故障处理。主要包括对设备故障的诊断、排除，对已坏部件的更换、维修。

④ 检定与校准。按照《中国气象局自动站规程》对设备进行检定和校准。

⑤ 备件供应与管理。按照备件供应流程，做好计划、采购、储备、供应管理等工作。

⑥ 质量控制。收集、分析设备运行状况信息，及时向业务管理部门及生产厂家提供设备质量反馈信息。

(2)基本要求

① 具有良好的职业道德，热爱气象工作；

② 具有一定的气象学、计算机、电子、通信知识；

③ 掌握自动气象站的工作原理、使用方法，具有一定的维修技能；

④ 积极参加业务主管部门组织的专项业务技术进修培训，不断提高保障能力；

⑤ 按照要求进行工作总结，提出工作分析报告、意见和建议。

1.3.3.5 气象机务岗位职责

(1)负责气象设施设备及附属设备的管理。

(2)负责气象设备的日常维护和定期维护工作。

(3)负责气象设备的正常运行，确保飞行安全。

(4)负责气象设备的维修工作，并能对突发事件做出相应的处理。

(5)负责气象设备的检定与校准。

(6)负责气象设备备检的管理和相关资料的管理。

(7)负责填写设备维护记录和设备检修记录，建立和完善技术档案。

(8)负责清洁气象设备及环境卫生。

1.3.3.6 气象仪器技师(部队)岗位职责

(略)

1.3.4 自动气象站保障相关规定

1.3.4.1 概述

自动气象站包括国家地面气象观测站(含无人站)使用的各型自动气象站(以下简称“国家站”)和区域气象观测站所使用的各型自动气象站(以下简称“区域站”)。

自动气象站保障包括运行监控、维护、维修、储备供应、计量检定等业务，实行国家、省(区、市)、地(市、州、盟)三级管理，部门内部保障力量与社会资源共同保障，部门内部保障实行国家、省(区、市)、地(市、州、盟)和县(区、旗)四级业务布局。

1.3.4.2 职责分工

自动气象站保障工作由管理部门和业务部门共同负责。当前，气象系统主要依托综合气象观测业务运行信息平台(以下简称“天元系统”)进行自动气象站管理与保障信息传送。

各级管理部门负责自动气象站保障业务的管理，按照保障业务规定和有关要求组织开展自动气象站保障工作，督促、检查、评估、通报工作成效。

各级业务部门(或人员)承担本地自动气象站保障业务的具体实施，接受同级管理部门的管理和上级业务部门的技术指导，承担对下级业务部门的技术指导和培训工作。

各级业务部门及其主要职责是：

(1)国家级

• 承担天元系统的开发、运行及维护，以及运行状况报告的定期编制。

• 承担自动气象站保障新技术的研发。

• 承担自动气象站计量检定国家级标准体系的建立、完善，负责对省级二等标准器的检定和量值传递工作。

• 承担自动气象站整机的国家级应急储备工作。

(2)省(区、市)级

• 承担本省(区、市)天元系统的运行管理及本地化应用功能扩展，汇总地、县两级气象部门报送的各类气象信息。

• 承担本省(区、市)设备运行监控、在线技术支持、数据质量控制、质量管理体系等业务过程监控和信息发布等工作。

• 承担本省(区、市)国家站复杂故障的现场维修和区域站复杂故障维修的远程技术指导，承担地、县两级自动气象站故障件的维修工作。

• 承担本省(区、市)自动气象站计量检定省级标准体系的建立、完善，负责本省(区、市)气象标准器的溯源，国家站传感器计量检定和现场核查，数据采集器的现场校准。

• 承担本省(区、市)自动气象站备件的计划、采购、仓储、统筹供应和整机的储备工作。

(3)地(市、州、盟)级

• 承担本地(市、州、盟)自动气象站较复杂故障的现场维修或故障件的更换和简单故障的维修。

• 承担本地(市、州、盟)区域站传感器和数据采集器现场校准。

• 承担本地(市、州、盟)国家站备件的计划、仓储、供应，以及区域站备件的计划、仓储、统筹供应和整机储备工作。

• 负责本地(市、州、盟)国家站气象装备技术档案的建立。

(4)县(区、旗)级

• 承担本县(区、旗)自动气象站故障信息的反馈。

• 承担本县(区、旗)自动气象站的日常维护和简单故障的维修或故障件更换。

• 承担本县(区、旗)区域站易损备件的储备工作。

• 承担本县(区、旗)区域站雨量现场校准工作。

• 负责本县(区、旗)区域站气象装备技术档案的建立。

• 负责本县气象装备社会化保障的质量跟踪和考核。

1.3.4.3 运行监控

天元系统的运行监控模块主要实现对设备状态监控、元数据监控、设备业务过程监控、告警信息及待办任务管理等。国家站运行监控由国、省两级共同承担，台站按省级监控反馈信息处置，区域站由市县承担，省级指导。

各级任务分工及工作流程如下。

(1)国家级

① 实时监控全国自动气象站设备运行状态，保障业务过程时效性、规范性和完整性。发现问题及时与省级单位沟通并协调解决。

② 确保值班热线电话 24 h 畅通，负责接听热线电话并及时联系有关单位处理实时业务中出现的各类问题。

③ 利用天元系统监控数据，适时向国家级、各省(区、市)气象局业务管理部门发送综合气象观测业务监控短信(含设备运行、故障维修及数据质量情况等)。重大活动气象保障服务、特别工作状态及启动Ⅰ、Ⅱ应急响应后，每天 07:30 和 14:30 定时发送；启动Ⅲ、Ⅳ级应急响应和非应急期间发送时间为 11:00。重大活动气象保障服务期间或进入特别工作状态及启动应急响应后，向中国气象局综合观测司及重点关注区域省(区、市)气象局业务管理部门实时发布关注区域设备故障短信。

④ 利用天元系统监控数据汇总设备运行情况、数据情况、系统情况等信息，定时通过气政邮向中国气象局综合观测司发送监控快报。监控快报发送时间：非应急响应期间为 09:00，应急响应期间为 07:30；Ⅰ、Ⅱ、Ⅲ级应急响应期间或进入特别工作状态后 15:00 增发应急响应情况报告。

(2)省(区、市)级

① 实时监控本省(区、市)自动气象站设备运行状态，设备保障业务过程时效性、规范性和完整性，发现设备故障或运行异常，及时通知台站开展维修保障工作，并上报省级业务管理部门和有关领导，同时向国家级报送异常情况处理进展。

② 每日定时轮巡查看天元系统告警信息和监控信息，并依据告警信息和监控信息对设备运行状况或观测数据质量等进行综合研判。发现疑似设备故障 1 h 内通知使用单位核实情况，并适时上报本省(区、市)业务管理部门和有关领导，确属设备故障时，通知相关单位保障人员启动维修流程。

③ 负责监督、检查天元系统中自动气象站设备故障信息、停机信息、维护信息等填报的时效性、规范性与完整性，跟踪维护维修进展，适时上报设备运行及故障情况。

④ 依据本省(区、市)观测业务实际情况，适时开展监控信息发布工作。

(3)县站级

① 按省级监控反馈信息对所辖台站自动气象站设备运行和数据质量异常情况进行核查，应急响应或进入特别工作状态、重大活动气象保障服务期间以及 08:00—18:00 时间段内 2 h 内完成异常情况甄别，18:00 至次日 08:00 时间段内 12 h 内完成异常情况甄别，并按实际情况决定是否取消告警或开展后续业务工作。

② 及时向省级业务部门反馈设备故障、维修进展和数据质量等情况。

1.3.4.4 维护

(1)对自动气象站须进行定期维护，重大灾害性天气来临前等特殊情况下的不定期维护由省级管理部门自行制定。自动气象站的各要素传感器的维护工作按照《地面气象自动观测规范》及其他相关要求进行。对维护过程中发现的问题应及时处理，无法解决的应及时上报上级业务部门。

(2)国家站的日常维护由地面观测值班人员具体实施。在按照《地面气象自动观测规范》要求做好维护的同时，应定期对 UPS 电源进行放电，对发电机运行状态等进行检查。在每年春季由所属地区防雷中心专业技术人员对防雷设施检测维护一次，并出具检测报告，对发现的问题及时按防雷技术规范整改，确保台站防雷装置符合防雷技术规范要求。

(3)区域站的维护可由县(市、区)气象局人员完成，也可采用社会化保障的方式。对区域站的维护通过定期维护和不定期维护相结合方式组织实施。定期维护至少每季度进行 1 次，主要内容如下。

① 观测环境勘察。根据《区域气象观测站建设指导意见》对观测环境的要求查看观测场周围环境有无变化、是否有产生影响观测质量的现象；观测场内自然环境有无变化、围栏有无损毁。

② 外观检查。要查看各类传感器是否正常、固定是否牢固；检查风杆及拉线、风向风速传感器横臂、雨量传感器底座、防辐射罩(或百叶箱)、设备箱(即电源箱、采集单元等)及固定装置是否牢固、有无锈蚀和损毁；检查电源线、信号线、接插件等是否连接牢固，以及穿线管有无损毁。

③ 运行情况检查。利用现场移动校准系统或便携装备采集数据并比对检查区域站传感器性能，并检查信号质量、通信费用余额、校对通信时钟；检查太阳能电池板、蓄电池供电性能是否下降。

④ 清洁和清洗。对传感器、采集器、太阳能电池板、蓄电池、防辐射罩(或百叶箱)进行清洁，并清洗雨量传感器。清洁和清洗要避开正点时次进行，并避免由此导致的不实数据存储和上传。

每年春季要对防雷设施进行检测，对发现的问题及时按防雷技术规范整改。

不定期维护由省级管理部门根据当地天气气候特点和气象服务工作需要自行规定。

(4)国家站维护完成后应按规定通过天元系统详细填写维护信息。区域站维护完成后填写《区域自动气象观测站维护记录表》。

1.3.4.5 维修

(1)自动气象站维修保障业务需设立维修热线电话，并保持全年每天 24 h 畅通。其中，国家站维修热线电话设置在省级业务部门，区域站设置在地级业务部门，并分别由省、地级管理部门及时公布。

(2)国家站故障排除时间不得超过 72 h；区域站故障排除时间(包括采用社会化保障方式)原则上不得超过 72 h，对海岛、高山等确属交通不便的区域站或遇恶劣天气造成交通不便的情况，由省级管理部门综合考虑气象防灾需要和故障排除的可行性确定故障排除时限。

(3)在国家站发生故障后，要按业务规定执行地面气象观测应急流程，确保观测数据的完整性，并按以下流程组织维修：

① 应急响应或进入特别工作状态和重大活动气象保障服务期间 1 h 内、汛期 2 h 内、非汛期 3 h 内(08 时至 18 时)由县级维修保障人员进行现场处理并在天元系统中完成故障单填报，同时上报上一级业务部门，如在 12 h 内无法排除故障，应及时向地级业务部门申请技术支持。

② 地级业务部门要将县级技术支持申请及时报同级管理部门和上级业务部门，组织维修保障人员到达现场进行处理，如在 24 h 内无法排除故障，应及时报地级管理部门并向省级业务部门申请技术支持；

③ 省级业务部门要将地级技术支持申请及时报同级管理部门，并组织维修保障人员到达现场进行处理，在 36 h 内排除故障；

④ 县站级人员应根据故障维修进展、维修活动变更，及时在故障单中更新故障处理过程。应急、重大活动气象保障服务及汛期每日至少更新 1 次故障维修活动，非汛期若维修活动无进展可不更新。

(4)在区域站发生故障后，按以下流程组织维修：

① 由县级维修保障人员（或社会保障人员）进行现场处理，同时上报上一级业务部门，如在 36 h 内无法排除故障，应及时向地级业务部门申请技术支持；

② 地级业务部门要将县级技术支持申请及时报同级管理部门，组织维修保障人员到达现场进行处理，在 36 h 时内排除故障，在维修过程中可向省级业务部门申请技术支持，省级业务部门要通过远程技术手段指导地级维修保障人员进行现场维修；

③ 直辖市和海南省所属区域站维修流程由直辖市和海南省（市）级气象保障管理部门自行确定。

(5)区域站故障排除后，现场维修保障人员要详细填写《区域站故障维修记录表》并及时归入自动气象站技术档案，国家站故障维修结束后应按规定通过天元系统填报维修信息。

(6)每个自动气象站必须建立完善的技术档案。技术档案内容主要包括：自动气象站生产厂家、技术性能、规格型号、使用手册；维护维修记录、备件更换记录；计量检定、现场校准情况记录等。

1.3.4.6 计量检定和现场校准

(1)国家站传感器的检定采取室内检定和现场核查相结合的方式进行，数据采集器采用现场校准方式进行。其中传感器要按照《JJG（气象）2011_自动气象站检定规程》进行室内检定。现场核查方法、数据采集器现场校准方法及云、能见度、天气现象等传感器的检定方法另行规定。区域站传感器和数据采集器采取现场校准方式进行。对于有条件的省份也可采用室内检定方式对区域气象站传感器进行检定。

(2)国家站传感器计量检定和现场核查，数据采集器的现场校准业务必须由省（区、市）级业务部门制订包括时间、人员、备品备件、应急预案在内的年度工作计划，经同级管理部门批准后组织实施。区域站传感器和数据采集器现场校准业务由地市级业务部门制订包括时间、人员、备品备件、应急预案在内的年度工作计划，经同级管理部门批准并报上级业务部门备案后组织实施。对于采用室内检定方式对区域站传感器检定的，由省级业务部门统一制订年度工作计划。

(3)国家站传感器现场核查和数据采集器现场校准前应准备充分，并提前通知省（区、市）级运行监控部门，工作中尽可能缩短校准时间并避免对整点数据传输的影响，工作过程中国家站缺失的数据应按照地面气象观测有关规定用人工观测设备获取的数据进行代替。

(4)区域站传感器和数据采集器现场校准前应准备充分，并提前通知省（区、市）级运行监控部门，工作过程中区域站缺失的数据不再进行代替。

(5)在国家站因检定更换传感器、数据采集器等备件时，应进行现场核查；在传感器检定周期中段，应对传感器进行现场核查。经核查合格的国家站可继续投入业务使用，不合格的须重新更换相应备件。

1.3.4.7 备件供应

(1)自动气象站备件供应包括计划、采购、仓储、配发等环节,遵循“统一计划、集中采购;统筹供应、分级管理”的原则。

(2)各级业务部门要按职责动态储备一定数量的自动气象站整机及备件。

国家站整机至少按全省基准站数量 1:1、基本站 3:1、一般站 5:1 储备,储备在省级和地级业务部门,县级部门储备一定数量的易损件。区域站整机由省级、地级业务部门分别不低于按全省、本地区域站数量 100:1、10:1 储备,县级部门储备一定数量的易损件。

1.3.5 气象装备保障类岗位设置与要求

1.3.5.1 概述

一般情况下,省级气象观测技术装备保障类岗位主要有运行监控岗、装备保障岗、计量检定岗、物资供应岗、技术开发岗等岗位,见表 1.3.1。

市级气象观测技术装备保障类岗位主要有运行监控岗、装备保障岗、计量检定岗、雷达保障岗等岗位,见表 1.3.2。

县级气象观测技术装备保障类岗位只有装备保障岗,见表 1.3.3。

表 1.3.1 省级气象观测技术装备保障类岗位职数

岗位名称	定员定编/人			岗位结构			
	≤50	51~90	≥91	首席/人	高级/人	中级/人	初级/人
运行监控岗	3	3	3		0~1	1~2	1
装备保障岗	10	11	12	1	3	3~4	3~4
计量检定岗	8	9	10	1	2	2~3	3~4
物资供应岗	2	2	3		0~1	0~1	1
技术开发岗	3	4	4	1	1	1~2	0

注:技术装备保障岗位和计量检定岗位中青海等省以及新疆、西藏、内蒙古各区(或西部地域辽阔省(区))根据实际情况可增1~2人

表 1.3.2 市级气象观测技术装备保障类岗位职数

岗位名称	定员定编/人			岗位结构		
	≤2	3~5	≥6	高级/人	中级/人	初级/人
运行监控岗	1	1	1	0~1	0~1	0~1
装备保障岗	1	2	2	0~1	1~2	0~1
计量检定岗	1	1	2	0~1	1~2	0~1
雷达保障岗	2 人/新一代雷达站 1 人/风廓线雷达等雷达站			0~1	1~2	0~1

注:技术装备保障岗位和计量检定岗位中青海等省以及新疆、西藏、内蒙古各区(或西部地域辽阔省(区))根据实际情况可增 1~2 人。

表 1.3.3 县级气象观测技术装备保障类岗位职数

岗位名称	定员定编/人	岗位结构		
		高级/人	中级/人	初级/人
装备保障岗	2	0～1	1～2	0～1

各岗位职责如下。

(1)运行监控岗

运行监控领班、运行值班、运行监控系统维护开发、各种探测设备运行状态监控、状态监控信息的统计分析、监控信息的反馈、计量和物流监控的协调。

(2)装备保障岗

气象观测技术装备维护维修、故障档案管理、设备巡检、业务培训、新技术推广、远程视频技术指导。

(3)计量检定岗

二等计量标准保持、日常计量检定测试、计量监控。

(4)物资供应岗

气象观测技术装备物资、备件的储备,物资供应、调配,物流监控。

(5)雷达保障岗

承担新一代天气雷达、风廓线雷达等各类雷达站所辖设备的维修维护工作。

1.3.5.2 省级气象观测技术装备保障类岗位职责与要求

(1)运行监控岗

1)初级岗

① 岗位职责:

- 承担全省各类气象观测设备运行监控值班;
- 承担计量检定周期和物资供应信息收集、分发;
- 承担运行监控系统常规维护;
- 完成领导交办的其他工作。

② 上岗条件:

- 具有良好的职业道德,团结协作,爱岗敬业;
- 具有计算机、通信或大气探测相关专业大学专科以上学历,初级以上专业技术职务任职资格;
- 了解各类气象观测设备的工作原理、仪器性能,具备判别观测装备运行状态的能力;
- 了解气象观测业务和气象装备运行监控业务流程、规范以及运行监控系统的结构、功能;
- 具有一定的论文撰写和技术总结能力;
- 具有完成岗位职责的身体条件。

2)中级岗

① 岗位职责:

- 负责全省气象观测设备运行监控异常状态处置;

- 负责气象观测设备故障的统计分析，制作监控周、月、年报；
- 承担运行监控系统维护维修，参加监控系统开发工作；
- 承担市级运行监控业务技术指导；
- 完成领导交办的其他工作任务。

② 上岗条件：

- 具有良好的职业道德，团结协作，爱岗敬业；
- 一般应具有计算机、通信或大气探测相关专业大学本科以上学历，相关专业中级以上专业技术职务任职资格；
- 熟悉各类气象观测设备的工作原理及仪器性能，具备判别观测装备运行状态的能力；
- 熟悉气象观测业务和气象装备运行监控业务流程、规范以及运行监控系统的结构、功能；
- 具有对初级岗位人员进行技术指导的能力；
- 具有论文撰写和技术总结能力；
- 具有完成岗位职责的身体条件。

3)高级岗

① 岗位职责：

- 参加全省气象观测设备运行状态监控值班；
- 负责运行监控周、月、年报制作的技术把关；
- 负责运行监控系统疑难故障诊断、故障排除工作；
- 组织运行监控系统设计开发、新技术推广，负责监控系统本地化和升级改造工作；
- 负责市级运行监控业务技术指导；
- 完成领导交办的其他工作任务。

② 上岗条件：

- 具有良好的职业道德，团结协作，爱岗敬业；
- 具有计算机、通信或大气探测相关专业大学本科以上学历，在相关技术岗位工作五年以上，具有相关专业高级专业技术职务任职资格；
- 熟练掌握各类气象观测设备的工作原理和仪器性能，具备系统运行综合诊断分析处置能力；
- 具有运行监控系统规划设计能力；
- 熟悉气象观测业务和气象装备运行监控业务流程、规范以及运行监控系统的结构、功能；
- 具有对中、初级岗位人员进行技术指导的能力；
- 具有较强的论文撰写和技术总结能力；
- 具有完成岗位职责的身体条件。

(2)装备保障岗

1)初级岗

① 岗位职责：

- 参与气象观测站点的场地建设和设备安装；

• 承担省级负责保障的观测设备的维护维修作业，参与大型探测装备的维修保障；
• 负责维修维护档案收集整理；
• 参与新型探测设备的应用试验；
• 完成领导交办的其他工作任务。

② 上岗条件：

• 具有良好的职业道德，团结协作，爱岗敬业；
• 一般应具有大气探测或电子类相关专业大学本科以上学历，初级以上技术职务任职资格；
• 了解气象观测业务，了解常规观测设备的原理、结构和性能；
• 能熟练使用气象装备测试专用仪器仪表；
• 具有一定的论文撰写和技术总结能力；
• 具有完成岗位职责的身体条件。

2)中级岗

① 岗位职责：

• 承担气象观测站点的场地建设和设备安装；
• 负责探测设备故障诊断，协助完成大型探测装备的维修保障，负责故障信息统计分析；
• 承担对市县级装备保障业务的技术支持；
• 承担新型探测设备应用试验的方案落实和数据分析；
• 完成领导交办的其他工作任务。

② 上岗条件：

• 具有良好的职业道德，团结协作，爱岗敬业；
• 一般应具有大气探测或电子类相关专业大学本科以上学历，相关专业中级以上技术职务任职资格；
• 熟悉气象观测业务，熟悉常规观测设备的原理、结构和性能；
• 掌握大气探测的专业理论和技术知识，熟悉相关的气象业务，了解国内外气象装备技术的发展趋势；
• 具有对初级岗位人员进行技术指导的能力；
• 具有论文撰写和技术总结能力；
• 具有完成岗位职责的身体条件。

3)高级岗

① 岗位职责：

• 负责气象观测站点建设的技术把关工作；
• 负责探测设备疑难故障诊断、运行状态评估、优化方案设计；
• 负责市县级装备保障业务的技术指导；
• 负责新型探测设备试验的组织实施和技术把关；
• 完成领导交办的其他工作任务。

② 上岗条件：

• 具有良好的职业道德，团结协作，爱岗敬业；

• 具有大气探测相关专业或电子类大学本科以上学历，相关专业高级技术职务任职资格，且在本岗位工作五年以上；

• 熟悉气象观测业务，熟悉全省观测设备的原理、结构、性能；

• 具有扎实的专业理论基础和业务技能，了解国内外气象装备技术的发展趋势；

• 具有对中初级岗位人员进行技术指导的能力；

• 具有较强的技术总结能力和技术开发应用能力；

• 具有完成岗位职责的身体条件。

(3)计量检定岗

1)初级岗

① 岗位职责：

• 承担计量标准器和检定设备的维护和送检工作；

• 承担气象观测仪器的检定、检修；

• 承担检定记录、证书等技术资料的建立；

• 参与新型计量检定标准设备和新型气象仪器的性能测试；

• 完成领导交办的其他工作。

② 上岗条件：

• 具有良好的职业道德，团结协作，爱岗敬业；

• 一般应具有大气探测或计量检定相关专业本科以上学历，初级以上技术职务任职资格；

• 了解计量检定工作法律、法规和有关规章制度；

• 具备正确使用计量检定标准设备、器具的能力，了解气象仪器的原理、性能、结构和维修保养知识；

• 具有一定的论文撰写和技术总结能力；

• 具有完成岗位职责的身体条件。

2)中级岗

① 岗位职责：

• 制订计量标准器、检定设备维护和送检计划；

• 负责气象观测仪器的检定、检修；

• 负责检定记录、证书等技术资料的管理；

• 参与新型计量检定标准器和新型气象仪器技术考核工作；

• 参与检定设备的改进、新技术开发、检定方法的研究工作；

• 参与对市级计量检定业务的培训和技术指导；

• 完成领导交办的其他工作。

② 上岗条件：

• 具有良好的职业道德，团结协作，爱岗敬业；

• 具有大气探测或计量检定相关专业本科以上学历，中级以上技术职务任职资格，并经考核合格，持有相应机构颁发的检定员证；

• 熟悉计量检定工作法律、法规和有关规章制度；

• 熟悉计量检定标准设备、器具和气象仪器，能熟练地进行操作、调试、维修；

• 了解本专业领域国内外现状和发展趋势；

• 具有对初级岗位人员进行技术指导的能力；

• 具有论文撰写和技术总结能力；

• 具有完成岗位职责的身体条件。

3)高级岗

① 岗位职责：

• 负责气象计量标准考核、计量业务管理等工作。其中，首席岗负责计量检定质量的管理、核查、监督和控制工作，将另外设岗；

• 负责全省气象计量标准器计量性能的监控管理，负责建立计量检定资料档案；

• 负责失控计量标准器和检定设备的停用、报废及计量检定设备的改进、更新；

• 负责检定规程的制订、修改和检定方法的研究工作；写明专业详情；

• 负责检定业务的技术把关和新技术开发应用；

• 负责对市级计量检定业务的培训和技术指导工作；

• 完成领导交办的其他任务。

② 上岗条件：

• 具有良好的职业道德，团结协作，爱岗敬业；

• 一般应具有相关大气探测或计量检定相关专业硕士研究生以上学历，在本岗位工作五年以上，相关专业高级工程师技术职务任职资格，并经考核合格，持有相应机构颁发的检定员证；

• 熟悉计量检定工作法律、法规和有关规章制度；

• 具有较强的业务组织管理能力（主要针对计量检定管理岗）；具备计量检定标准设备、器具的状态分析能力；

• 具有较强的检定测试数据分析能力，了解本专业领域国内外现状和发展趋势；

• 具有对中、初级岗位人员进行技术指导的能力；

• 具有较强的论文撰写和技术总结能力；

• 具有完成岗位职责的身体条件。

(4)物资供应岗

1)初级岗

① 岗位职责：

• 承担气象技术装备收发货、仓储管理、运输等工作；

• 承担气象物资储备库的对账、盘点工作；

• 承担全省探空站制氢、用氢安全的检查落实工作，承担仓库的防火防盗防腐等安全工作；

• 了解气象技术装备需求，承担产品质量、性能等信息的收集和反馈工作；

• 完成领导交办的其他工作。

② 上岗条件：

• 具有良好的职业道德，团结协作，爱岗敬业；

• 一般应具有气象相关专业本科以上学历，初级以上技术职务任职资格；

• 了解气象技术装备专业理论和技术知识；

• 了解本省台站物资供应业务情况；

• 具有一定的论文撰写和技术总结能力；

• 具有完成岗位职责的身体条件。

2)中级岗

① 岗位职责：

- 负责气象技术装备入库验收，并参与行业气象装备供应和业务指导；
- 负责积压报废物资处理；
- 负责全省探空站制氢、用氢安全检查，仓库的防火防盗防腐等工作；
- 承担气象观测设备及消耗器材的采购及计划、调拨工作，参与拟定年度供应计划；
- 完成领导交办的其他工作。

② 上岗条件：

- 具有良好的职业道德、团结协作和爱岗敬业精神；
- 一般应具有气象相关专业本科以上学历，中级以上技术职务任职资格；
- 熟悉气象技术装备专业理论和技术知识；
- 熟悉本省台站物资供应业务情况；
- 具有对初级岗位人员进行技术指导的能力；
- 具有论文撰写和技术总结能力；
- 具有完成岗位职责的身体条件。

3)高级岗

① 岗位职责：

- 负责行业气象装备供应和业务指导；
- 负责制定气象物资供应应急预案和调配；
- 负责拟定全省气象装备物资采购、年度供应计划；
- 承担省级气象物资储备的规划设计，指导市级气象物资供应储备计划的制定；
- 负责拟定全省气象装备物资供应年度计划；
- 完成领导交办的其他工作。

② 上岗条件：

- 具有良好的职业道德，团结协作，爱岗敬业；
- 一般应具有本科以上学历，在相关技术岗位工作五年以上，高级技术职务任职资格，具备较强的业务管理与协调能力；
- 熟练掌握气象技术装备专业理论和技术知识；
- 熟悉国内气象技术装备发展趋势，熟悉本省(区、市)台站物资供应业务情况；
- 具有对中初级岗位人员进行技术指导的能力；
- 具有较强的论文撰写和技术总结能力；
- 具有完成岗位职责的身体条件。

(5)技术开发岗

1)中级岗

① 岗位职责：

- 参加气象技术装备故障检测检修方法的研究和相关维修设备的研发；
- 承担气象技术设备的升级改造；
- 承担大气探测相关技术研究开发；
- 承担气象设备信息系统和相关管理软件的开发；承担气象装备运行状态信息挖掘与应用；

• 完成领导交办的其他工作,协助高级岗位人员进行技术开发并完成其他任务。

② 上岗条件:

• 具有良好的职业道德,团结协作,爱岗敬业;

• 具有大气探测或电子类相关专业大学本科以上学历,中级技术职务任职资格;

• 熟悉各类大气探测设备的原理、结构和性能,了解国内外气象装备技术的发展趋势,能熟练使用各种测试仪表;

• 具备相关研发和技术能力;

• 具有论文撰写和技术总结能力;

• 具有完成岗位职责的身体条件。

2)高级岗

① 岗位职责:

• 承担气象技术装备故障检测检修方法的研究和相关维修设备的研发;

• 负责拟定气象技术设备升级改造技术方案;

• 组织开展大气探测相关技术研究,承担科研选题和实施方案编制;

• 负责气象装备运行状态信息挖掘与应用;承担气象观测站网布局规划技术支持;

• 负责对中级岗位人员进行技术指导;

• 完成领导交办的其他工作。

② 上岗条件:

• 具有良好的职业道德,团结协作,爱岗敬业;

• 一般应具备大气探测或电子类相关专业硕士研究生以上学历,相关专业高级技术职务任职资格,在本岗位工作五年以上;

• 熟悉大气探测基本业务和相关规范,掌握大气探测专业理论和技术知识,掌握国内外气象装备技术的发展趋势;

• 具有对中级岗位人员进行技术指导的能力;

• 具有较强的论文撰写和技术总结能力;

• 具有完成岗位职责的身体条件。

1.3.5.3 市级气象观测技术装备保障类岗位职责与要求

(1)运行监控岗

1)初级岗

① 岗位职责:

• 承担所辖区域各类气象观测设备运行状态监控值班工作;

• 承担传递气象观测设备维护维修工作信息;负责计量检定周期和物资供应信息收集、分发;

• 承担运行监控系统常规维护;

• 完成领导交办的其他工作。

② 上岗条件:

• 具有良好的职业道德,团结协作,爱岗敬业;

• 具有计算机、通信或大气探测相关专业大学专科以上学历,初级以上专业技术职务任职资格；

• 了解气象观测业务和各类气象观测设备的工作原理及仪器性能；

• 了解监控网络系统结构、功能和软硬件基本配置、运行环境，掌握系统操作方法，具备判别系统运行状态能力；

• 熟悉气象装备运行监控业务流程和规范；

• 具有完成岗位职责的身体条件。

2)中级岗

① 岗位职责：

• 负责所辖区域各类气象观测设备运行状态监控值班工作；

• 负责传递气象观测设备维护维修工作信息；负责计量检定周期和物资供应信息收集、分发；

• 负责各类气象观测设备故障的统计分析，制作监控周、月、年报；

• 承担运行监控系统维护维修；

• 完成领导交办的其他工作。

② 上岗条件：

• 具有良好的职业道德，团结协作，爱岗敬业；

• 一般应具有计算机、通信或大气探测相关专业大学本科以上学历，中级以上专业技术职务任职资格；

• 熟悉气象观测业务与各类气象观测设备的工作原理及仪器性能；

• 熟悉监控网络系统结构、功能和软硬件基本配置、运行环境，掌握系统操作方法，具备判别系统运行状态能力；

• 熟悉气象装备运行监控及其他业务流程和规范，具有对初级岗位人员进行技术指导的能力；

• 具有对初级岗位人员进行技术指导的能力；

• 具有完成岗位职责的身体条件。

3)高级岗

① 岗位职责：

• 参加各类气象观测设备运行状态监控值班工作；

• 负责运行监控周、月、年报信息发布技术把关工作；

• 负责运行监控系统疑难故障诊断、故障排除工作；

• 组织运行监控系统专项规划、系统设计开发、新技术推广。负责监控系统本地化和升级改造工作，牵头进行新系统的测试和评估工作，提出系统优化建议等；

• 负责本辖区气象观测设备监控业务工作；

• 完成领导交办的其他工作任务。

② 上岗条件：

• 具有良好的职业道德，团结协作，爱岗敬业；

• 一般应具有计算机、通信或大气探测相关专业本科以上学历，在相关技术岗位工作五年以上，相关专业高级专业技术职务任职资格；

• 熟练掌握气象观测业务与各类气象观测设备的工作原理和仪器性能；

• 具有运行监控系统设计、开发能力，具有较高的技术总结能力；

• 熟悉气象装备运行监控及其他业务流程和规范，具有对中、初级岗位人员进行技术指导的能力；

• 具有完成岗位职责的身体条件。

(2)计量检定岗

1)初级岗

① 岗位职责：

• 承担计量标准器和检定设备的管理、维护和送检工作；

• 承担所辖区域各种气象仪器的检定、检修工作；

• 承担建立检定项目有关的检定记录、证书副本等技术资料；

• 承担送检仪器收发、登记、保管工作；

• 完成领导交办的其他工作。

② 上岗条件：

• 具有良好的职业道德，团结协作，爱岗敬业；

• 具有大气探测或计量检定相关专业专科以上学历，初级以上技术职务任职资格，并持有相应机构颁发的检定员证；

• 熟悉国家计量检定工作方针、政策、法律、法规和有关规章制度；

• 熟悉所从事项目的检定规程，能够独立操作并准确出具检定证书或测试结果；

• 了解计量检定标准设备、器具和气象仪器的原理、性能、结构和维修以及保养知识，能够正确地进行操作使用、维修、调试；

• 具有完成岗位职责的身体条件。

2)中级岗

① 岗位职责：

• 负责计量标准器和检定设备的管理、维护和制定送检计划；

• 承担所辖地区各种气象仪器的检定(或校验)和日常维护工作；

• 负责建立、保存所从事检定项目有关的检定记录、证书副本等技术资料；

• 承担送检仪器收发、登记、保管工作；

• 掌握新型气象计量检定标准的使用和维护方法，参与新型计量检定标准器和新型气象仪器的性能测试及相关技术考核工作；

• 完成领导交办的其他工作。

② 上岗条件：

• 具有良好的职业道德，团结协作，爱岗敬业；

• 一般应具有大气探测或计量检定相关专业本科以上学历，在本岗位初级岗工作三年以上，中级以上技术职务任职资格，并经考核合格，持有相应机构颁发的检定员证；

• 熟悉国家计量检定工作方针、政策、法律、法规和有关规章制度；

• 具有良好的检定基础知识并经过计量专业培训，熟悉所从事项目的检定规程，能够独立操作并准确出具检定证书或测试结果；

• 熟悉所使用的计量检定标准设备和器具原理、性能、结构和维修以及保养知识，能正确地进行操作使用；

• 熟悉气象仪器的原理、性能、结构，熟练地进行维修、调试；

• 具有对初级岗位人员进行技术指导的能力；

• 具有完成岗位职责的身体条件。

3)高级岗

① 岗位职责：

• 负责本部门计量检定机构管理、气象计量标准考核、计量业务管理等工作；

• 负责本部门气象计量标准器计量性能的监控管理，负责建立计量检定资料档案，负责保存、管理历史检定技术资料；

• 负责失控计量标准器和检定设备的停用、报废及计量检定设备的改进、更新，承担检定规程的制定、修改和检定方法的研究工作；

• 承担新增计量检定项目的建标和业务开展，承担新型气象计量检定标准性能测试、考核、建标材料的申报工作；

• 完成领导交办的其他任务。

② 上岗条件：

• 具有良好的职业道德，团结协作，爱岗敬业；

• 一般应具有相关大气探测或计量检定相关专业本科以上学历，在本岗位中级岗工作三年以上，相关专业高级技术职务任职资格，并经考核合格，持有相应机构颁发的检定员证；

• 熟悉国家计量工作方针、政策、法律、规定和有关规章制度；

• 深入了解计量检定标准器和检定设备的工作原理、性能、结构和维修以及保养知识，具有主持相关科研课题的能力；

• 具有坚实的数据分析能力和专业技术知识，熟悉本专业领域国内外现状和发展趋势；

• 具有丰富的工作经验和较强的组织管理能力；

• 具有对中、初级岗位人员进行技术指导的能力；

• 具有完成岗位职责的身体条件。

(3)装备保障岗

1)初级岗

① 岗位职责：

• 承担所辖区域各类探测设备的维修保障，参与大型探测装备的维修保障；

• 承担对维修、调试所用各种工具、仪表、设备的维修维护工作；

• 承担所辖区域各类探测设备的巡检；

• 承担所辖区域气象技术装备物流监控，做好气象技术装备需求、产品质量等信息收集和反馈；

• 承担气象技术装备收、发货工作，对所辖的气象技术装备建账、核对及信息化管理；

• 承担库存气象技术装备的保管、保养和维护工作；

• 完成领导交办的其他工作。

② 上岗条件：

• 具有良好的职业道德，团结协作，爱岗敬业；

• 具有大气探测相关专业或电子类大专以上学历，初级以上技术职务任职资格；

• 了解各类气象观测规范和业务规章制度，了解综合气象观测系统的原理、结构和性能；

• 熟练使用各种测试仪表、设备，熟练地进行维修、调试，迅速排除故障；

• 熟悉和掌握各类业务软件，能够熟练使用计算机进行设备调试、参数设置、数据处理；

• 了解与地面气象观测相关的法律和法规；

• 具有完成岗位职责的身体条件。

2)中级岗

① 岗位职责：

• 负责所辖区域各类探测设备的维修保障，对维修、调试所用各种仪表、设备维修维护工作；

• 负责维修维护的档案管理和资料收集，并建立信息库；

• 负责各类探测设备的巡检；

• 对初级岗位装备保障人员进行技术指导；

• 负责汇总各台站年度计划进行上报；

• 承担气象技术装备收、发货工作，对所辖的气象技术装备建账、核对及信息化管理；

• 负责库存气象技术装备的保管、保养和维护工作；

• 完成领导交办的其他工作。

② 上岗条件：

• 具有良好的职业道德，团结协作，爱岗敬业；

• 一般应具有大气探测相关专业或电子类本科以上学历，中级以上技术职务任职资格；

• 熟悉各类气象观测规范和业务规章制度，熟悉综合气象观测系统的原理、结构和性能；

• 能熟练使用各种测试仪表、设备，熟练地进行维修、调试，迅速排除故障；

• 具有对初级岗位人员进行技术指导的能力；

• 具有完成岗位职责的身体条件。

3)高级岗

① 岗位职责：

• 负责所辖区域气象探测装备建设的技术把关工作；

• 负责分析气象技术装备、仪器性能和质量状况，提出改进建议；

• 承担所辖区域气象探测装备建设的相关任务；

• 负责对初、中级岗位装备保障人员进行技术指导；

• 负责新型探测设备试验的维修维护和技术把关；

• 完成领导交办的其他工作任务。

② 上岗条件：

• 具有良好的职业道德，团结协作，爱岗敬业；

• 一般应具有大气探测相关专业或电子类本科以上学历，高级技术职务任职资格；

• 熟悉各类气象观测规范和业务规章制度，熟悉综合气象观测系统的原理、结构和性能；

• 具有坚实的专业基础理论和专业技术知识，熟悉国内气象装备技术的发展趋势；

• 具有对初、中级岗位人员进行技术指导的能力；

• 具有较高的技术总结能力和技术开发应用能力；

• 具有完成岗位职责的身体条件。

(4)雷达保障岗

1)初级岗

① 岗位职责：

• 承担本站雷达系统运行状态监控工作；

• 承担雷达系统日巡查、周、月维护、故障诊断维修工作；

• 承担雷达测试维修所用仪器仪表和备品备件的管理工作；

• 承担雷达故障档案整编和资料收集，并录入信息库工作；

• 完成领导交办的其他工作。

② 上岗条件：

• 具有良好的职业道德，团结协作，爱岗敬业；

• 具有大气探测或自动控制相关专业大学专科以上学历，初级以上专业技术职务任职资格；

• 了解雷达相关业务规范和雷达工作原理、系统结构、信号流程；

• 了解雷达测试维修仪表的标定和测量方法，能够在中、高级岗位人员指导下使用测试仪表进行故障定位；

• 能够识别有关雷达状态监控信息的含义；

• 具有完成岗位职责的身体条件。

2)中级岗

① 岗位职责：

• 负责本站雷达系统运行状态监控工作；

• 负责雷达系统日巡查、周、月维护、故障诊断维修工作；

• 负责雷达测试维修所用仪器仪表和备品备件的管理工作；

• 负责雷达故障档案整编和资料收集，并进行信息库管理工作；

• 完成领导交办的其他工作。

② 上岗条件：

• 具有良好的职业道德，团结协作，爱岗敬业；

• 一般应具有大气探测或自动控制相关专业大学本科以上学历，在本岗位初级岗工作三年以上，中级以上专业技术职务任职资格；

• 熟悉雷达相关业务规范和雷达工作原理、系统结构、信号流程，熟悉雷达测试维修仪表的标定和测量方法，能够独立使用测试仪表进行故障定位；

• 具有对初级岗位人员进行技术指导的能力；

• 具备应用雷达状态监控信息分析雷达运行状态的能力；

• 具有完成岗位职责的身体条件。

3)高级岗

① 岗位职责：

• 负责对本站雷达设备运行监控、常规维护、故障维修、故障档案管理等工作进行技术把关；

• 负责制定年度备品备件订购计划；
• 负责雷达系统维修、技术升级的总结分析；
• 定期开展雷达运行效能分析评估；
• 负责对本站初、中级岗位人员进行技术指导；
• 完成领导交办的其他工作任务。

② 上岗条件：

• 具有良好的职业道德，团结协作，爱岗敬业；
• 具有大气探测或自动控制相关专业本科以上学历，在本岗位中级岗工作三年以上，相关专业高级专业技术职务任职资格；
• 熟练掌握雷达相关业务规范和雷达工作原理、系统结构、信号流程；
• 可以进行雷达系统故障定位，并排除常见故障，具有雷达相关业务技术开发和技术总结能力；
• 具有对初、中级岗位人员的业务工作技术指导的能力；
• 具有完成岗位职责的身体条件。

1.3.5.4 县级气象观测技术装备保障类岗位职责与要求

(1)装备保障岗

1)初级岗

① 岗位职责：

• 承担所辖区域各类探测设备的维修保障；
• 承担对维修、调试所用各种工具、仪表、设备的维修维护工作；
• 承担所辖区域探测设备的巡检；
• 承担气象技术装备收、发货、入库验收；
• 完成领导交办的其他工作。

② 上岗条件：

• 具有良好的职业道德，团结协作，爱岗敬业；
• 一般应具有大气探测相关专业或电子类大专以上学历，初级以上技术职务任职资格；
• 了解各类气象观测规范和业务规章制度，了解气象观测装备的原理、结构和性能；
• 能熟练使用常用测试仪表、设备，进行维修、调试操作；
• 了解各类业务软件，能够使用计算机进行设备调试、参数设置、数据处理；
• 具有完成岗位职责的身体条件。

2)中级岗

① 岗位职责：

• 负责各类探测设备的维修保障和所用各种仪表的维修维护工作；
• 负责维修维护的档案管理和资料收集，并建立信息库；
• 制定所辖区域各类探测装备的巡检计划；
• 配合上级部门开展年维护/巡检、系统维修、技术升级等工作；
• 承担出、入库的气象技术装备建账、核对及信息化管理；
• 承担库存气象技术装备的保管、保养和维护工作；

- 完成领导交办的其他工作，协助上级部门的高级岗位人员完成其他任务。

② 上岗条件：

- 具有良好的职业道德，团结协作，爱岗敬业；
- 具有大气探测相关专业或电子类大专以上学历，中级以上技术职务任职资格；
- 熟悉各类气象观测规范和业务规章制度，熟悉气象观测装备的原理、结构和性能；
- 熟悉综合气象观测系统的原理、结构和性能，能熟练使用各种测试仪表、设备进行故障诊断，并排除常见故障；
- 熟悉各类业务软件，能够熟练使用计算机进行设备调试、参数设置、数据处理；
- 具有完成岗位职责的身体条件。

模块2

电子技术知识与技能

任务 2.1 识别电路

自动气象站硬件部分包含很多电路，要进行测量与维护维修，必须掌握电路基础知识和在自动气象站测试中涉及的模拟信号与数字信号、直流电信号与交流电信号、串行信号与并行信号，这样才能对自动气象站硬件更加了解，相关的工作也能顺利进行。

2.1.1 电路概述

电路是为了实现某些功能，将电源、导线、开关、负载等电气设备或元器件组合起来，能使电流导通的整体。简单来说，电路就是电流的通路。电路的主要功能包括实现电能的传输、分配和转换，以及实现信号的传递和处理。例如，在电流通过时电风扇将电能转换成机械能；电视机将接收到的信号经过处理、转换成图像和声音。

在日常生活中，常用理想元件组成的电路模型来分析计算电路。电路分为串联电路和并联电路。

2.1.1.1 串联电路

串联电路是电路元件沿着单一路径串联的电路（图 2.1.1）。在一个串联电路中，流过每个电阻的电流相等；总电压等于分电压（每个电阻两端的电压）之和；总电阻等于分电阻之和。

2.1.1.2 并联电路

并联电路是电路元件“首首相接，尾尾相连”并列连接的电路（图 2.1.2）。在并联电路中，支路电流等于各电流之和；各支路两端的电压相等，且等于总电压；总电阻的倒数等于各分电阻的倒数之和。

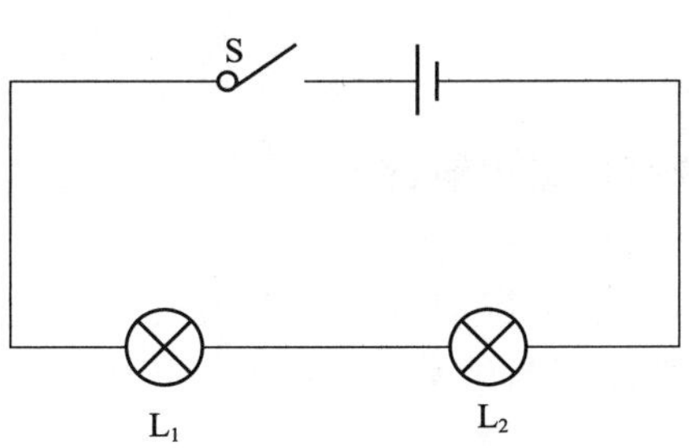

图 2.1.1 串联电路模型图

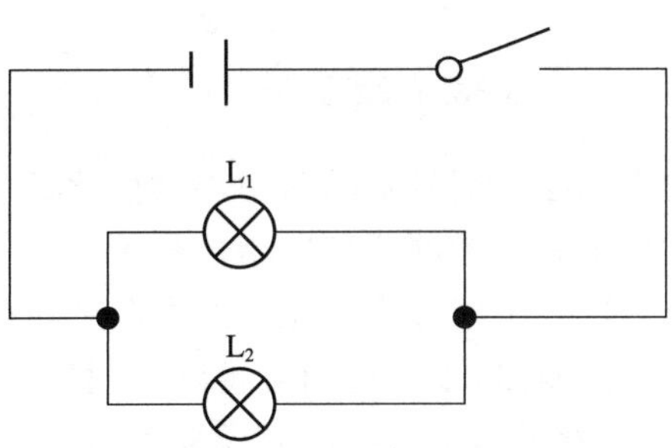

图 2.1.2 并联电路模型图

当电阻两端的电压与流过电阻的电流为关联参考方向时，根据欧姆定律 $I=U/R$ 可知电压与电流成正比。

当电阻值固定不变时，其伏安特性如图 2.1.3 所示。当电阻两端的电压与流过电阻的电流不成正比时，电阻值为非固定值，其伏安特性如图 2.1.4 所示。

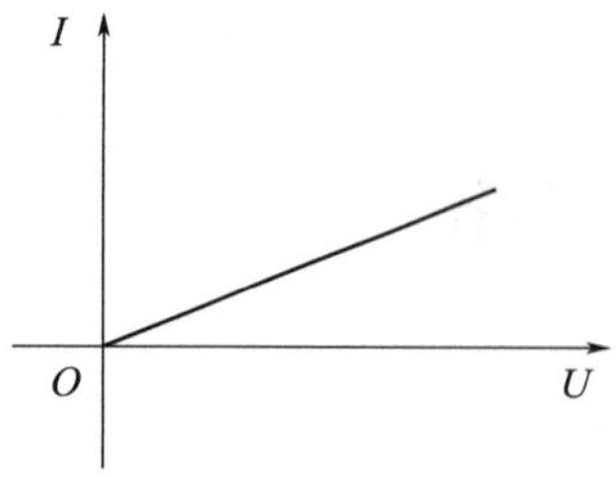

图 2.1.3 线性电阻的伏安特性

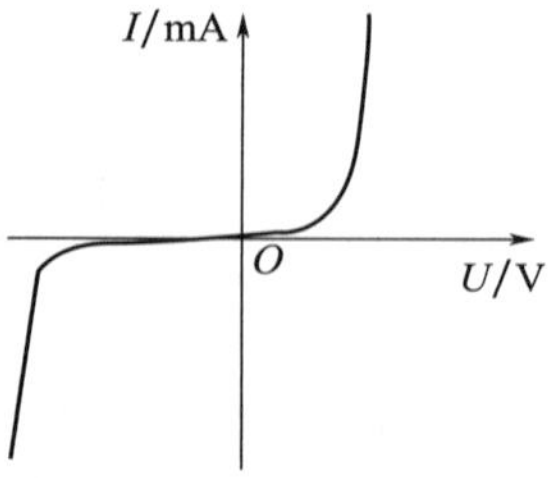

图 2.1.4 非线性电阻的伏安特性

2.1.2 模拟信号

信号是表示消息的物理量，可用于表示任何信息，如符号、文字、语音、图像等。电信号可以通过幅度、频率、相位的变化来表示不同的消息，这种电信号有模拟信号和数字信号两类。

模拟信号是指用连续变化的物理量表示的信息，其信号的幅度、频率、相位随时间做连续变化，如温度、湿度、气压、电流、电压等，通常又把模拟信号称为连续信号，它在一定的时间范围内可以有无限多个不同的取值，波形图如图 2.1.5 所示。模拟信号分类较多，本节只介绍模拟电压、电流、电阻信号。

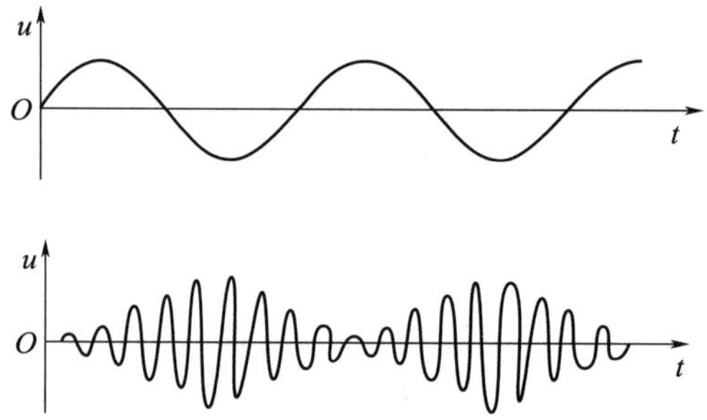

图 2.1.5 模拟信号

2.1.2.1 模拟电压信号

模拟电压信号是随时间连续变化的电压信号，在模拟电路中输出的信号为电压信号。我国符合工业标准的模拟电压信号为 1～5 V(DDZ-III 标准)。

模拟电压信号容易受线路电阻的影响。一般来说，输出电压信号的一次仪表在一定的负载下恒压输出，不允许信号短路，信号最小值为零时与断路不易区分，连接时一定要考虑电位的基准，测量两个负极间有无电位差。

2.1.2.2 模拟电流信号

模拟电流信号是随时间连续变化的电流信号，在模拟电路中输出的信号为电流信号。我国符合工业标准的模拟电流信号为 4～20 mA。模拟电流信号不大容易受到线路电阻的影响；允许信号短路；有二线、三线、四线之分，两线是将供电与输出共用一对电线。

2.1.2.3 模拟电阻信号

模拟电阻信号是随时间连续变化的电阻信号，在模拟电路中输出的信号为电阻值信号。容易受导线和环境温度的影响，一般在回路中采用三线、四线接线。

在实际应用中，模拟信号有精确的分辨率，不存在量化误差，它可以对物理量的真实值尽可能逼近，模拟信号处理可以直接通过模拟电路组件实现，信号处理简单，但在传输的过程中会受到外界和通信系统内部的各种噪声干扰，噪声和信号混合后难以分开，从而使通信质量下降，线路越长，积累的噪声也就越多。

模拟信号已广泛应用在通信、自动控制、航天航空及医疗领域，如广播的声音信号，图像信号等。当然，在自动气象站中也应用广泛，自动气象站所使用的模拟传感器的输出信号为模拟信号，如温度、湿度、气压、蒸发、热电辐射等。

2.1.3 数字信号

数字信号是指幅度的取值是离散的，幅值表示被限制在有限个数值之内。在计算机中，数字信号的大小常用有限的二进制数表示，其根本原因是电路只能表示两种状态，即电路的通与断，在实际的数字信号传输中，通常是将一定范围的信息变化归类为状态 0 或状态 1。数字信号如图 2.1.6 所示。

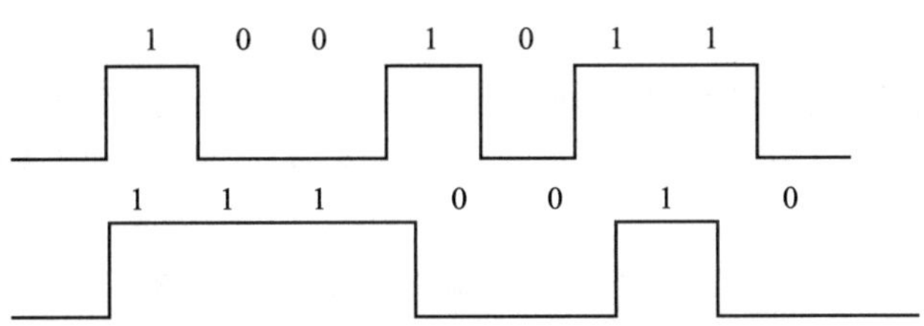

图 2.1.6 数字信号示意图

数字信号的种类有很多种，本任务只介绍两种典型的数字信号，即脉冲信号和频率信号。

2.1.3.1 脉冲信号

脉冲信号是一种离散信号，形状多种多样，广义上讲，一切非正弦的带有突变特点的电压或电流统称为脉冲。与普通模拟信号相比，波形之间在 Y 轴不连续，但具有一定的周期性(图 2.1.7)。

脉冲一般包括脉冲幅度、脉冲宽度、脉冲上升时间、脉冲下降时间、脉冲周期、脉冲频率等主要特征参数。

脉冲幅度 U_m：脉冲波从底部到顶部之间数值；

脉冲上升时间 t_r：脉冲波从 $10\%U_m$ 上升到 $90\%U_m$ 所经历的时间；

脉冲下降时间 t_r：脉冲波从 $90\%U_m$ 下降到 $10\%U_m$ 所经历的时间；

脉冲宽度 t_p：即脉冲的持续时间；

脉冲重复周期 T：两个相邻脉冲之间的时间间隔，称为脉冲重复周期 T，脉冲的重复频率 $f_r=1/T$。

脉冲技术广泛地应用于电子计算机、通信、雷达、电视、自动控制、遥测遥控、无线电导航、测量技术等各个领域，成为各种电子系统中的重要的组成部分。

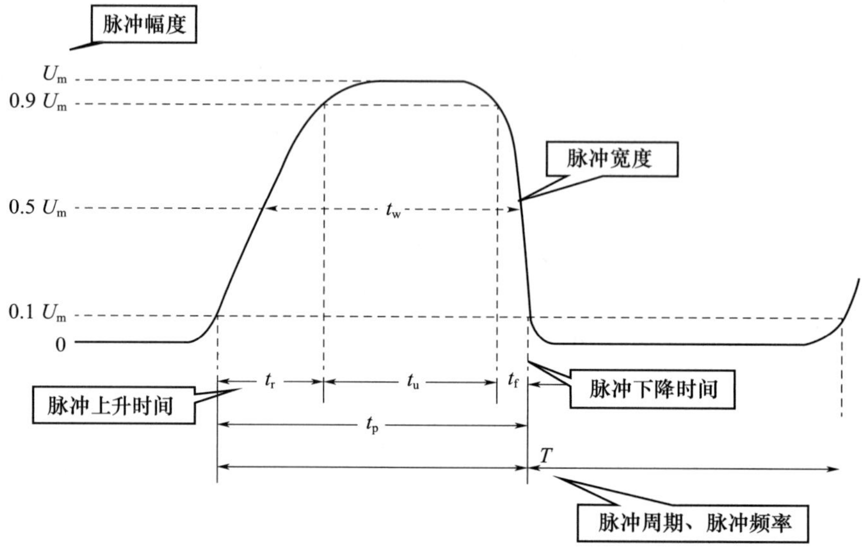

图 2.1.7　脉冲信号

2.1.3.2　频率信号

频率是单位时间内完成周期性变化的次数，是描述周期运动频繁程度的量。频率信号也称为信号频率，通常是由于信号的带宽而起的作用。频率信号就是用改变频率特征的方式来表达电路的“1”和“0”两种状态。

为了定量分析物理学上的频率，势必涉及频率测量。频率测量的一般原理是通过相应的传感器，将周期变化的特性转化为电信号，再由电子频率计显示对应的频率，如工频、声频、振动频率等。除此之外，还有应用多普勒效应原理对声频的测量。测量频率的方法一般分为无源测频法、有源测频法及电子计数法三种。频率信号不仅在力学、声学中应用，在电磁学、光学与无线电技术中也经常使用。

数字信号抗干扰能力特别强，传输质量高，保密性强，便于存储、处理和交换；更加节约信号传输通道资源，但技术要求复杂，电路算法复杂，进行模/数转换时会存在量化误差，占用频带也较宽。

数字信号不仅广泛应用于医疗卫生、自动化工程、雷达探测、航空航天等领域，在自动气象站中也应用广泛，在自动气象站中所使用的串口通信、光纤通信、CAN 总线信号则为数字信号，还有一些输出为数字信号的传感器，如雨量、风向、风速、能见度、天气现象传感器等。

2.1.4　直流电信号

2.1.4.1　定义

直流电是指电荷沿着一个不变的方向运动、不随时间做周期性变化。恒定电流是直流电的一种，是大小和方向都不变的电流，恒定电压是大小和方向都不变的电压，波形如图 2.1.8 所示。

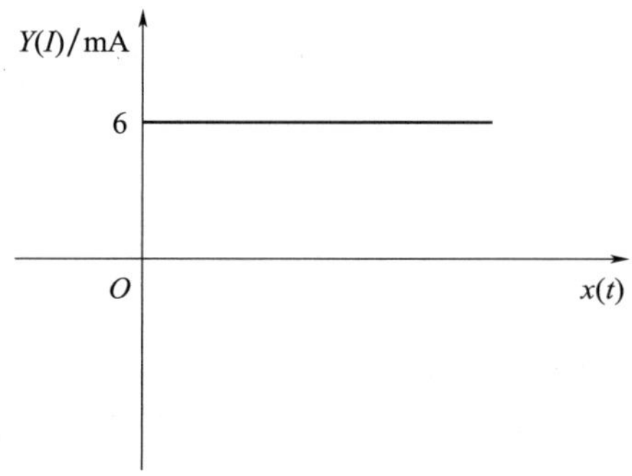

图 2.1.8 直流电流

2.1.4.2 特点

产生直流电的电源称为“直流电源”，简称为直流，记为 DC。直流电有如下特点。

(1)输送相同功率时，直流输电所用线材仅为交流输电的 2/3～1/2。

直流输电采用两线制，以大地或海水作回线，与采用三线制三相交流输电相比，在输电线截面积相同和电流密度相同的条件下也可以输送相同的电功率，不考虑损耗，输电线和绝缘材料可节约 1/3。如果考虑到各种损耗(绝缘材料的介质损耗、磁感应的涡流损耗、架空线的电晕损耗等)，输送同样功率交流电所用导线截面积大于或等于直流输电所用导线的截面积的 1.33 倍。因此，直流输电所用的线材几乎只有交流输电的一半。

(2)在电缆输电线路中，直流输电没有电容电流产生。

交流输电线路存在电容电流，引起损耗，在一些特殊场合，必须用电缆输电，而在直流输电中，由于电压波动很小，基本上没有电容电流加在电缆上。

(3)直流输电时，其两侧交流系统不需要同步运行，而交流输电必须同步运行。

交流远距离输电时，电流的相位在交流输电系统的两端会产生显著的相位差，并网的各系统交流电的频率虽然规定统一为 50 Hz，但实际上常产生波动，这两种因素引起交流系统不能同步运行，需要用复杂庞大的补偿系统和综合性很强的技术加以调整，否则就可能在设备中形成强大的循环电流而损坏设备，或造成不同步运行的停电事故。

(4)直流输电发生故障的损失比交流输电要小。

两个交流系统若用交流线路互连，则当一侧系统发生短路时，另一侧要向故障一侧输送短路电流，因此使两侧系统原有开关切断短路电流的能力受到威胁，需要更换开关，而直流输电中，由于采用可控硅装置，电路功率能迅速、方便地进行调节，直流输电线路上基本不向发生短路的交流系统输送短路电流，故障侧交流系统的短路电流与没有互连时一样，因此不必更换两侧原有开关及载流设备。

(5)稳恒的直流电不产生电磁辐射。

由于只产生电场，不产生交变磁场，即使是超高压直流电，它也只是电场强到使空气电离而发光，此时的光辐射是空气电离发出的，并不是导线，不产生电磁波。所谓的电磁辐射就是能量以电磁波形式从辐射源发射到空间的现象。电流在导体内的流动会产生电场，电流在导体内变化会产生磁场，因此辐射出去的叫电磁波。

直流电主要应用于各种电子仪器的供电、控制、电解、电镀、直流电力拖动等方面。在自动气象站中，电源控制器（开关电源）、蓄电池的输出均为标准直流电压，为主、分采集器和各传感器提供工作电压。可以使用万用表来实际测量，测量时相对而言对人体的危害要小。

2.1.5 交流电信号

交流电是大小和方向都随时间而周期性变化的电流，也称交变电流。发电厂的发电机利用动力使发电机中的线圈运转，每转180°发电机输出电流的方向就会变换一次，因此电流的大小也会随时间规律性的变化，这种电源就称为“交流电源”，记为AC。我国电网接入电压为AC 220 V，频率为50 Hz。美国电网接入电压为AC 110 V，频率为60 Hz。

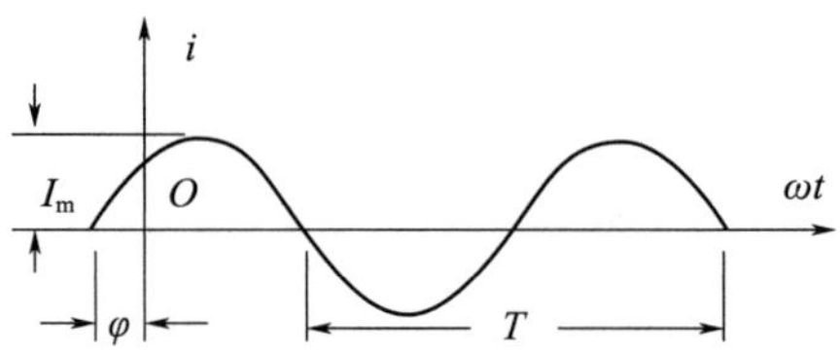

图 2.1.9 正弦交流电

交流电中最典型的是正弦交流电，即大小和方向都随时间按正弦规律变化。其波形如图 2.1.9 所示。数学表达式为：

$$i=I_m\sin(\omega t+\varphi)$$

式中，初相角 φ 决定正弦量起始位置，角频率 ω 决定正弦量变化快慢，振幅 I_m 决定正弦量的大小，把振幅、角频率、初相角称为正弦量的三要素。

交流电对生活提供了便利，其特点如下：

① 交流电相比直流电远距离输送更加方便；

② 在发电量相同的条件下，交流电的发电设备比直流发电设备简单；

③ 交流电产生的电弧比直流电产生的电弧更加容易熄灭；

④ 交流电的电压变换通过变压器升压或降压，容易实现；

⑤ 生活中大多数电器都是使用直流电，交流电需要经过整流滤波后才能使用。

在日常生活和工农业生产中，交流电随处可见，例如，照明设备、冰箱、洗衣机等电气设备使用的就是单相正弦交流电。而在自动气象站中采用的是交流的供电系统经开关电源将其转换为直流电输出。交流电用万用表测量，交流电对人体伤害大，在测量时要注意操作安全。

2.1.6 串行通信

串行通信是指计算机主机与外设之间及主机系统与主机系统之间数据的串行传送。使用一条数据线，将数据一位一位地依次传输，每一位数据占据一个固定的时间长度，只需要少数几条线就可以在系统间交换信息，如图 2.1.10 所示。

串行通信有两种通信方式，即同步通信和异步通信。根据信息的传送方向，串行通信可分为单工、半双工、全双工。

同步通信是一种连续串行传送数据的通信方式，一次通信只传送一帧信息，信息帧通常含有若干个数据字符，由同步字符、数据字符和校验字符组成。同步字符是指位于帧开头，用来确认数据字符的开始。数据字符是在同步字符之后，个数没有限制，由所需传输的数据块长度来决定。校验字符是用于接收端对接收到的字符序列进行正确性的校验。串行通信必须要求发送时钟和接收时钟保持严格的同步。

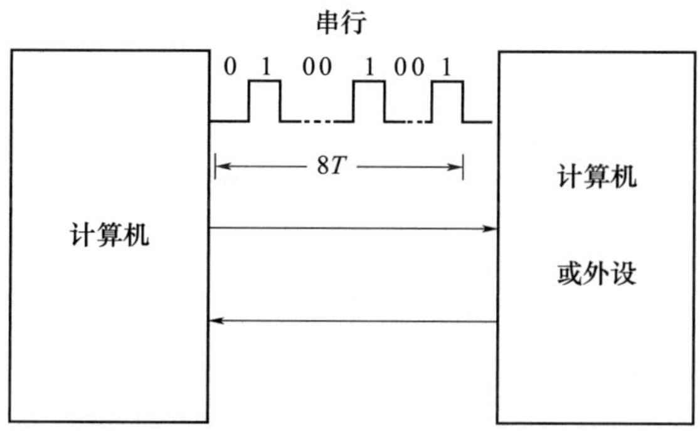

图 2.1.10 串行通信示意图

异步通信发送端和接收端可以由各自的时钟来控制数据的发送和接收，这两个时钟源彼此独立，互不同步。在异步通信中有两个重要的指标是字符帧格式和波特率。数据通常以字符或字节为单位组成字符帧传送，字符帧由发送端逐帧发送，通过传输线被接收设备逐帧接收。

单工通信是指消息只能单向传输的工作方式。发送端只能发送信号，不能接收信息，接收端只能接收信号，不能发送信息，数据信号仅从一端传送到另一端。半双工通信是指通信的双方都可以发送信息，但双方不能同时发送，也不能同时接收。全双工通信是指通信的双方可以同时发送和接收信息。

串行通信适合远距离传送，节省传输线，布线简便易行，施工方便，结构灵活，但数据传送效率低，工作场所多处于强电/户外等复杂环境，并且通信的发送端和接收端距离较长，所以容易受干扰。现实中，容易带入串行通信干扰的因素包括：

① 环境电磁干扰。在串行通信设备附近，会存在强电设备、功率发射台等，这些设备发射的强电磁场感应区内环境的电磁干扰强。

② 系统噪声。串行通信芯片的设计工艺与制作水平的不同，使得对输出电平的噪声控制参差不齐。

③ 码率误差。由于通信双方的波特率由各自本地产生，存在误差。

④ 地回路与参考地电位。通信双方共地应用中，由于系统间参考地信号的高低电平不一致，导致传输的信号对地电压存在一定的误差。

串行通信由于其工作特点、应用场合、器件间电平匹配，需要做相应的隔离防护。常用的隔离方法有分立器件隔离技术、光电耦合器隔离技术、新型隔离技术。新型隔离技术包括电容隔离、磁耦隔离、射频隔离等不同类型的数字隔离器。

在自动气象站中最常用到的串口通信模式有两种，即 RS-232 和 RS-485。RS-232 用来连接传感器与主采集器或分采集器等，而 RS-485 在称重降水传感器和硬件集成控制器等有所应用。

2.1.7 并行通信

一组数据的各数据位在多条线上同时被传输，这种传输方式称为并行通信，如图 2.1.11 所示。

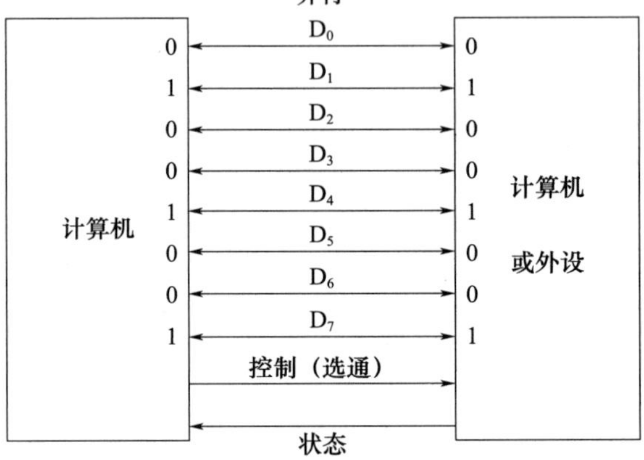

图 2.1.11 并行通信示意图

并行通信各数据位同时传输，传输速度快、效率高，多用在实时、快速的场合，是微机系统中最基本的信息交换方式，并行传递的信息不要求固定的格式，并行接口的数据传输率比串行接口快 8 倍，标准并行接口的数据传输率理论值为 1 Mbps(兆比特/秒)，并行传输的数据宽度可以是 1～128 位，甚至更宽，但是有多少数据位就需要多少根数据线，因此传输的成本较高。

并行通信抗干扰能力差，在集成电路芯片的内部、同一插件板上各部件之间、同一机箱内的插件板之间的数据传输都是并行的，以计算机的字长，通常是 8 位、16 位或 32 位为传输单位，一次传送一个字长的数据，适合于外部设备与微机之间进行近距离、大量和快速的信息交换，并行数据传输只适用于近距离的通信，通常传输距离小于 30 m。

实际生活中，并行通信都是通过并行接口来连接两个设备而实现的。一般并行接口有 3 个方面的功能：

① 实现与系统总线的连接：提供数据的输入输出功能；

② 实现与外设连接：确保与外设间有效进行数据的接收和发送；

③ 具有中断请求处理功能：外设输入输出采用中断的方法来实现。

并行通信可以广泛应用在计算机与外围设备之间的通信，如计算机和打印机之间需要并行通信线缆连接，如图 2.1.12 所示。在自动气象站值班室当中，部分计算机与打印机的连接也会使用到并行通信。

图 2.1.12 并行通信线缆

任务 2.2 认识电子元器件

2.2.1 电阻器

电荷在导体内做定向运动时会遇到阻力，这种阻力称为电阻。阻力的大小称为电阻值。电阻是导体的一种基本性质，与导体的尺寸、材料、温度有关。电阻的单位是欧姆(Ω)、千欧(kΩ)、兆欧(MΩ)。

电阻器是一种在电子产品中用得最多的电子元器件之一。它在电路中的主要作用是控制电压、电流的大小，还可以与其他元件配合，组成耦合、滤波、反馈、补偿等各种不同功能的电路。

常用电阻器的图形符号如图 2.2.1 所示。

(a) 电阻器的一般表示符号　(b) 可变 (可调) 电阻器　(c) 滑动触点电位器　(d) 预调电位器

图 2.2.1 常用电阻器图形符号

电阻器种类很多，一般可分为普通电阻器和敏感电阻器。

2.2.1.1 普通电阻器

常用电阻器(图 2.2.2)按材料可分为碳膜电阻、水泥电阻、金属膜电阻和线绕电阻等；按功率可分为 1/16W、1/8W、1/4W、1/2W、1W、2W 等额定功率的电阻；按电阻值的精确度可分为精确度为±5%、±10%、±20%等的普通电阻和精确度为±0.1%、±0.2%、±0.5%、±1%、±2%等的精密电阻。

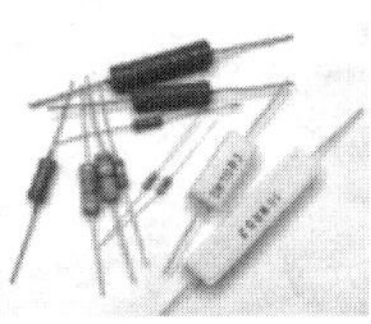

(a) 实心碳质电阻器

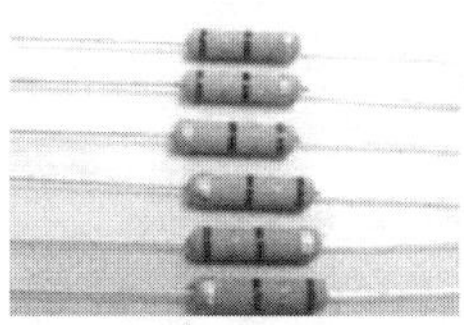

(b) 线绕电阻器

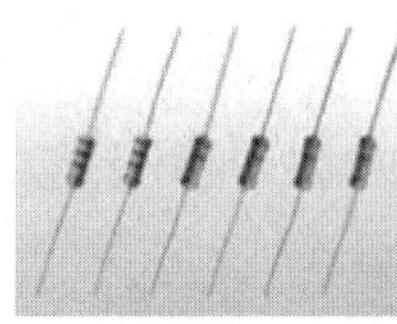

(c) 碳膜电阻器

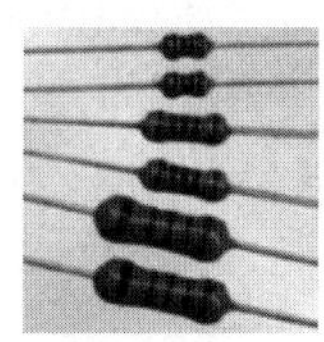

(d) 金属膜电阻器

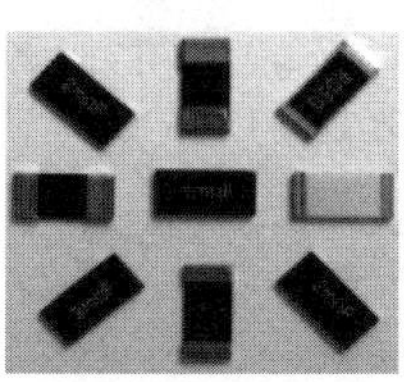

(e) 金属氧化膜电阻器

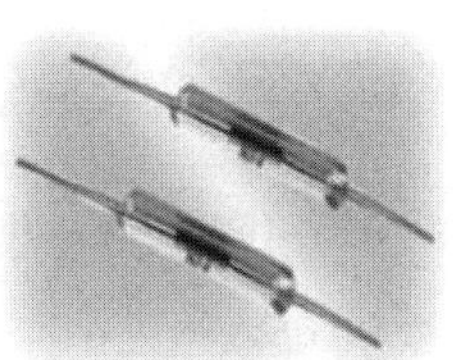

(f) 合成膜电阻器

(g) 金属玻璃釉电阻器

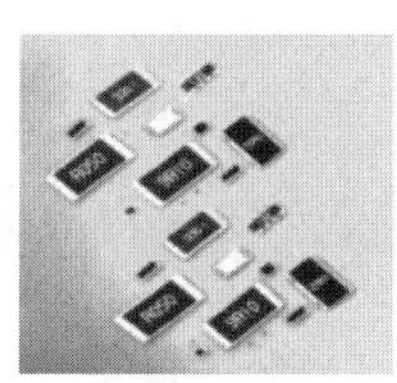

(h) 贴片电阻器

图 2.2.2 普通电阻器

2.2.1.2 敏感电阻器

有一些电阻器对某些物理量具有敏感特性，如压敏电阻、湿敏电阻、光敏电阻、热敏电阻、气敏电阻和力敏电阻等，如图 2.2.3 所示。

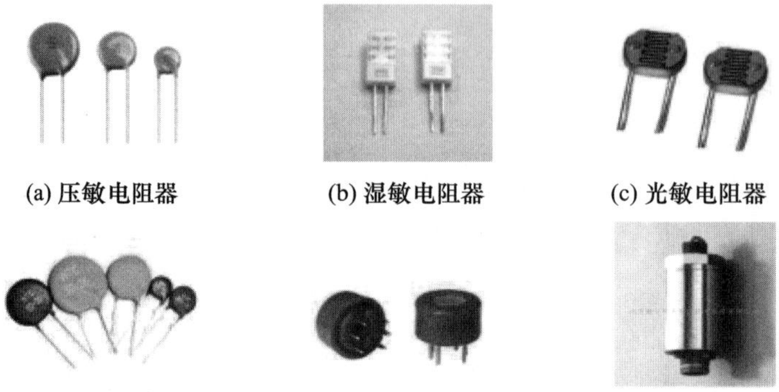

(a) 压敏电阻器 (b) 湿敏电阻器 (c) 光敏电阻器 (d) 热敏电阻器 (e) 气敏电阻器 (f) 力敏电阻器

图 2.2.3 敏感电阻器

2.2.1.3 电阻器的参数及标识方法

电阻器的主要性能指标有额定功率、标称阻值、精度等。

常用的标识方法有色环法、示值法、直接标识法。

(1)色环法

色环法是用颜色表示电阻的各种参数值，直接标志在电阻体上。它主要适用于小功率电阻，特别是 0.5W 以下的碳膜电阻和金属膜电阻。

目前国标上普遍流行色环标识电阻(简称色环电阻)，具有简单、直观、方便等特点。色环电阻的色带通常采用四色环、五色环表示。色环不同，所表示的电阻参数也不相同，色环标注参数具体如表 2.2.1 所示。

四色环表示电阻的标称阻值(两位有效数字)和允许偏差，如图 2.2.4(a)所示。五色环表示电阻的标称阻值(三位有效数字)和允许偏差，如图 2.2.4(b)所示。例如：四色环电阻(黄紫红金)，阻值为 47×1000±5%=4700 Ω，允许偏差为±5%；五色环电阻(棕灰紫橙红)阻值为 187×10000±2%=187 kΩ，允许偏差为±2%。

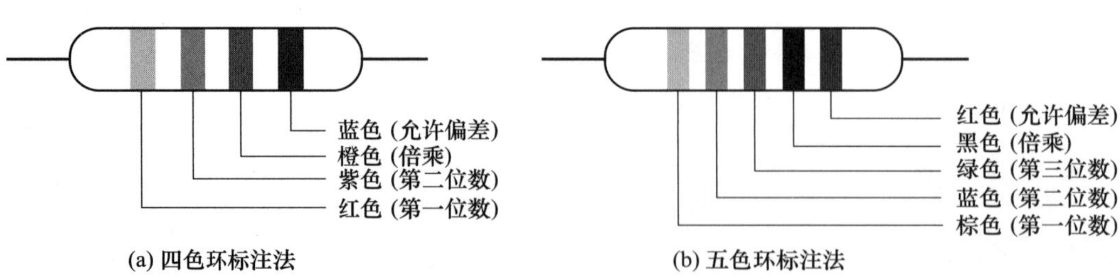

(a) 四色环标注法 (b) 五色环标注法

图 2.2.4 色环标注法

表 2.2.1 色环标注参数

颜色	每一段	第二段	第三段	乘数	误差	
黑色	0	0	0	1		
棕色	1	1	1	10	±1%	F
红色	2	2	2	100	±2%	G
橙色	3	3	3	1000		
黄色	4	4	4	10^4		
绿色	5	5	5	10^5	±0.5%	D
蓝色	6	6	6	10^6	±0.25%	C
紫色	7	7	7	10^7	±0.10%	B
灰色	8	8	8		±0.05%	A
白色	9	9	9			
金色				0.1	±5%	J
银色				0.01	±10%	K
无					±20%	M

(2)示值法

示值法包含三位数表示法和四位数表示法。

三位数表示法：前二位表示有效数字，第三位数表示有效数字后“0”的个数，这样得出的阻值单位为其基本单位欧姆(Ω)，例如：“223”表示 22000 欧姆，这种电阻的误差范围一般是 J 级，即+5%，这种表示方法一般在 0603 封装的贴片电阻上比较常见。

四位数表示法：前三位表示有效数字，第四位数表示有效数字后“0”的个数，这样得出的阻值单位也为其基本单位欧姆(Ω)，例如：“1001”表示 1000 欧姆，这种电阻的误差范围一般为+1%，一般在 0805 封装的贴片电阻上比较常见。

电阻器在每个电子电路当中使用非常广泛，在消费类电子产品中，碳膜电阻器占优势，而精密型则倾向于薄膜类中的金属膜电阻器，可调节的电路中电位器使用广泛。在自动气象站中，采集器、传感器、通信设备等都会用到各种电阻器。

2.2.2 电容器

电容器是一种可以存储电荷的常用电子元件，其基本结构是在两个相互靠近的导体之间敷一层不导电的绝缘材料(介质)。

电容器储存电荷的能力用电容量来表示，基本单位是法[拉]，用 F 表示。由于法的单位太大，电容量通常采用的单位是微法(μF)、纳法(nF)和皮法(pF)。

电容器在电路中具有隔断直流电、通过交流电的特点，因此，多用于电路级间耦合、滤波、去耦、旁路和信号调谐等方面。电容器的电路符号如图 2.2.5 所示，常见电容器的外形见图 2.2.6。

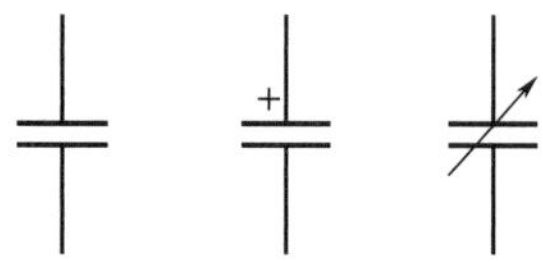

图 2.2.5 电容器电路符号图

图 2.2.6 电容器的外形图

电容器的种类很多，按容量是否可调分为固定电容、可调电容、微调电容；按介质材料分为纸介电容、瓷介电容、玻璃釉电容、独石电容、涤纶电容、云母电容、铝电解电容、钽电解电容、聚苯乙烯电容、聚碳酸酯薄膜电容等；按极性分为有极性电容和无极性电容；按安装结构有直插电容和贴片电容。

电容器的性能参数很多，较常用的主要参数有电容器的标称容量、容差、额定工作电压（耐压）、电容温度系数、绝缘电阻、能量损耗、频率特性和固有电感等。

电容器常用的标识方法有直标法、数码表示法和文字符号法。

直标法是直接把电容器的容量、额定电压、最高使用温度、偏差等级标记在电容器体上。有时因电容器的面积小而省略单位，但存在这样的规律，即小数点前面为 0 时，单位为 μF，小数点前不为 0 时，则单位为 pF。

数码表示法一般用三位数字表示，前面两位表示有效数值，最后一位表示零的个数，得出的容量单位是 pF（皮法），这种方法在较小的电容上常用，如陶瓷电容、独石电容等。例如："102"表示该电容的容量为 1000 pF。

文字符号法的标记方法有数字和字母两部分组成，其中字母可当成小数点，而数字和字母两者共同决定该电容的容量。例如：

p82＝0.82 pF　　　6n8＝6.8 nF

电容器在电子电路当中使用非常广泛，是最基本的电子元件之一。在自动气象站中，采集器、传感器、通信模块电路也会使用各种电容器。

2.2.3 电感器与变压器

2.2.3.1 电感器

电感器是用导线在绝缘骨架上单层或多层绕制而成的一种电子元件（也有少数不用骨架的线圈），是电子产品中应用最为广泛的电子元器件之一。

常见电感器的电路符号及外形如图 2.2.7、图 2.2.8 所示。

电感的单位为亨利（H）、毫亨（mH）和微亨（μH）。

图 2.2.7 电感器的电路符号

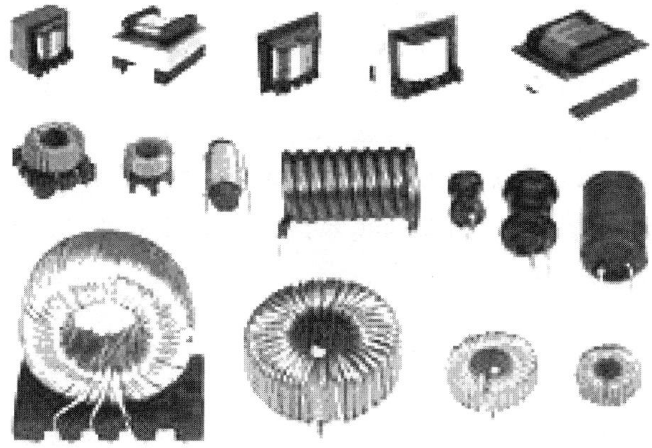

图 2.2.8　电感器外形图

电感器具有阻流、调谐与选频、稳定电流、滤波稳压、抑制电磁干扰作用。电感器的种类多种多样，按电感器形式分为固定电感和可变电感；按导磁体性质分为空芯线圈、铁氧体线圈、铁芯线圈、铜芯线圈；按工作性质分为天线线圈、振荡线圈、扼流线圈、陷波线圈、偏转线圈；按绕线结构分为单层线圈、多层线圈、蜂房式线圈。

电感器的主要性能参数有电感量、允许偏差、品质因数、标称电流值、分布电容等。有直标法和色环标志法两种，小型固定电感器电感量的数值、单位通常直接标注在外壳上。

2.2.3.2　变压器

变压器在电路中可以起到电压变换和阻抗变换的作用，为常用电子器件。绕在同一骨架或铁芯上的两个线圈就构成了一个变压器。在电子电路中，变压器是利用互耦线圈实现升压或降压功能的。如果对变压器一侧线圈（一次侧）施加变化的电压（如交流电压），在另一侧线圈（二次侧）中会感应得到一个电压，这个电压的大小取决于一次侧线圈与二次侧线圈匝数的比值。如果对一次侧线圈施加较高的电压，而在二次侧线圈得到较低的电压，这种变压器称为降压变压器。如果对一次侧线圈施加较低的电压，在二次侧线圈得到较高的电压，则此类变压器称为升压变压器。

常见变压器的电路符号及其外形如图 2.2.9、图 2.2.10 所示。

图 2.2.9　变压器的电路符号

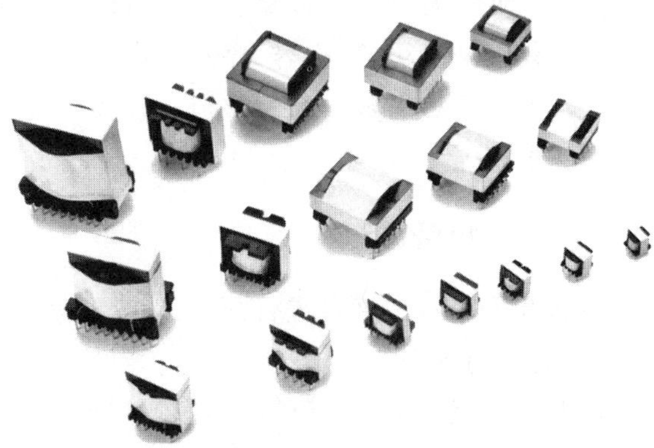

图 2.2.10　变压器外形图

变压器的主要参数有变压比、额定功率、效率、空载电流、绝缘电阻和抗电强度等。

变压器种类繁多,可按不同方式进行分类。按导磁材料可分为硅钢片变压器、低频磁芯变压器、高频磁芯变压器等;按用途可分为电源变压器和隔离变压器、调压器、输入/输出变压器、脉冲变压器等;按工作频率可分为低频变压器、中频变压器和高频变压器。

在自动气象站中,电源系统内需要变压器进行变压,然后给传感器和采集器进行供电。维修时,一般用万用表的电阻挡检测变压器的线圈是否短路或断路,该绝缘的线圈与线圈之间、线圈与铁芯或外壳之间是否绝缘良好。

2.2.4 二极管

2.2.4.1 定义与特征

两种半导体接触在一起的点或面构成 PN 结,由 PN 结加上相应的电极引线和管壳做成二极管。二极管具有单向导电性,可用于整流、检波、稳压、混频等电路。

二极管的电路符号和外形如图 2.2.11 所示。

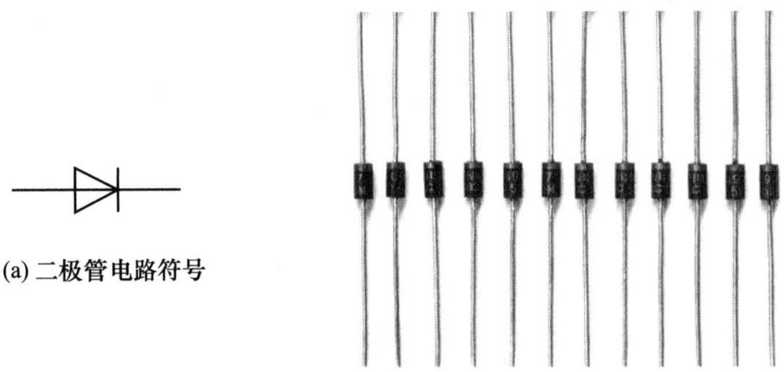

(a) 二极管电路符号

(b) 二极管外形图

图 2.2.11　二极管的电路符号(a)和外形图(b)

2.2.4.2 分类与参数

常见二极管有检波二极管、整流二极管、开关二极管、发光二极管(LED)、稳压二极管(简称稳压管)、光敏二极管、变容二极管等。

二极管的主要参数有最大整流电流 I_{OM}、最大反向(峰值)工作电压 V_{RM}、反向电流 I_R、最高工作频率等。

2.2.4.3 二极管测试

采用万用表对二极管进行简单测试。

(1)极性的判别

将万用表置于 R×100(或 R×1000)档,两表笔分别接二极管的两个电极,测出一个结果后,对调两表笔,再测出一个结果。两次测量的结果中,有一次测量出的阻值较大(为反向电阻),一次测量出的阻值较小(为正向电阻)。在阻值较小的一次测量中,黑表笔接的是二极管的正极，红表笔接的是二极管的负极。

(2)单向导电性能的检测

通常，锗材料二极管的正向电阻值为 1 kΩ 左右，反向电阻值为 300 MΩ 左右。硅材料二极管的电阻值为 5 kΩ 左右，反向电阻值为∞(无穷大)。正向电阻越小越好，反向电阻越大越好。正、反向电阻值相差越悬殊，说明二极管的单向导电特性越好。若测得二极管的正、反向电阻值均接近 0 或阻值较小，则说明该二极管内部已击穿短路或漏电损坏。若测得二极管的正、反向电阻值均为无穷大，则说明该二极管已开路损坏。

(3)反向击穿电压的检测

二极管反向击穿电压(耐压值)可以用晶体管直流参数测试表测量。其方法是：测量二极管时，应将测试表的“NPN/PNP”选择键设置为 NPN 状态，再将被测二极管的正极接测试表的“C”插孔内，负极插入测试表的“e”插孔，然后按下“V(BR)”键，测试表即可指示出二极管的反向击穿电压值。

二极管是一种非常重要的电子元件，在电子用品、汽车及大型机械等领域得到广泛应用，在自动气象站中，数据采集器和传感器的电子电路中也会使用到相关的二极管。

2.2.5 三极管

2.2.5.1 概述

半导体晶体管也称为晶体三极管，最主要的功能是电流放大和开关作用。

顾名思义，三极管具有三个电极。二极管是由一个 PN 结构成的，而三极管则由两个 PN 结构成，共用的一个电极成为三极管的基极(用字母 b 表示)。其他的两个电极成为集电极(用字母 c 表示)和发射极(用字母 e 表示)。由于不同的组合方式，形成了一种是 NPN 型的三极管，另一种是 PNP 型的三极管。

常见三极管的电路符号及外形如图 2.2.12 所示。

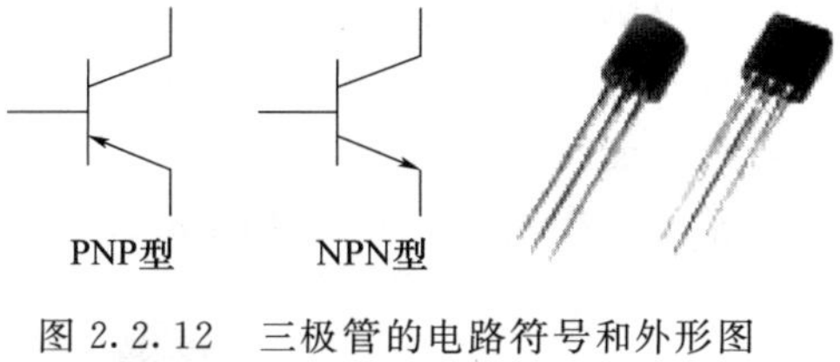

图 2.2.12 三极管的电路符号和外形图

三极管的种类很多，并且不同型号各有不同的用途。

三极管大都是塑料封装或金属封装，常见三极管的外观，有一个箭头的电极是发射极，箭头朝外的是 NPN 型三极管，而箭头朝内的是 PNP 型。箭头所指的方向是电流方向。

电子制作中常用的三极管有 90××系列，包括低频小功率硅管 9013(NPN)、9012(PNP)，低噪声管 9014(NPN)，高频小功率管 9018(NPN)等。它们的型号一般都标在塑壳上，而样子都一样，都是 TO-92 标准封装。

在老式的电子产品中还能见到 3DG6(低频小功率硅管)、3AX31(低频小功率锗管)等，它们的型号也都印在金属的外壳上。

2.2.5.2 相关测试

采用万用表对三极管进行简单测试。

(1)判别基极和管子的类型

选用欧姆挡的 R×100(或 R×1000)档,先用红表笔接一个管脚,黑表笔接另一个管脚,可测出两个电阻值,然后再用红表笔接另一个管脚,重复上述步骤,又测得一组电阻值,这样测 3 次,其中有一组两个阻值都很小的,对应测得这组值的红表笔接的为基极,且管子是 PNP 型的;反之,若用黑表笔接一个管脚,重复上述做法,若测得两个阻值都小,对应黑表笔为基极,且管子是 NPN 型的。

(2)判别集电极

因为三极管发射极和集电极正确连接时 β 大(表针摆动幅度大),反接时 β 就小得多。因此,先假设一个集电极,用欧姆挡连接(对 NPN 型管,发射极接黑表笔,集电极接红表笔)。测量时,用手捏住基极和假设的集电极,两极不能接触,若指针摆动幅度大,而把两极对调后指针摆动小,则说明假设是正确的,从而确定集电极和发射极。

(3)电流放大系数 β 的估算

选用欧姆挡的 R×100(或 R×1000)档,对 NPN 型管,红表笔接发射极,黑表笔接集电极。测量时,只要比较用手捏住基极和集电极(两极不能接触)与把手放开两种情况时指针摆动的大小,摆动越大,β 值越高。

三极管广泛应用在各种放大电路当中,在自动气象站中,传感器把外界气候的变化转换成与其成比例变化的微弱电信号,这样的电信号不能直接驱动显示器件显示相关变化,为了解决这个问题,我们需要用到三极管的放大功能,把微弱的电信号进行放大之后来驱动显示,所以,在传感器的电子电路中会有三极管。

2.2.6 集成电路

2.2.6.1 **概述**

集成电路把一个电路中所需的晶体管、二极管、电阻,甚至电容、电感等元件及布线互连在一起,制作在一小块或几小块半导体晶片或介质基片上,然后封装在一个管壳内,成为具有所需电路功能的微型结构。

常见集成电路的外形如图 2.2.13 所示。

图 2.2.13 集成电路的外形图

集成电路具有体积小、重量轻、引出线和焊接点少、寿命长、可靠性高、性能好等优点，而且成本低、便于大规模生产。

用集成电路来装配电子设备，其装配密度比用晶体管可提高几十倍至几千倍，设备的稳定工作时间也可大大提高。

集成电路按处理的信号形式可分为模拟集成电路、数字集成电路和混合集成电路；按功能可分为多种类型，如运算放大器、计数器、译码器等。集成电路的封装形式有多种外形，有单列直插式(SIP)、双列直插式(DIP)、扁平封装、贴片封装等。

2.2.6.2 单片机

集成芯片可以是处理器、信号转化芯片、集成运放芯片、电源芯片等，不同的芯片对应不同的功能。

最常见的是单片机，单片微型计算机简称单片机，是指集成在一个芯片上的微型计算机，它的各种功能部件包括 CPU、存储器、基本输入/输出(简称 I/O)接口电路、定时/计数器和中断系统等，都制作在一块集成芯片上，构成一个完整的微型计算机。结构如图 2.2.14 所示。

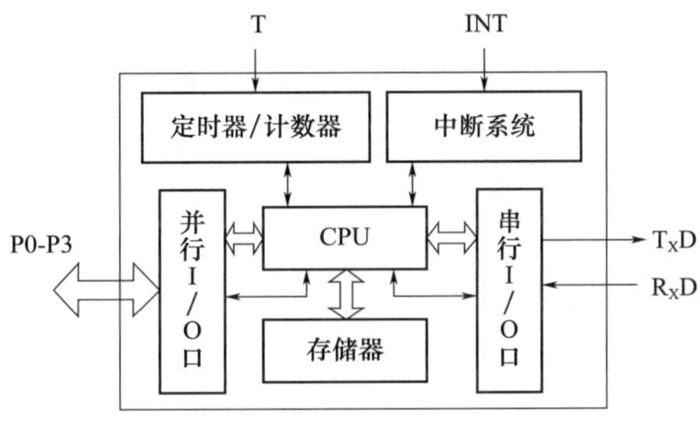

图 2.2.14 单片机基本结构图

① 中央处理器(CPU)：8 位，运算和控制功能。

② 内部 RAM：共 256 个 RAM 单元，用户使用前 128 个单元，用于存放可读写数据，后 128 个单元被专用寄存器占用。

③ 内部 ROM：4 kB 掩膜 ROM，用于存放程序、原始数据和表格。

④ 定时/计数器：两个 16 位的定时/计数器，实现定时或计数功能。

⑤ 并行 I/O 口：4 个 8 位的 I/O 口 P0、P1、P2、P3。

⑥ 串行口：一个全双工串行口。

⑦ 中断控制系统：5 个中断源(外中断 2 个，定时/计数中断 2 个，串行中断 1 个)。

⑧ 时钟电路：可产生时钟脉冲序列，允许晶振频率 6 MHz 和 12 MHz。

单片机有很多引脚，分别对应不同的功能，引脚图如图 2.2.15 所示。

引脚介绍如下：

1. 电源：Vcc(+5 V)、Vss(地)
2. 并行口：P0、P1、P2、P3
3. 复位引脚：RST
4. 串行输入、输出口：RXD、TXD

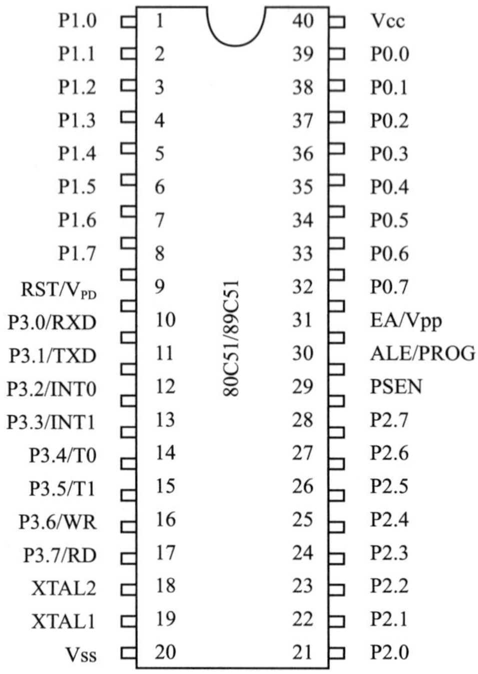

图 2.2.15 单片机引脚

5. 外部中断:INT0、INT1

6. 外部定时器:T0、T1

7. WR:外部数据存储器写选通

8. RD:外部数据存储器读选通

9. 振荡电路:XTAL1、XTAL2

10. EA:访问程序存储控制信号

11. ALE:地址锁存控制信号

12. PSEN:外部 ROM 读选通信号

集成芯片广泛应用在电子电路中,在自动气象站很多传感器中会用到具有放大功能的集成芯片,在主采集器和分采集器有单片机作为控制核心元件,用来采集每个传感器的信号并进行处理。

2.2.7 保险管

保险管是指一种安装在电路中,保证电路安全运行的电器元件,是用铅锡合金和铅锑合金材料制成的,具有熔点低、电阻率高、熔断速度快的特点。保险管是属于保险丝的一种,保险丝也被称为熔断器。其电路图符号和外形如图 2.2.16 所示。

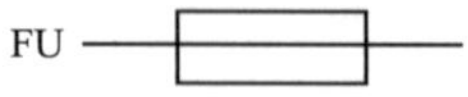

图 2.2.16 熔断器电路图符号和外形

熔断器由熔体(俗称保险丝)、熔管、熔座三部分组成。当电路发生短路和严重过载时,它的熔体能迅速熔断,从而切断电路,使导线和电气设备不致损坏。保险管在各种电子电路当中使用广泛,在自动气象站中,电源系统中也会用到保险管。

2.2.8 电缆

随着社会的飞速发展,人们的生活都离不开电和电磁波,电和电磁波的产生、应用和传输,都离不开电线电缆作为连接和传输的基本部件。

生活当中有多种多样的电线电缆,其所使用的领域也有所不同。

2.2.8.1 裸电线及裸导体制品

本类产品的主要特征是:纯的导体金属,无绝缘及护套层,如钢芯铝绞线、铜铝汇流排、电力机车线等;加工工艺主要是压力加工,如熔炼、压延、拉制、绞合/紧压绞合等;产品主要用在用户主线、开关柜等。

2.2.8.2 电力电缆

本类产品主要特征是:在导体外挤(绕)包绝缘层,如架空绝缘电缆,或几芯绞合(对应电力系统的相线、零线和地线),如二芯以上架空绝缘电缆,或再增加护套层,如塑料/橡套电线电缆。产品主要用在发、配、输、变、供电线路中的强电电能传输,通过的电流大(几十安至几千安)、电压高(220 V至500 kV及以上)。

2.2.8.3 电气装备用电线电缆

该类产品主要特征是:品种规格繁多,应用范围广泛,使用电压在1 kV及以下较多,面对特殊场合不断衍生新的产品,如耐火线缆、阻燃线缆、低烟无卤/低烟低卤线缆、防白蚁、防老鼠线缆、耐油/耐寒/耐温/耐磨线缆、医用/农用/矿用线缆、薄壁电线等。

2.2.8.4 通信电缆及光纤

随着通信行业的飞速发展,电缆线也有惊人的发展速度。从过去简单的电话电报线缆发展到几千对的话缆、同轴缆、光缆、数据电缆,甚至组合通信缆等。其结构尺寸通常较小而均匀,制造精度要求高。

2.2.8.5 电磁线(绕组线)

主要用于各种电机、仪器仪表等。具有优良的电气性能和较高的机械特性及耐湿热性能。

2.2.9 航空插头

航空插头是连接电气线路的机电元件,也叫插头座,广泛应用于各种电气线路中,起着连接或断开电路的作用。

航空插头外形如图2.2.17所示。

图 2.2.17　航空插头外形图

航空插头有很多类型。按照频率分有高频航空插头和低频航空插头;按照外形分有圆形航空插头和方形航空插头;按照用途分有机柜用航空插头、音响设备用航空插头、电源航空插头、特殊用途航空插头等。

航空插头主要参数有额定电压、额定电流、接触电阻、屏蔽性等。

航空插头在多接点和插拔力较大的情况下连接较方便,抗震性极好;同时还容易实现防水密封及电场屏蔽等特殊要求,适用于电流大、不需经常插拔的电路连接。

在自动气象站中,传感器与采集器的连接需要通过航空插头连接,给采集器供电的电源线也需要通过航空插头连接。

任务 2.3 操作常见测试工具

在自动气象站维护与维修过程中，常用的测试工具有数字万用表、示波器和信号发生器，本任务重点介绍数字万用表和示波器，熟悉并规范使用数字万用表、示波器是气象装备保障人员的必备技能之一。

2.3.1 数字万用表

2.3.1.1 功能特点

万用表（又称三用表、多用表、复用表）是一个常用的必备测量仪表，可用来测量直流电流、直流电压、交流电压、电阻和音频电平，有的还可以测量交流电流、电容量、电感量以及半导体器件的参量等。

目前，数字式测量仪表已经成为主流，与模拟式仪表相比，数字万用表具有灵敏度和准确度高、显示清晰、过载能力强、便于携带、使用更简单等特点。

数字万用表面板及说明如图 2.3.1 所示。

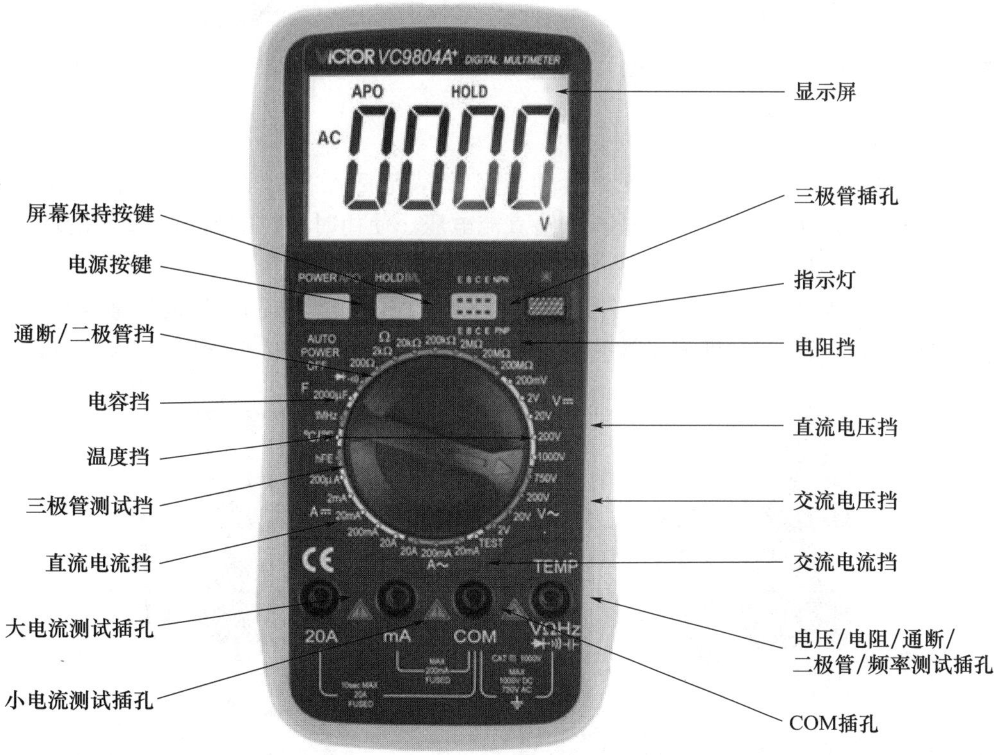

图 2.3.1 万用表面板及说明

2.3.1.2　操作使用

数字万用表的使用方法如下。

(1)测量电路的开路及短路

将万用表拨到“通断挡”上，用万用表的红黑表笔测所需测量电路的两端，若听到万用表发出“嘀嘀”的声响或指示灯亮则表明此电路短路，若万用表的屏幕显示“1”则表明此电路开路。使用时档位图如图 2.3.2 所示。

(2)测量电阻

将量程开关拨至 Ω 的合适量程，红表笔插入 V/Ω 孔，黑表笔插入 COM 孔。如果被测电阻值超出所选择的量程的最大值，万用表将显示“1”，这时应选择更高的量程。使用时档位图如图 2.3.3 所示。

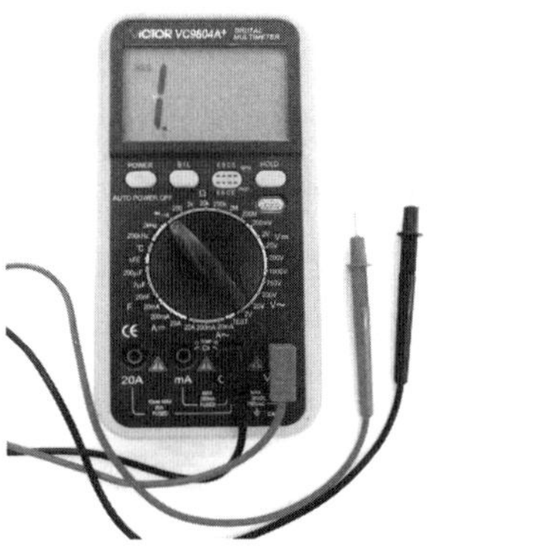

图 2.3.2　万用表测量导线通断档位

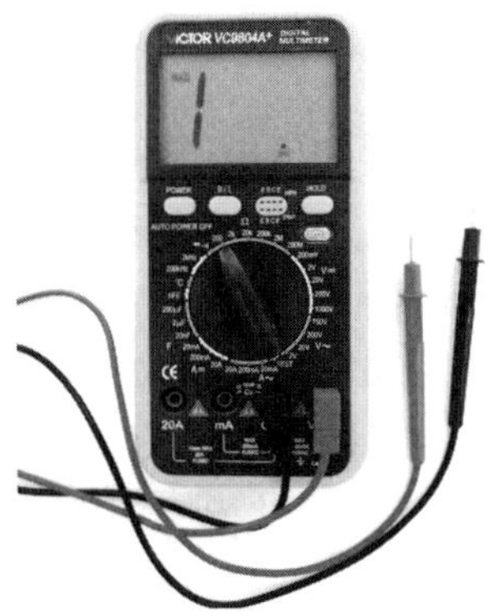

图 2.3.3　万用表测量电阻值档位

(3)测直流电压

根据需要将量程开关拨至 DCV 档的合适量程，红表笔插入 V/Ω 孔，黑表笔插入 COM 孔，并将表笔与被测电路并联，读数即显示被测电路直流电压。使用时档位图如图 2.3.4 所示。

(4)测量交流电压

根据需要将量程开关拨至 ACV 档的合适量程，红表笔插入 V/Ω 孔，黑表笔插入 COM 孔，并将表笔与被测电路并联，读数即显示被测电路交流电压。使用时档位图如图 2.3.5 所示。

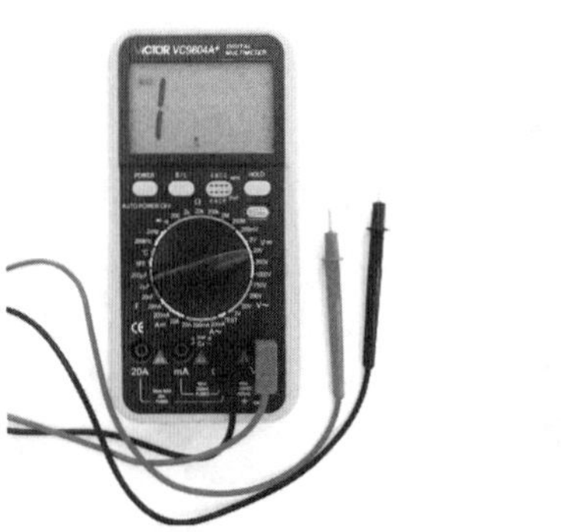

图 2.3.4　万用表测量直流电压档位

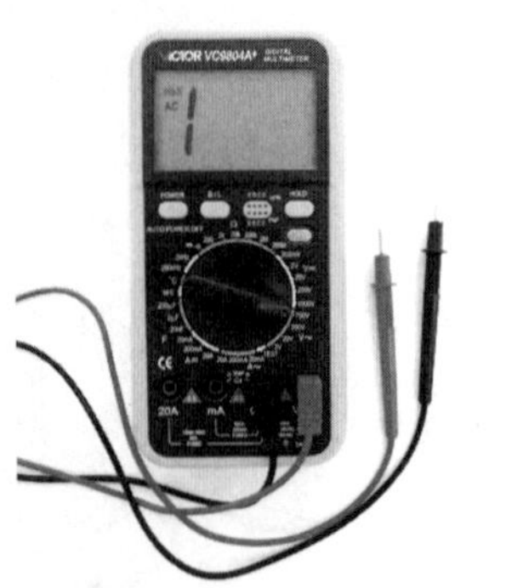

图 2.3.5　万用表测量交流电压档位

2.3.1.3 使用注意事项

(1)如果无法预先估计被测电压或电流的大小,则应先拨至最高量程档测量一次,再视情况逐渐把量程减小到合适位置。测量完毕,应将量程开关拨到最高电压挡,并关闭电源。

(2)满量程时,仅在最高位显示数字“1”,其他位均消失,这时应选择更高的量程。

(3)测量电压时,应将数字万用表与被测电路并联。测电流时应与被测电路串联,测直流量时不必考虑正、负极性。

(4)当误用交流电压挡去测量直流电压,或者误用直流电压挡去测量交流电压时,显示屏将显示“000”,或低位上的数字出现跳动。

(5)禁止在测量高电压(220 V以上)或大电流(0.5 A以上)时换量程,以防止产生电弧,烧毁开关触点。

(6)当显示屏无显示或显示“”时,表示电池电压低于工作电压,须及时更换电池。

2.3.2 示波器

2.3.2.1 功能特点

示波器是一种图形显示设备,它描绘电信号的波形曲线。波形能够说明信号的许多特征,如信号的时间和电压值、振荡信号的频率、是否存在故障部件使信号产生失真、信号的直流成分和交流成分、比较多个波形信号等。

示波器通常分为模拟示波器和数字示波器,型号很多,功能也不尽相同。常用的示波器分为单踪示波器和双踪示波器,数字电路实验中使用较多的是20 MHz或者40 MHz以上的双踪示波器,这些示波器用法基本类似。

双踪示波器面板功能介绍如图2.3.6所示,示波器探头如图2.3.7所示。

2.3.2.2 操作使用

(1)波形测试

用示波器测量信号波形时,最重要的是调节扫描电路,使扫描频率与被测信号同步。所谓同步,就是使被测信号频率与X轴扫描频率保持整数倍的比例关系,并且每次扫描的起点对应于被测信号波形的某一确定位置,只有这样,被测信号的波形才能稳定地显示在荧光屏上。

① X轴选择开关置“扫描”位置,调节扫描电路的各控制按钮,使荧光屏上出现水平扫描基线。然后调节X、Y轴移位旋钮,使扫描基线位于示波管的中心。并调节亮度、聚焦、辅助聚焦等旋钮,使扫描基线的亮度适当,聚焦良好。

② 被测信号接至示波器Y轴输入端,选择适当的Y轴衰减量和增益,使被测信号的显示幅度适中。

③ 选择扫描频率范围,并调节扫描频率,使荧光屏上显现出被测信号的1~3个周期。

④ 调同步极性和同步方式开关(在有触发器示波器中,还需调节“稳定度”和触发电平),使被测信号的波形显示稳定。

测波形时,用示波器可以观察波形的失真,另外可以读出信号的幅度(峰-峰值),这时示波器的Y轴放大灵敏度需预先校正，如示波器的X轴经过校正，则可出现信号的周期或频率。

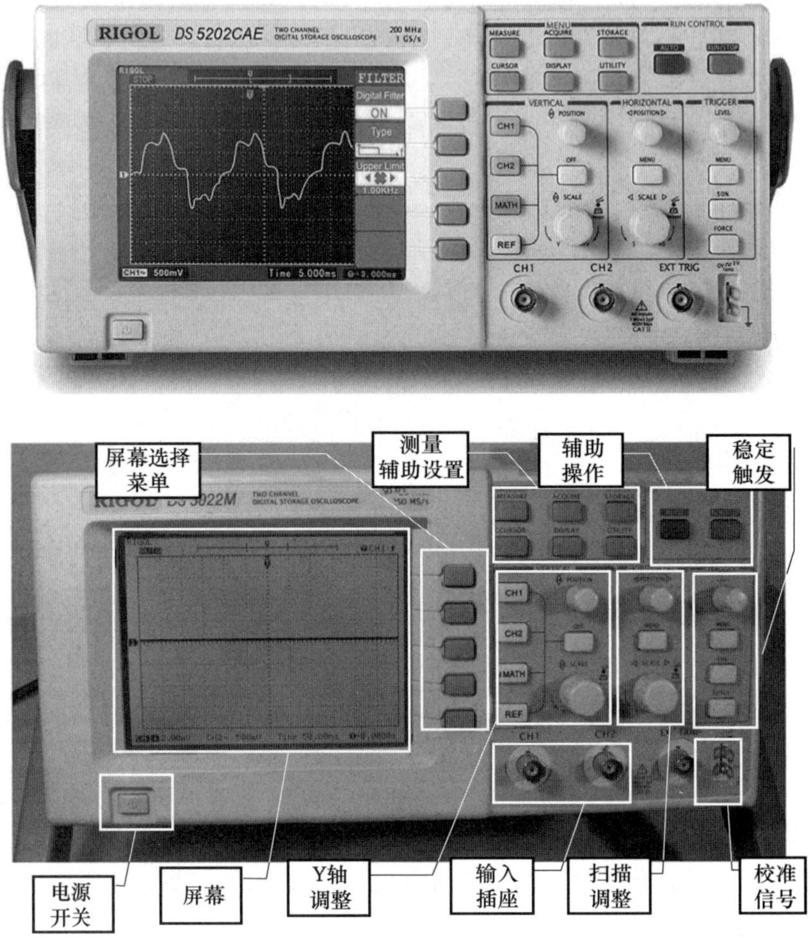

图 2.3.6　示波器面板功能

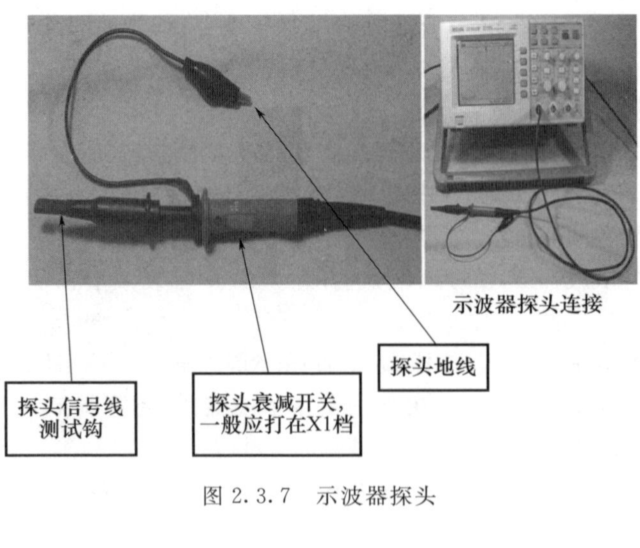

图 2.3.7　示波器探头

(2)电压测量

① 标尺法。首先把Y轴输入端接地,再利用“垂直位置”旋钮把扫描线移至X轴某一固定位置(作为零点),在校正好垂直位置的零点后再观察波形,记下要测试点的波形高度 H,则该点的电压为:

$$V=K\times S_H\times H$$

式中,K 为探头的衰减系数,S_H 为垂直灵敏度。

② 比较法。在校好零点后观测波形,此时可通过改变“垂直灵敏度”和调节“垂直增益”旋钮,使波形高度占垂直高度的60%左右,记下这时的波形高度 H_1。然后不改变“垂直灵敏度”和“垂直增益”,把输入信号改为示波器的比较信号 V_C,通过切换比较信号“幅度选择”开关可使信号幅度与 H_1 接近,记下比较信号的高度 H_2,则被测信号的电压为:

$$V=(H_1/H_2)\times V_C$$

(3)时间测量

利用示波器测量被测信号波形上任意两点之间的时间差,可以确定信号的周期以及它的时间参数,如上升时间和下降时间。

① 标尺法。测量时要把“扫描扩展”或“扫描微调”置于“校准”位置,同时应使波形上被测两点位于屏幕全长的80%之内,如此时这两点间的水平距离为 L,而“扫描时间”旋钮置于时基因数为 T_S 的位置,则这两点的时间差为:

$$t=T_S\times L$$

② 时标法。利用示波器的时标发生器可以很准确地测出波形上任意两点间的时间,“时标”旋钮可以置于不同的开关位置,相应的刻度值是时标发生器的周期 T_m,如果波形的点太密,可以用“扫描拓展”使波形被测部分展开。假如被测两点间共有 N 个两点,则时间为:

$$t=T_m\times N$$

(4)相位测量

用示波器也可以测量两个或多个信号的相位关系,这时一般应使用外触发工作方式。在脉冲测量中,一般是测量两个信号间的延迟时间,不管是使用单踪或双踪示波器,测量时只需记住第一个波形测量点和第二个波形测量点在荧光屏水平轴上的位置,就可以按上面的方法测出这两点的时间间隔,从而获得两个信号的延迟时间。对正弦波信号来说,要测量同步信号的相位关系。

如果用双踪示波器,可以调到两个正弦波幅度相等,然后根据两个波形的交点来推算两个信号的相位差 φ,由于交点处信号幅度相等,故从两信号幅度 A_1、A_2 与交点的高度就可求出相位差 φ:

$$A_1\sin(\omega t_1)=A_2\sin(\omega t_1+\varphi)$$

(5)标准信号使用

示波器提供一个频率为1 kHz、电压为3 V的校准信号,其作用是:可以用于检查示波器自身的测量是否准确,可以检查输入探头是否完好,当使用比较法测量其他信号时,取一个标准信号作为参考信号。

示波器初次使用或久藏复用时,有必要进行一次能否正常工作的简单检查和进行扫描电路稳定度、垂直放大电路直流平衡的调整。

示波器在进行电压和时间的定量测试时,还必须进行垂直放大电路增益和水平扫描速度的校准。示波器能否正常工作的检查方法、垂直放大电路增益和水平扫描速度的校准方法，由于各种型号示波器的标准信号的幅度、频率等参数都不一样，因而检查、校准方法也有差异。

2.3.3 信号发生器

2.3.3.1 功能特点

信号发生器是一种能提供各种频率、波形和输出电平电信号的设备。在测量各种电信系统或电信设备的振幅特性、频率特性、传输特性及其他电参数时，以及测量元器件的特性与参数时，用作测试的信号源或激励源。

信号发生器的种类很多，性能参数也各不相同。按频率覆盖范围分为低频信号发生器、高频信号发生器；按输出波形的不同分为函数信号发生器和随机信号发生器；按输出电平可调节范围和稳定度分为简易信号发生器、标准信号发生器和功率发生器；按频率改变的方式分为调谐式信号发生器、扫频式信号发生器、程控式信号发生器和频率合成式信号发生器。

信号发生器面板功能介绍如图 2.3.8 所示，其详细介绍如下。

① 函数(FUNCTION)按键：由三个互锁按键开关组成，用于选择输出波形，可选方波、三角波、正弦波。

② 频率调节(MAIN、FINE)旋钮："MAIN"为输出频率粗调；"FINE"为输出频率细调。

③ "AMPL"幅度调节：拉出可对脉冲波，锯齿波进行倒相。

④ 频率档级/闸门时间(RANGE(Hz)/GATETIME)按键：频率档级由 7 个(1、10、100、1 k、10 k、100 k、1 MHz)互锁按键开关组成，用于选择信号频率的档级。

⑤ 占空比锯齿波/脉冲波(SYM)旋钮：用于调节锯齿波或三角波的占空比，使用时需拉出来。

⑥ 衰减器(ATT)开关：开关按入后，函数信号输出衰减约 30 dB，对外接频率计数信号衰减约 20 dB，弹出不衰减。

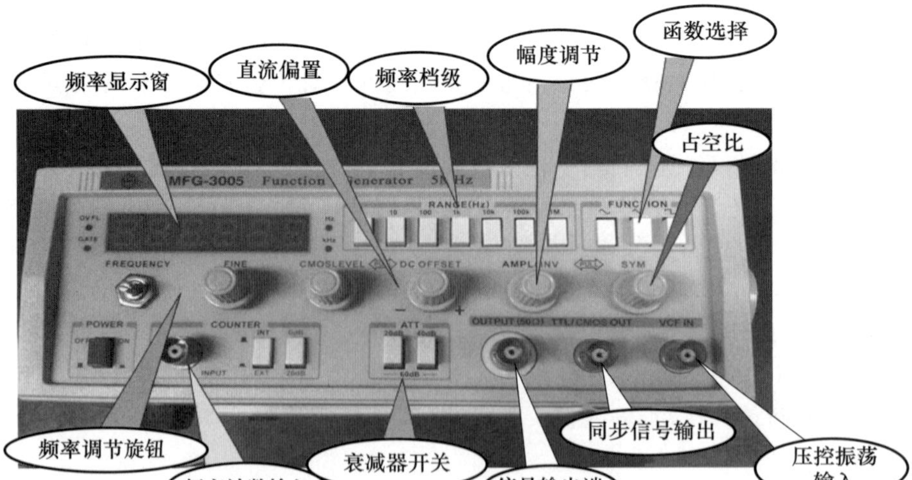

图 2.3.8 信号发生器面板功能

⑦ 直流偏置(DC OFFSET)旋钮:当该旋钮拉出时,直流偏置电压加到输出信号上,其范围在-10 V~+10 V之间变化。

⑧ 信号输出(OUTPUT)端口:可输出正弦波、方波、三角波、脉冲,锯齿波信号。

⑨ 压控振荡输入(VCF IN)端口:当一个外部直流电压 DC 0~15 V 由 VCF IN 输入时,函数发生器的信号频率变化为 100∶1。

⑩ 同步信号输出(SYN COUTPUT)端口:提供一个与 TTL 电平兼容的输出信号,其不受函数开关(FUNCTION)及幅度控制器(AMPLITUDE)的影响,其输出频率与数码管显示频率一致。

⑪ 发光二极管:频率量程(Hz、kHz)指示;闸门时间(GATE)指示;计数频率量程溢出(OVFL)指示,此指示灯亮,须将频段档级扩大,直到指示灯熄灭。

⑫ 函数/计数(FUNC/COUNT)显示控制按键:弹出时,数码管显示函数信号频率;按入时,显示外接计数频率。

⑬ 频率计数输入(COUNT INPUT)端口:外接频率计数信号的输入端。

⑭ 频率显示(FREQUENCY)窗口:当显示函数频率时,用四位数码管显示;当显示外接计数频率时,用六位数码管显示。

信号发生器信号输入线介绍如图 2.3.9 所示。

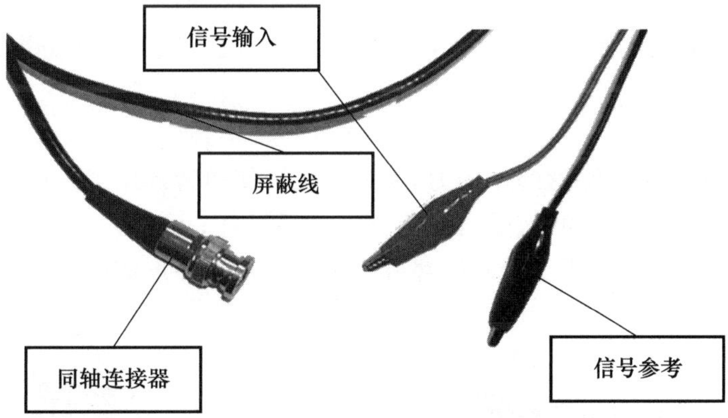

图 2.3.9 信号发生器信号输入线

2.3.3.2 使用注意事项

(1)对信号输出(OUTPUT)端口、同步信号输出(SYNC OUTPUT)端口、压控振荡输入(VCF IN)端口,不允许输入大于 10 V(AC+DC),否则会损坏仪器。

(2)对频率调节(MAIN、FINE)旋钮,在使用时,请不要将电位器旋足,否则会使仪器没有信号输出或输出的信号波形不正常,但不是故障,也不会损伤仪器。

(3)高于 10 MHz 计数信号请按频率档级 1 MHz。

任务 2.4　使用常见维修工具

在自动气象站维护与维修过程中，会用到各种各样的维修工具，熟悉并规范使用各种维修工具也是气象装备保障人员的必备技能之一。

2.4.1　旋具

2.4.1.1　螺钉旋具

螺钉旋具也常称作螺丝起子、螺丝批、螺丝刀或改锥等，是用以旋紧或旋松螺钉的工具。其头部形状常见有一字形和十字形两种，此外还有六角星、六边形等很多种类型。螺钉旋具外形如图 2.4.1 所示。

在实际使用过程中，螺钉旋具的手柄应该保持干燥、清洁、无破损且绝缘完好，电工不可使用金属杆直通柄的螺钉旋具，不应让螺钉旋具的金属杆部分触及带电体，也可以在其金属杆上套上绝缘塑料管，以免造成触电或短路事故，不能用锤子或其他工具敲击螺钉旋具的手柄。

2.4.1.2　内六角

内六角通过扭矩施加对螺丝的作用力，大大降低了使用者的用力强度。优点主要有：简单轻巧；内六角与螺丝有六个接触面，受力充分且不容易损坏；可以用来拧深孔中螺丝和非常小的螺丝；容易制造，成本低廉；扳手的两端都可以用。内六角外形如图 2.4.2 所示。

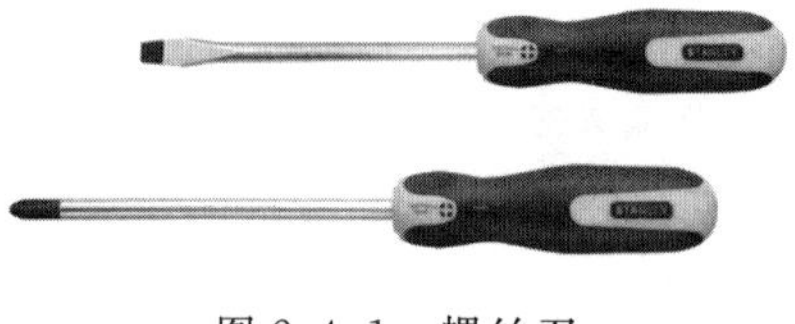

图 2.4.1　螺丝刀

图 2.4.2　内六角

2.4.1.3　活络扳手

活络扳手又叫活扳手，是一种旋紧或拧松有角螺丝钉或螺母的工具。电工常用的有 200、250、300 mm 三种，使用时根据螺母大小选配。活络扳手外形如图 2.4.3 所示。

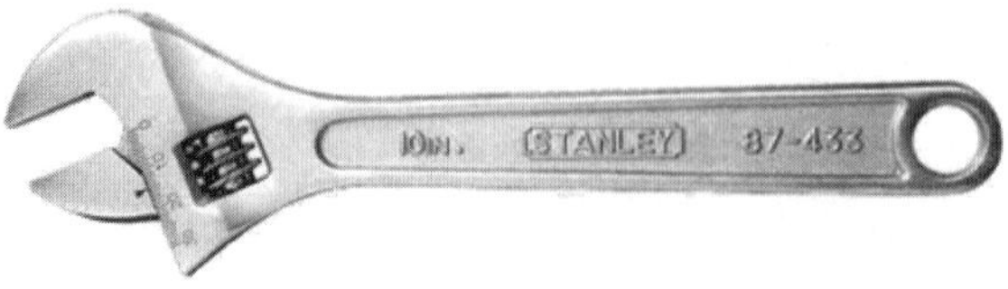

图 2.4.3　活络扳手

2.4.2 钳具

2.4.2.1 钢丝钳

钢丝钳俗称老虎钳，是用来夹持或折断金属薄板以及切断金属丝的工具。其外形如图 2.4.4 所示。

2.4.2.2 尖嘴钳

尖嘴钳的头部尖细，适用于狭小的工作空间或带电操作低压电气设备，也可以用来剪断细小的金属丝。其外形如图 2.4.5 所示。

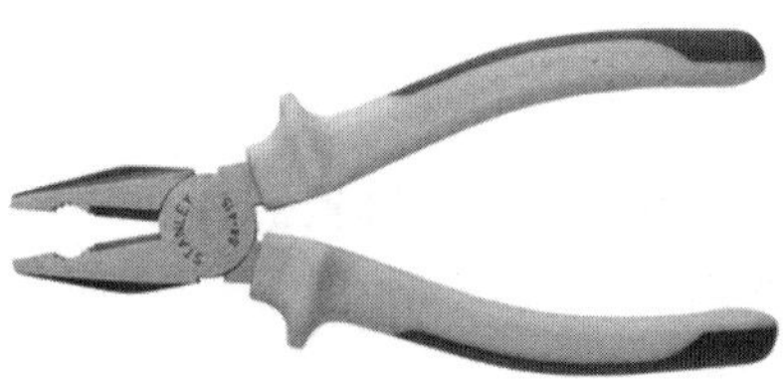

图 2.4.4 钢丝钳

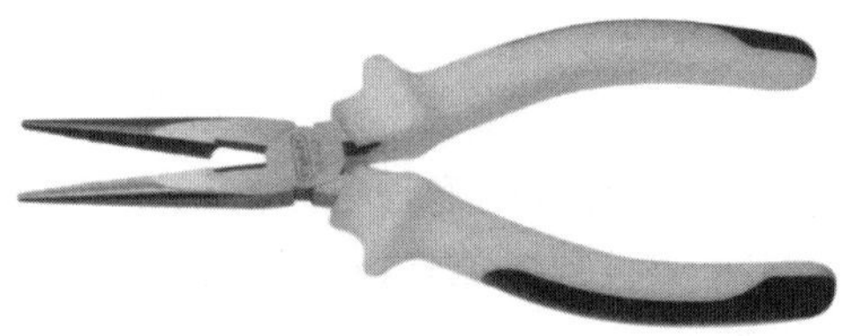

图 2.4.5 尖嘴钳

2.4.2.3 斜口钳

斜口钳主要用于剪切导线及元器件多余的引线，还常用来代替一般剪刀剪切绝缘套管、尼龙扎线卡等。其外形如图 2.4.6 所示。

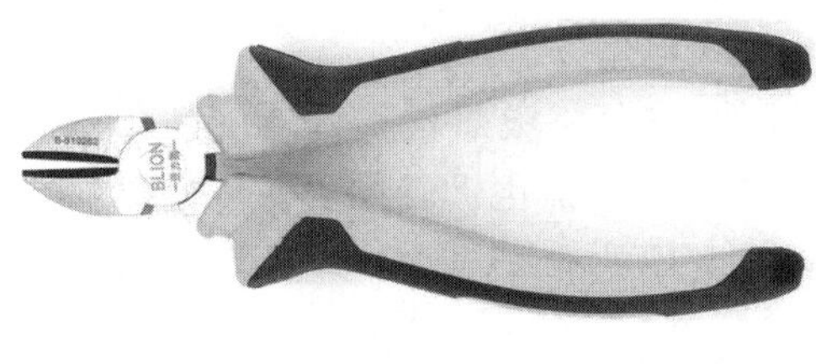

图 2.4.6 斜口钳

2.4.2.4 剥线钳

剥线钳是内线电工、电动机修理、仪器仪表电工常用的工具之一，用来供电工剥除电线头部的表面绝缘层。其外形如图 2.4.7 所示。

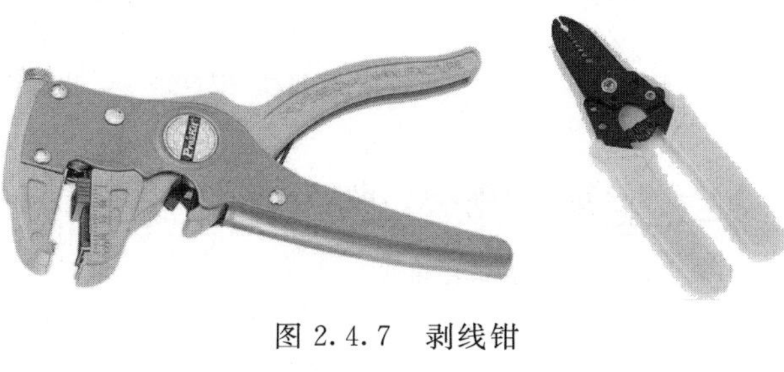

图 2.4.7 剥线钳

2.4.3 电烙铁

2.4.3.1 功能及原理

电烙铁是电子元器件制作和电器维修的必备工具，主要用途是焊接元件及导线。电烙铁外形如图 2.4.8所示。

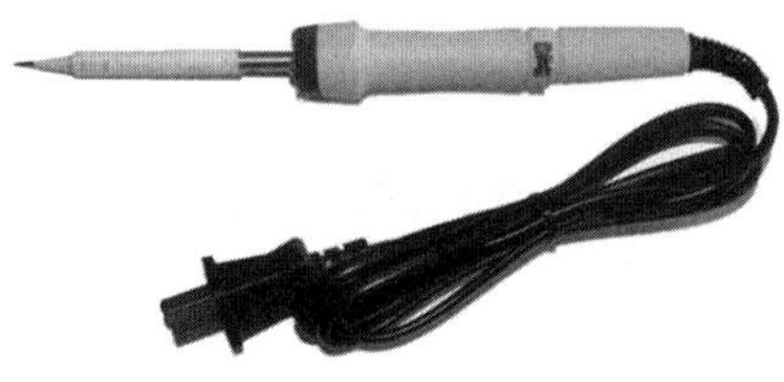

图 2.4.8 电烙铁

电烙铁的工作原理是通过电源线把交流电加到烙铁芯的两端，由于烙铁芯属于一种发热电阻丝，故它可直接把电能转换成热能，再通过热的传导作用，把热能传导给烙铁头，加热后可用来进行焊接。

2.4.3.2 分类

按机械结构可分为内热式电烙铁和外热式电烙铁；按功能可分为无吸锡式电烙铁和吸锡式电烙铁；根据用途不同又分为大功率电烙铁和小功率电烙铁。

(1)外热式电烙铁

由烙铁头、烙铁芯、外壳、木柄、电源引线、插头等部分组成，如图 2.4.9 所示。由于烙铁头安装在烙铁芯里面，故称为外热式电烙铁。

烙铁芯是电烙铁的关键部件，它是将电热丝平行地绕制在一根空心瓷管上构成，中间的云母片绝缘，并引出两根导线与 220 V 交流电源连接。

外热式电烙铁的规格很多，常用的有 25 W、45 W、75 W、100 W 等，功率越大，烙铁头的温度也就越高。

(2)内热式电烙铁

由手柄、连接杆、弹簧夹、烙铁芯、烙铁头组成，如图 2.4.9 所示。由于烙铁芯安装在烙铁头里面，因而发热快，热利用率高，因此，称为内热式电烙铁。

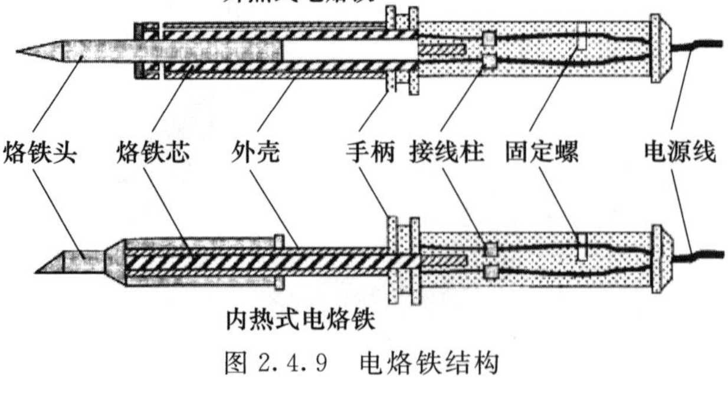

图 2.4.9 电烙铁结构

内热式电烙铁的常用规格为20 W、50 W几种。由于它的热效率高,20 W内热式电烙铁就相当于40 W左右的外热式电烙铁。

内热式电烙铁的后端是空心的,用于套接在连接杆上,并且用弹簧夹固定,当需要更换烙铁头时,必须先将弹簧夹退出,同时用钳子夹住烙铁头的前端,慢慢地拔出,切记不能用力过猛,以免损坏连接杆。

(3)恒温电烙铁

恒温电烙铁是由于电烙铁头内装有带磁铁式的温度控制器,控制通电时间而实现温控,即给电烙铁通电时,烙铁的温度上升,当达到预定的温度时,因强磁体传感器达到了居里点而磁性消失,从而使磁芯触点断开,这时便停止向电烙铁供电;当温度低于强磁体传感器的居里点时,强磁体便恢复磁性,并吸动磁芯开关中的永久磁铁,使控制开关的触点接通,继续向电烙铁供电。如此循环往复,便达到了控制温度的目的。

(4)吸锡式电烙铁

是将活塞式吸锡器与电烙铁熔为一体的拆焊工具。它具有使用方便、灵活、适用范围宽等特点。吸锡式电烙铁的不足之处是每次只能对一个焊点进行拆焊。

2.4.3.3 使用方法

常用的电烙铁手握方法有反握法、正握法、握笔法。电烙铁的焊接步骤如下。

① 准备施焊。左手拿焊丝,右手拿烙铁,要求焊铁头表面干净无杂物,并在表层镀有一层焊锡,俗称“吃锡”效果好。

② 接触烙铁头。以45°角将烙铁头靠在焊接处进行加热。

③ 送入锡丝。将锡丝放置在母材与烙铁头之间,不要把锡丝放在烙铁头上。

④ 取回锡丝。当锡丝融化一定量之后,立刻沿正确角度取回锡丝。

⑤ 移开烙铁。迅速沿45°角方向取回烙铁。

2.4.3.4 使用注意事项

(1)使用完电烙铁后,应抹干净烙铁头,镀上新锡层,为防止烙铁头氧化,放置电烙铁时应使焊铁头放在铁环上便于散热。

(2)根据焊接对象合理选用不同类型的电烙铁,使用过程中不要任意敲击电烙铁,以免损坏。

(3)内热式电烙铁连接杆钢管壁厚度只有0.2 mm,不能用钳子夹,以免损坏,在使用过程中应经常维护,保证烙铁头挂上一层薄锡。

2.4.4 其他常用工具

2.4.4.1 验电笔

(1)组成

验电笔,俗称电笔,是一种常用的电工工具,它可以判断家庭照明电路中的零线和火线,也可以判断家用电器是否存在漏电现象。

验电笔主要由兼作螺丝刀用的触头、氖管、降压电阻和笔帽(接地用)等组成。结构如

图 2.4.10 所示。

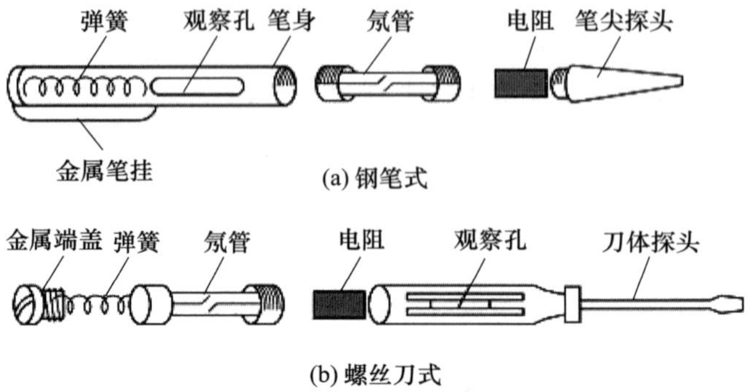

图 2.4.10　验电笔结构

(2)功能

① 判断交流电与直流电。测交流电时氖管两端同时发亮,测直流电时氖管里只有一端发亮。

② 判断直流电正负极。氖管的前端指验电笔笔尖一端,氖管后端指手握的一端,前端明亮为负极,反之为正极。

③ 判断电源有无接地。人站在地上,用验电笔去触及正极或负极,氖管是不应当发亮的,如果发亮,则说明直流系统有接地现象。如果发亮在靠近笔尖的一端,则是正极接地,如果发亮在靠近手指的一端,则是负极接地。

2.4.4.2　水平尺

水平尺是利用液面水平的原理,以水准泡直接显示角位移,测量被测表面相对水平位置、铅垂位置、倾斜位置偏离程度的一种计量器具。水平尺如图 2.4.11 所示。

图 2.4.11　水平尺

2.4.4.3　卷尺

卷尺是日常生活中常用的测量工具,如图 2.4.12 所示。自动气象站场地建设、设备安装时常用到卷尺,卷尺常见的有纤维卷尺、皮尺、腰围尺等。

2.4.4.4　指北针

指北针是一种用于指示方向的工具,广泛应用于各种方向判读,如航海、野外探险、城市道路地图阅读、气象设备安装等领域。指北针如图 2.4.13 所示。

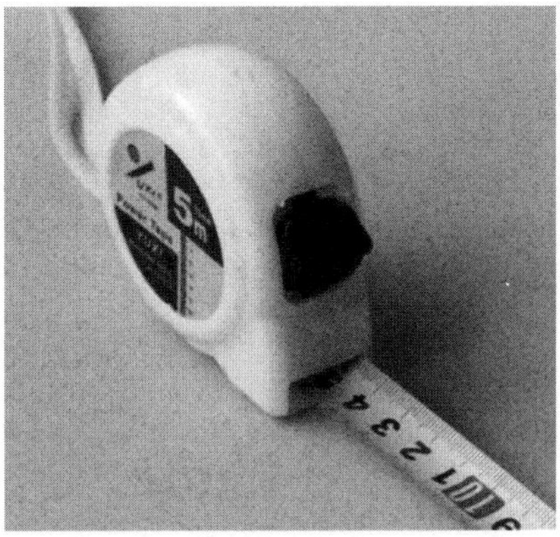

图 2.4.12 卷尺

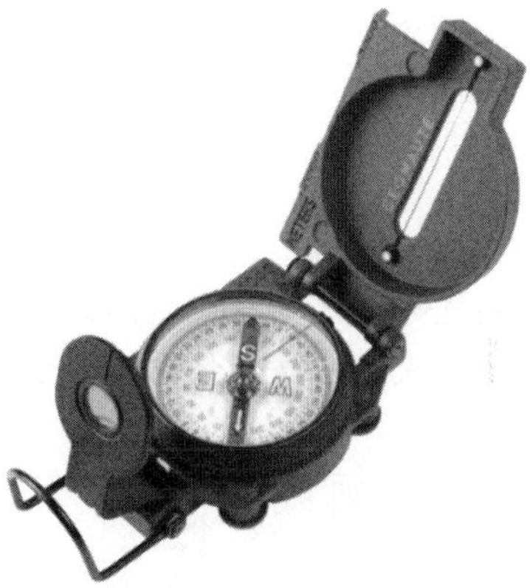

图 2.4.13 指北针

任务 2.5　制作相关线缆

当自动气象站出现线缆故障时，须维修或更换新的线缆，所以学会规范制作相关线缆也是气象装备保障人员的必备技能之一。

2.5.1　制作网线

2.5.1.1　制作工具

网线制作过程中准备网线钳、双绞线、水晶头和网络测试仪等。

(1)双绞线

双绞线是网络工程中最常用的一种传输介质，由两根具有绝缘保护层的铜导线组成，可以分为屏蔽双绞线(STP)与非屏蔽双绞线(UTP)两大类。双绞线外形如图 2.5.1 所示。

日常制作网线使用的双绞线常见的有五类线、超五类线及六类线，具体型号如下。

① 五类线(CAT5)：这是最常用的以太网电缆，该类电缆增加了绕线密度，外套一种高质量的绝缘材料，线缆最高频率带宽为 100 MHz，最高传输率为 100 Mbps，用于语音传输和最高传输速率为 100 Mbps 的数据传输，主要用于 100 BASE-T 和 1000 BASE-T 网络，最大网段长为 100 m，采用 RJ 形式的连接器。

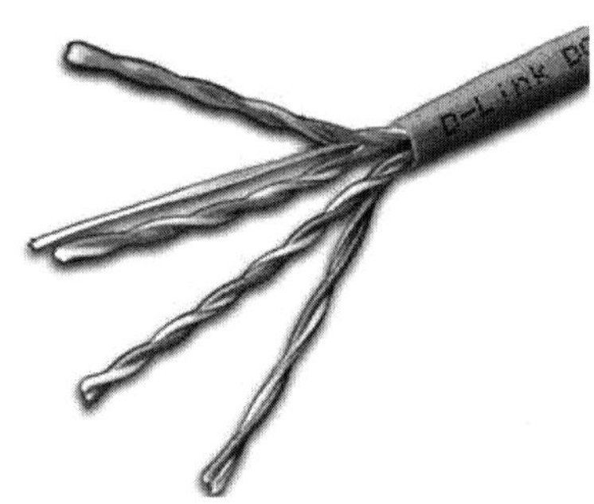

图 2.5.1　双绞线

在双绞线电缆内，不同线对具有不同的绞距长度。通常，4 对双绞线绞距周期在 38.1 mm 长度内，按逆时针方向扭绞，一对线对的扭绞长度在12.7 mm 以内。

② 超五类线(CAT5e)：具有衰减小、串扰少，以及更高的衰减与串扰的比值(ACR)和信噪比(SNR)、更小的时延误差等特点，性能得到很大提高。超五类线主要用于千兆位以太网(1000 Mbps)。

③ 六类线(CAT6)：该类电缆的传输频率为 1～250 MHz，六类布线系统在 200 MHz 时综合衰减串扰比(PS-ACR)应该有较大的余量，它提供 2 倍于超五类的带宽。六类布线的传输性能远远高于超五类标准，最适用于传输速率高于 1 Gbps 的应用。

六类与超五类的一个重要的不同点在于：改善了在串扰以及回波损耗方面的性能，对于新一代全双工的高速网络应用而言，优良的回波损耗性能是极重要的。六类标准中取消了基本链路模型，布线标准采用星形的拓扑结构，要求的布线距离为：永久链路的长度不能超过 90 m，信道长度不能超过 100 m。

(2)水晶头(RJ-45、RJ-11)

RJ-45 连接器是一种能沿固定方向插入并自动防止脱落的塑料接头，因为它的外表晶莹透亮，俗称“水晶头”，如图 2.5.2 所示，RJ-45 是一种网络接口规范，类似的还有 RJ-11 接口，就是平常所用的“电话接口”，用来连接电话线。

“水晶头”适用于设备间或水平子系统的现场端接，外壳材料采用高密度聚乙烯。每条双绞线两头通过安装水晶头与网卡和集线器（或交换机）相连。

（3）网线钳

网线钳是用来压制水晶头的一种工具，如图 2.5.3 所示。

图 2.5.2　水晶头

图 2.5.3　网线钳

在网线钳的最顶部的是压线槽，压线槽提供了三种类型的线槽，分别为 6P、8P 及 4P，中间的 8P 槽是最常用到的 RJ-45 压线槽，而旁边的 4P 为 RJ-11 电话线路压线槽。最前端是剥线口，刀片主要用于切断线材。

（4）网络测试仪

检查线路对应关系与是否联通的设备，俗称查线器，如图 2.5.4 所示。

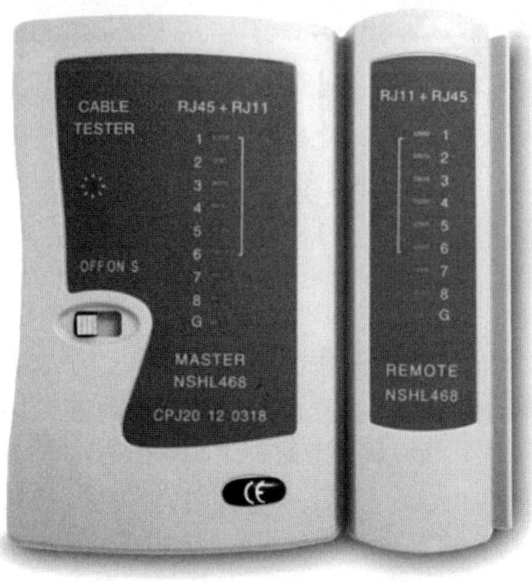

图 2.5.4　网络测试仪

2.5.1.2 制作标准

双绞线的连接方法有两种，即直接互联法和交叉互联法，如图 2.5.5 所示。

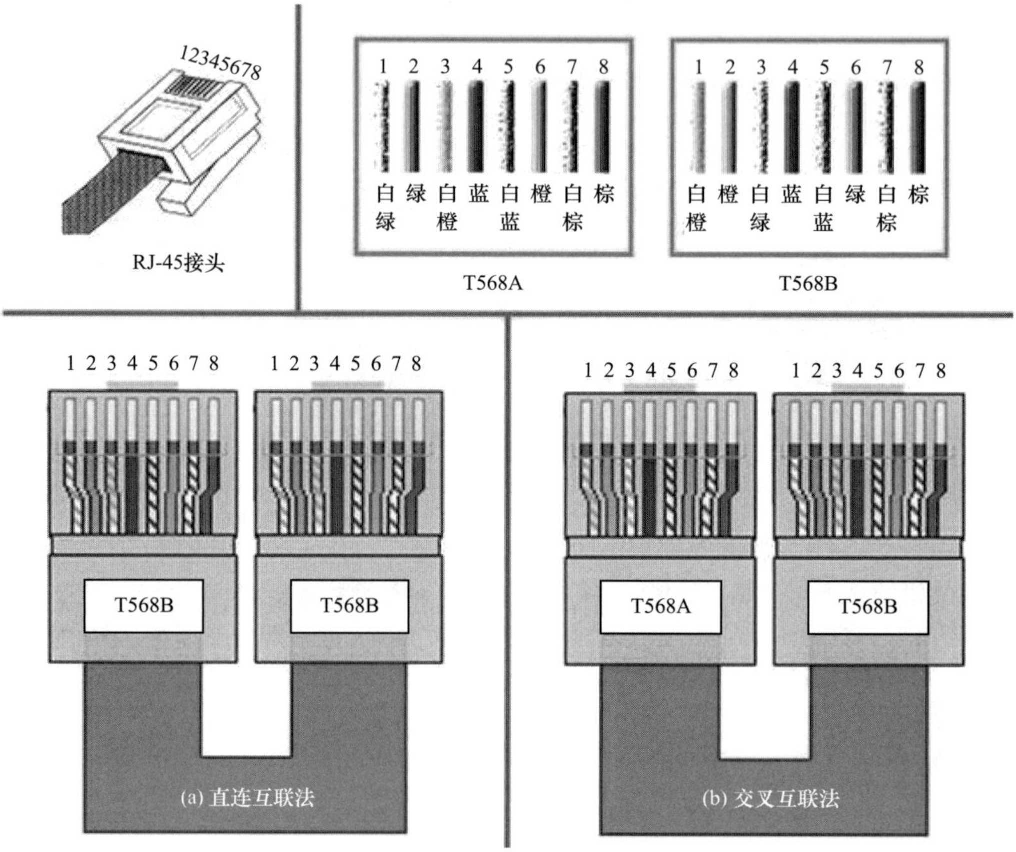

图 2.5.5 双绞线的连接法

(1)直接互联法

正常连接是将双绞线的两端分别都依次按白橙、橙、白绿、蓝、白蓝、绿、白棕、棕色的顺序(国际 EIA/TIA568B 标准)压入 RJ-45 水晶头内，如图 2.5.5(a)所示。这种方法制作的网线用于计算机与集线器的连接。

(2)交叉互联法

交叉互联法是将双绞线的一端按国际标准 EIA/TIA568B 标准压入 RJ-45 水晶头内；另一端将芯线依次按白绿、绿、白橙、蓝、白蓝、橙、白棕、棕色的顺序(国际 EIA/TIA568A 标准)压入 RJ-45 水晶头内，如图 2.5.5(b)所示。这种方法制作的网线用于计算机与计算机的连接或集线器的级联。

2.5.1.3 制作步骤

(1)用网线钳将双绞线一端的外皮剥去 3 cm，然后按 EIA/TIA568B 标准顺序将线芯捋直并拢。

(2)将芯线放到网线钳切刀处,8根线芯要在同一平面上并拢,而且尽量直,留下一定的线芯长度约1.5 cm处剪齐。

(3)将双绞线插入RJ-45水晶头中,插入过程保持均衡力度,直到插到尽头,并且检查8根线芯是否已经全部充分、整齐地排列在水晶头里面。

(4)用网线钳用力压紧水晶头,抽出即可。

(5)一端的网线就制作好后,同样方法制作另外一端网线。在压线的过程中双绞线线芯完全与水晶头接触,并有水晶头卡住双绞线的外皮。

(6)把网线的两头分别插到双绞线测试仪上,打开测试仪开关,测试指示灯亮起来。如果正常网线,两排的指示灯都是同步亮的;如果有灯没有同步亮,证明该线芯连接有问题,应重新制作。

2.5.2 制作串口线

2.5.2.1 概述

串口线就是接在串行通信接口上,采用串行数据传输模式的数据线。串口线外形如图2.5.6所示。

图2.5.6 串口线

2.5.2.2 制作方法

(1)取出两个九头的COM接头,一个是九孔COM接头(母头),另一个为九针COM接头(公头)。有时可能使用的串口线两头都为九孔,与前面情况同理。

(2)按照接线柱标号(2接3、3接2、5接5),挂锡(图2.5.7)。

(3)线头挂锡,分别和公头母头熔到一起。

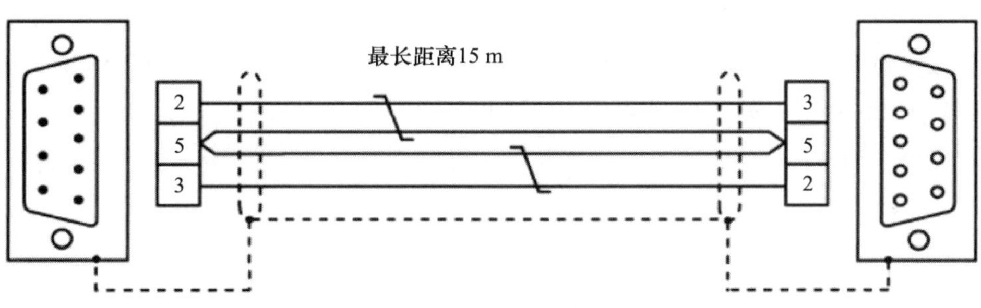

图2.5.7 串口线接线连接示意图

(4)检查接头是否牢固,连线有无短路。具体方法为:轻轻拽一下焊接的线缆,如果不从焊接点掉下来,说明焊接牢固,如果掉落,则重新焊接;若使用万用表检测,把万用表打到“二极管挡”进行测量,先找公头一端口,然后再分别测量母头其他两个非对应焊接端,如果万用表蜂鸣器发出响声,则说明相互之间存在短路,不发出响声,则说明焊接正常。

2.5.3 制作信号线或电源线

2.5.3.1 航空插头与航空插头连接的线缆

在自动气象站中所使用的信号线或电源线是由航空插头和线缆构成，如图 2.5.8 所示。

图 2.5.8 航空插头线

信号线和电源线的制作方法相似，具体制作步骤如下：

① 取出一个航空插头，拧下后盖，露出接线柱；

② 在航空插头接线柱上挂锡；

③ 将线头剥皮后，剪齐并挂锡；

④ 加热接线柱，靠近线头，使接线柱和线头熔到一起；

⑤ 待冷却后，检查焊接点是否牢固；

⑥ 制作完成后，使用万用表检测线缆有无短路与断路情况。

2.5.3.2 航空插头与插拔端子连接的信号线缆

在新型自动气象站、区域气象观测站测试过程中，会使用到航空插头与插拔端子连接的信号线缆，这样的线缆设备生产厂家可能提供，也可能需要气象装备保障人员自己制作。

制作方法如下：

① 数据线是采用三芯线制作的，采用九孔的 COM 口接头，连接电脑端要焊接 2、3、5 头，其他都不焊接；线的另一头，连接采集器或者无线通信模块的调试口，接的是三个口的端子具体连接方式如下：

2 接 T
3 接 R
5 接 G

② 连接电脑后，打开调试软件检测 COM 口，如果显示 COM 口已经打开，说明通信服务器已经连接，如果没有正常连接，则更改 COM 口。

模块3

新型自动气象站的维护与维修

任务 3.1　新型自动气象站概述

3.1.1　新型自动气象站

3.1.1.1　概述

新型自动气象站是为了满足中国气象局针对当前和未来若干年内对地面气象探测业务的需求而专门设计、研制的多功能综合气象观测系统。目前，气象部门用的新型自动站包括DZZ3、DZZ4、DZZ5、DZZ6 等多种类型。

本模块主要以 DZZ4 为例对新型自动站的结构、功能、维护与保障等进行全面介绍。DZZ4 型自动气象站（以下称新型自动气象站、新型自动站或新型站）由江苏省无线电科学研究所有限公司生产，采用了当今成熟的、稳定的、先进的电子测量、数据传输和控制系统技术而设计，能满足现有气象观测站的气候观测、天气观测和区域观测业务的需要；该产品具有高可靠性、高准确性、易维护、易扩展等特点。

自动气象站在硬件结构设计上采用“积木式”结构和 CAN 总线技术，利用双绞线互联主采集器和各分采集器。基于客户需求，在现场能快速实现功能扩展，具有灵活性的特点。

新型自动气象站主要由硬件和软件两大部分组成。其中，硬件包括采集器（1 个主采集器和若干个分采集器）、外部总线、传感器、外围设备四部分；软件包括嵌入式软件、业务软件两部分。

通过对系统进行简化，新型自动气象站可以适合于各类业务应用。常见的应用有：

① 常规六要素：观测气温、相对湿度、气压、风速、风向、雨量；

② 七要素：观测常规六要素以及地温（含草温、地表温、浅层地温、深层地温）；

③ 八要素：观测常规六要素、地温（含草温、地表温、浅层地温、深层地温）以及蒸发；

④ 需要时可以扩充能见度、称重降水、日照、辐射等要素或传感器。

3.1.1.2　功能与特点

新型自动气象站的功能主要是实现气温、湿度、气压、风向、风速、降水量、地温、蒸发、雪深、能见度等气象要素的数据采集、处理、质量控制、存储和传输。

新型自动站主要有以下特点。

① 采用五统一的思想进行设计，即统一标准、统一功能、统一结构、统一方法、统一规范。

② 采集器采用嵌入式系统、通信采用 CAN 总线，主分多采集器结构。

③ 采集器的软件采用嵌入式 Linux 操作系统。

④ 可在多种自然环境下正常工作，是全能型自动气象站数据采集系统，精度准确、运行稳定可靠。

⑤ 采集器内存容量大，可连续存储长时间的气象数据。

⑥ 多功能、可扩展、自适应性强。

⑦ 工艺精良，具有良好的抗腐蚀性。

⑧ 先进完善的多种防雷保护设计，能有效地防止雷电干扰。

⑨ 运行功耗低，自检能力强。

⑩ 操作简便，易于安装维护和远、近程监控。

⑪ 可利用太阳能供电方式，可在无市电情况下连续正常工作。

⑫ 可自动控制供电方式，并具有良好的节电性能。

⑬ 传输方式多样，可用 GPRS、CDMA、卫星、广播、有线等多种传输方式。

3.1.2 新型自动站硬件结构

新型自动站主要由采集系统、传感器系统、通信系统和供电系统组成。新型自动站结构如图 3.1.1 所示。

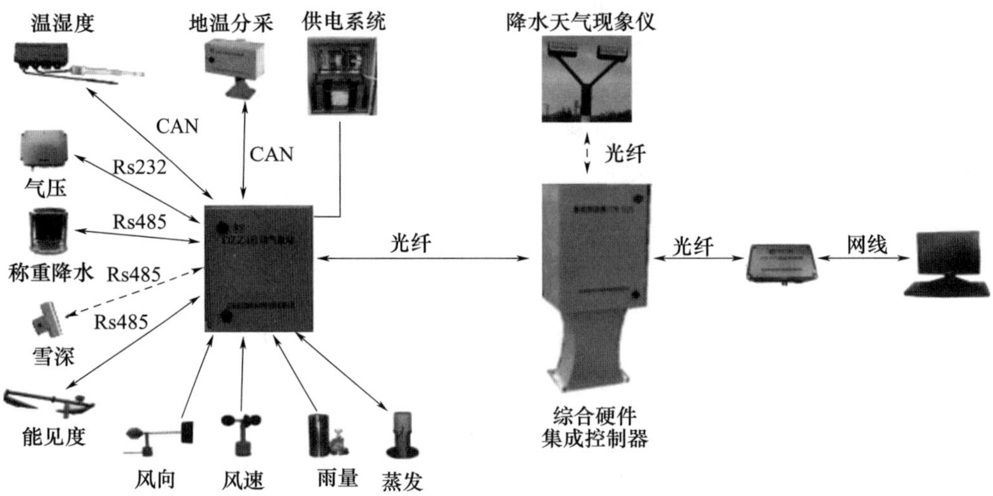

图 3.1.1 新型自动气象站结构图

采集系统由一个主采集器和若干分采集器构成，采集器之间采用 CAN 总线（一对双绞线）互联。采集系统负责自动气象站所有数据的收集、存储及分析运算。传感器系统是根据不同的观测需要，配置不同的传感器，用以测量相应的气象要素。通信系统用以将采集核心处理后的数据，传输到计算机，分为有线通信和无线通信。供电系统用以提供整个自动气象站系统运行的电力供应。一般包括交流供电、太阳能供电和交流与太阳能供电并用的三种方式。

3.1.3 地面气象观测场地环境与要求

3.1.3.1 环境条件要求

地面气象观测场必须符合观测技术上的要求。

(1)地面气象观测场是取得地面气象资料的主要场所,应设在能较好地反映本地较大范围的气象要素特点、符合全国气象观测站网布局且能长期保持良好气象探测环境的地方,满足国务院气象主管机构规定的选址技术要求。

(2)地面气象观测场四周应空旷平坦,避免建在陡坡、洼地或邻近有铁路、公路、工矿、烟囱、高大建筑物、垃圾场排污口和有干扰源的地方。避开地方性雾、烟等大气污染严重的地方。地面气象观测场四周障碍物的影子应不会投射到观测仪器的受光面上,附近没有反射阳光强的物体。

(3)如果在城市或工矿区,观测场应设立在城市或工矿区最多风向的上风方。

(4)地面气象观测场探测环境应符合国务院气象主管机构有关保护规范、标准等文件的要求,并按《中华人民共和国气象法》《气象设施和气象探测环境保护条例》等法律法规依法进行保护。

(5)地面气象观测场周围探测环境发生变化后要进行详细记录。新建、迁移观测场或观测场四周的障碍物发生明显变化时,应重新进行评估。

应用气象观测站、志愿气象观测站的环境条件可根据设站目的自行掌握。

3.1.3.2 观测场

(1)观测场一般为 25 m×25 m 的平整场地,方位为正南正北;确因条件限制,也可取 16 m(东西向)×20 m(南北向);设在高山、海岛或水上平台等特殊地点的不受此限;需要安装辐射仪器的台站,可将观测场南边缘向南扩展 10 m。

(2)须测定观测场的经纬度(测量精确到秒,标注精确到分)和海拔高度(精确到 0.1 m),并将其数据和南北方位刻在观测场中心位置的固定标志上。

观测场四周一般应设置约 1.2 m 高的稀疏围栏,不宜采用反光太强的材料。观测场围栏的门一般开在北面。不需设置围栏的,观测场四角也应设置明显的固定标志,以示边界。场地应平整,保持有均匀草层(不长草的地区例外),草高不能超过 20 cm。对草层的养护,不能对观测记录造成影响。场内不准种植作物。

(3)为保持观测场地自然状态,场内铺设 0.3~0.5 m 宽的小路(不得用沥青铺面)。有积雪时,除小路上的积雪可以清除外,应保护场地积雪的自然状态。

(4)根据场内仪器布设位置和线缆铺设需要,在小路下修建电缆沟。电缆沟应做到防水、防鼠,便于维护。信号线和电源线应铺设在不同线槽内。

(5)场内确需照明时,应使用功率≤25 W 的冷光源。

(6)观测场防雷系统接地电阻应≤4 Ω。处在高山、海岛等岩石地面土壤的电阻率>1000 Ω·m 的观测场,接地体的接地电阻值可适当放宽。

3.1.3.3 观测场地沟施工要求

观测场内小路宽 30~50 cm,小路下面根据电缆铺设需要挖掘地沟。盖板以可活动的水泥预制板或石材铺设,以结实、美观、耐用为宜。

(1)地沟即电缆沟的施工要求是:深(D):45~60 cm;宽(M):30~40 cm。地沟布局见图 3.1.2。

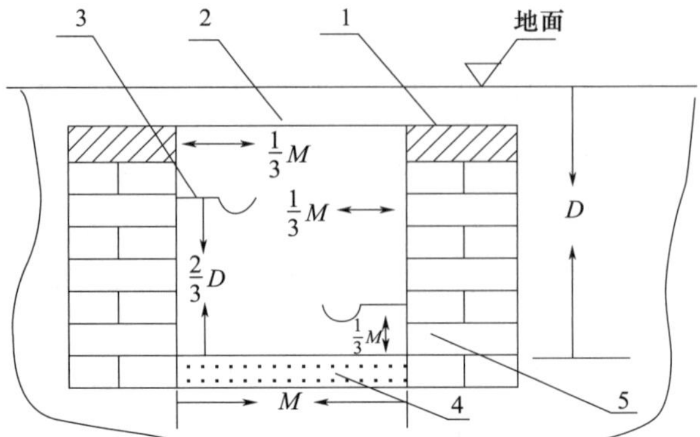

图 3.1.2　地沟布局图

1. 地沟沟沿；2. 盖板；3. 挂钩；4. 底层；5. 砖墙

(2)沟两侧应砌砖墙，水泥勾缝。底部用砖砌成或混凝土或三合土夯实为厚 5 cm 的底层。地沟的上边沿用水泥、钢筋做边，以增加强度。地沟的一个侧面从沟底向上$\frac{1}{3}D$处，而另一面从沟底向上$\frac{2}{3}D$处，架设两排金属挂钩，其间距为 1 m。两排挂钩的横向位置是相互错开的。金属挂钩是直径 5 mm 的钢筋。挂钩端部的圆弧部分是直径为 9 cm 的圆的 1/3。另一方法：在地沟的两个侧面从沟底向上$\frac{1}{2}D$处横向架设 3 cm 宽的扁铁，每隔 1.5～2 m 处架设一个。

(3)风杆、百叶箱、雨量计、地温、蒸发传感器至地沟处都要有直径为 9 cm 的洞口。

(4)地沟上面盖水泥盖板，水泥盖板的尺寸为边长 45～60 cm 的正方形，厚度为 50 mm。水泥盖板下最好铺薄铁板对电缆起屏蔽作用。地沟盖上盖板后与地面持平。地沟要留有排水涵洞，以防雨后积水。

(5)地沟里的电缆应穿在 PVC 塑料套管中，套管口径 80～100 mm。

(6)在观测场内，地沟的长度和小路的长度相同。从观测场到观测室的地沟长度，则视各站的具体情况而定。

(7)地沟施工总的要求：防雷击、防鼠咬、排水、通风。

3.1.3.4　观测现场埋设管道施工要求

(1)自动气象站观测现场除了采取挖地沟架设电缆外，还可以采取在观测场地中埋设管道穿过电缆的方式实施。

这种方式一般适合于高山岩石、沙漠、沙砾等土质及西北地区降水少、地表及浅地层无积水的地区。这种方式的缺点是当设备检修和检查更换电缆时极为不便，并在一段时间内影响观测场美观。降水多、地表及浅地层有积水地区最好采取挖地沟架设电缆方式，以避免电缆浸泡、腐蚀短路等故障的出现，影响自动气象站正常工作。

(2)埋设的管道应选用金属材质及带有金属屏蔽层的 PVC 塑料套管等，起防腐及屏蔽作用，管道直径 80～100 mm。

(3)埋设管道走向及长度应与观测场小路和安装的自动气象站传感器类型相符，从观测场到值班室长度视各站具体情况而定。

(4)埋设管道时应在拐弯各处挖竖井方便检修和更换电缆。

(5)埋设管道上方应铺设水泥方砖与地面持平,防止踩踏损坏电缆。

(6)总体要求:屏蔽、防雷击、防鼠咬、防浸泡。

3.1.3.5 观测场地仪器设施的布置

观测场内仪器设施的布置应互不影响,便于观测操作。具体要求如下。

(1)高的仪器设施安置在北面,低的仪器设施安置在南面。

(2)各仪器设施东西排列成行,南北布设成列,相互间东西间隔一般不小于 4 m,南北间隔一般不小于 3 m,仪器距观测场边缘护栏一般不小于 3 m。

(3)布设有双套自动气象观测系统的,东西方向上,主站仪器设施应安置在备份站相应仪器的东面;南北方向上,主站仪器设施应安置在备份站相应仪器的北面。

(4)仪器安置在紧靠东西向小路南面(综合集成硬件控制器、降水现象仪、蒸发传感器、风向风速传感器、前向散射能见度仪等除外)。

(5)辐射观测仪器一般安置在观测场南面,观测仪器感应面不能受任何障碍物影响。因环境条件限制不能安装在观测场内的总辐射、直接辐射、散射辐射、日照以及风传感器可安装在天空条件符合要求的屋顶平台上,反射辐射和净全辐射传感器安装在符合条件的有代表性下垫面的地方。

(6)北回归线以南的观测场内仪器设施的布置可根据太阳位置的变化灵活掌握,尽量减少观测活动对观测记录代表性和准确性的影响。

观测场内仪器设施布置见图 3.1.3。

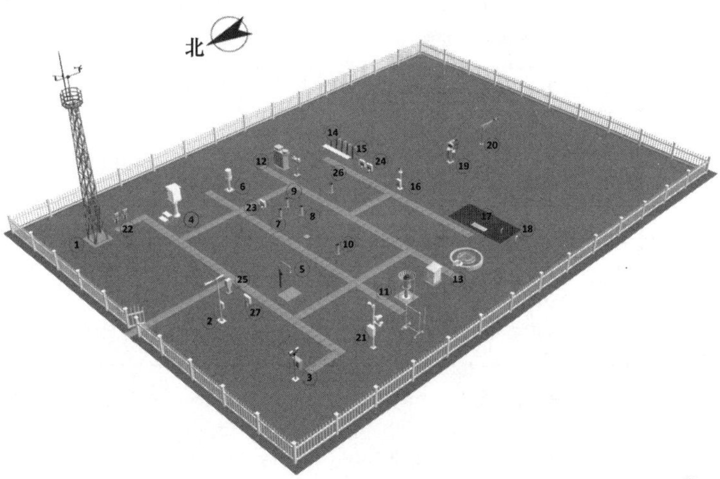

①风塔、风向风速传感器
②前向散射能见度仪
③降水现象仪
④百叶箱、气温传感器、湿度传感器、气温多传感器标准控制器
⑤自动雪深仪
⑥闪电定位仪
⑦翻斗雨量传感器Ⅰ
⑧翻斗雨量传感器Ⅱ
⑨翻斗雨量传感器Ⅲ
⑩翻斗雨量传感器
⑪称重式降水传感器
⑫酸雨自动观测仪
⑬通风防辐射罩、蒸发传感器
⑭深层地温传感器(4、80、160、320 cm)
⑮冻土自动观测仪
⑯光电式数字日照计
⑰地面温度传感器、浅层地温传感器(5、10、15、20 cm)
⑱草面温度传感器
⑲全自动太阳跟踪器
⑳辐射传感器
㉑天气现象视频智能观测仪
㉒主采集器
㉓降水多传感器标准控制器
㉔地温分采集器
㉕综合集成硬件控制器
㉖雨量器
㉗配电箱

图 3.1.3 观测场仪器布置参考图

仪器、设备安装要求见表 3.1.1。

表 3.1.1 仪器、设备安装要求表

仪器	安装要求	允许误差范围	基准部位
气压传感器	距地高度 120 cm	±3 cm	感应部分中心
温湿度传感器	距地高度 150 cm	±5 cm	感应部分中部
风速传感器	距地高度 10～12 m	/	风杯中心
风向传感器	距地高度 10～12 m 方位正北	/ ±5°	风标中心 方位指北杆
翻斗雨量传感器	距地高度 70 cm	±3 cm	承水口口缘
称重式降水传感器	距地高度 120 cm 或 150 cm	±3 cm	承水口口缘
辐射传感器	支架高度 150 cm 方位正北 纬度以本站纬度为准	±10 cm ±0.25° ±0.1°	支架安装面 底座南北线
蒸发传感器	距地高度 30 cm	±1 cm	口缘
地面温度传感器	铂电阻传感器埋入土中一半	/	感应部分中心
草面温度传感器	距地高度 6 cm	±1 cm	感应部分中心
浅层地温传感器	深度 5、10、15、20 cm	±1 cm	感应部分中心
深层地温传感器	深度 40、80 cm 深度 160 cm 深度 320 cm	±3 cm ±5 cm ±10 cm	感应部分中心
前向散射能见度仪	距地高度 280 cm	±10 cm	采样区域中心
降水现象仪	距地高度 200 cm	±10 cm	采样区域中心
自动雪深观测仪	距地高度 150 cm 或 200 cm	±3 cm ±5 cm	测距探头
冻土自动观测仪	深度 0～150 cm 深度 150～300 cm 深度 300～450 cm	±1 cm ±1 cm ±1 cm	感应部分中心
光电式数字日照计	距地高度 150 cm 方位正北 纬度以本站纬度为准	±5 cm ±5° ±0.5°	日照计中心 光学镜筒筒口
闪电定位仪	方位正北 仪器自身高度	0.25° /	磁场天线环
天气现象视频智能观测仪	距地高度 280 cm	±10 cm	立柱顶端
采集器箱	高度以便于操作为准	/	/
地温分采集器箱	高度以便于操作为准	/	/
辐射分采集器箱	高度以便于操作为准	/	/
综合集成硬件控制器	高度以便于操作为准	/	/

3.1.3.6 观测值班室

观测值班室是业务人员的工作室和安放室内观测设备的场所。

(1)有专库、专柜存放备用观测仪器和资料文件,整洁有序。

(2)网络通信系统可靠,有备份,可自动切换,确保观测数据文件稳定上传。

(3)室内用电规范,并配置不间断电源。

(4)值班室应具备防直击雷和闪电电涌侵入的有效措施。室内仪器设备均须可靠接地,接地电阻≤4 Ω。值班室供电线路、电话线、网线、信号线及其他入室线缆必须安装适配的电源避雷器和信号避雷器。

(5)值班室应有防盗、防火等安全措施。

(6)业务人员在值班室应有较开阔的视野,能看见观测场的全貌,可随时监视观测场的情况和天气变化。如因条件所限,可采用视频监控。

3.1.3.7 观测场值班室防雷要求

自动气象站观测场值班室防雷应按照《自动气象站场室雷电防护技术规范(QX/T 30—2021)》的要求进行。

(1)防护总体要求

应依据自动气象站所在地的地理、地质、气候、环境等因素和雷电活动情况,结合自动气象站的性能特点进行系统设计;采用接闪、分流、屏蔽、等电位连接、综合布线、电涌保护和共用接地等措施,进行综合防护。

安装的雷电防护装置不应影响自动气象站的正常运行和气象要素的观测。自动气象站场室雷电防护装置的设计、施工应与自动气象站场室的建设或改造同步进行。互相连接的雷电防护装置宜使用同一材质,材型规格应符合《建筑物防雷设计规范》(GB 50057—2010)中第5章的规定。

(2)雷电防护等级划分

据安装自动气象站的台站性质、所在地的雷击大地年平均密度修正值(N_r,单位:次/(m^2 · a)),自动气象站场室雷电防护等级分为三级。

1)在可能发生对地闪击的地区,符合下列情况之一时,应划分为一级防雷自动气象站场室:

① 大气本底站、气候观象台、基准气候站;

② 所在地 Nr≥3 的基本气象站;

③ 所在地 Nr>8 的(常规)气象观测站。

2)在可能发生对地闪击的地区,符合下列情况之一时,应划分为二级防雷自动气象站场室:

① Nr<3 的基本气象站;

② 4≤Nr≤8 的(常规)气象观测站。

3)除一级和二级防雷自动气象站场室以外的,在可能发生对地闪击的地区,应划分为三级防雷自动气象站场室。

(3)观测场雷电防护

① 自动气象站设备均应处于直击雷防护区内;接闪器保护范围按滚球法计算,其中,一级防

雷自动气象站场室按照 45 m 取值计算，二级、三级防雷自动气象站场室按照 60 m 取值计算。

② 一级防雷自动气象站场室，在 Nr>8 的地区，宜在其观测场外架设独立接闪杆；接闪杆距观测场不应<3 m，宜选择在雷暴主导路径上风向，高度不应低于观测场内风杆（塔）顶部的接闪杆。

高山自动气象站宜在其观测场外围设置水平或其他形式的接闪器，并设置独立地网，地网与自动气象站地网间隔不宜<3 m，接地电阻不宜>10 n。

③ 当观测场采用风塔时，应在风塔操作台北侧的护栏设置接闪杆，其顶部高出操作台底部 3 m。接闪杆宜利用塔体作引下线，塔体底部与观测场地网在外环位置不少于 2 处做可靠电气连接。

当观测场采用风杆时，应在距风杆顶端向下 200～300 mm 处设置接闪杆，接闪杆长度不应<1.5 m，其与风杆的水平距离不应<500 mm。接闪杆引下线应沿风杆外壁或拉线敷设固定，引下线宜采用耐 1.2/50/μs 冲击电压 100 kV 的绝缘电缆，电缆芯线的多股铜线截面积不<50 mm^2。引下线入地点应设置不少于一根垂直接地体，并与观测场地网做可靠电气连接。

④ 当辐射传感器等不在接闪器保护范围内时，应在其北侧按照上述的要求增设接闪杆，使其处于直击雷防护区内。

⑤ 风传感器数据传输线应采用带屏蔽层的线缆经风塔中心金属桥架（管）或沿风杆内壁敷设。风塔中心金属桥架（管）应首尾电气贯通，并在风塔顶、底及每隔 3 m 与塔本体等电位连接。当传输线无法敷设在风杆（塔）内时，应将传输线穿金属管敷设，金属管首尾应电气贯通，如要求一端接地时，应采取双层屏蔽，外屏蔽层应两端接地。

⑥ 观测场内预计安装集成硬件控制器、主采集器、分采集器、传感器、电源箱等设备的位置，应就近自观测场地网引出预留接地端子。安装设备时，设备金属外壳及其金属支撑架应与预留接地端子可靠电气连接，连接部位应做防腐处理。

⑦ 金属围栏、金属支柱、混凝土柱内的钢筋等金属物应形成整体电气连接，并就近与接地装置做等电位连接，连接点间隔不宜>18 m。

⑧ 集成硬件控制器与（分）采集器或传感器之间的电源线、数据线应选用带屏蔽层的线缆，并穿金属桥架（管）沿观测场电缆沟敷设，金属桥架（管）应首尾电气贯通，进出电缆沟处就近接地。

⑨ 观测场到值班室的数据传输线应选用光纤或带有金属屏蔽层的线缆，光纤的金属挡潮层两端要接地，电源线应选用屏蔽电缆；传输线与电源线应分别穿金属桥架（管）沿电缆沟埋地敷设，金属桥架（管）应首尾电气贯通，进出场、室时就近与地网连接，长度超过 $2\rho^{1/2}$ m（ρ 为土壤电阻率数值，单位为欧姆米（Ω・m））时应增加其接地点。

（4）工作室雷电防护

一级防雷自动气象站工作室所在建筑物的雷电防护设计应符合《建筑物防雷设计规范》（GB 50057—2010）第二类防雷建筑物的要求，二、三级防雷自动气象站工作室所在建筑物的雷电防护设计应符合《建筑物防雷设计规范》（GB 50057—2010）第三类防雷建筑物的要求。

工作室内线路应根据线路性质、来源分别穿金属桥架（管）布设，布设时不宜形成环路，数据线与其他管线、电力电缆的间距应符合《自动气象站场室雷电防护技术规范》（QX/T 30—2021）中的相关规定。

工作室内应采用截面积不小于 25 mm^2 的铜带或裸铜线设置环形等电位连接带，环形等电位连接带应就近与人工接地体或在电气上贯通并连通到基础接地体的钢筋进行不少于两处连接，与钢筋的连接间隔不大于 5 m，与人工接地体的连接间隔不小于 5 m。当工作室内有防静电活动地板时，应将等电位连接带置于静电地板下方，并增设等电位连接线，构成 0.6 m×3.0 m 的矩形网格。

不间断电源(UPS)外壳、电池箱箱体、(光纤)交换机以及机柜(架)、防静电活动地板金属支架应就近与等电位连接带(矩形网格)连接，其中 UPS 外壳、电池箱箱体、(光纤)交换机与等电位连接带(矩形网格)宜设两根等电位连接线，安装于设备的对角处，其长度宜相差 20%。

(5)地网

① 观测场应采用人工垂直接地体与水平接地体结合的方式埋设人工接地体，其中，人工水平接地体应埋设于冻土层下，埋设深度不应小于 500 mm；人工垂直接地体应沿水平接地体均匀埋设，其长度宜为 2.5 mm，垂直接地体的间距宜大于其长度的两倍。施工过程中，宜在自动气象站观测场电缆沟下埋设人工接地体。

② 人工垂直接地体宜采用直径不小于 14 mm 的热镀锌圆钢或同等材型规格的钢管、角钢，人工水平接地体宜采用截面积不小于 90 mm^2 的扁钢或同等材型规格的圆钢。

③ 工作室地网应利用建筑物基础钢筋构成的自然接地体。当无法利用自然接地体或自然接地体的接地电阻达不到要求时，应在建筑物四周增设闭合环型人工接地体，人工接地体埋设深度应大于 0.5 m。工作室内应自地网引出相应的预留接地端子。

④ 观测场所有设备宜共用同一接地系统，其接地电阻不应大于 4 Ω。在土壤电阻率大于 800 Ω·m 的地区可适当放宽其接地电阻值要求，但此时接地系统环形接地网等效半径不应小于 5 m，接地电阻不宜超过设备接地要求。

⑤ 接地系统使用降阻剂或选用复合接地体等材料时，材料应符合《复合接地体》(GB/T 21698—2022)、《接地降阻剂》(QX/T 104—2009)的规定。

(6)电涌保护器(SPD)的选择和使用

自动气象站场室低压配电应采用 TN-S 系统。

自动气象站场室配电线路宜采用具有金属护套或绝缘护套电缆穿金属管埋地引入，埋地长度不应小于 $2\rho^{1/2}$ m，且最短不应小于 15 m，金属管及电缆金属护套两端应就近可靠接地。当采用架空线路时，宜将架空线路终端杆和终端杆前第一、二杆上的绝缘子铁脚做接地处理，同时应在终端杆上装设相应等级的户外型电涌保护器。

自动气象站场室低压配电系统 SPD 的安装位置、I 级试验冲击电流 I_{imp}、II 级试验标称放电电流 I_n、m 级试验短路电流 I_{SC} 及限制电压 U_P 推荐值宜符合相应规定。

使用直流电源供电的自动气象站设备，宜在直流电源线路上安装直流电源 SPD，其持续工作电压 U_C 应不小于设备额定电压的 1.2 倍，U_P 值应符合《电涌保护器　第 2 部分：在低压电气系统中的选择和使用原则》(QX/T 10.2—2018)中 6.3.1.4 的规定

进入工作室的电子系统线路采用金属线时，其引入的终端箱处应安装 D1 类高能量试验类型的 SPD，所接入的 SPD 其 U_C 最小值应大于接到线路处可能产生的最大运行电压，U_P 应小于被保护设备的绝缘耐冲击电压值的 0.8 倍。

进入工作室的电子系统线路采用带加强芯和金属保护层的光纤时，加强芯应在两端就近做接地处理，并宜在光端盒加强芯接地处加装米级试验 SPD。

当配电线路、电子系统线路安装 SPD 后不能满足雷电防护需求时，信号线路可采用无线

传输、光纤或信号隔离雷电防护装置等隔离界面进行防护,电源线路可采用隔离变压器与SPD配合进行防护。

3.1.4 常规维护

自动气象站的维护维修一般分为两种情况:一种是预防性维修,也就是常说的常规维护;一种是修复性维修,即对损坏的仪器设备进行修理。

常规维护是指为了防止故障的发生或防止新型自动气象站的安装、工作环境与规范要求出现偏差,确保投入气象业务系统使用的新型自动气象站经常处于良好技术状态并准确探测气象要素资料而开展的工作,是设备管理、使用、维修等各项工作的基础,也是台站观测技术人员的主要职责之一。

由于自动气象站设备在野外长时间、全天候的工作,难免会出现例如连接松动、端口锈蚀等不正常现象,如果不及时处理,这些隐患会造成设备故障甚至停机,严重影响设备的正常运行效率。因此,必须加强对设备的常规维护,并严格督促检查,"预防为主、养为基础"。

3.1.4.1 维护分类

自动气象站的维护主要有日巡视、周维护、月维护和年维护。维护记录表主要有日巡视记录表、周维护记录表、月维护记录表和年维护记录表,当完成相关维护工作后须认真填写维护记录表。

3.1.4.2 维护的主要方式

(1)直接观察、检查

大部分观测设备常规维护可以通过直观观察和检查进行。比如:地温场是否板结、观测场内草层是否超高、风杯风向标转动是否灵活、有水平气泡的观测设备是否水平、采集器工作指示灯是否正常等,通过直接观察和检查并进行维护。

(2)借助工具测试或者终端命令监控

比如雨量传感器器口是否水平、温湿传感器距地高度是否在允许的范围内、风传感器横臂是否正南北等可借助工具测量维护;新型站采集器主板温度、电压等指标值可以借助ISOS业务软件终端命令查询维护。

(3)通过业务软件报警信息监控

新型自动站业务软件(ISOS)具有很强的报警质控功能,不仅可以对数据进行质控,同时对相关状态信息进行监控,相关信息通过报警提示和质控标识符显示出来。比如:采集器主板温度过高、采集器电压过高或者过低、CF卡的内存容量不足、计算机和采集器无法通信等。

3.1.4.3 具体维护方式

常规维护的具体操作体现在检查、清洁、保养与更换耗材等。

(1)检查

主要是通过肉眼观察、查阅资料与设备等对自动气象站进行检查。如观察风传感器转动是否灵活、指示灯是否正常、气象数据是否准确等。

(2)清洁

主要包括使用水、酒精等液体对设备的污渍进行清洗、洁净等,使用清洁工具对垃圾进行清除,利用相关工具对杂草、藤蔓等进行清理等。

(3)保养

对设备进行定期的保养维护等,如称重式降水传感器定期更换防冻液、抑制蒸发油,蒸发桶定期换水、检查等。

(4)更换耗材

针对部分设备的使用时长等定期进行相关设备的检定、更换等工作,以防设备老化、性能漂移,影响气象观测数据的质量。

3.1.4.4　维护内容

(1)日巡视

① 巡视时间。每日日出后和日落前巡视观测场和仪器设备,具体时间各站自定,但站内必须统一;交接班期间;特殊天气(如大风、大雾、强沙尘或强对流)过程前后;除以上时次外,其余业务守班期间,正点前 15 min 查看数据是否正常,通信是否正常。文件发送后,通过相关业务系统查看到报情况。

② 巡视内容。自动气象站日巡视应按图 3.1.4 所示流程进行。

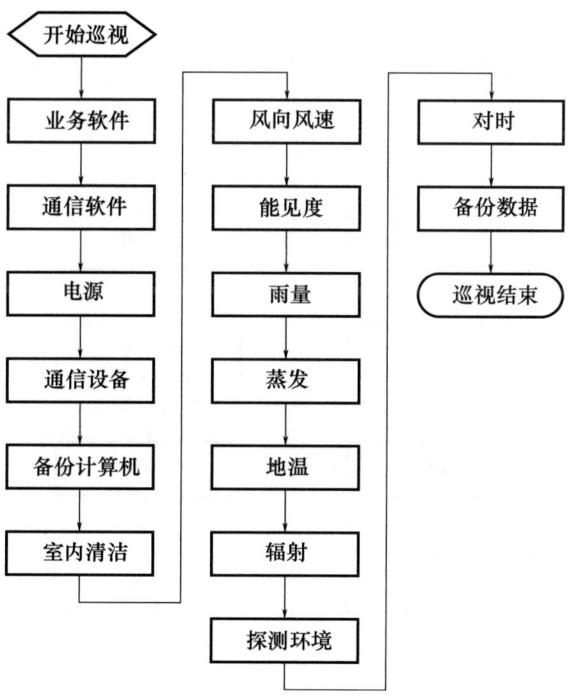

图 3.1.4　日巡视流程图

(2)周维护

① 维护时间。每周定期维护。一般安排在每周第一个工作日,特殊情况可适当顺延。

② 维护内容。新型自动气象站周维护应按图 3.1.5 所示流程进行。

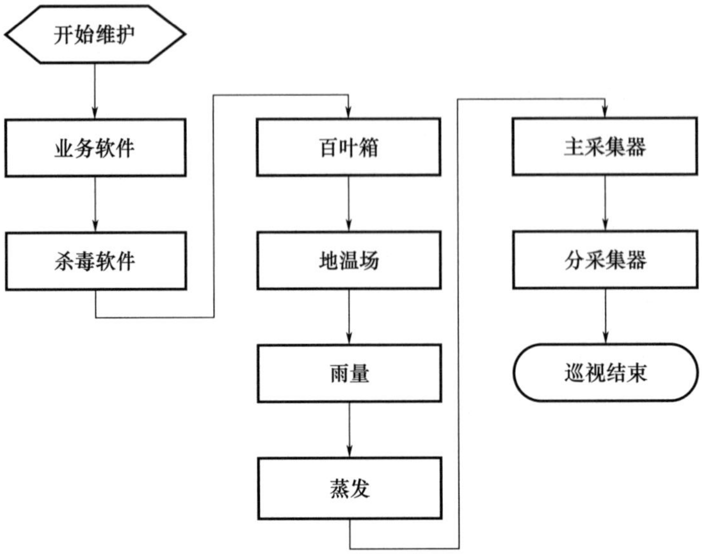

图 3.1.5　周维护流程图

(3)月维护

① 维护时间。每月定期进行维护。建议安排在每月最后一周第一个工作日,特殊情况可适当顺延。

② 维护内容。新型自动气象站月维护应按图 3.1.6 所示流程进行。

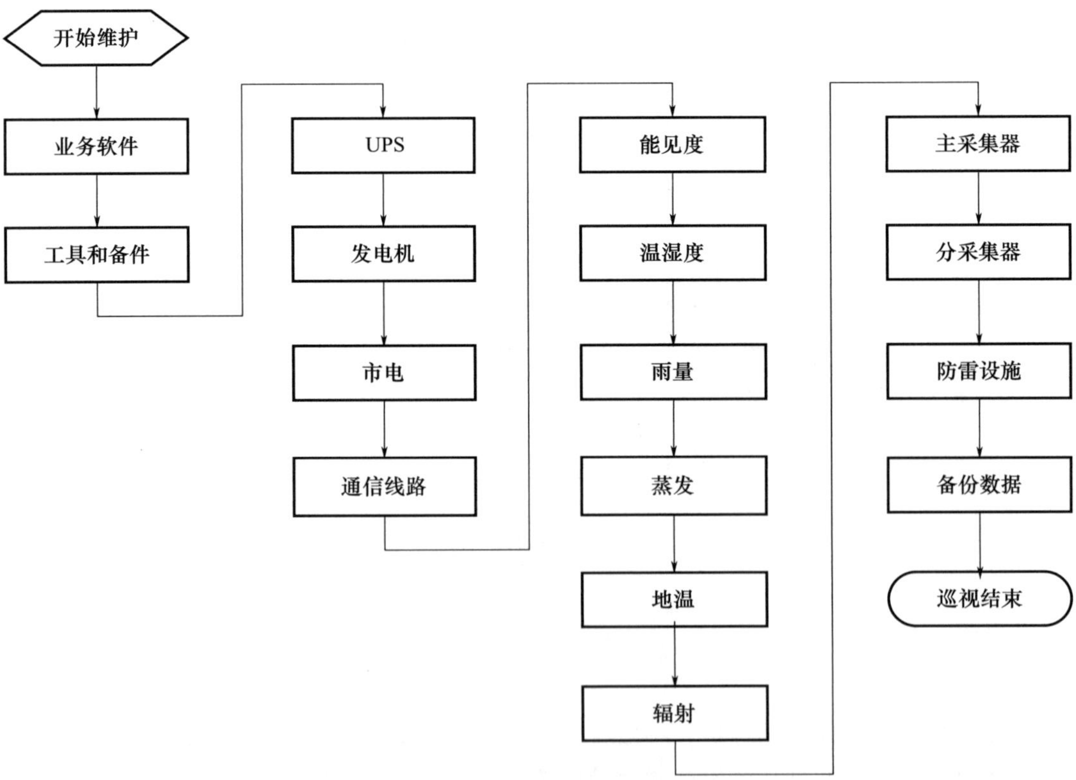

图 3.1.6　月维护流程图

(4)年维护

① 维护时间。具体维护时间台站自定。

② 维护内容。新型自动气象站的年维护应按图 3.1.7 所示流程进行。

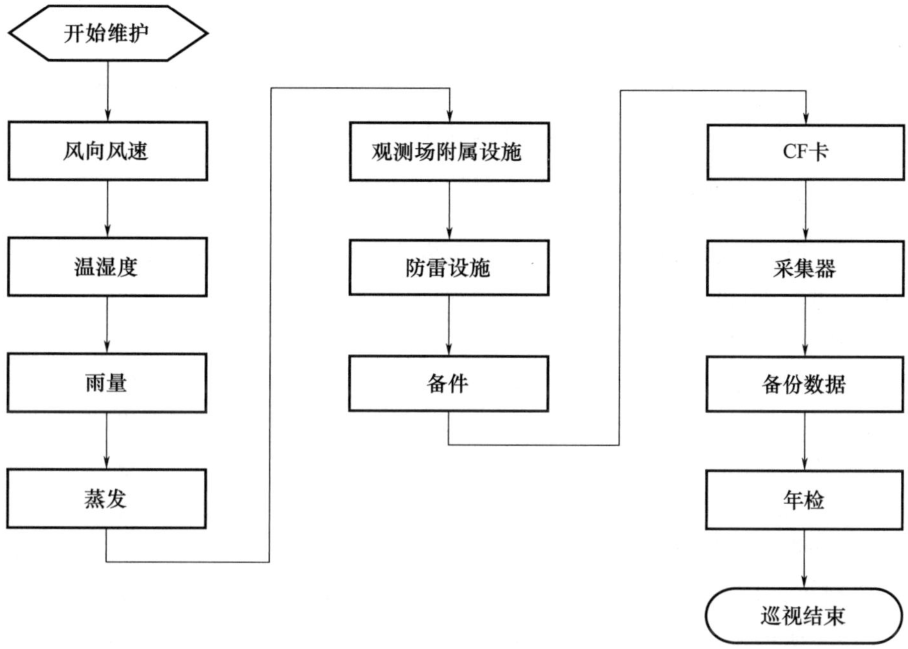

图 3.1.7 年维护流程图

3.1.4.5 维护记录

在进行完日巡视、周维护、月维护、年维护后,应及时填报巡视(维护)表,并及时收集、整理、归档保存。

3.1.4.6 安全注意事项

(1)仪器设备维护、数据处理均要选择避开降水、大风及正点时次,同时避开极值出现时间。

(2)专机专用,不要在计算机上运行、安装与业务无关的软件。

(3)计算机操作过程中应谨慎使用光盘或优盘等外来存储介质,防止病毒侵入。

(4)现用设备维护时间较长时,可用备份自动气象站数据代替,并做好备注。

(5)禁止带电插拔、安装、清洁设备。

(6)业务软件中各类参数、传输路径等做必要修改后,应及时做好记录及备份更新工作。

(7)维护能见度传感器时,眼睛不要长时间正视镜头。

(8)在对风向风速传感器进行高空维护时,需要穿戴安全设施。

(9)维护翻斗雨量传感器时,禁止用手或其他物体抹拭翻斗内壁,以免沾上油污;严禁随意调整翻斗下方的调斗螺钉。

(10)修剪草温观测场植被时,注意保护草温传感器及其线缆。

3.1.5 故障分析处理的思路与方法

3.1.5.1 设备故障

设备故障是指设备失去或者降低其规定功能的事件或现象。表现为设备的某些零部件失去原有的精度或性能,使设备不能正常运行或技术性能降低。

3.1.5.2 故障分析的原则

当自动气象站出现故障时,维修人员在确保安全的前提下可以按照以下原则,仔细分析故障原因,查找故障部位,排除故障。

(1)由可能性大到可能性小的原则

即当故障发生时,维修人员根据仔细观察或者通过询问等方式得到故障发生前后的天气(气候)情况、人员操作情况以及平时观测到的情况,综合分析判断故障发生的可能原因,然后根据逻辑判断,依次列出故障的可能原因,按照由可能性大到可能性小的原则一一排除。

例如,对于全部气象要素缺测的故障现象,一般可能是供电或通信方面出现故障。若发生打雷的情况,维修人员可根据故障发生前的天气情况判定故障可能是由于雷击电磁脉冲造成微机设备串口损坏,引发通信故障,这时可采用更换串口或者更换微机设备排除故障;若观察到采集器、电源系统的指示灯不亮,一般情况下是断电所致,检查供电系统即可。

(2)由软件到硬件的原则

即在分析和排除故障时,首先确认是否是系统软件引起的问题,确认软件没问题后再在硬件方面查找故障原因。

新型自动气象站使用的业务软件可以输入相关操作命令对硬件系统进行设置,有时数据缺测有可能是因为软件参数设置不合适。比如"风速值一直为 0"的故障现象,有可能是业务软件设置里将风速传感器关闭或者更改风速传感器的参数配置造成的。

(3)由电源到器件的原则

自动气象站发生故障时多数是因为供电不足或者供电不正常等原因造成的。当自动气象站出现故障时,应首先检查其供电是否正常,相应的电源指示灯是否正常,确保供电正常的情况下,再去检查其他器件工作是否正常。

在开关电源(电源控制器)上一般会有相应指示灯显示交流供电情况、直流供电情况,维修时可以参考指示灯查找故障部位。

(4)由公用到专用的原则

自动气象站主要公用设备有采集器、供电系统、通信系统和外围设备。当自动气象站发生故障需要维修时,要先确保公用设备正常,这样在排除专用设备故障时,系统才能恢复正常。

自动气象站公用设备出现故障时,一般情况下会造成全部要素异常、错误或缺测,比较容易判别,在维修过程中多注意总结即可。

(5)由外部到内部的原则

自动气象站进行维修时,切忌不分析故障原因、确定故障部位,直接将自动气象站各组成部分拆卸开进行维修,这样很容易造成小故障演化成大故障。自动气象站如果只进行外部维修即可排除故障时，将不再拆开内部构造。

自动气象站的维修一般有板卡级维修和元件级维修。县(市、区)级气象台站主要进行板卡级维修即可，即主要进行外部结构的维修；省(区、市)级保障部门应能进行元件级维修，自动气象站生产厂家亦要求能够进行元件级维修。

3.1.5.3 故障处理的方法

(1)替代法

在故障排除时，用好的组件替代坏的组件的方法即为替代法。例如：当空气温度值缺测，其他气象要素正常时，根据由可能性大到可能性小的原则，判定可能是温度传感器出现故障，这时可以使用好的温度传感器替代当前温度传感器，若故障消失，则是温度传感器出现故障。若故障依然存在，则可能是软件参数设置不正常、采集通道等方面的原因，进一步分析故障原因，查找故障部位。

替代法是排除故障最直接、最有效的方法，需要维修人员依据电路原理图和结构图，进行逻辑分析，确定故障部位。此外，还需要维修人员掌握相应器件的技术参数、安装要求和安装步骤。

(2)测量法

测量法是指利用检测工具、测量仪器去测试电路关键测试点参数，对比分析测量到的结果与理论输出结果是否一致或在误差允许范围内。自动气象站的测量主要有线路通断的测量、电阻的测量、交直流电压的测量、电流的测量和频率值的测量等。

测量法是查找故障部位最常用的方法，要求维修人员应熟练掌握数字万用表、示波器、串口调试助手等相关测试工具、软件的操作使用；熟悉各关键测试点的技术指标，属于要求较高的故障排除方法。

(3)直接观察法

直接观察法是用眼看、手摸、耳听、鼻嗅等直观方法来确定故障部位。用这种方法检查有异常的光、热、声、味的故障简便迅速有效，并随着维修人员对自动气象站熟悉程度的提高、维修经验的积累而效果倍增。

直接观察法主要是针对自动气象站使用过程中指示灯的变化、元器件冒烟、发热等异常现象来发现故障、查找故障部位的，需要维修人员必须熟知自动气象站各组成部分，快速判断是哪一器件出现故障。但是，直接观察法有时只能判断发生故障的部位，不能确定故障发生的根本原因，需要结合其他方法综合判断。

(4)越级法

越级法就是怀疑某一级出现故障时，可以越过本级，把信号从被怀疑的上一级直接跳到下一级，进行故障排除的方法。如果故障消失，则怀疑的那一级即为出现故障的部位。

越级法也是查找故障部位常用的方法之一，它比较适用于同类多级串联电路的检修，要求维修人员应熟知自动气象站的连线图、信号流程图等知识和技能。

(5)隔离法

隔离法主要是针对自动气象站一个元器件故障造成其他元器件不能正常工作的情况，这时将怀疑的对象隔离开，故障消失。

如全部气象要素缺测时，已排除电源、通信、软件设置、数据采集器、防雷通道板等公用设备故障后，可怀疑是传感器相互干扰造成此种故障。这时可以将所有的传感器从主采集箱的底部航空插头(新型自动气象站)或防雷通道板(备份站)上直接拔下，重新连接各传感器，直至故障重新出现，可以确定刚连接的传感器存在问题，通过其他方法综合分析确定故障原因，排除故障。

(6)外加信号法

外加信号法一般是指当怀疑传感器故障时，经过测量法发现传感器参数输出正常，但其他各部分也正常的情况下，可以给采集器外加一个标准信号，此时如果故障排除，则是传感器故障。

这种故障排除方法需要标准信号发生器，在实际维修过程中用的不是很多。

任务 3.2 业务软件的安装与设置

3.2.1 业务软件概述

3.2.1.1 软件组成与功能

台站地面综合观测业务软件(ISOS)是整个地面综合观测自动化系统的重要内容之一,其实施目的是根据中国气象局自动化观测系统发展需求,立足于自动化观测和自动化业务流程,开发能对多种地面观测设备进行统一管理且灵活配置的综合集成业务软件,以充分发挥自动化观测设备效能,节约台站人力资源,加强基层台站气象服务保障能力,提升自动探测网的建设效益。其主要功能有数据收集显示、质量控制、综合判别、数据传输功能、业务监控功能、工作管理功能等。

ISOS 包括实时观测、人工录入、数据处理、数据查询、设备状态、设备管理、工作管理、参数设置、帮助等功能模块,各大功能项由若干个子功能项组成,见表 3.2.1。

表 3.2.1 ISOS 软件功能

功能	组成	主要内容
实时观测	首页	显示的实时观测数据以及观测数据统计信息、系统运行状态
	新型自动站	选择查看常规要素每日逐分钟质控、订正数据表以及全月逐日每小时质控订正数据表
	视程障碍判别	选择查看《天气现象综合判断每日逐分钟数据表》
	云	选择查看云要素每日逐分钟质控、订正数据表
	能见度	选择查看能见度要素每日逐分钟质控、订正数据表
	天气现象	选择查看天气现象要素每日逐分钟质控、订正数据表
	辐射	选择查看辐射要素每日逐分钟质控、订正数据表
	日照	选择查看日照要素每日逐分钟质控、订正数据表
	基准辐射	选择查看基准辐射要素每日逐分钟质控、订正数据表、全月逐日每小时订正表、分钟以及正点数据表
	退出	退出台站地面综合观测业务软件
人工录入	正点观测编报	正点观测,人工观测项、天气现象录入
	重要天气报	重要报编报
	日照编报	日照数据编报
	日数据编报	日数据编报
	辐射日数据	辐射作用层、大气浑浊度编报
	航空危险报	航空报编报

续表

功能	组成	主要内容
人工录入	地面月报	A 文件编报及审核、格审
	辐射月报	R 文件编报及审核、格审
	分钟观测数据月报	J 文件编报及审核、格审
	地面年报	Y 文件编报
	酸雨记录簿	酸雨数据编报
	日记录转 S 文件	进行 S 文件的编报
数据处理	历史数据下载	可以选择要下载的历史数据来弥补缺测的数据
	数据归档	把截止到当日采集器所采集的数据全部备份到自定义文件夹下
数据查询	分钟要素查询	进行分钟数据的查询
	小时数据查询	进行小时数据的查询
	当前要素显示	选择查看所挂接项目的全部要素数据表
	详细要素查询	选择查看所挂接项目的全部要素每日逐分钟数据表
	数据导出	将数据进行导出操作,导出后保存为 Excel 文件格式
	综合查询	查询所有全部数据表中的要素数据
设备状态	新型自动站	查看自动气象站状态每日逐分钟数据表
	云	查看云要素每日逐分钟状态表
	天气现象	查看天气现象要素每日逐分钟状态表
	辐射	查看辐射要素每日逐分钟状态表
	日照	查看日照要素每日逐分钟状态表
	基准辐射	查看基准辐射要素每日逐分钟状态表与基准辐射站实时状态信息信息数据表
	地面综合观测主机	查看地面综合观测主机状态每日逐分钟数据表
设备管理	设备标定	选择所挂接的传感器为标定状态,强制修改当前所采集的数据显示为缺测状态
	设备维护	选择所需维护的挂接项目进行维护升级,维护期间数据置为缺测
	设备停用	选择所需停用的挂接项目停止使用,停用期间不采集数据,并为缺测
	设备维修登记	选择所需要维修的挂接项目然后进行维修,维修期间不采集数据,并为缺测
	维护终端	选择挂接项目的串口终端进行发送命令维护和查看
	辐射加盖(雨)	对辐射仪器进行加盖防护(雨)
	辐射加盖(沙尘暴)	对辐射仪器进行加盖防护(沙尘暴)
工作管理	观测员管理	添加删除观测员
	观测员排班	进行排班
	观测员排班调整	排班调整
	日志查询	进行系统日志查询
	发送短信	进行短信发送
参数设置	观测项目挂接设置	选择和修改想要挂接的项目
	系统设置	打开系统设置中的《界面设置》,可以修改登录软件时首页显示的要素
	报警设置	设置系统环境、软件流程、数据质量控制、灾害信息以及设备状态的报警设置

续表

功能	组成	主要内容
参数设置	启用通信查看	查看软件和设备间的通信状况
	初始化成首次运行	重新启动软件并初始化当前所有设置
	区站参数	根据本台站实际情况来设置区站参数
	人工录入参数	进行人工录入相关参数设置
	分钟极值参数	根据本台站的历史极值来设置分钟极值
	小时极值参数	根据本台站的历史极值来设置小时极值
帮助	帮助	打开帮助页面,查看如何安装和使用软件
	关于	提供软件版本信息和技术支持
	换肤	选择想要更换的皮肤界面样式

3.2.1.2 软件作用

(1)采集

负责采集新型自动站、云、能见度、天气现象、辐射、基准辐射仪器数据,并能动态扩展辐射数据字典规范的新型设备。

(2)编报

编发:Z文件、日数据、日照数据、酸雨数据、酸雨月报(S文件)、地面月报(A文件)、地面分钟月报(J文件)、重要报。

(3)传输

依据配置文件传输Z文件、日数据、日照数据、酸雨数据、酸雨月报(S文件)、地面月报(A文件)、地面分钟月报(J文件)、重要报。

(4)报警

软件报警分为:软件内部报警、人工设置阈值报警。

① 软件内部报警。例如:质控报警、报警信息。

② 人工设置报警。根据参数设置,配置要素阈值报警、设备状态报警灯。

3.2.2 软件目录结构

在台站地面综合观测业务软件中,采取了大量的程序控件和动态链接库,按照软件功能的不同,将参数文件、配置文件、程序文件和数据文件安装在不同的文件夹下。

3.2.3 数据文件

数据文件是指软件运行过程中形成的各种文本文件、数据库文件等,所包括的文件内容如表3.2.2所示。

表 3.2.2　ISOS 数据文件统计表

文件名	文件内容	存放文件夹	说明
AWS_H_Z_IIiii_yyyyMM. txt	新型自动站小时数据	dataset\省名\区站号\AWS\新型自动站\设备(质控、订正)\Hour	每月一个文件
AWS_M_Z_IIiii_yyyyMMDD. txt	新型自动站分钟数据	dataset\省名\区站号\AWS\新型自动站\设备(质控、订正)\Minute	每天产生一个文件，日界为 20 时
TQXX_M_Z_IIiii_yyyyMMDD. txt	天气现象综合判断分钟数据	dataset\省名\区站号\AWS\天气现象综合判断\minute	每天产生一个文件，日界为北京时 20 时
IIiii_weather_state_yyyyMMDD. txt	天气现象状态分钟数据	dataset\省名\区站号\AWS\weather\设备\state\Minute	每天产生一个文件，日界为北京时 20 时
IIiii_weather_value_yyyyMMDD. txt	天气现象分钟数据(质控、订正数据)	dataset\省名\区站号\AWS\weather\设备(质控、订正)\value\Minute	每天产生一个文件，日界为北京时 20 时
IIiii_visibility_state_yyyyMMDD. txt	能见度状态分钟数据	dataset\省名\区站号\AWS\Visibility\设备\state\Minute	每天产生一个文件，日界为北京时 20 时
IIiii_Visibility_value_yyyyMMDD. txt	能见度分钟数据(质控、订正数据)	dataset\省名\区站号\AWS\Visibility\设备(质控、订正)\value\Minute	每天产生一个文件，日界为北京时 20 时
IIiii_sunlight_state_yyyyMMDD. txt	日照状态分钟数据	dataset\省名\区站号\AWS\sunlight\设备\state\Minute	每天产生一个文件，日界为地方时 00 时
IIiii_sunlight_value_yyyyMMDD. txt	日照分钟数据(质控、订正数据)	dataset\省名\区站号\AWS\sunlight\设备(质控、订正)\value\Minute	每天产生一个文件，日界为地方时 00 时
IIiii_radiation_state_yyyyMMDD. txt	辐射状态分钟数据	dataset\省名\区站号\AWS\radiation\设备\state\Minute	每天产生一个文件，日界为地方时 00 时
AWS_M_R_IIiii_yyyyMMDD. txt	辐射分钟数据(质控、订正数据)	dataset\省名\区站号\AWS\radiation\设备(质控、订正)\value\Minute	每天产生一个文件，日界为地方时 00 时
IIiii_cloud_state_yyyyMMDD. txt	云状态分钟数据	dataset\省名\区站号\AWS\cloud\设备\state\Minute	每天产生一个文件，日界为北京时 20 时
IIiii_cloud_value_yyyyMMDD. txt	云分钟数据(质控、订正数据)	dataset\省名\区站号\AWS\cloud\设备(质控、订正)\value\Minute	每天产生一个文件，日界为北京时 20 时

3.2.4 软件功能结构区域

软件主界面(图 3.2.1)分为三个区域:①人机交互区;②项目挂接区;③信息显示区。

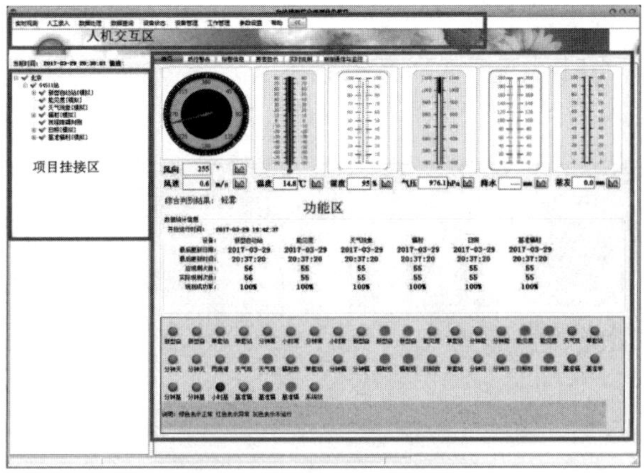

图 3.2.1 业务软件界面

3.2.4.1 人机交互区

功能:负责人工数据处理,例如:整点观测资料编报、日数据编报(图 3.2.2)。

图 3.2.2 ISOS 软件功能菜单栏

3.2.4.2 项目挂接区

功能:显示当前挂接的项目(图 3.2.3)。

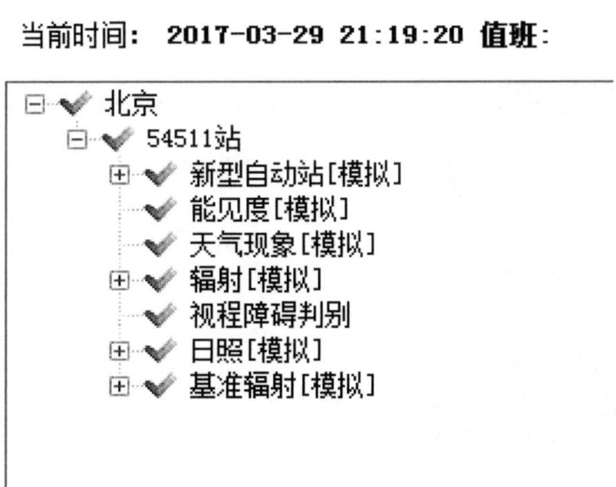

图 3.2.3 ISOS 软件项目挂接区

3.2.4.3 信息显示区

功能：显示数据，以及运行状态（图 3.2.4）。说明：绿色表示正常；红色表示异常，例如采集失败；灰色表示未运行，例如图中灰色部分，只有授时失败指示灯变为红色，未授时则显示为灰色，当授时成功指示灯变为绿色。

提示：新型自动站每小时是 60＋1 条数据：60 条分钟数据，1 条小时数据。每小时要比其他设备多 1 次观测次数。

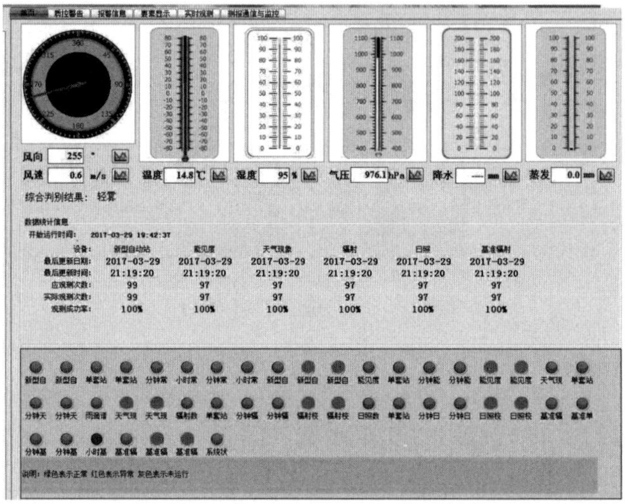

图 3.2.4 ISOS 软件实时信息显示区

3.2.5 业务软件安装

（1）双击“地面综合观测业务软件 .exe”安装包，弹出安装向导对话框，点击“下一步”，如图 3.2.5 所示。

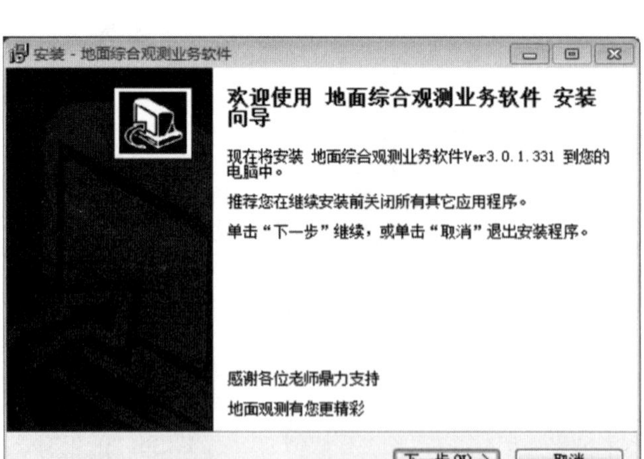

图 3.2.5 ISOS 软件安装向导

(2)选择“地面综合观测业务软件”安装路径，软件默认安装“C:\ISOS”，如图 3.2.6 所示。

(3)建议安装路径为“D:\ISOS”，如图 3.2.7 所示。

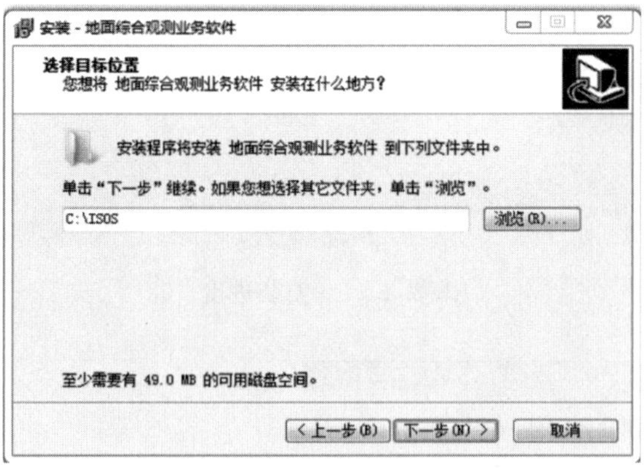

图 3.2.6 ISOS 软件默认安装路径

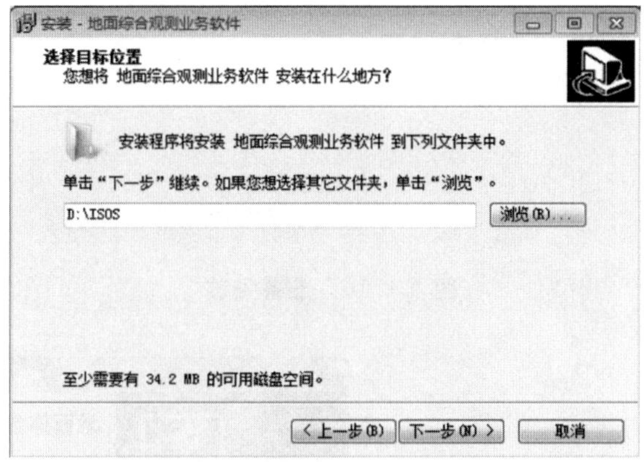

图 3.2.7 ISOS 软件建议安装路径

(4)设置安装路径后，点击“下一步”，进入“省份”选择界面，根据需要选择“省份”，并点击“下一步”，如图 3.2.8 所示。

(5)进入“台站信息”设置界面，正确输入“区站号”，并点击“下一步”，如图 3.2.9 所示。

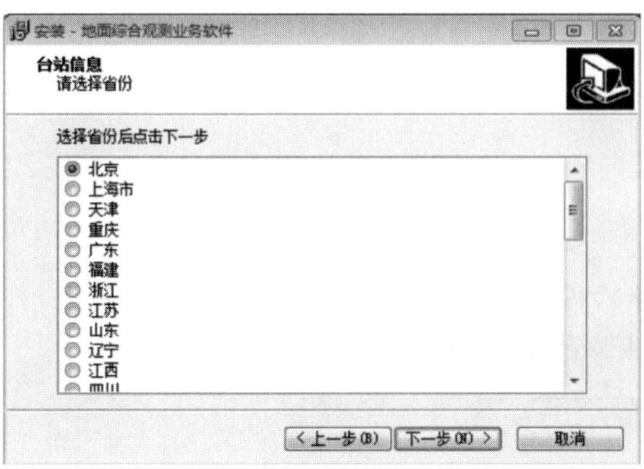

图 3.2.8 选择省份

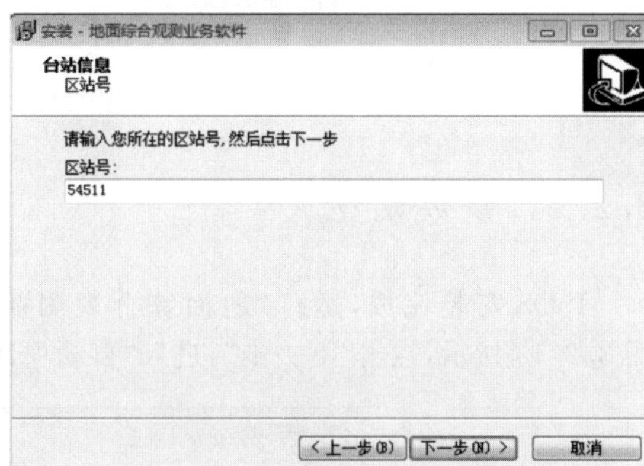

图 3.2.9 输入区站号

(6)进入“选择开始菜单文件夹”设置界面，建议保留默认设置，点击“下一步”。

(7)弹出“准备安装”界面，点击“安装”按钮，如图 3.2.10 所示。

(8)安装 ISOS 到您的电脑上，进度条直观显示软件安装进度，安装过程中如点击“取消”将退出安装，如图 3.2.11 所示。

(9)ISOS 软件安装完成后，在“安装向导完成”界面，勾选“安装完成后直接运行地面综合观测业务软件”，点击“完成”按钮，进入相关参数设置界面，如图 3.2.12 所示。

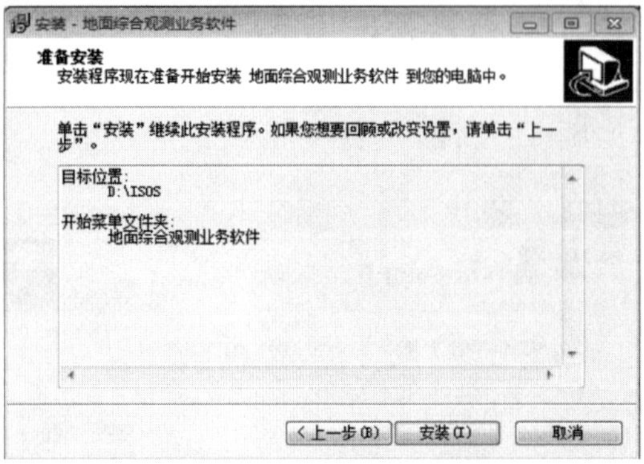

图 3.2.10　准备安装

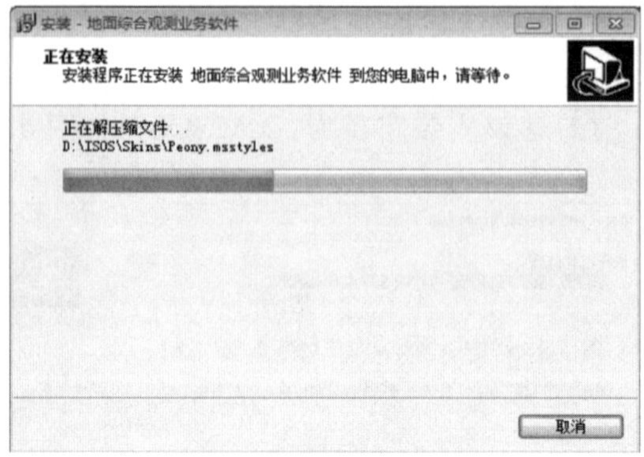

图 3.2.11　安装进度

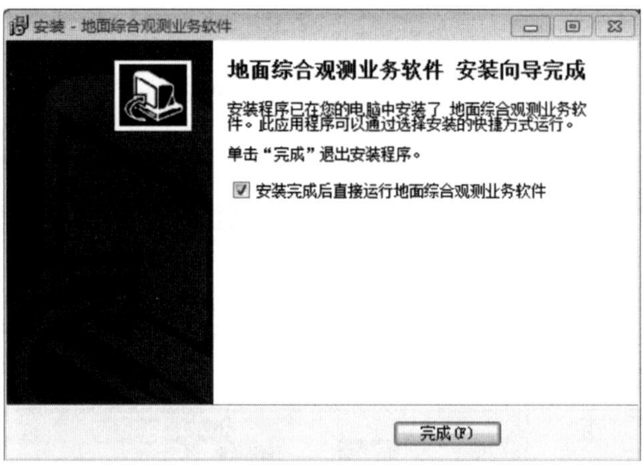

图 3.2.12　完成安装

3.2.6　参数设置

ISOS 安装完成，运行"地面综合观测业务软件"后，弹出"第一次使用"设置界面，如图 3.2.13 所示，点击"下一步"，进入"自动项目挂接设置"界面。

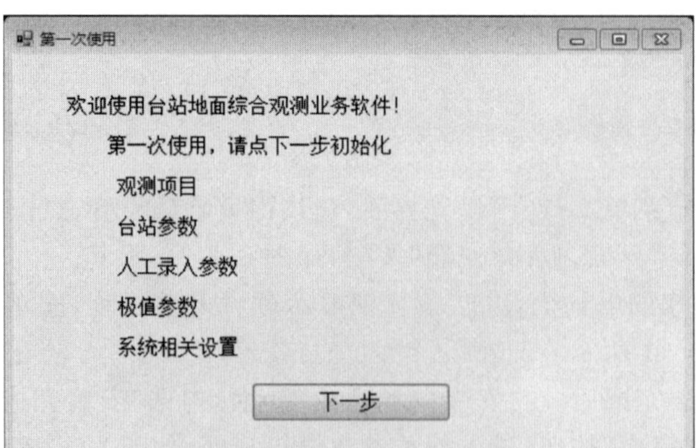

图 3.2.13　"第一次使用"设置界面

3.2.6.1 自动项目挂接设置

(1)选择需要挂接的各设备的选择按钮,选择挂接该设备。如果是软件升级也可利用“导入”功能完成挂接项参数导入,选择前期备份导出的“自动项目挂接设置”文件,点击“打开”按钮,导入自动观测项目挂接项,如图3.2.14所示。

注:非首次安装,可打开“参数设置”→“自动项目挂接设置”界面,完成自动项目挂接项的设置,其他参数与此类似。

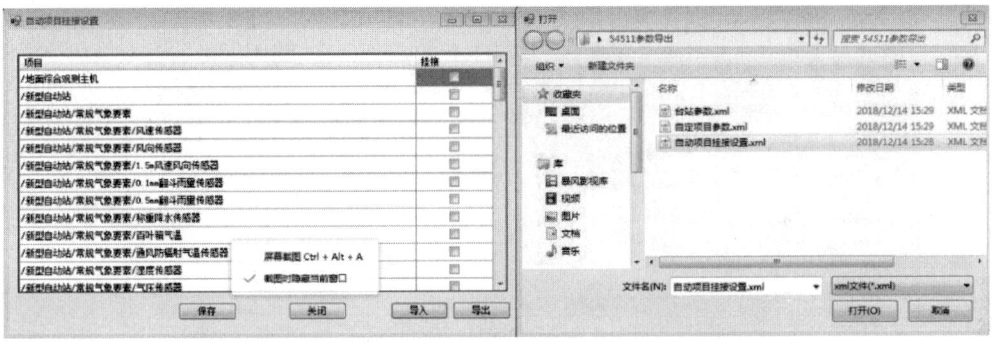

图3.2.14 选择或导入自动观测项目挂接项

(2)弹出“导入设备挂接表与端口号成功”提示界面,点击“确定”按钮。

(3)完成自动观测项目挂接项导入,确保自动观测项目挂接项正确设置后,点击“保存”按钮,完成自动观测项目挂接项设置,如图3.2.15所示。

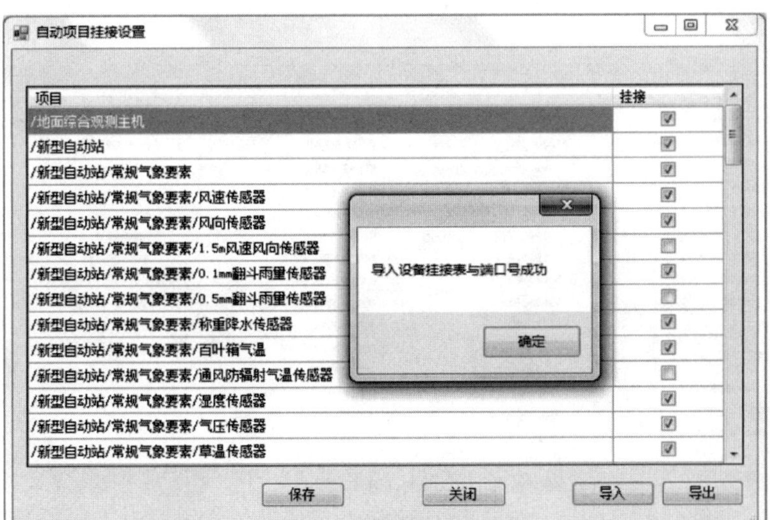

图3.2.15 导入自动观测项目挂接项成功

3.2.6.2 台站参数设置

(1)打开“参数设置”→“台站参数”设置界面,根据台站的实际情况依次输入相关参数。若是软件升级也可利用“台站参数”设置界面的“导入”功能完成“台站参数”的导入,点击“导入”

按钮，选择前期导出的 ISOS“台站参数”文件，点击“打开”按钮，导入台站参数，如图 3.2.16 所示。

（2）在弹出的提示框中点击“确定”按钮，即完成 ISOS“台站参数”的导入，如图 3.2.17 所示。

注：为确保地面小时 BUFR 格式文件中“电线积冰”编码正确，有电线积冰观测任务的台站，须将“参数设置”→“台站参数”→“自定项目参数”的“电线积冰”选项选择为“人工”；无电线积冰观测任务的台站，须将“电线积冰”选项选择为“无”。

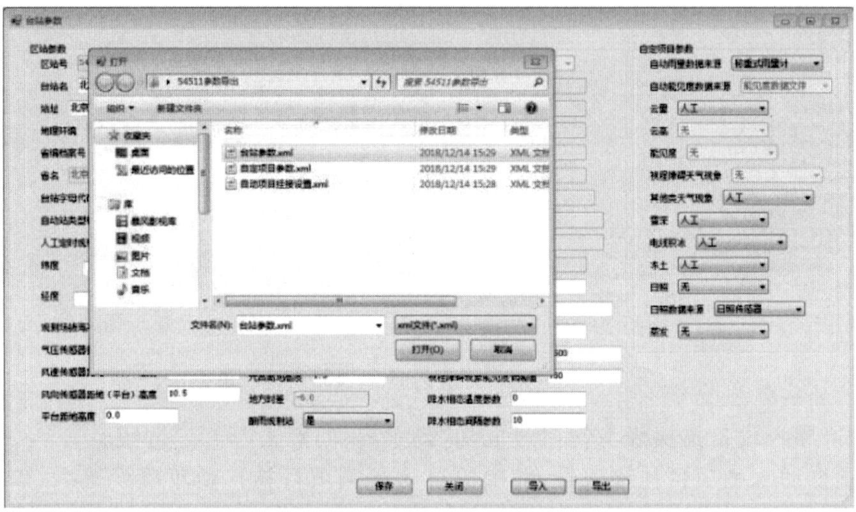

图 3.2.16　导入“台站参数”

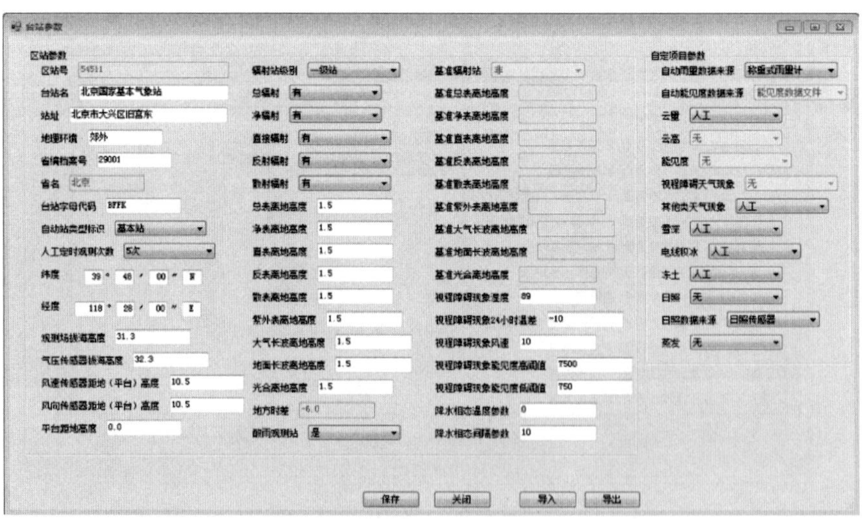

图 3.2.17　导入“台站参数”成功

（3）“台站参数”全部设置完成后，点击“保存”按钮保存设置的台站参数。

（4）弹出“台站参数，保存成功”提示框，点击“确定”按钮，再点击“台站参数”设置界面的“关闭”按钮，完成台站参数设置。

3.2.6.3 自定项目参数

(1)打开“参数设置”→“自定项目参数”设置界面，如图 3.2.18 所示。

(2)根据台站实际情况，设置参数。若软件升级，可点击“导入”按钮，选择前期导出的“自定项目参数”文件，完成“自定项目参数”的导入，如图 3.2.19 所示。

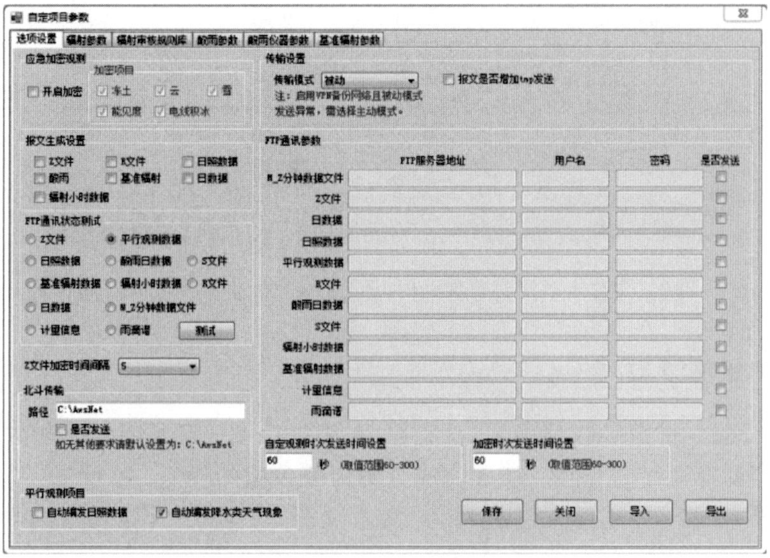

图 3.2.18 自定项目参数设置

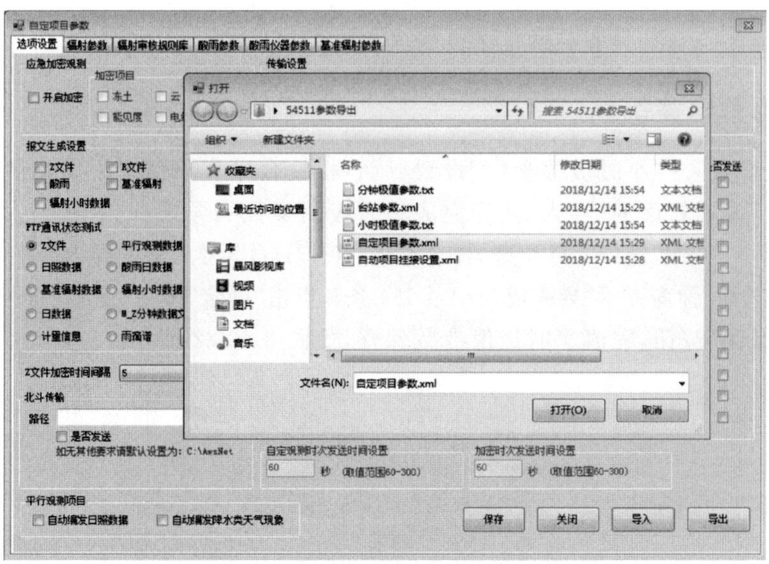

图 3.2.19 导入“自定项目参数”文件

(3)重新设置“自定观测时次发送时间设置”和“加密时次发送时间设置”对应框的时间，如图 3.2.20 所示。

(4)点击“关闭”按钮，完成自定项目参数的设置。

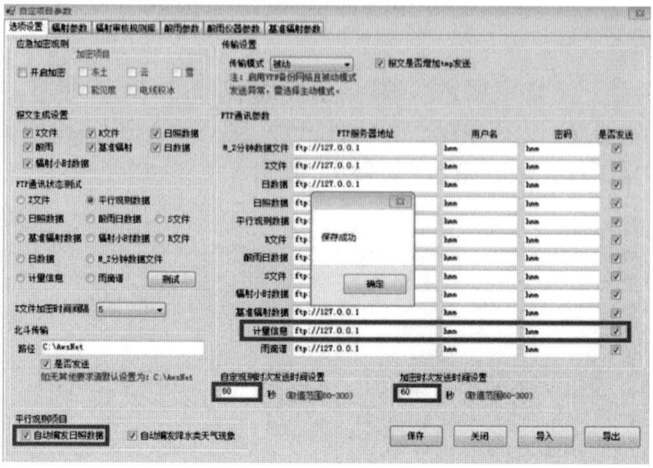

图 3.2.20 “自定观测时次发送时间设置”和“加密时次发送时间设置”

3.2.6.4 分钟极值参数

打开“参数设置”→“分钟极值参数”设置界面，根据台站实际情况设置相关参数，也可利用“分钟极值参数”设置界面的“导入”功能完成分钟极值参数的导入。

(1)点击“导入”按钮，选择文件类型为“文本文件(＊.txt)”，导入前期导出的分钟极值参数。

(2)导入成功后，弹窗提示“导入成功记录 86 条”，点击“确定”，完成分钟极值参数设置导入。

(3)点击“保存”按钮，完成分钟极值参数的保存，如图 3.2.21 所示。

3.2.6.5 小时极值参数

打开“参数设置”→“小时极值参数”设置界面，根据台站实际情况设置相关参数，也可利用“小时极值参数”设置界面的“导入”功能完成小时极值参数的导入。

(1)点击“导入”按钮，选择文件类型为“文本文件(＊.txt)”，导入前期导出的小时极值参数。

(2)导入成功后，弹窗提示“导入成功记录 114 条”，点击“确定”按钮，完成小时极值参数导入。

(3)点击“保存”按钮，完成小时极值参数保存，如图 3.2.22 所示。

图 3.2.21 “分钟极值参数”导入

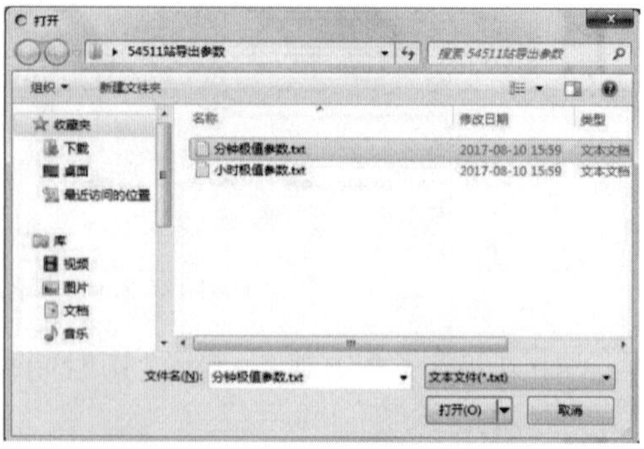

图 3.2.22 “小时极值参数”导入

3.2.6.6　系统设置

(1)打开“参数设置”→“系统设置”界面,“首页控件显示要素所在数据表”选择“常规要素每日逐分钟订正数据表”,“实时观测菜单显示设备个数”保持默认值“0”,点击“保存”按钮,完成系统参数设置,如图 3.2.23 所示。

(2)弹出“初始化完成,点确定运行本软件!”提示窗后,点击“确定”按钮。开始运行 ISOS,如图 3.2.24 所示。

(3)安装过程中如遗漏上述参数导入步骤,可再次进行导入设置。

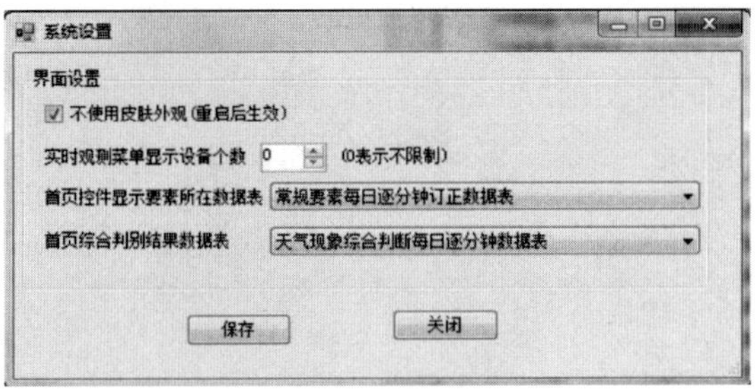

图 3.2.23　系统设置

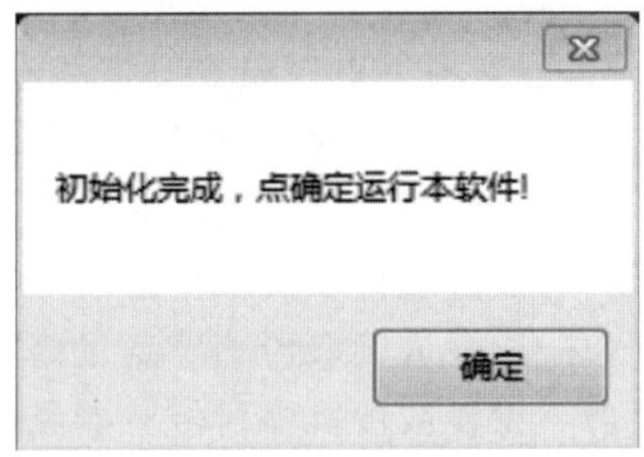

图 3.2.24　初始化完成

3.2.7　终端操作命令

终端操作命令为主采集器和终端微机之间进行通信的命令,以实现对主采集器各种参数的传递和设置,从主采集器读取各种数据和下载各种文件。按照操作命令性质的不同,分为监控操作命令、数据质量控制参数操作命令、观测数据操作命令和报警操作命令四大类。

3.2.7.1　格式一般说明

(1)各种终端命令由命令符和相应参数组成,命令符由若干英文字母组成,参数可以没有,或由一个或多个组成,命令符与参数、参数与参数之间用 1 个半角空格分隔。

(2)监控操作命令分一级和二级,若为二级命令时,一级与二级命令之间用半角空格分隔。

(3)在监控操作命令中,若命令符后不跟参数,则为读取数据采集器中相应参数。

(4)命令符后加“/?”可获得命令的使用格式。

(5)在计算机超级终端中,键入控制命令后,应键入回车/换行键,本格式中用“↙”表示。

(6)返回值的结束符均为回车/换行。

(7)命令非法时,返回出错提示信息“BAD COMMAND.”。

(8)本格式中返回值用“＜　＞”给出。

(9)若无特殊说明,本部分中使用 YYYY-MM-DD HH:MM 表示日期、时间格式。

3.2.7.2　监控操作命令

主要包括以下命令,具体各命令表示的含义可以参考中国气象局下发的文件《新型自动气象(气候)站终端命令格式》或气象出版社出版的《新型自动气象站实用手册》,此处不再详细展开介绍。

(1)设置或读取数据采集器的通信参数(SETCOM)。

(2)设置或读取数据采集器的 IP 地址(IP)。

(3)读取数据采集器的基本信息(BASEINFO)。

(4)数据采集器自检(AUTOCHECK)。

(5)设置或读取数据采集器日期(DATE)。

(6)设置或读取数据采集器时间(TIME)。

(7)设置或读取气象观测站的区站号(ID)。

(8)设置或读取气象观测站的纬度(LAT)。

(9)设置或读取气象观测站的经度(LONG)。

(10)设置或读取地方时差(TD)。

(11)设置或读取观测场海拔高度(ALT)。

(12)设置或读取气压传感器海拔高度(ALTP)。

(13)设置或读取传感器测量修正值(SCV)。

(14)设置或读取辐射传感器灵敏度(SENSI)。

(15)设置或读取土壤湿度常数(SMC)。

(16)读取主采集箱门状态(DOOR)。

(17)读取数据采集器机箱温度(MACT)。

(18)读取数据采集器电源电压(PSS)。

(19)设置或读取各传感器状态(SENST)。

(20)读取数据采集器实时状态信息(RSTA)。

(21)设置或读取风速传感器的配置参数(SENCO)。

(22)设置或读翻斗雨量传感器的配置参数(SENCO)。

(23)维护操作命令(DEVMODE)。

(24)系统中分采集器配置(DAUSET)。

(25)GPS 模块配置(GPSSET)。

(26)CF 卡模块配置(CFSET)。

(27)读取主采集器工作状态(STATMAIN)。

(28)读取温湿观测分采集器工作状态(STATTARH)。

(29)读取气候观测分采集器工作状态(STATCLIM)。

(30)读取辐射观测分采集器工作状态(STATRADI)。

(31)读取地温观测分采集器工作状态(STATEATH)。

(32)读取土壤水分观测分采集器工作状态(STATSOIL)。

(33)读取海洋观测分采集器工作状态(STATSEAA)。

(34)读取智能传感器(保留)工作状态(STATINTL)。

(35)读取传感器工作状态(STATSENSOR)。

(36) 读取自动气象站所有状态信息(STAT)。

(37)帮助命令(HELP)。

3.2.7.3　数据质量控制参数操作命令

(1)设置或读取各传感器测量范围值(QCPS)。

(2)设置或读取各要素质量控制参数(QCPM)。

3.2.7.4　观测数据操作命令

(1)下载分钟常规观测数据(DMGD)。

(2)下载分钟气候观测数据(DMCD)。

(3)下载分钟辐射观测数据(DMRD)。

(4)下载分钟土壤水分观测数据(DMSD)。

(5)下载分钟海洋观测数据(DMOD)。

(6)下载小时常规观测数据(DHGD)。

(7)下载小时气候观测数据(DHCD)。

(8)下载小时辐射观测数据(DHRD)。

(9)下载小时土壤水分观测数据(DHSD)。

(10)下载小时海洋观测数据(DHOD)。

(11)读取采样数据(SAMPLE)。

3.2.7.5　报警操作命令

(1)设置或读取大风报警阈值(GALE)。

(2)设置或读取高温报警阈值(TMAX)。

(3)设置或读取低温报警阈值(TMIN)。

(4)设置或读取降水量报警阈值(RMAX)。

(5)设置或读取采集器温度报警阈值(DTLT)。

(6)设置或读取采集器蓄电池电压报警阈值(DTLV)。

任务 3.3　认识采集系统

采集系统是自动气象观测系统的核心。新型自动气象站的采集系统分为主采集器与分采集器，由于分采集器一般与相应传感器组成智能传感器，故将分采集器与传感器放在一起学习，本任务不再介绍。

3.3.1　主采集器

3.3.1.1　结构

主采集器是自动气象站的核心，由硬件和嵌入式软件组成。

硬件包含高性能的嵌入式处理器 MCU(ARM9 系列的 32 位处理器)、高精度的 A/D 电路、高精度的实时时钟电路、大容量的程序和数据存储器、传感器接口、通信接口、CAN 总线接口、外接存储器接口、以太网接口、监测电路、指示灯等，硬件系统能够支持嵌入式实时操作系统的运行。

其结构示意图如图 3.3.1 所示。

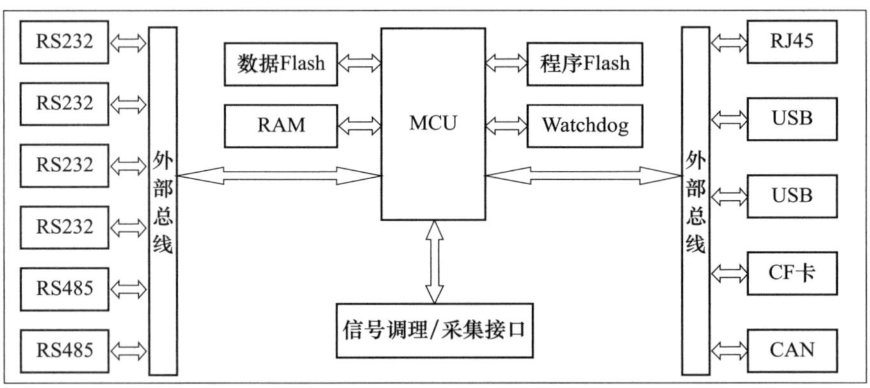

图 3.3.1　自动气象站主采集器结构示意图

当前气象部门使用的各型号自动气象站的主采集器外形如图 3.3.2～图 3.3.5 所示。

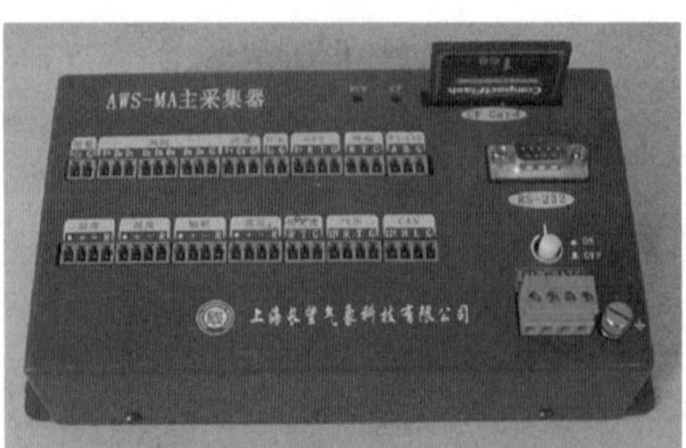

图 3.3.2　DZZ3 自动气象站主采集器外观图

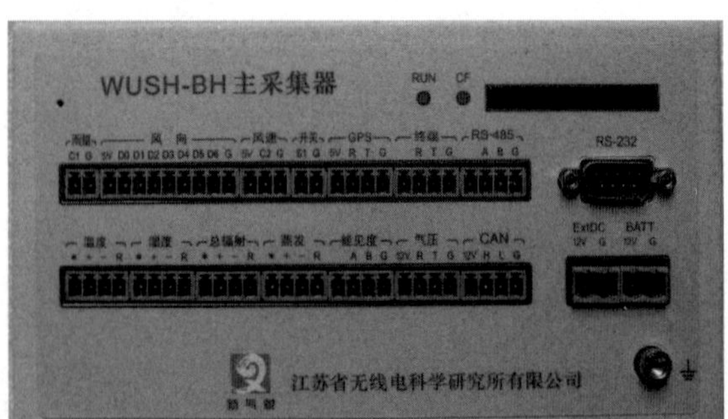

图 3.3.3　DZZ4 自动气象站主采集器外观图

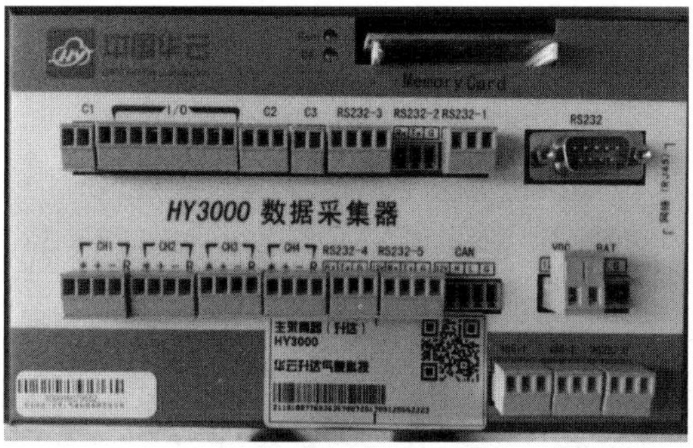

图 3.3.4 DZZ5 自动气象站主采集器外观图

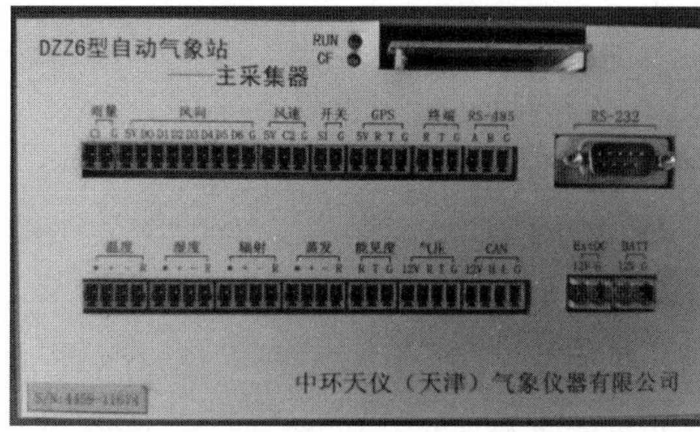

图 3.3.5 DZZ6 自动气象站主采集器外观图

从图 3.3.2 至图 3.3.5 可以看出，主采集器直接挂接的传感器包括：气温、湿度、气压、降水量（翻斗或容栅式、大翻斗式）、风向（10 m 高度）、风速（10 m 高度）、总辐射、蒸发和能见度。

基本观测要素传感器、分采集器、电源等接入主采集器的相应通道，见表 3.3.1。

表 3.3.1 主采集器接线表

通道号	通道类型	通道端子	接入传感器类型	传感器信号线
CH4	模拟通道	*	蒸发传感器	传感器电源
		+		电流输出+
		−		电流输出−
		R		地
计数 1	计数通道	C1	翻斗式雨量传感器	计数输出
		GND		地
计数 2	计数通道	+12 V	风速传感器	电源输入
		C2		计数输出
		GND		地
数字接口	数字通道	D0～D6	风向传感器	七位格雷码
		+12 V		电源输入
RS～232	串行接口	+12 V	气压传感器	电源输入
		Rx		Tx
		Tx		Rx
		GND		GND
RS-485	通信接口	A	前向散射能见度仪	A
		B		B
		GND		GND
分采集器	总线接口	CAN+	分采集器	CAN+
		CAN−		CAN−
电源输入		+12 V	电源模块	+12 V
		GND		GND

主采集器应具备外接存储器,包括 1 个 CF 卡、2 个 USB。

主采集器应具备监测电路,包括主板温度测量电路、主板电源测量电路、交流供电检测电路、主采集器机箱门状态检测电路。

主采集器应具备指示灯,包括系统指示灯 RUN(秒闪)、CF 卡指示灯。

在线编程接口应包括 RS-232 或 RJ-45。

3.3.1.2 功能

主采集器主要有两大功能:一是完成基本气象要素传感器和各个分采集器的采样数据,对采样数据进行控制运算、数据计算处理、数据质量控制、数据记录存储,实现数据通信和传输,与终端微机或远程数据中心进行交互;二是担当管理者角色,对构成自动气象站的其他分采集器进行管理,包括网络管理、运行管理、配置管理、时钟管理等,以协同完成自动气象站的功能。

3.3.1.3 运行指示灯

主采集器 CF 卡指示灯、运行指示灯 RUN 状态说明如表 3.3.2 和 3.3.3 所示。

表 3.3.2 主采集器 RUN 指示灯状态

序号	指示灯状态	说明
1	常亮	系统正在启动中。此过程持续时间约为 30 s
2	1/4 s 闪(1/4 s 亮、1/4 s 暗)	应用程序正在启动中。此过程持续时间约为 15 s
3	秒闪(1 s 亮、1 s 暗)	表示应用程序运行正常
4	快闪 (0.1 s 亮、0.1 s 暗)	表示应用程序已停止运行。一般在维护过程中出现。若在非维护过程中出现,说明系统出现故障
5	2 次快闪 (闪 2 次,停 1 s)	CF 卡加载成功,等待操作。此过程持续时间可达 2 min。若长时间处于此状态,说明 CF 卡未插好或有故障,拔下后重新插入再试一次
6	3 次快闪 (闪 3 次,停 1 s)	已检测到插入 CF 卡,正在进行加载。此过程持续时间约为 2 s。若长时间处于此状态,说明 CF 卡未插好或有故障,拔下后重新插入再试一次
7	4 次快闪 (闪 4 次,停 1 s)	CF 卡故障。说明 CF 卡未插好或有故障,拔下后重新插入再试一次
备注	上电后,未插 CF 卡时,RUN 灯按 1→2→3 顺序闪。插有 CF 卡时,按 1→2→6→5→3 顺序闪	

表 3.3.3 主采集器 CF 卡指示灯状态

序号	指示灯状态	说明
1	不亮	工作正常或未插 CF 卡
2	亮	采集器正对 CF 卡进行读写操作
备注	CF 灯点亮期间,勿拔 CF 卡,以免丢失数据	

3.3.2 采样与算法

3.3.2.1 技术性能

新型自动气象站的基本技术性能应符合表3.3.4的要求。

表3.3.4 地面气象观测仪器技术性能表

测量要素	测量范围	分辨力	准确度	平均时间	采样频率
气温	−50～+50 ℃	0.1 ℃	±0.2 ℃	1 min	30次/min
相对湿度	0～100%	1%	±3%(≤80%) ±5%(>80%)	1 min	30次/min
气压	500～1100 hPa (任意200 hPa)	0.1 hPa	±0.3 hPa	1 min	30次/min
风向	0～360°	3°	±5°	3 s	1次/s
风速	0～60 m/s (普通)	0.1 m/s	±(0.5+0.03V)m/s 注:V为实际风速,下同	1 min 2 min 10 min	4次/s
降水量	翻斗雨量 0～4 mm/min 称重雨量 0～400 mm	0.1 mm	±0.4 mm(≤10 mm) ±4%(>10 mm)	累计	1次/min
日照	0～24 h	1 min	±0.1 h	累计	6次/min
蒸发量	0～100 mm	0.1 mm	±0.2 mm(≤10 mm) ±2%(>10 mm)	累计	6次/min
地面温度	−50～+80℃	0.1 ℃	±0.2 ℃(≤50 ℃) ±0.5 ℃(>50 ℃)	1 min	30次/min
浅层地温	−40～+60 ℃	0.1 ℃	±0.3 ℃	1 min	30次/min
深层地温	−30～+40 ℃	0.1 ℃	±0.3 ℃	1 min	30次/min
草面温度	−50～+80 ℃	0.1 ℃	±0.2 ℃(≤50 ℃) ±0.5 ℃(>50 ℃)	1 min	30次/min
总辐射	0～2000 W/m^2	1 W/m^2	±5%	1 min	30次/min
净辐射	−200～1400 W/m^2	1 W/m^2	±20%	1 min	30次/min
散射辐射	0～2000 W/m^2	1 W/m^2	±5%	1 min	30次/min
反射辐射	0～2000 W/m^2	1 W/m^2	±5%	1 min	30次/min
直接辐射	0～2000 W/m^2	1 W/m^2	±2%	1 min	30次/min
降水现象	毛毛雨、雨、雪、雨夹雪、冰雹	—	≥90% (降水量>0.1 mm)	1 min	1次/min
能见度	10～30000 m	1 m	±10%(≤1500 m) ±20%(>1500 m)	10 min	4次/min
雪深	0～150 cm	0.1 cm	±1 cm	1 min	10次/min
冻土	0～450 cm	1 cm	±2 cm	1 min	1次/min

(1)准确度:表示测量结果与被测量要素真值的一致程度。

(2)测量范围:在保证主要技术性能情况下,仪器能测定的被测量要素的量值范围。

(3)分辨力:仪器测量时能给出的被测量要素量值的最小间隔。

(4)响应时间(滞后系数):被测量要素值阶跃变化后,仪器测量值达到最终稳定值的不同百分比所需要的时间。其中达到63.2%所需的时间称为仪器的时间常数。

(5)平均时间:求被测量要素平均值的固定时间段。

(6)采样频率:单位时间内自动获取被测量要素数据的次数。

3.3.2.2 计算要求

采集器按固定采样频率进行数据采集(表3.3.4),并按要求对采样值进行质量控制,符合要求的采样值可用于计算气象要素的瞬时值、平均值和累计值,并挑取极值。

(1)相关定义

平均值是对一定时段内的瞬时值进行平均。其平均方法分为算术平均法、滑动平均法和单位矢量平均法。通常测定3 s、1 min、2 min和10 min的平均值。

累计值是对一定时段内的瞬时值进行累计。通常测定1 min和1 h累计值。

极值是从一定时段内的瞬时值中挑取极大或极小值。通常测定1 h的极值。

(2)各要素算法

气压、气温、相对湿度、1 min平均风速、2 min平均风速、地温、草面温度、冻土、雪深、1 min能见度、辐射采用算术平均法。

3 s平均风速、10 min平均风速、10 min能见度采用滑动平均法。

风向采用单位矢量平均法。

各要素的极值采用极值算法。

降水量、蒸发量、日照采用累计值算法。

各要素气象值的计算要求见表3.3.5。

表3.3.5 地面气象要素气象值计算要求

<table>
<tr><th>气象要素</th><th>平均值</th><th>累计值</th><th>极值</th></tr>
<tr><td>气压</td><td rowspan="7">每分钟算术平均值</td><td rowspan="6">—</td><td rowspan="7">每小时内极值及出现时间</td></tr>
<tr><td>气温</td></tr>
<tr><td>相对湿度</td></tr>
<tr><td>地温</td></tr>
<tr><td>草面温度</td></tr>
<tr><td>冻土</td></tr>
<tr><td>辐射</td><td>小时累计值</td></tr>
<tr><td>风速</td><td>以0.25 s为时间步长计算3 s滑动平均值;
以1 s为时间步长(取整s时的瞬时值)计算每分钟的1 min、2 min滑动平均值;
以1 min为时间步长(取1 min平均值)计算每分钟的10 min滑动平均值</td><td>—</td><td>每分钟、每小时内3 s极值(即极大风速)及出现时间;
每小时内10 min滑动平均的极值(即最大风速)及出现时间</td></tr>
</table>

续表

气象要素	平均值	累计值	极值
风向	时间步长同风速计算矢量平均值	—	极大风速和最大风速出现时相应的风向
日照	—	每分钟、小时累计值	—
降水量			
蒸发量	每分钟水位的算术平均值		
能见度	1 min 内采样数据计算 1 min 算术平均值； 以 1 min 为时间步长，计算每分钟的 10 min滑动平均值	—	每小时内 10 min 滑动平均的极值(即最小值)及出现时间
雪深	每分钟算术平均	—	—

3.3.2.3 算法

(1)平均值算法

① 算术平均法

计算公式：

$$\overline{Y}=\frac{\sum_{i=1}^{N}y_i}{m}$$

式中，$\overline{Y}$——观测时段内气象要素的平均值；

y_i——观测时段内气象要素的第 i 个采样值(样本)，其中，“错误”“可疑”等非“正确”的样本应丢弃而不用于计算，即令 $y_i=0$；

N——观测时段内的样本总数，由“采样频率”和“平均值时间区间”决定；

m——观测时段内“正确”的样本数($m\leqslant N$)。

② 滑动平均法

计算公式：

$$\overline{Y_n}=\frac{\sum_{i=a}^{n}y_i}{m}$$

式中，$\overline{Y_n}$——第 n 次计算的气象要素的平均值；

y_i——气象要素第 i 个样本值，其中，“错误”“可疑”等非“正确”的样本应丢弃而不用于计算；

a——在移动着的平均值时间区间内的 1 个样本：当 $n\leqslant N$ 时 a=1，当 $n>N$ 时 $a=n-\mathrm{N}+1$；N 是平均值时间区间内的样本总数，由采样频率和平均值时间区间决定；

m——在移动着的平均值时间区间内“正确”的数据样本数($m\leqslant N$)。

③ 单位矢量平均法

计算公式：

$$\overline{W_D} = \arctan\left(\frac{\overline{X}}{\overline{Y}}\right)$$

$$\overline{X} = \frac{1}{N} \times \sum_{i=1}^{N} \sin D_i$$

$$\overline{Y} = \frac{1}{N} \times \sum_{i=1}^{N} \cos D_i$$

式中，$\overline{W_D}$——观测时段内的平均风向；

D_i——观测时段内第 i 个风矢量的幅角（与 y 轴的夹角）；

$\overline{X}$——观测时段内单位矢量在 x 轴（东西方向）上的平均分量；

$\overline{Y}$——观测时段内单位矢量在 y 轴（南北方向）上的平均分量；

N——观测时段内的样本数，由“采样频率”和“平均值时间区间”决定。

平均风向的修正：应根据 $\overline{X}$、$\overline{Y}$ 的正负，对$\overline{W_D}$进行修正。$\overline{X}>0$、$\overline{Y}>0$，$\overline{W_D}$无须修正；$\overline{X}>0$、$\overline{Y}<0$ 或 $\overline{X}<0$、$\overline{Y}<0$，$\overline{W_D}$加 180°；$\overline{X}<0$、$\overline{Y}>0$，$\overline{W_D}$加 360°。

（2）极值算法

极值算法如下：最大风速从 10 min 平均风速值中选取，并记录相应的风向和时间；能见度极值从 10 min 平均能见度中选取，并记录时间；其他要素的极值（含极大风速）均从瞬时值中选取，并记录时间。

（3）累计值算法

计算公式：

$$Y = \sum_{i=1}^{N} y_i$$

式中，Y——观测时段内气象要素的累计值；

y_i——观测时段内气象要素的第 i 个采样值（样本），其中，“错误”“可疑”等非“正确”的样本应丢弃而不用于计算，即令 $y_i=0$；

N——观测时段内的样本总数。

3.3.3 采样时序

在实时多任务操作系统的支持下，分别设置主、分采集器各传感器的采样任务，各任务在规定的时间内进行采样。

主采集器对直接挂接的各要素传感器按规定的时序要求进行采集，并为采样值加上时间标志，交给后续处理。

分采集器按规定的时序要求对其挂接的各要素传感器进行采集，将采样到的数据立即通过 CANopen 协议发送到 CAN 总线。主采集器实时接收各分采集器主动上传的相关要素采样值，并为各采样值加上时间标志，交给后续处理。

3.3.4 维护

（1）每天 19 时，对采集器、数据处理计算机对时，要求与北京时间误差在允许范围以内，否则，应在整点后及时校准时间，且采集器与数据处理计算机的时钟应保持一致。同时，确保值班室观测用时钟走时准确。

(2)每天20时后及时做好当天数据文件的异机备份，确保数据安全。

(3)每周重启一次数据采集软件和计算机。

(4)每周全面查(杀)毒计算机，并及时升级杀毒软件。

(5)每周检查主采集器箱体密封情况。

(6)每月最后一天20时过后及时做好该月数据和参数文件的异机备份，确保数据和参数安全。

(7)每月及时检查或更新主采集器底部程序版本，确保为业务许可的最新版本。

(8)每年对最新版本地面气象业务软件进行异机备份。每年最后一天20时过后及时备份本年全部数据和参数文件，并录入光盘或移动存储设备。

(9)每半年将CF卡的数据复制到计算机的数据目录中，并检查CF卡上的数据是否完整。备份CF卡数据时，需从主采集器上拔下CF卡，然后插上另一张CF卡。若没有备用的CF卡，也可将原CF卡上数据备份完成后，再重新插到主采集器上。CF卡的插拔请按规范进行，尽量避免在北京时日界(20时)或地方时日界(24时)时更换CF卡，在日界过后10 min后更换CF卡。

3.3.5 相关故障排除

3.3.5.1 故障现象

通过自动站主采集器处理、传输的全部气象要素数据缺测。

3.3.5.2 故障分析

自动站全部要素数据缺测原因一般为核心部件、系统公共部分故障或其他因素引起的系统异常。DZZ4型自动气象站公共部分系统连接图如图3.3.6所示。具体表现为主采集器故障、ISOS软件故障或参数配置错误、通信系统部件或线路故障、供电系统部件或线路故障。系统接地不良或外部电磁干扰等原因也可能引起系统运行异常或不稳定。引起该故障的原因可能有：ISOS软件及参数配置错误；主采集器死机；主采集器及直流防雷器电源线连接点接触不良；主采机箱内通信线路接触不良；主采集器故障；主采机箱内供电部件故障；主采机箱内通信部件故障；系统接地不良或外部电磁干扰。

3.3.5.3 技术依据

主采集器指示灯：应用程序运行正常情况下RUN指示每秒闪烁一次；CF指示灯数据写入时闪烁。

光电转换模块：功能开关应为ON OFF OFF OFF；指示灯为PWR常亮，TX光纤有数据发送时亮，RX光纤有数据接收时亮。

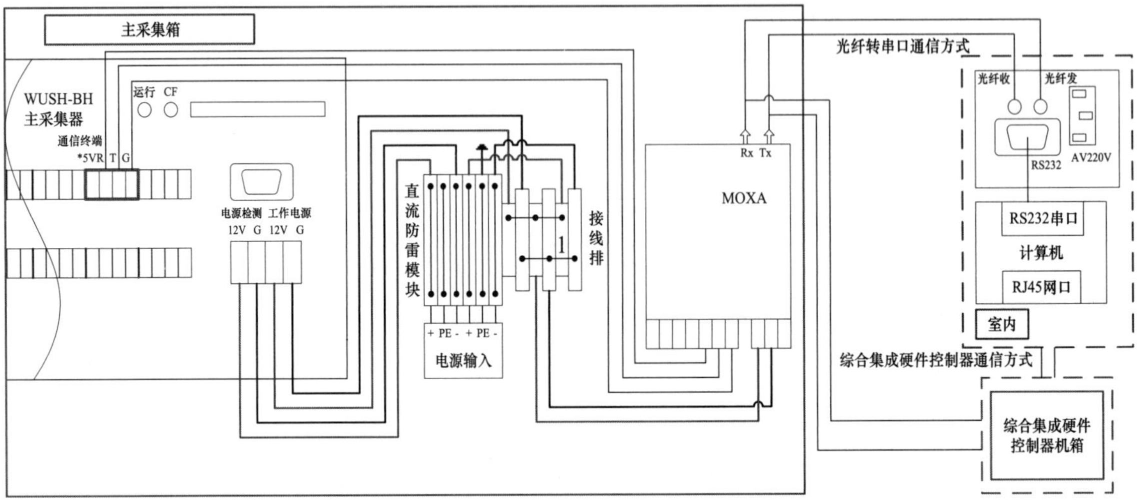

图 3.3.6 DZZ4 自动气象站系统连接图

3.3.5.4 维修流程

维修流程见图 3.3.7 所示。

3.3.5.5 检测要点

(1)检查通信参数、新型自动站挂接、传感器挂接等是否正常,是否处于维护、停用、标定状态;传感器是否开启;传感器测量范围、质量控制参数、修正值、配置参数是否正常。

(2)检查 ISOS 软件是否运行正常时,可关闭业务软件,运行 SSCOM32 调试软件,在参数设置准确后输入命令"samples",如果读出主采集器实时数据正常,则重新安装 ISOS 软件,同步台站信息及自动站参数。

(3)检查主采集器指示灯:正常情况下 RUN:每秒闪烁一次;CF:数据写入时闪烁。当雷击或其他意外事故后自动站出现全要素数据缺测,可尝试重新启动后查看指示灯状态是否正常。

(4)判断主采集器是否正常:通过 RS232 连接线现场直连笔记本电脑,输入相关命令读取自动站数据是否正常,否则主采集器故障需更换。

(5)测量主采集器供电电压是否在工作范围内。

主采集器工作电压一般为 DC 12～14 V,若电压不正常,依次测量主采集器电源端子、直流电源线排、直流防雷模块输入输出端电压,检查各接点连接是否良好。正常情况下,直流防雷模块通道输入输出端之间导通、通道之间及通道对地断路。排除以上原因,如果主采集箱直流输入异常,则确认电源系统故障。

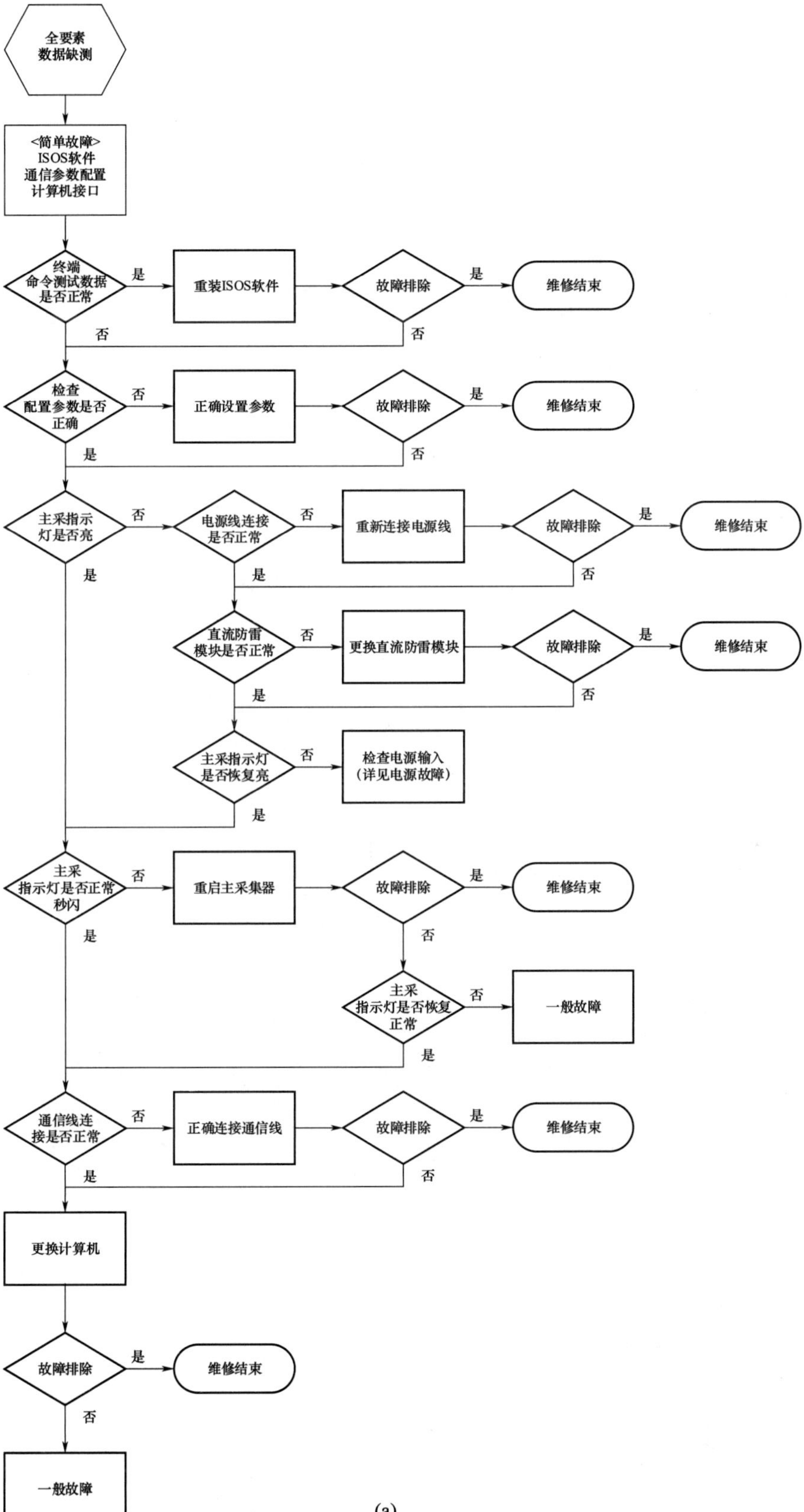
全要素
数据缺测
<简单故障>
ISOS软件
通信参数配置
计算机接口
终端
命令测试数据
是否正常
是
重装ISOS软件
故障排除
是
维修结束
否
否
检查
配置参数是否
正确
否
正确设置参数
故障排除
是
维修结束
是
否
主采指示
灯是否亮
否
电源线连接
是否正常
否
重新连接电源线
故障排除
是
维修结束
是
是
否
直流防雷
模块是否正常
否
更换直流防雷模块
故障排除
是
维修结束
是
否
主采指示灯
是否恢复亮
否
检查电源输入
(详见电源故障)
是
主采
指示灯是否正常
秒闪
否
重启主采集器
故障排除
是
维修结束
是
否
主采
指示灯是否恢复
正常
否
一般故障
是
通信线连
接是否正常
否
正确连接通信线
故障排除
是
维修结束
是
否
更换计算机
故障排除
是
维修结束
否
一般故障

(a)

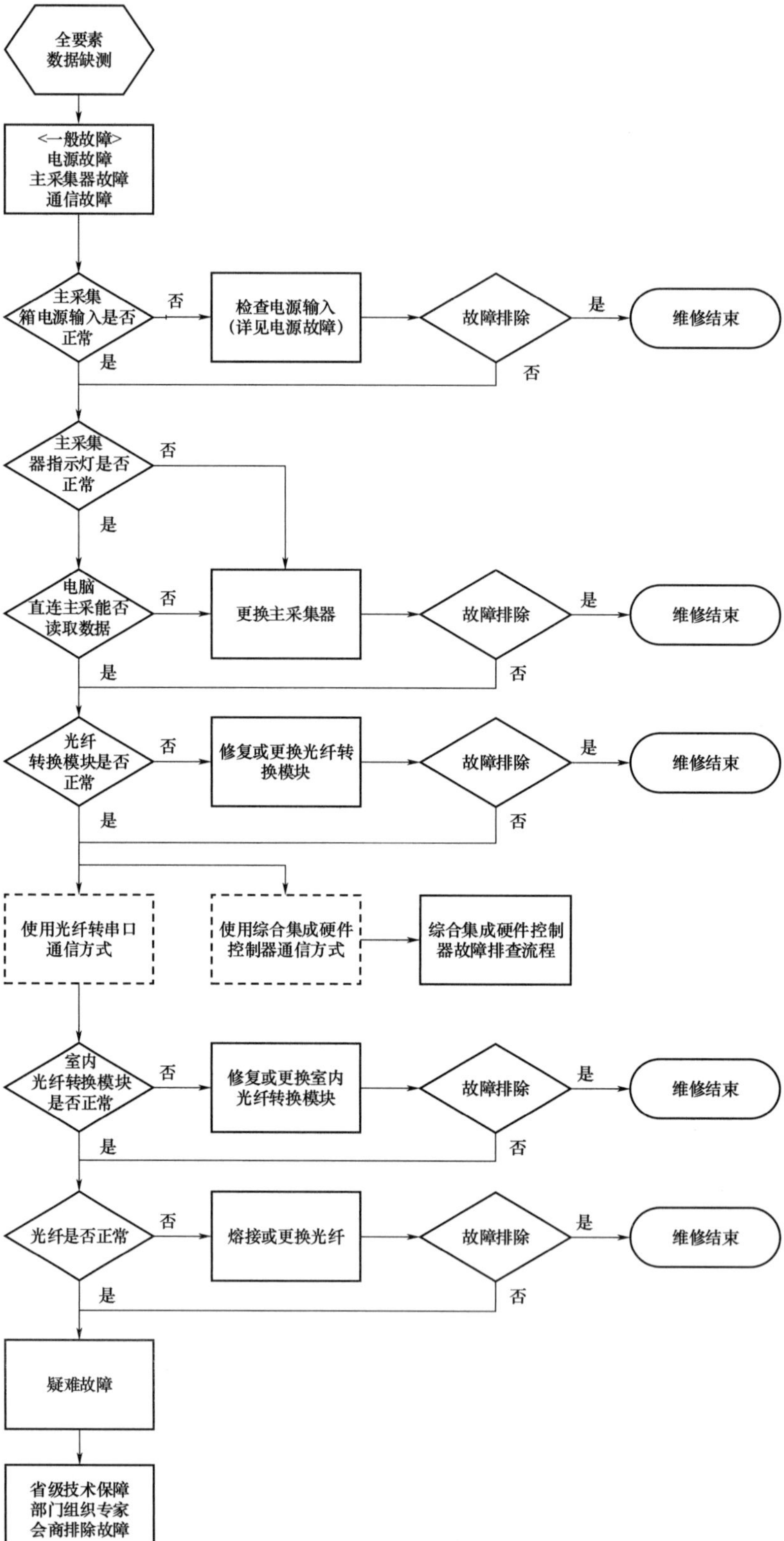

(b)

图 3.3.7 全部要素缺测故障维修流程

(a)简单故障;(b)一般故障

(6)检查通信连接:检查确认光纤模块正常,检查主采集器通信终端接线端子、光纤模块的RS232端子及光纤尾纤连接是否良好,线序是否正确,功能开关是否为ON OFF OFF OFF,光纤模块的供电电压是否为DC 12 V,如果都正常则确认通信系统故障。

(7)采集器更换后须检查配置参数,采集器会出厂默认挂接气温、气压、湿度、风向、风速、翻斗雨量、地温传感器,挂接其他传感器须配置相应参数。

3.3.5.6 恢复测试

(1)待自动站启动完成后,通过业务软件查看监控界面实时数据,确定全部要素实时观测数据正常。

(2)完成恢复测试。

任务 3.4　供电系统的测试与保障

新型自动气象站的供电系统应具有很高的稳定性、安全性和好的抗干扰能力，一般使用12 V直流电源为自动气象站供电，同时配备有12 V免维护电池作为后备电源。

3.4.1　结构与功能

3.4.1.1　DZZ5 自动气象站供电系统

DZZ5 自动气象站的电源系统分为交流供电、太阳能供电和交流加太阳能供电三种供电方式。DZZ5 新型自动气象站系统总电源方式一般使用太阳能加交流电供电系统(图 3.4.1)。

DZZ5 自动气象站供电系统采用独立电源系统机箱设计方式，并另外安装在单独的立杆上。主要由交流空气开关、交流避雷器(SPD)、电源控制器、直流开关(刀片开关)、分线器、蓄电池等组成。供电系统分别向主采集器系统、能见度、天气现象、串口通信服务器等子系统供电。

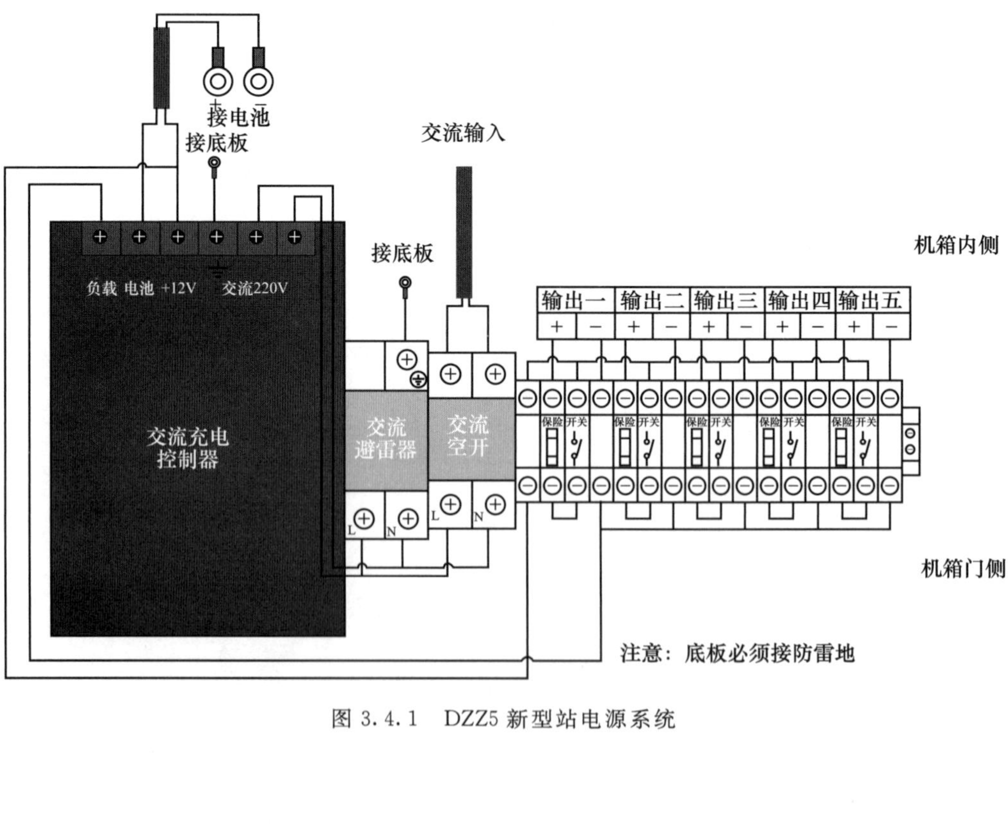

图 3.4.1　DZZ5 新型站电源系统

3.4.1.2 DZZ4 自动气象站供电系统

DZZ4 新型自动气象站主采集箱与电源部分采用一体式机箱设计(图 3.4.2)。

DZZ4 型自动气象站的电源供电采用交流供电系统,主要由空气开关、电源避雷器(SPD)、开关电源、直流防雷组件、蓄电池和充电模块等组成。

供电单元的输入为 AC 220 V,供电单元的输出有两组(可扩充到四组),均为 DC 12 V,分别给主采集箱和各分采集箱供电。

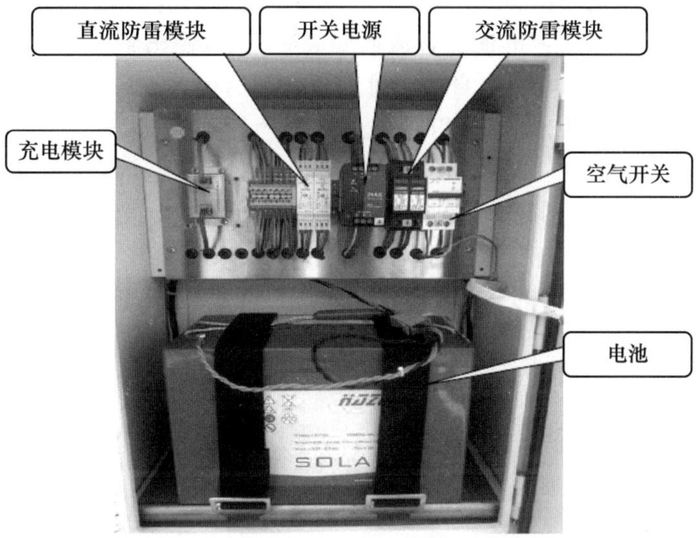

图 3.4.2 DZZ4 新型自动气象站主机箱电源部分

3.4.1.3 UPS 电源系统

(1)定义

UPS 是不间断电源(Uninterruptible Power System)的英文简称,是一种含有储能装置,以逆变器为主要组成部分的恒压、恒频的不间断电源。

(2)工作原理

当市电正常时,UPS 将市电稳压或稳压、稳频后供负载使用,同时向机内电池充电;当市电中断时(异常时),UPS 立即在 4～10 ms 内或“零”中断时间内将蓄电池的电源通过逆变转换的方式向负载继续供应电力,使负载维持正常的工作,以便保存资料并保护负载的软硬件不受损坏。

(3)分类

按其工作原理分为动态式(又称旋转式,ROTATORY TYPE)和静态式(STATIC TYPE)。

① 动态式 UPS。由引擎与发电机组构成,它是靠交流市电驱动交流电动机旋转,从而带动同轴的交流发电机和惯性飞轮同速旋转运行,由发电机向负载供电。市电波动时由于惯性飞轮对短时间的电压突变后干扰无反应,保证了输出电压的稳定;市电断电靠飞轮的惯性将额定电压供电再延长 5 s,用于保存数据信息。后来发展到内燃机式 UPS 系统,但这类 UPS 体

积大、噪音大、效率低,在目前应用不多。

② 静态式 UPS。根据供电方式可分为三类。

a. 在线式(ON-LINE)。当输入、负载和 UPS 本身都正常工作时,UPS 电源将输入的交流市电先通过整流器变成直流电,然后通过逆变器将直流电逆变成交流电,输出标准、稳定、纯净的正弦波电源,也即在一切都正常的情况下,负载得到的是由逆变器输出的高质量的正弦波电源。气象台站使用的 UPS 电源基本上都是在线式 UPS 电源。

b. 后备式(或称离线式,OFF-LINE/BACK-UP)。当输入、负载及 UPS 本身都正常工作时,UPS 仅仅是将市电做简单的升压、降压和滤波处理,然后直接输出给负载使用,只有当输入电源不符合要求时,UPS 才将电池的直流逆变成交流电,输出给负载使用。也就是说,在大部分时间,负载使用的是输入电源本身或经过简单处理的输入电源。

c. 线上交互式(LINE-INTERACTIVE)。当市电电源在 150～264 V 范围内,它向用户提供经铁磁谐振稳压器或经变压器抽头调压处理的一般市电电源(这就意味着:来自一般市电电网的频率波动,由“谐波污染”而形成的高波形畸变度及从电网串入的干扰等所困扰的低质量电源就是用户所实际使用的交流电源)。对于这种 UPS 来说,仅仅当市电电源电压低于 150 V 或高于 264 V 左右时,它才有可能向用户提供真正的“UPS 逆变器高质量的正弦波”电源。

3.4.2 维护

3.4.2.1 日维护

(1)检查供电电源是否正常,检查接线板上的插头是否牢固。

(2)检查 UPS 的工作状态指示灯是否正常。

3.4.2.2 月维护

(1)检查发电机运转是否正常,每月至少启动一次发电机,发电机工作时间不得低于 20 min,检查发电机燃油备用情况,燃油储备量不得低于 8 h。

(2)每 3 个月对 UPS 进行断市电测试及放电一次,每次放电至电池总容量的 50%,放电时间不得低于 3 h。如果电池续航能力低于 4 h,或电池使用年限超过 3 年,则需要更换。

(3)检查供电设施,市电是否在允许范围之内(交流,220V±5%、50Hz),检查电源接地、零地电压,确保供电安全。

3.4.3 故障排除

3.4.3.1 故障现象

12 V 直流电源异常。

3.4.3.2 故障分析

电源系统分交流、直流两部分。首先检查自动站交流电输入是否正常，然后排查因器件故障或线路连接错误引起的空气开关闭合失败；直流部分主要排查因器件故障或线路连接错误造成的电源转换模块过流保护，没有直流 12 V 输出。

引起电源系统故障的原因可能有：①市电输入异常；②自动站空气开关故障或意外跳闸；③电源转换模块故障；④自动站蓄电池故障；⑤因器件或连接线路引起的断路、短路故障。

注意：市电的电压为交流 220 V，具有一定的危险性，在检修过程中注意安全。

3.4.3.3 技术依据

市电 AC 220 V 通过空气开关一路连接交流防雷模块，另一路给开关电源供电，经过开关电源后输出 DC 14.5 V(该输出电压可通过开关电源上的旋钮调节，调节范围为 DC 12～15 V)，开关电源输出 DC 14.5 V，经过充电保护模块变为 DC 13.8 V，然后分两路：一路给蓄电池充电，另一路通过接线排、直流防雷模块输出 DC 13.8 V ，给自动气象站系统供电。同时，蓄电池在没有市电供电情况下也通过接线排、直流模块输出 DC 12 V 为自动气象站系统供电。DZZ4 型自动气象站电源系统原理如图 3.4.3 所示。

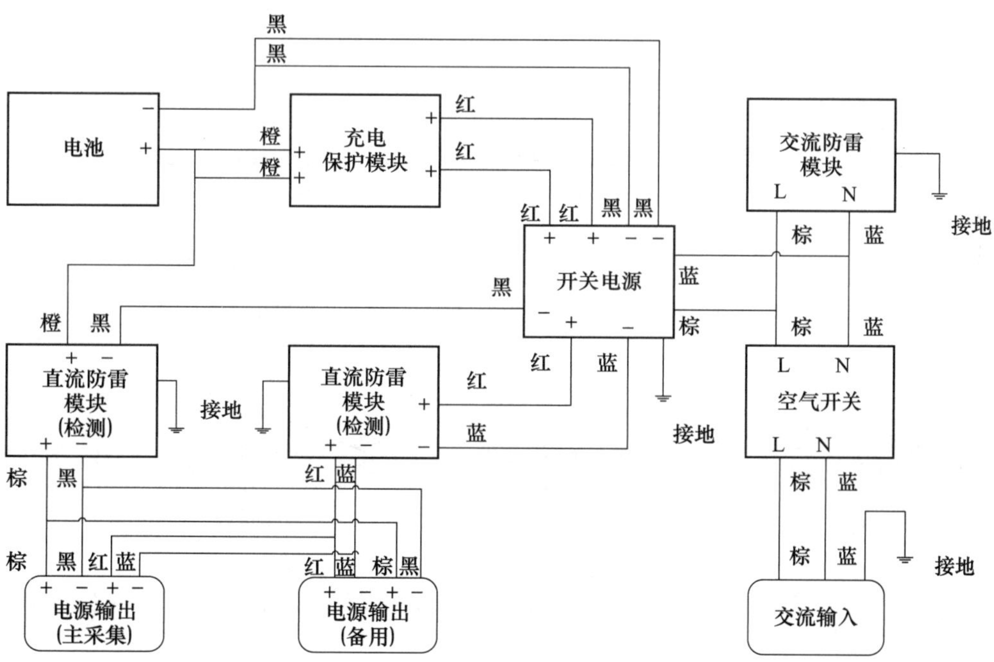

图 3.4.3 DZZ4 自动气象站电源系统原理图

3.4.3.4 维修流程

维修流程如图 3.4.4 所示。

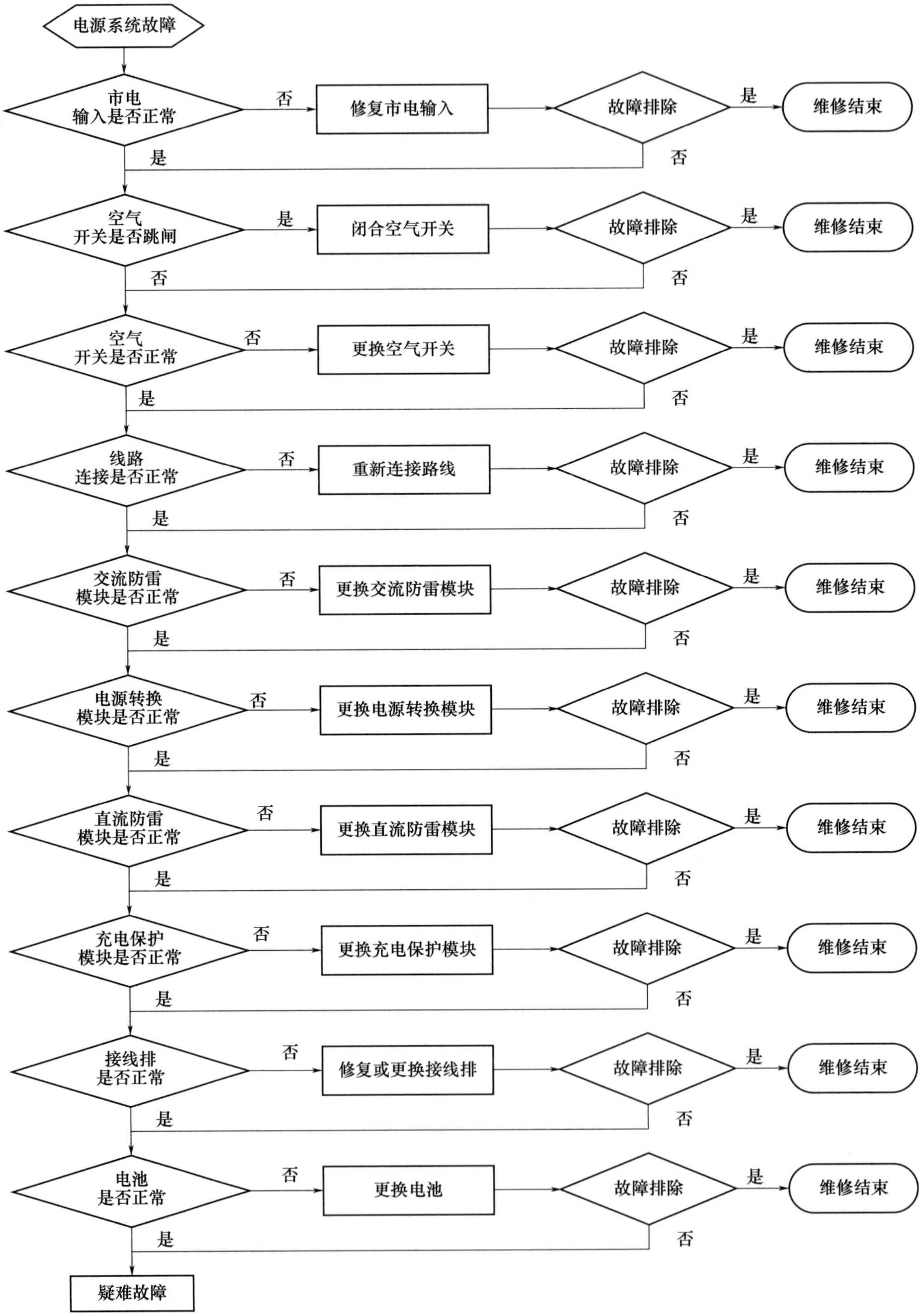

图 3.4.4　电源维修流程图

3.4.3.5 检测要点

(1)检查市电输入是否正常

用万用表AC档测量空气开关的输入端电压是否为220 V±20%,若不是,依次检查输入市电的线路、UPS等。

(2)检查空气开关是否跳闸

检查空气开关是否在ON位置,若不是,尝试做合闸处理。若合闸失败,须检查交流防雷模块、电源转换模块及线路连接,排除短路引起的故障。

如果空气开关闭合后,输出电压不正常,则空气开关故障需要更换。如果空气开关输出电压正常,电源转换模块交流输入端无AC 220 V,检查交流部分线路连接,找到断路点并修复。

(3)检查电源转换模块是否正常

电源转换模块额定输出直流电压14.5 V,如果电源转换模块交流电压输入正常,而直流输出异常,首先检查排除直流线路的短路故障,以免烧毁电源转换模块。如果确认无短路故障而电源转换模块直流输出异常,则电源转换模块故障需要更换。

如果电源系统直流输出异常,依次测量电源转换模块输出端、充电保护模块输入输出端、直流电源接线排等接点的直流电压是否正常,排除引起直流供电异常的故障器件或不良连接。

供电单元的蓄电池在达到使用寿命或者过度放电后性能下降,会导致失去后备电源的功能。在线路连接正常的情况下,若市电中断蓄电池供电时输出电压很快下降到12 V以下,应立即更换同规格蓄电池。

3.4.3.6 恢复测试

测量电源系统输出直流电压,一路提供系统用电13.8 V左右,另一路用于交流供电检测14.5 V左右;负载正常运行,则电源系统故障恢复。

任务 3.5　综合集成硬件控制器的原理与调试

综合集成硬件控制器(又称“串口服务器”)主要是实现多个自动气象观测设备的集约化管理,实现各观测设备的观测数据仅通过一根光纤和一台业务终端的数据传输,减少布线,提高地面气象综合观测系统的集成化程度、可扩展性、稳定性、可靠性以及观测数据的利用效率等。

当前气象部门使用的综合集成硬件控制器主要有华云升达(北京)气象科技有限责任公司生产的 DPZ1 型综合集成硬件控制器和江苏省无线电科学研究所有限公司生产的 ZQZ-PT1 型综合集成硬件控制器。本任务以 DPZ1 型为例介绍综合集成硬件控制器的相关内容。

3.5.1　概述

DPZ1 型综合集成硬件控制器是通信传输设备,主要功能是实现对观测场内新型自动气象站、能见度仪、天气现象仪、辐射观测站等设备的集约化管理,将各设备观测数据的 RS-232/485/422 传输模式转换至以太网传输模式,再通过光电转换器实现电信号和光信号的相互转换,最后通过配套软件在业务计算机上模拟出多个虚拟串口,通过网络方式实行对各个串口设备的独立管理。

DPZ1 型综合集成硬件控制器主要包括:主机(通信控制模块)、供电系统、多模传输光纤、通信转换单元、计算机驱动软件等。

(1)主机(通信控制模块):主要功能是完成各种观测设备数据的接收、存储,通信方式转换,光电隔离,串行通信转以太网通信,以太网通信转光纤通信和通过指示灯显示设备运行状态等。

(2)供电系统:将交流 220 V 市电转换为 13.8 V 直流电,向综合集成硬件控制器主机提供电源。

(3)多模传输光纤:通过 2 芯光缆连接综合集成硬件控制器主机和值班室内安装的通信转换单元,实现二者之间的光信号传输。

(4)通信转换单元:将光信号转换成以太网信号,通过值班室局域网交换机接入计算机,或直接接入计算机。

(5)计算机驱动软件:在业务计算机上模拟出 8 个虚拟串口,并将虚拟串口与综合集成硬件控制器主机的 8 个 RS-232/RS-485 端口一一对应,实现计算机端口到观测设备端口之间的一对一通信。

3.5.2　设备外观及结构

3.5.2.1　布局示意图

DPZ1 型综合集成硬件控制器包括室外部分和室内部分,其中室外部分主要为供电系统、综合集成硬件控制器主机、光纤以及相应的安装结构，室外安装布局示意图如图 3.5.1 所示。室内部分主要是通信转换单元。

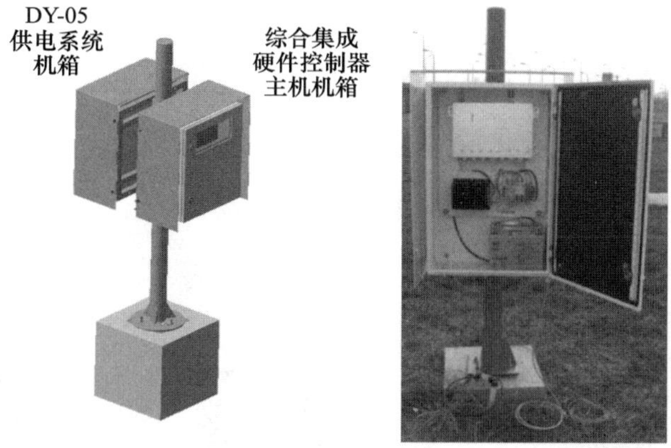

图 3.5.1　DPZ1 型综合集成硬件控制器室外部分布局示意图

3.5.2.2　组成结构

DPZ1 综合集成硬件控制器组成结构如图 3.5.2 所示。

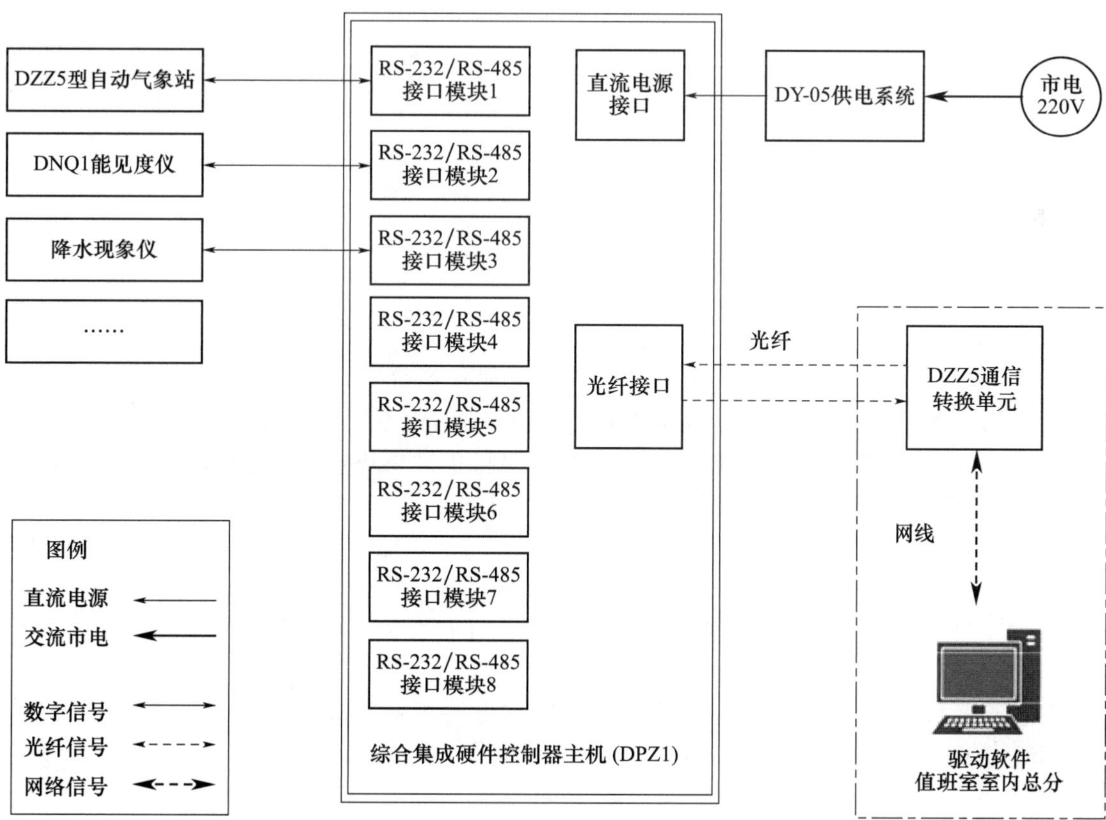

图 3.5.2　DPZ1 综合集成硬件控制器组成结构图

业务计算机通过驱动软件虚拟出 8 个串口(例如:COM11 至 COM18),与综合集成硬件控制器主机的 8 个 RS-232/RS-485 建立一一对应关系,如图 3.5.3 所示,各组映射彼此独立,可相互替代。

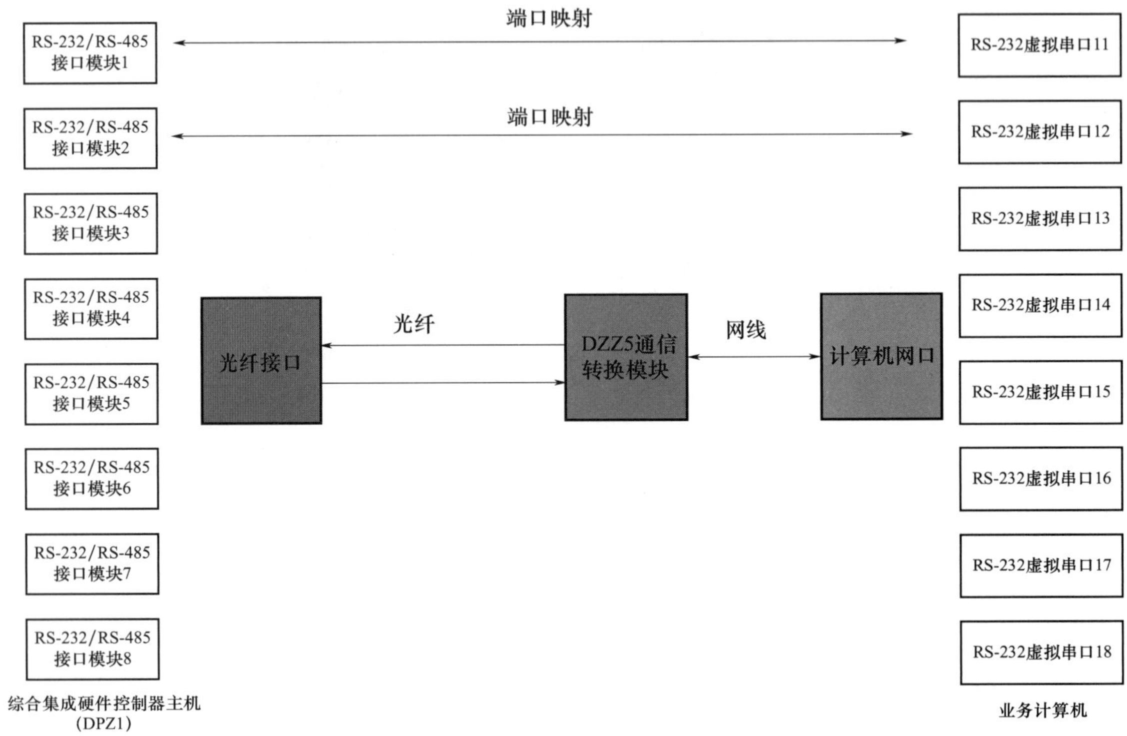

图 3.5.3 综合集成硬件控制器主机与业务计算机端口映射示意图

3.5.2.3 组成部分功能介绍

(1)DPZ1 型综合集成硬件控制器主机

DPZ1 型综合集成硬件控制器主机内置嵌入式操作系统,通过彼此独立的串口传输模块与观测场的设备进行通信,并在内部进行光/电信号转换,将电信号转化为光信号,从光纤接口输出,或将光纤接口输入的光信号转为电信号,从串口传输模块输出,从而实现观测设备的集中管理,用一个接口向业务计算机收发多个观测设备的数据。

DPZ1 型综合集成硬件控制器主机采用 DC 9～15 V 供电,具有 8 个可灵活配置并可手动拔插的串口传输模块(支持 RS-232/485/422 通信方式),4 个 RJ-45 接口(其中 1 个为 8 串口转以太网接口,3 个为以太网光纤转换接口),1 组光纤收发接口(支持 1300 nm 多模光纤),1 个 RS-232 调试接口,2 个 USB 接口和 1 个 SD 卡插槽。

各面板及接口介绍见图 3.5.4、图 3.5.5,内部电路板见图 3.5.6,各指示灯功能描述见表 3.5.1。

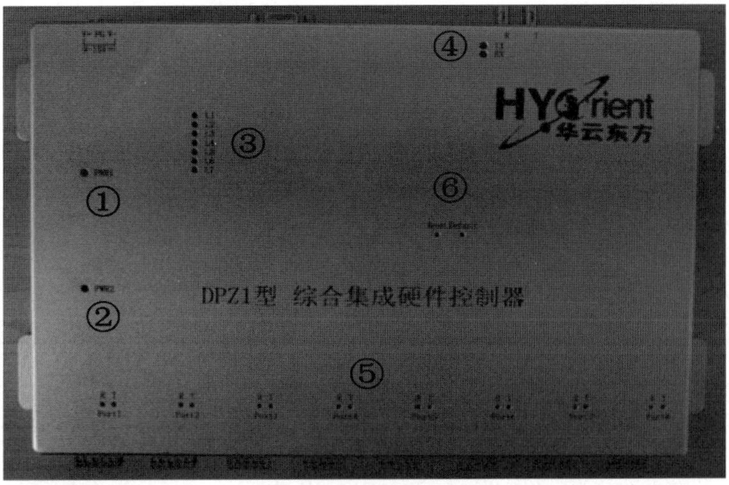

①PWR1：电源指示灯
②PWR2：电源指示灯
③L1：系统启动指示灯
L7：恢复出厂设置指示灯
④Tx：光纤数据发送指示灯
Rx：光纤数据接收指示灯
⑤R：串口数据接收指示灯
T：串口数据发送指示灯
⑥Reset：系统复位按键
Default：恢复出厂设置按键

图 3.5.4 综合集成硬件控制器主机面板

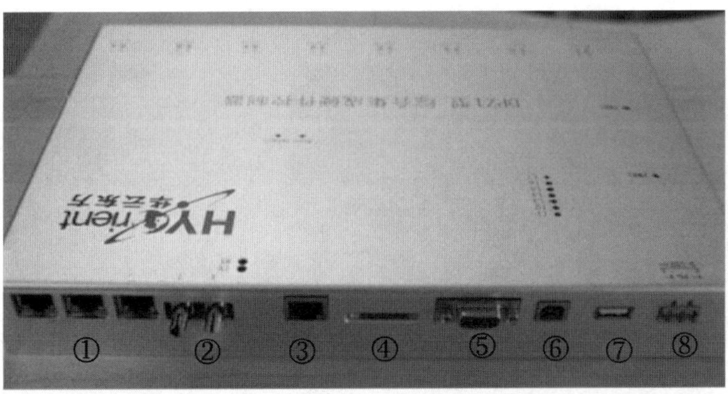

①RJ-45接口 (以太网转光纤)
②ST光纤收发接口 (1300 nm多模光纤)
③RJ-45接口 (8串口转以太网)
④SD卡插槽 (数据存储)
⑤RS-232 DB9母口 (调试接口)
⑥USB母口 (B型) (调试接口)
⑦USB母口 (A型) (预留)
⑧3位可插拔接线端子 (DC 9~15 V供电接口)

图 3.5.5 综合集成硬件控制器主机接口

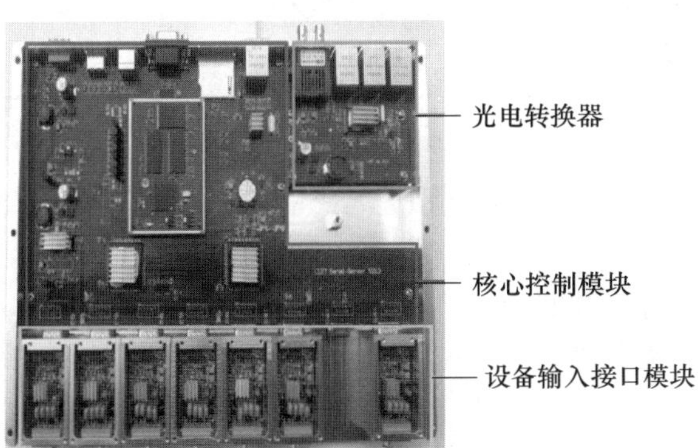

图 3.5.6 综合集成硬件控制器主机内部电路板

表 3.5.1 DPZ1 型综合集成硬件控制器主机面板指示灯说明

序号	面板标识	功能描述
1	PWR1	主电路电源指示灯,设备正常工作时常亮
2	PWR2	8 路输入串口供电电源指示灯,设备正常工作时常亮
3	L1	设备启用正常运行后闪烁,系统启动指示灯
	L7	恢复出厂设置指示灯,恢复出厂设置成功后闪烁 1 次
4	Tx	光纤数据发送指示灯,通信正常时常亮
	Rx	光纤数据接收指示灯,通信正常时闪烁
5	R	串口数据接收指示灯,有数据传输时闪烁
	T	串口数据发送指示灯,有数据传输时闪烁
6	Reset	系统复位按键,长按 1 s 系统重启
	Default	恢复出厂设置按键,长按 5 s 恢复出厂设置成功

串口传输模块支持三种串行通信方式的动态切换,可灵活配置,并可手动拔插,同时在内部继承了串口隔离保护器,采用光电隔离,使得设备与系统之间只有光传送,没有电接触,可抑制干扰和浪涌。

串口传输模块接头外观见图 3.5.7,通信线接口说明见表 3.5.2。

①可插拔RS-232/485/422接头
②5位可插拔接线端子(接入观测设备)
③DB9母口(引脚自定义)(接入可插拔RS-232/485/422接头)

图 3.5.7 串口传输模块外观

表 3.5.2 串口传输模块通信线接口说明

脚号	1	2	3	4	5
定义	GND	422RX−	422RX+/232TXD	422TX−/485A−	422TX+/485A+/232RXD

(2)供电系统

DY05 供电系统由四部分组成,分别是空气开关、防雷器、电源控制器和蓄电池,如图 3.5.8所示。

交流电源控制器将外部提供的 220 V 交流市电转换为直流 13.8 V,一方面给蓄电池充电,一方面给 12 V 负载供电。当没有外部交流电时,交流电源控制器将蓄电池电量先负载输出,确保负载正常工作,当蓄电池电压低于 10.8 V 时,交流电源控制器切断负载输出,避免电池过度放电报废。

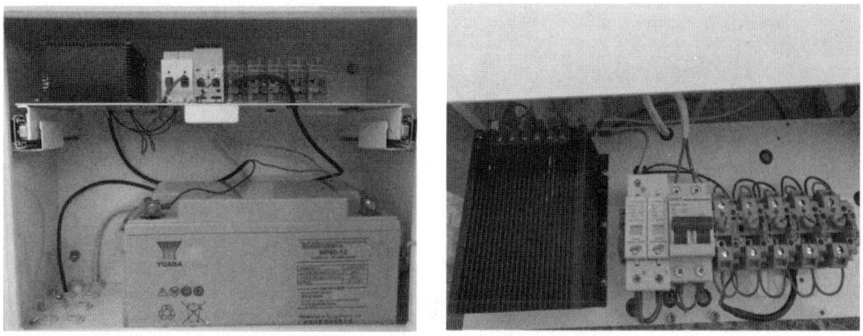

图 3.5.8　DY05 供电系统外观

供电系统的工作原理如图 3.5.9 所示。

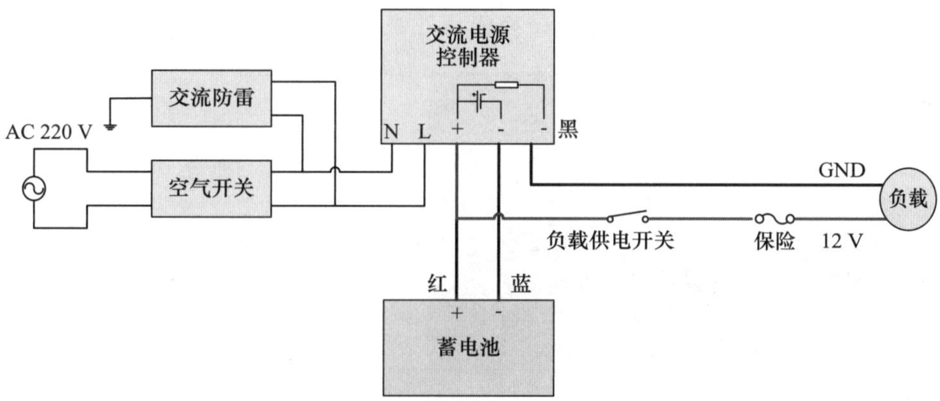

图 3.5.9　DY05 供电系统连接图

(3)传输光纤

综合集成硬件控制器至值班室之间的信号通过光纤进行传输，与 DPZ1 型综合集成硬件控制器主机匹配的光纤规格为 62.5/125 多模光纤。如图 3.5.10 所示，将光纤一端的 ST 插头接入机箱内的主机的 T、R 光纤接口，另一端接入室内 DZZ5 通信转换单元的 R、T 光纤接口。

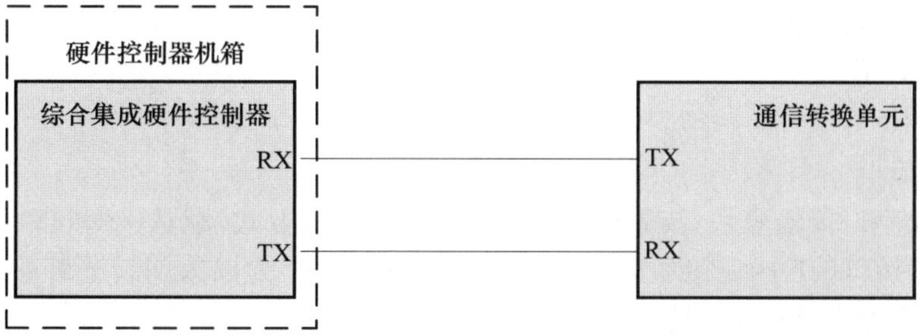

图 3.5.10　光纤两端对应连接接线图

(4)通信转换单元

主要包括交流电源适配器、光电转换模块和以太网线三部分，如图 3.5.11 所示。

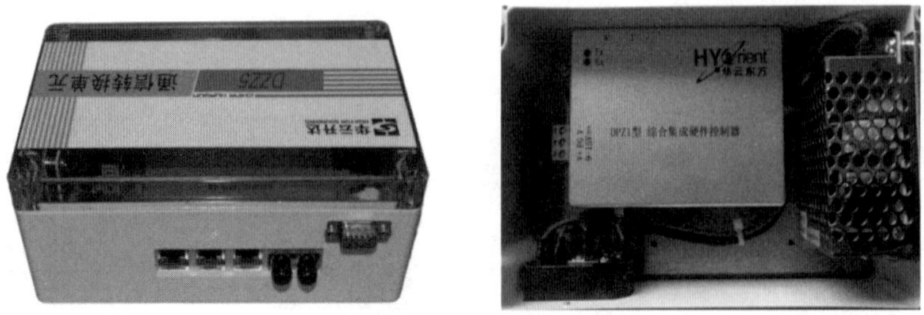

图 3.5.11　通信转换单元

光电转换模块放置通信转换盒内，实现 100Base-TX(RJ-45)和 100Base-FX(光纤信号)的转换，通过光纤与室外通信控制模块连接通信，采用 DC 9～15 V 供电，具有 3 个 RJ-45 接口和 1 组 ST 光纤收发接口，3 个 RJ-45 接口支持 10/100 M、全双工、半双工自适应。光纤接口采用 ST 接头，支持 1300 nm 多模光纤。光电转换模块外观及接口介绍见图 3.5.12。

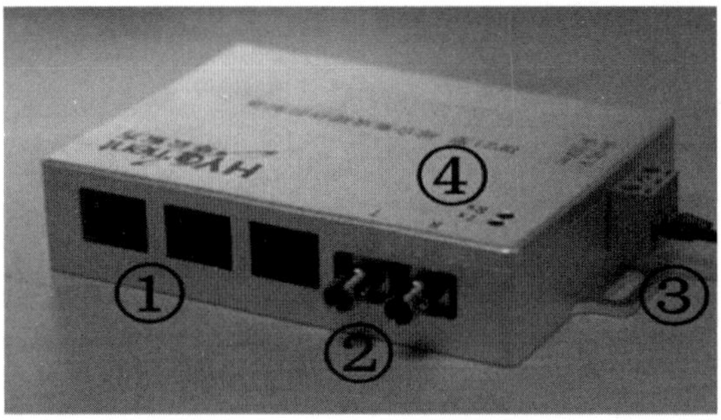

①RJ-45接口 (以太网转光纤)
②ST光纤收发接口 (1300 nm多模光纤)
③3位可插拔接线端子 (DC 9~15 V供电接口)
④Tx:光纤数据发送指示灯
Rx:光纤数据接收指示灯

图 3.5.12　光电转换模块外观及接口介绍

3.5.2.4　技术参数

(1)控制器主机技术指标

① 通信参数

波特率：115200、57600、38400、19200、9600、4800、2400、1200(初始默认 9600)；

数据位：5、6、7、8；

检验位：Nove，Even、Odd、Space、Mark；

停止位：1、1.5、2；

工作方式：RS-232/485/422。

② 通信接口

8 个可插拔串口传输模块(支持 RS-232/485/422 通信方式，默认 RS-232)；

4 个 RJ-45 接口(其中 1 个为 8 串口转以太网接口，3 个为以太网转光纤接口)；

1 组 ST 光纤收发接口(支持 1300 nm 多模光纤)；

1 个 RS-232 DB9 母口(调试口)；

1 个 USB 母口(B 型)(调试口)；

1 个 USB 母口(A 型)(预留)；

SD 卡插槽(数据存储)。

③ 指示灯

2 个电源指示灯；

7 个状态指示灯；

8 个 RS-232/485/422 接口通信指示灯；

2 组 ST 光纤收发接口通信指示灯(通信控制模块和光电转换模块)。

④ 按键

1 个系统复位按键；

1 个恢复出厂设置按键。

⑤ 通信距离

内部集成了光纤接口，室内配备以太网光纤转换器实现 100 Base-TX(RJ-45)和 100 Base-FX(光纤信号)的转换；

最大有线传输距离：≥500 m。

⑥ 通信防雷

内部采用光电隔离和浪涌保护，可抑制电磁干扰。

⑦ 供电电源

单向交流 220 V(50 Hz)±10%。

⑧ 电气性能

整机功耗<8 W；串口数据缓存大小 7 kB；存储卡容量 1 GB。

⑨ 环境适应性

工作环境温度：−40～60 ℃。

(2)通信转换单元技术参数

通信接口：3 个 RJ-45 接口(以太网接口)1 组 ST 光纤收发接口(支持 1300 nm 多模光纤)；

按键：1 个交流电开关(内置保险)；

供电电源：单相交流 220 V(50 Hz)±10%。

(3)环境适应性

工作环境温度：−40～+60 ℃；

存储温度：−50～+60 ℃；

相对湿度：10%～95%；

防尘防水：IP65。

3.5.3 硬件的安装

综合集成硬件控制器硬件安装主要包括基础制作、安装立柱、安装机箱、安装电源箱、连接信号线缆、连接串口等工作。

3.5.3.1 基础要求

在正式安装前应先做好基础制作，要求如下。

(1)综合集成硬件控制器用配套的专用立柱安装，安装立柱的混凝土基础大小为

400 mm×600 mm×550 mm（长、宽、深），高出地面 50 mm，外露面平整光洁；基础适当位置预埋入 2 个∅50 mm 的 PVC 穿线管（管内注意预留铁丝），从水泥基础的底部通向地沟。如图 3.5.13 所示。立柱底盘通过膨胀螺钉固定在混凝土基座上。

(2)控制器主机箱和电源箱用抱箍背靠背固定在立柱上。

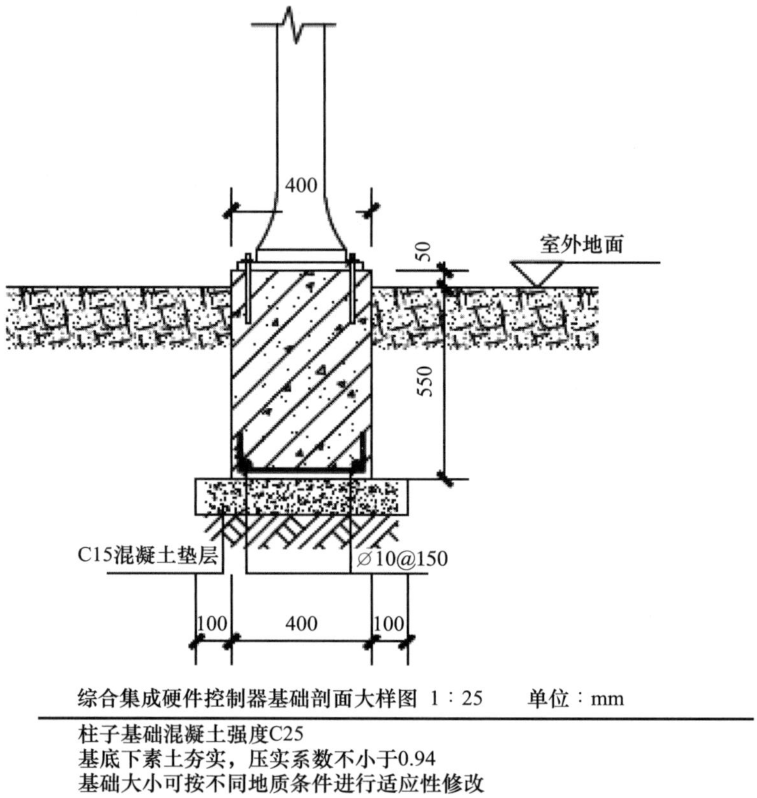

图 3.5.13　DPZ1 综合集成硬件控制器室外部分布局示意图

3.5.3.2　安装前准备

安装硬件时，先检查机箱内供电部分接线柱的接线是否牢固，如有松动、虚接，须重新检查并连接固定。在机箱门板内侧附有接线图，可以作为检查的参考依据。

3.5.3.3　连接电源

在确保各开关处于关闭状态时，先连接蓄电池正负极，再连接交流输入，连接检查无误后，依次打开直流与交流开关。

供电正常运行的简单判断：开关电源的交流输入指示灯会常亮，同时 DPZ1 的两个供电指示灯 PWR1、PWR2 会常亮；在关闭交流开关时 DPZ1 供电依然正常，说明电池连接正常，否则需要重新检查各项连接情况。

3.5.4　串口连接

DPZ1 型综合集成硬件控制器具有 8 个可手动插拔的串口传输模块，每个模块都可支持

RS-232/485/422 通信方式，每个串口通信接口有 5 个可插拔接线端子。

3.5.5 网络连接

DPZ1 型综合集成硬件控制器支持以太网直连与光纤传输两种方式，可以根据距离的长短和台站的实际情况选择接入网络的方式(图 3.5.14)。

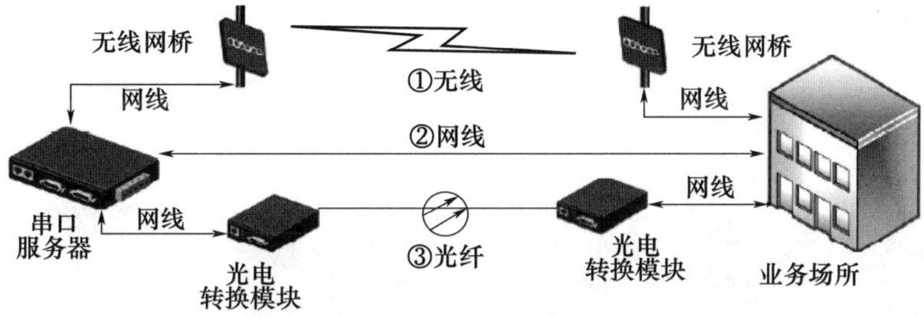

图 3.5.14 网络连接示意图

以太网直连方式将跳过光电转换模块，使用网线直接通过 DPZ1 的串口转以太网接口连接交换机或计算机；有特殊需求时也可以通过无线网桥的方式代替网线连接。

确认线路连接无误后，对照用户手册主面板标示图，按照 PWR1、PWR12、L1、PORT 指示、光纤 Tx/Rx 指示灯的顺序依次检查指示灯信号是否正常。

3.5.6 驱动软件功能及安装

3.5.6.1 驱动程序说明

驱动程序的安装主要实现三部分功能：

一是虚拟串口的安装，安装前计算机注册表未分配 COM11～COM18 串口号时，驱动固定使用 COM11～COM18 8 个串口，若 COM11～COM18 串口已被占用，则自动从最大串口号之后连续分配 8 个串口号；

二是两个服务的安装与注册，即 NetToCom(由综合集成硬件控制器向主机虚拟串口的数据传送)服务与 ComToNet(由主机虚拟串口向综合集成硬件控制器的数据传送)服务；

三是综合集成硬件控制器的管理软件安装，用于实现对综合集成硬件控制器的配置管理。

3.5.6.2 安装步骤

驱动安装目录默认为 C 盘→Program Files→SMOPORT 文件夹。双击安装光盘内的 Setup1_07.exe，在弹出的对话框中依次点击“下一步”→“安装”，如图 3.5.15 所示。

注：安装前请关闭所有杀毒软件及安全卫士。

安装过程中会出现如图 3.5.16 所示的 DOS 对话框，此时为系统正在注册服务，请耐心等待，直至弹出“安装完成”对话框，如图 3.5.17 所示，点击“完成”即完成安装。

注：安装完成后须重启计算机。

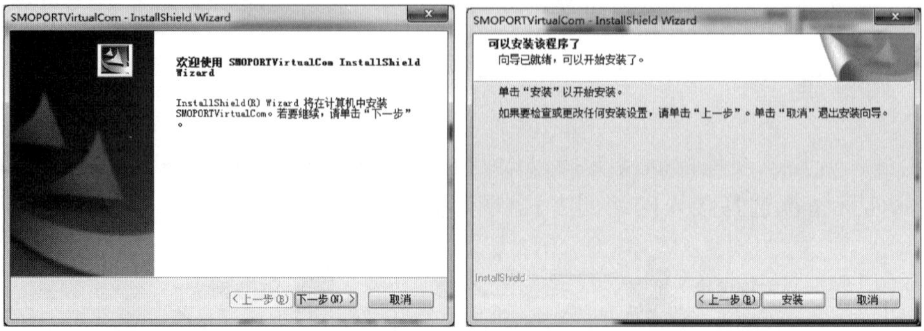

图 3.5.15　"下一步"与"安装"对话框

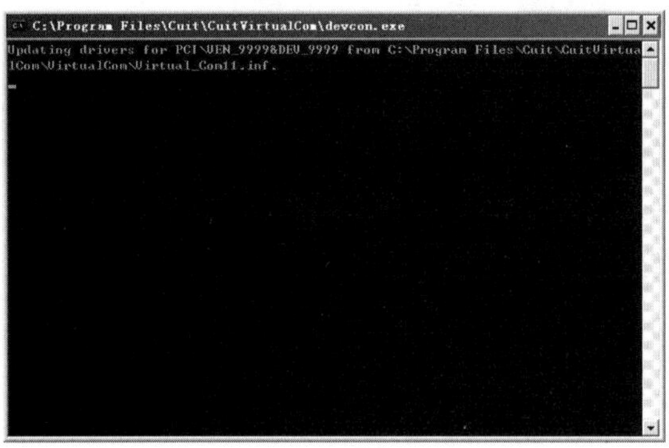

图 3.5.16　DOS 对话框

图 3.5.17　"安装完成"对话框

3.5.6.3　查看是否安装成功

查看虚拟串口是否安装完成的方法如下。

右键点击"我的电脑"，选择"管理"如图 3.5.18 所示，点击"设备管理器"，在右边窗口中点击"端口(COM 和 LPT)"前的加号，即可查看计算机中的串口信息，若出现 8 个 Virtual Com Serial 则说明安装成功，如图 3.5.19 所示。

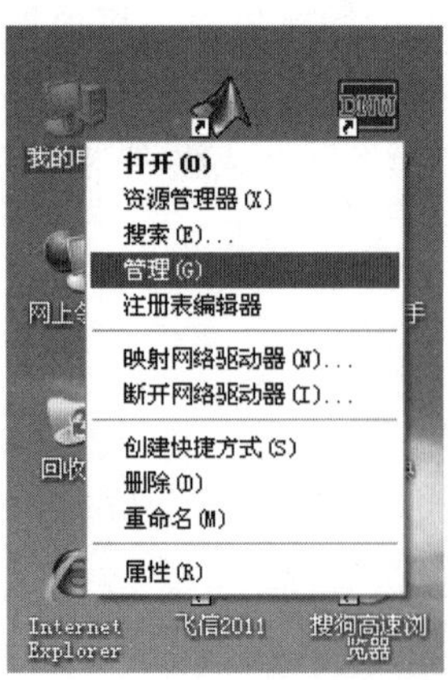

图 3.5.18　打开"管理"对话框

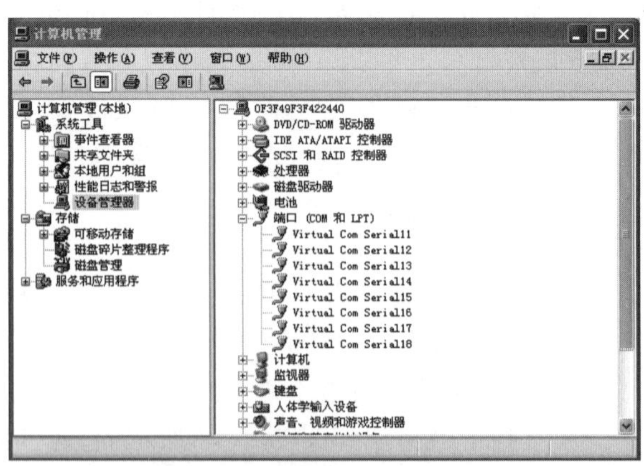

图 3.5.19　设备管理器 com 资源

3.5.6.4　驱动卸载

(1)双击 Setup1_07.exe,在弹出的对话框中选择“除去”,如图 3.5.20 所示。

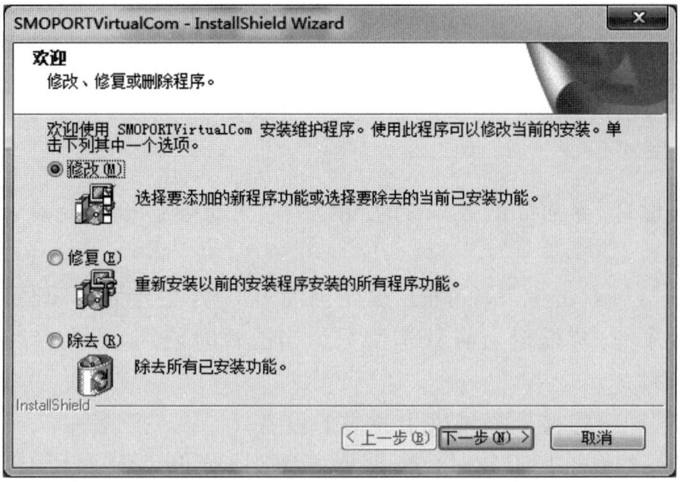

图 3.5.20　卸载界面

(2)单击“下一步”,在弹出的对话框中选择“是”。

卸载过程中会出现 DOS 对话框,请耐心等待,弹出卸载完成对话框,单击“完成”即可完成卸载(卸载完成后须重启计算机)。

3.5.6.5　配置软件使用说明

综合集成硬件控制器的管理软件启动可通过“开始”→“所有程序”→“SMOPORT”→“SMOPORTVirtualCom”→“SMOPORTAdmin.exe”来启动(适用于 Windows XP 系统,Win7 与 Windows Server 2003 操作类似)。配置软件界面如图 3.5.21 所示。

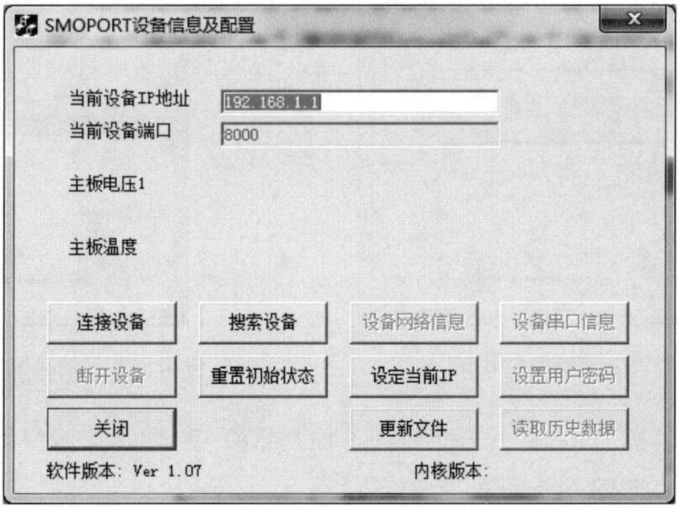

图 3.5.21　综合集成硬件控制器配置软件

配置软件实现搜索设备 IP、连接设备和对设备进行管理的功能。支持网络信息(如 IP、网关等)的动态配置、串口信息如波特率等的动态配置、历史数据下载和设置用户名密码等功能,方便用户对系统进行远程管理与操作。软件使用可根据提示进行,便于用户操作。

3.5.7 调试

3.5.7.1 设备连接

在当前设备 IP 地址(界面如图 3.5.21 所示)中输入想要连接的设备 IP 地址,当前设备端口中默认 8000。

首次安装驱动时,可点击主界面中的“设定当前 IP”,将主界面中填写的 IP 设置为下次默认连接默认地址,若不点击“设定当前 IP”,则只为当前暂时使用,下次启动配置软件会自动填写的之前默认的 IP 号。

点击“连接设备”即可连接到局域网中相应的设备。

注:设备出厂 IP 设置为 192.168.1.1,首次连接设备前请将计算机 IP 设置成与设备在同一网段,即 192.168.1.x,用网线将计算机与设备直连,参照“设备网络信息”部分的说明对设备的 IP 信息进行设置,设置完成即可使用设备。

在计算机与综合集成硬件控制器网络连接正常情况下,点击“连接设备”后会出现如图 3.5.22 所示的用户名和密码对话框,首次连接设备使用设备默认的用户名和密码(用户名:SMOPORT,密码:123456),用户可重新设置用户名和密码,单击主界面上的“设置用户密码”,根据提示操作即可,以后登录即使用该用户名和密码。

若计算机与综合集成硬件控制器的网络连接不通,点击“连接设备”后会出现如图 3.5.23 所示连接服务器失败的对话框,此时应检查综合集成控制硬件控制器的工作状态以及到计算机的网线连接情况。

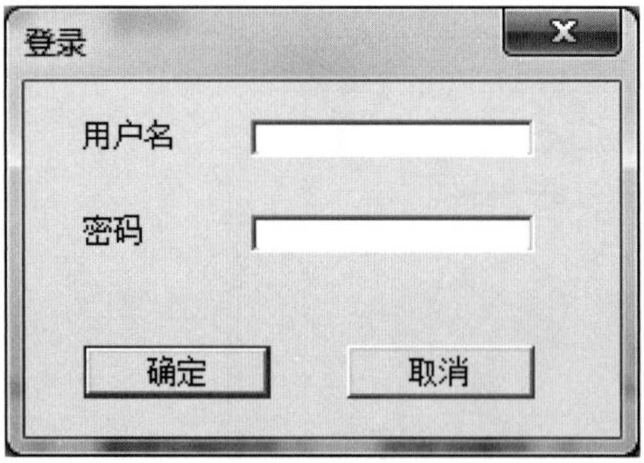

图 3.5.22 用户名密码输入界面

图 3.5.23 连接服务器失败界面

也可尝试在计算机上“ping”综合集成硬件控制器的 IP 地址,查看网络是否联通(开始→运行→在文本框输入 ping x. x. x. x -t)。

综合集成硬件控制器首次连接时,会弹出如图 3.5.24 所示的修改登录信息的对话框,须设置新的用户名和密码,避免被他人登录进行误修改。

设置成功后下次再连接设备即可用新的用户名和密码，此对话框不再弹出。若需修改登录信息，可在主配置界面选择“设置用户密码”进行修改。

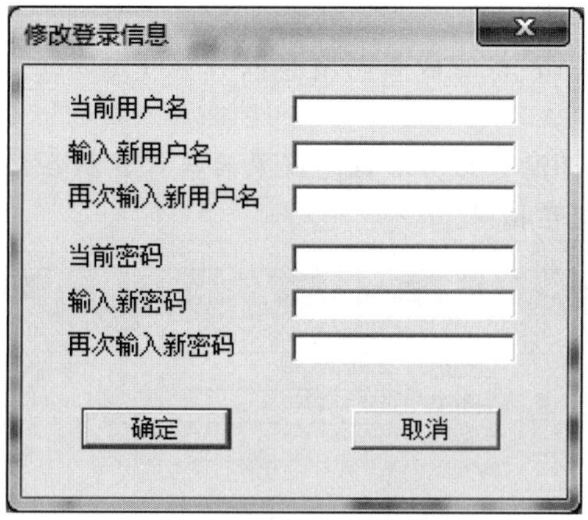

图 3.5.24 修改登录信息对话框

3.5.7.2 搜索 IP

点击界面上的搜索设备，弹出如图 3.5.25 所示界面，默认 IP 搜索范围为本机局域网段；也可手动指定搜索范围，点击界面上的指定搜索 IP 段，则可进行设置。

点击指定搜索 IP 段，在“起始 IP”“终止 IP”中输入想要搜索的 IP 段(IP 段的范围可以尽量设置小一些，以便搜索速度更快)，点击“开始搜索”，即可开始搜索局域网内的设备。搜索的结果会显示在界面上的文本框内，搜索到合适的设备后点击“停止搜索”，选中需要的设备 IP，点击“返回”，如图 3.5.26 所示，即可完成搜索，选中的 IP 会自动填写到当前设备 IP 地址框内，可直接使用。

图 3.5.25 默认 IP 段搜索界面

图 3.5.26 指定 IP 段搜索界面

3.5.7.3 设备网络信息

点击“设备网络信息”，出现如图 3.5.27 所示的界面，该界面可实现网络信息的查询与更改，输入需要的网络配置信息，点击“设置设备网络参数”，即可完成配置，改变网络信息后需要重连系统。

注意：首次连接系统请将设备的网络信息设置为与计算机在同一局域网段内，子网掩码和默认网关应与计算机上的设置相同。

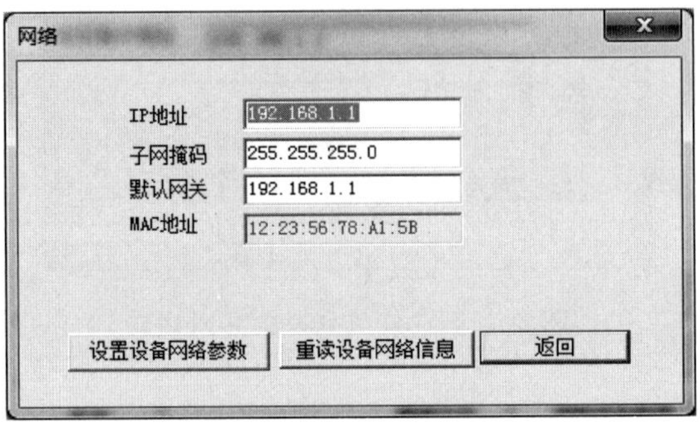

图 3.5.27 设备网络信息

查看与更改计算机网络信息的方式为，进入控制面板，右键点击控制面板中的“网络连接”，选择“属性”，在弹出的本地连接属性对话框中双击“Internet 协议(TCP/IP)”，即可查询到计算机的网络信息并进行更改。如图 3.5.28 所示。

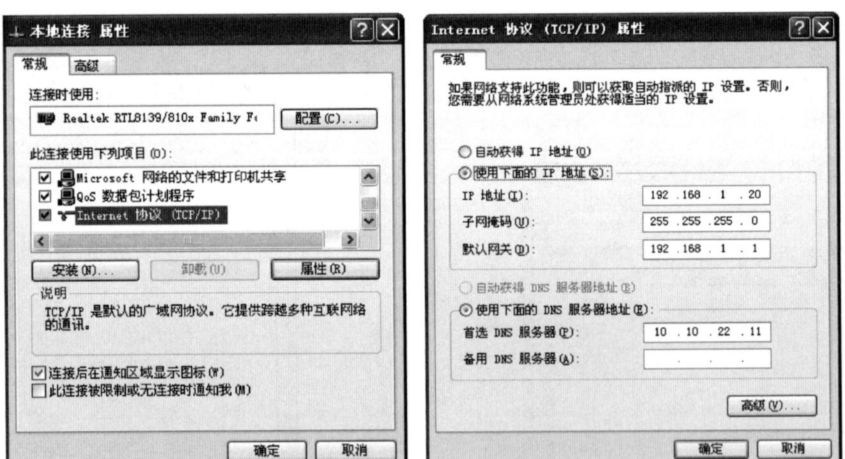

图 3.5.28 更改计算机网络信息(组图)

3.5.7.4 设备串口信息

点击“设备串口信息”可进入串口信息的查询与配置界面，如图 3.5.29 所示。通过下拉按钮选择需要查询或配置的串口号。同样，通过下拉按钮设置需要更改的信息，点击“设置当前串口”，即可实现相应串口信息的更改，系统在第一次进入串口设置界面和设置成功后会自动执行一次读串口信息操作，系统界面当前显示的状态即为串口的当前状态。

如当前串口需要数据格式转换功能(比如当前串口接的设备不支持数据字典的数据格式),可在数据格式转换下拉框内选择当前串口需要转换的设备(目前只支持 LT31 message2 格式转换),选择完成后点击设置当前串口即可,如需取消数据格式转换功能,在数据格式转换下拉框内选择"无",点击设置当前串口即可。

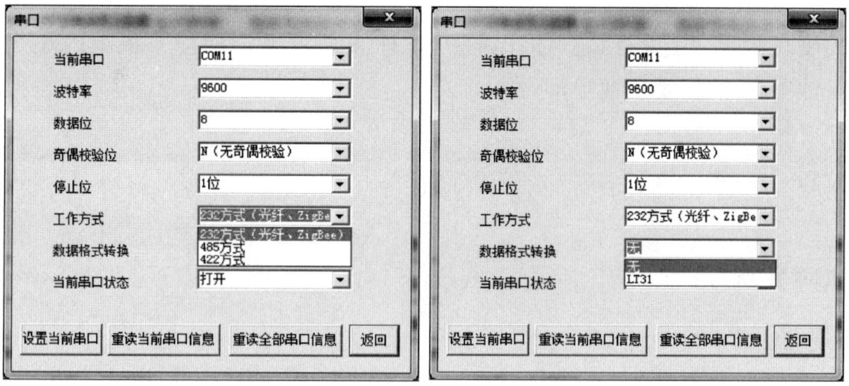

图 3.5.29 设备串口信息

3.5.7.5 读取历史数据

综合集成硬件控制器配备 SD 卡时,支持历史数据存储与查询功能,历史数据文件存储在 SD 卡内。

如需查询历史数据,点击主界面上的"读取历史数据",可出现如图 3.5.30 所示的对话框,在对话框中选择需要调用历史数据的串口号,设置起止时间,然后点击"存盘文件"选择历史数据文件的存储路径,点击之后出现如图 3.5.31 所示的对话框,进入需要存储的路径,输入文件名,点击保存即可。

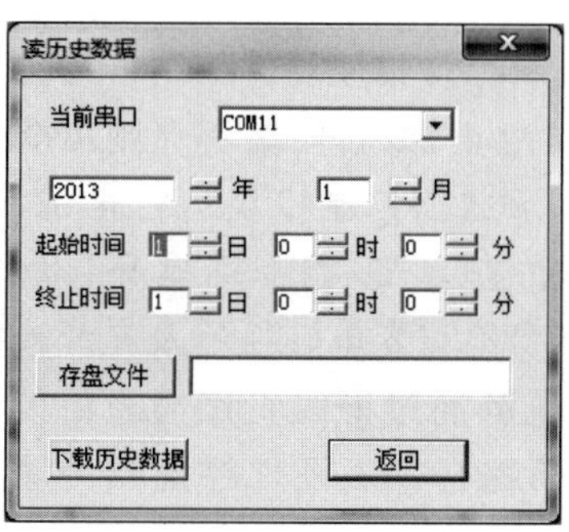

图 3.5.30 读取历史数据

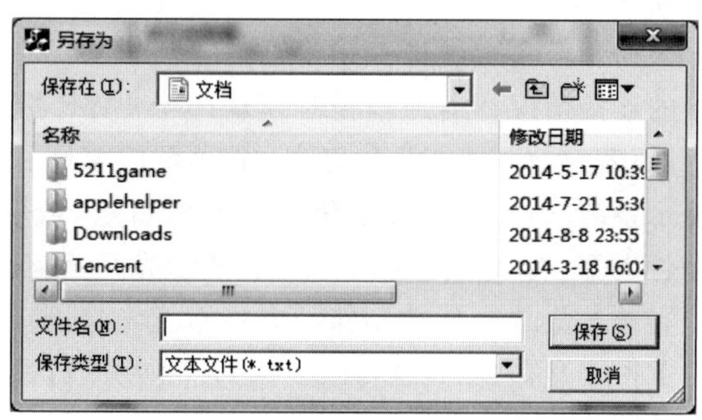

图 3.5.31 "存盘文件"对话框

点击保存后点击"下载历史数据",弹出下载完成对话框后点击确定即可成功读取历史数据。

历史数据存储文件支持两种方式,一种为后缀名为 . txt 文件,对应查询的历史数据为一小时内数分钟的历史数据(如 2013 年 10 月 30 日 09 时 03 分至 15 分的历史数据),另一种为后缀名为 . tar. gz 的压缩文件,可用常用解压缩软件(如 rar 软件)解压,对应查询的历史数据为某日某时到某日某时的情况(如 2013 年 10 月 27 日 09 时至 2013 年 10 月 30 日 08 时的历史数据)。

综合集成硬件控制器支持存储一个月的历史数据。

3.5.8 常规维护

综合集成硬件控制器运行稳定,便于维护,工作人员只需定期检查机箱内观测设备接线是否牢固和蓄电池是否存在漏液现象即可。

3.5.9 故障维修

3.5.9.1 故障案例 1

(1)故障现象

业务软件出现与观测设备通信超时连接。

(2)故障排查流程

① 检查是否因业务软件错误引起的故障

关闭业务软件,打开串口助手,将波特率参数与观测设备和综合集成硬件控制器设置一致(默认 9600 8 N 1),直接向设备发送合法指令,若应答正常,则说明业务软件存在问题;若无返回数据,则是由综合集成硬件控制器或观测设备故障引起。

② 查看综合集成硬件控制器网络连通性

打开综合集成硬件控制器管理软件,连接指定 IP 的综合集成硬件控制器,若连接后弹出登录界面,说明网络连接正常。若弹出服务器连接失败对话框,则说明综合集成硬件控制器至业务电脑网络连接出现故障,需检查网线是否连接牢固或光纤传输是否正常。

③ 检查综合集成硬件控制器工作状态

根据综合集成硬件控制器通信控制模块的指示灯状态判断综合集成硬件控制器和各观测设备的连接情况。若通信控制模块两个 PWR 灯常亮,表示供电正常,若同时不亮则可能为掉电状态;若只有一个 PWR 灯亮,则联系厂家解决;L1 闪烁表示通信控制模块运行正常,不亮时表示系统未启动,须按复位键或断电重启,或联系厂家咨询;查看 Tx 灯是否常亮,以及 Rx 灯是否闪烁,若 Tx 和 Rx 灯不亮,表示光纤连接出现问题,需要检查光电转换器及光纤连接。

在综合集成硬件控制器状态指示正常情况下,用笔记本电脑通过网线直接与通信控制模块的 RJ-45 接口(8 串口转以太网)连接并进行通信,从而判断综合集成硬件控制器传输是否出现故障。

④ 检查光纤连接及光电转换器是否正常

在室内光电转换器正常工作情况下,可将一台笔记本电脑直接连接到综合集成硬件控制器中通信控制模块的 RJ-45 接口(以太网转光纤),在笔记本电脑上 ping 室内业务电脑 IP(与综合集成硬件控制器连接网卡的 IP),若 ping 通,说明光纤连接及光电转换器工作正常;若 ping 超时,则光纤通信出现故障。

⑤ 检查观测设备是否出现故障

可直接将各观测设备通过串口(USB 转串口)接到笔记本电脑上,用串口助手工具连接观测设备。如连接通信正常,表示观测设备无故障,如无返回结果或命令接收不正确,表示观测设备有问题,可直接联系相应观测设备厂家。

3.5.9.2　故障案例2

(1)故障现象

某通道接入设备无数据,或数据时有时无(补收完整),其他通道接入设备数据正常。

(2)故障分析

因其他通道接入设备数据正常,可判断综合集成硬件控制器主机的供电、核心控制模块和光电转换部分、光纤通信及室内硬件正常。故障原因可能有:ISOS软件通信参数配置错误;驱动软件相应串口配置错误;接入设备故障;接入设备到串口传输模块连接故障;串口传输模块故障。

(3)技术依据

① ISOS软件通信参数配置图,如图3.5.32所示。

② 驱动软件SMOPORT设备串口信息配置图,如图3.5.33所示。

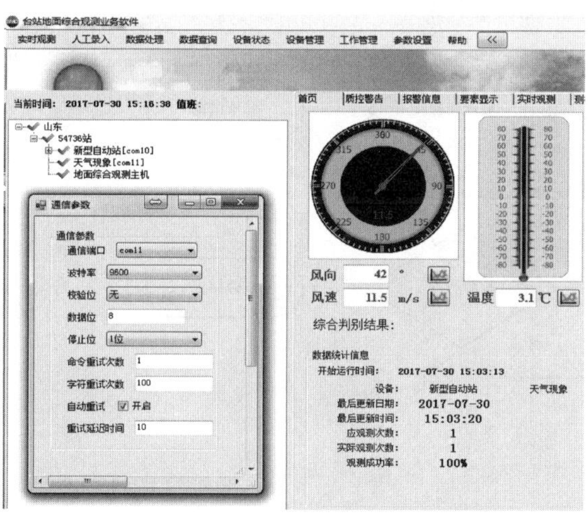

图3.5.32　ISOS软件通信参数配置

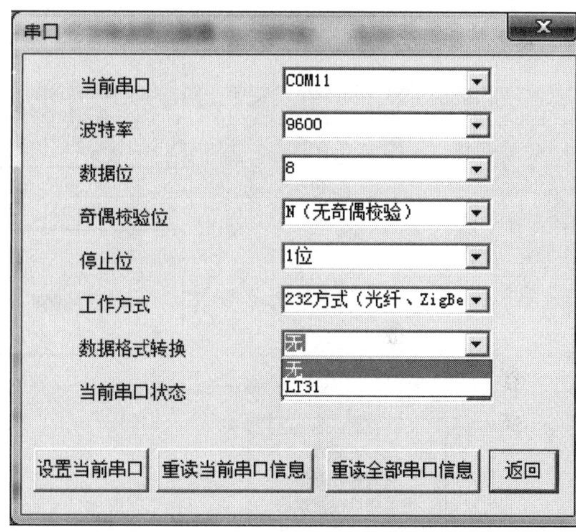

图3.5.33　SMOPORT设备串口信息配置

(4)综合集成硬件控制器主机串口模块及接线线序如图3.5.34所示。

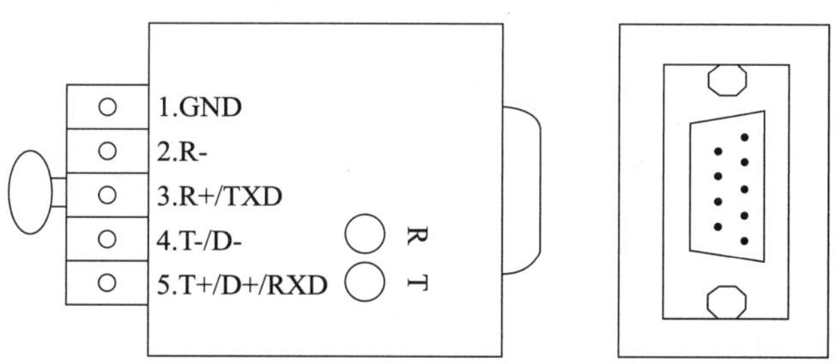

图3.5.34　控制器主机串口模块及接线线序示意图

(5)维修流程

见图3.5.35所示。

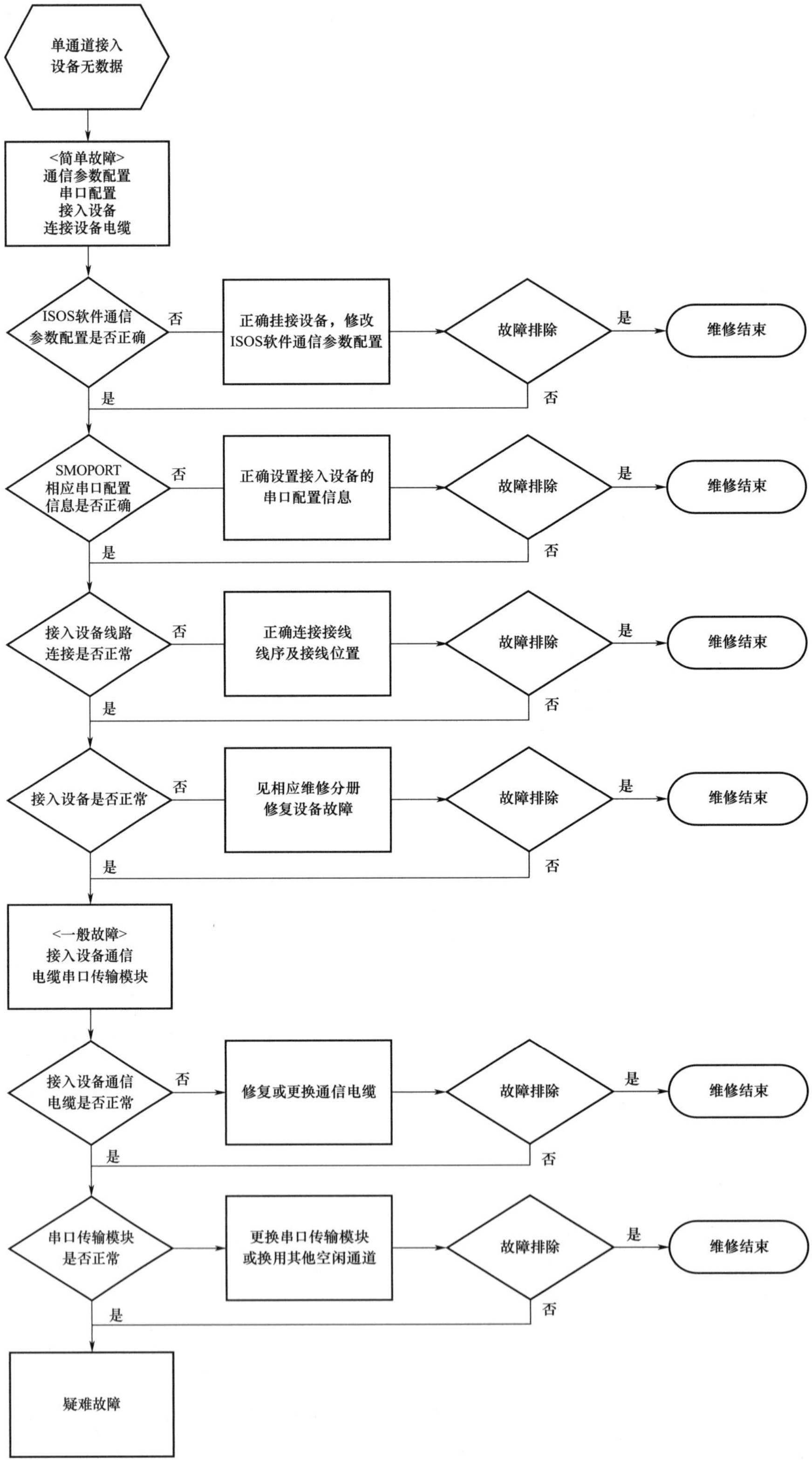

图 3.5.35 故障维修流程图

(6)检测要点

① 检查 ISOS 软件是否挂接该设备,通信参数配置是否正确。

② 检查驱动软件 SMOPORT 相应串口配置信息是否正确。

③ 检查接入设备到综合集成硬件控制器主机连接电缆是否存在短路、断路、裸露或接触不良的情况;检查接入设备与串口传输模块的接线线序及位置是否正确,连接是否良好。连接电缆接触不良容易造成数据时有时无(补收完整)。

注:目前,接入设备主要是 RS-232 与 RS-485 两种接入方式,RS-232 方式采用收、发交叉接入(Tx→Rx,Rx→Tx)方式,RS-485 方式采用直连(A→A,B→B)方式接入。接线位置如表 3.5.3 所示。

表 3.5.3 两种接入方式的接线位置

接入方式	串口模块接线位置
RS-232	1、3、5
RS-485	1、4、5

④ 检查接入设备是否出现故障。

可直接将各观测设备通过串口(USB 转串口)接到笔记本电脑上,用串口助手工具连接观测设备。如连接通信正常,表示观测设备无故障,如无返回结果或命令接收不正确,表示观测设备有问题。

⑤ 检查串口传输模块是否故障。

通信控制模块面板数据收发指示灯 R、T,在正常连接情况数据收发时闪烁,若当 ISOS 软件数据收发时 R、T 指示灯不闪烁,须检查设备串口传输模块好坏。

可将串口传输模块接线端子收发端短接,通过"串口调试助手"发送任意字符或数字,如图 3.5.36 所示,接收窗口收到相同内容,说明该串口传输模块正常,否则串口传输模块出现故障,可用更换模块或换用空闲通道的方式排除故障。

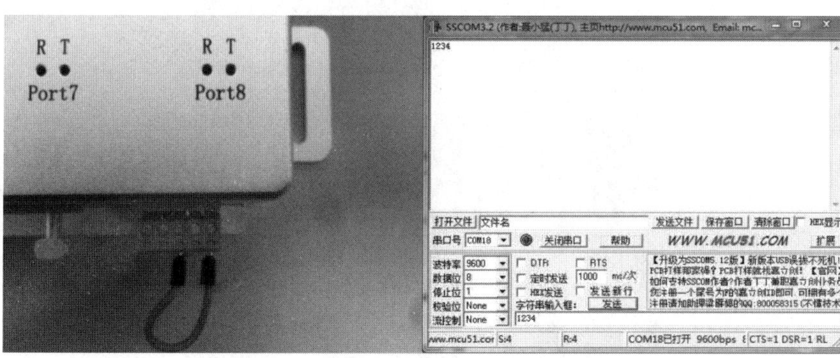

图 3.5.36 短接端子及串口调试助手

(7)恢复测试

更换或维修相应部件后,通过 ISOS 软件读取实时采集数据,按照《新型自动气象站维修规范》进行拷机检验,拷机检验期间设备的运行状态和观测数据均正常,确认本次故障修复。完成恢复测试。

任务 3.6 翻斗雨量传感器的安装与维护

3.6.1 概述

降水对人民生产生活具有较大影响。近年来,极端天气频发,其中尤以降水造成的灾害较为严重。例如:短时强降水常造成城市内涝,损害城市公共安全,降水引发的洪水还会诱发山洪、泥石流等灾害;降水过少容易引发干旱,造成农作物减产等。

由《地面气象自动观测规范》可以得知,当前气象部门自动观测降水的仪器主要有双翻斗雨量传感器、称重式降水传感器、单翻斗雨量传感器和降水多传感器标准控制系统等。

本任务主要以新型自动气象站普遍使用的 SL3-1 型双翻斗雨量传感器为例介绍双翻斗雨量传感器的安装与维护。

3.6.2 结构原理

3.6.2.1 组成结构

SL3-1 型双翻斗雨量传感器主要由承水器(有时称不锈钢外筒,常用口径为 20cm)、上翻斗、汇集漏斗、计量翻斗、计数翻斗、磁钢和干簧管等组成,外形如图 3.6.1 所示,具体结构如图 3.6.2 所示。

图 3.6.1 双翻斗雨量传感器组成实物图

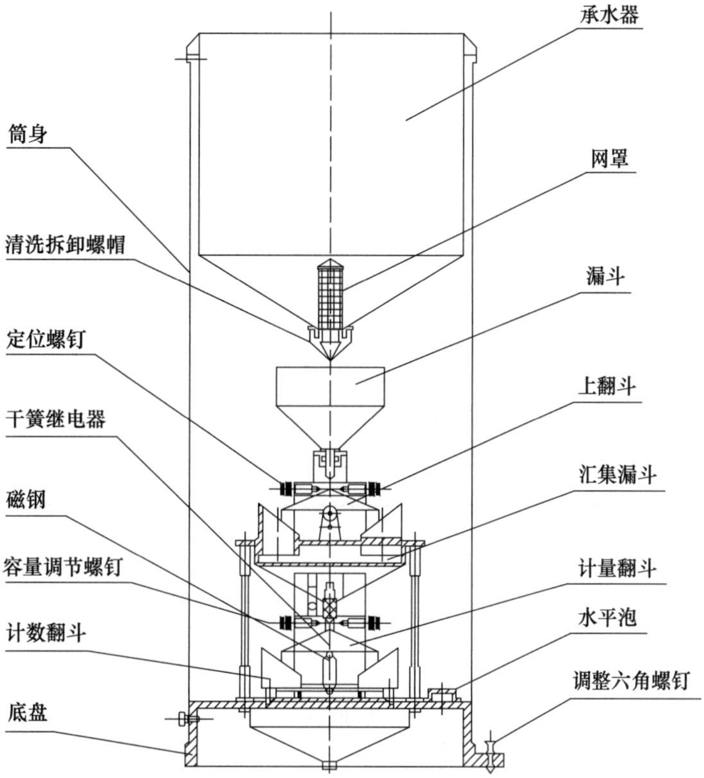

图 3.6.2 双翻斗雨量传感器组成结构图

翻斗雨量传感器的核心部件是上下排列的三个翻斗，从上而下分别称为上翻斗、计量翻斗、计数翻斗。

3.6.2.2 工作原理

翻斗雨量传感器承水口收集的雨水，经过上翻斗，注入计量翻斗，当一个斗室接水时，另一个斗室处于等待状态。

当所接雨水容积达到预定值 0.1 mm 时，由于重力作用使自己翻倒，处于等待状态，另一个斗室处于接水工作状态。当其接水量达到预定值时，又自己翻倒，处于等待状态。

计数翻斗连接有磁钢，它随翻斗翻动时从簧管旁扫描，使干簧管通断。即翻斗每翻倒一次，干簧管便接通一次送出一个开关信号(脉冲信号)。降水量与输出脉冲信号频率的关系式为：

$$R=0.1F$$

式中，R 为降水量(mm)，F 为采集器采集到的脉冲频率(Hz)。

3.6.2.3 技术规格

承水口径	∅200 mm
测量降水强度	≤4 mm/min
测量分辨率	0.1 mm

最大误差　　　　　±0.4 mm(降水量≤10 mm)
　　　　　　　　　±4%(降水量>10 mm)

3.6.3 安装

3.6.3.1 安装基础

翻斗雨量传感器一般安装在地面气象观测场的中部，安装前需要先做好水泥基础(图 3.6.3)。

(1)雨量传感器混凝土基础大小为 350 mm×350 mm×550 mm(长、宽、深)，外露面平整光洁；地脚螺栓同时浇注在混凝土中(或者用膨胀螺丝固定)，并使其顶部高出表面 35 mm。基础中央位置预埋入∅50 mm 的 PVC 穿线管(管内注意预留铁丝)，从水泥基础的底部通向地沟。

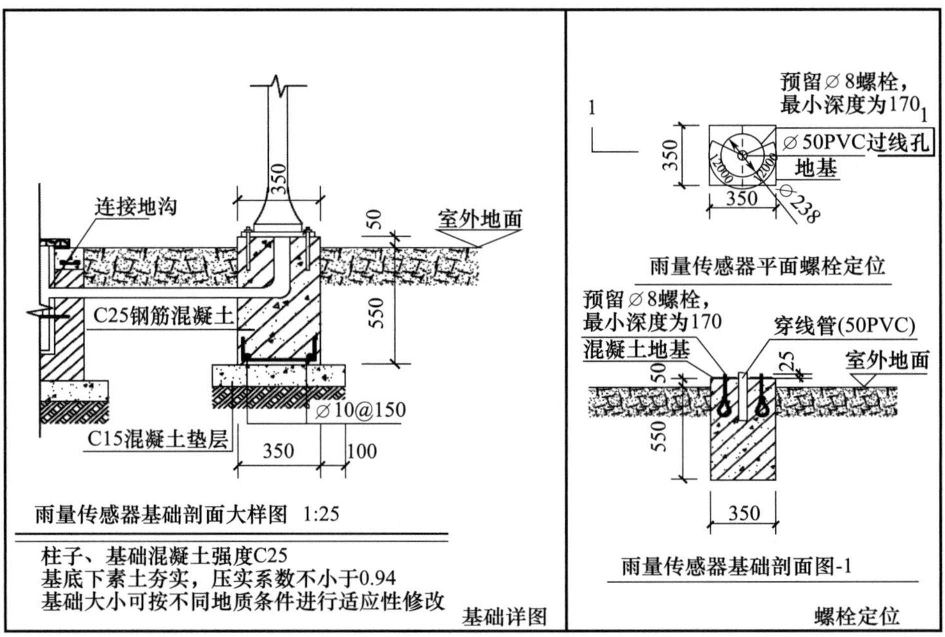

图 3.6.3　雨量基础示意图(单位：mm)

(2)承水口保持水平，距地高度 70 cm±3 cm，采用升高基础或自制支架安装。

注：安装支架需自制，高约 10 cm，基础高出地面约为 50 mm；不使用支架时，基础高出地面约为 150 mm。

(3)用 16 mm^2 接地线将仪器接地端子就近与观测场防雷地网连接。

(4)螺栓定位尺寸按 SL3-1 型雨量传感器设计。

3.6.3.2 安装步骤

(1)敷设线缆：将雨量传感器的信号电缆穿入预埋的穿线管中，电缆带插片的一头从预埋基座穿出，另一头引到采集器处。

(2)调整高度：在三个地脚螺栓上先分别拧上一个 M8 螺母(起到调节雨量筒水平的作

用),调节使雨量传感器不锈钢外筒口缘距离地面保持 70 cm 高度。

(3)穿线打结:卸下雨量传感器不锈钢外筒,将信号电缆带插片的一头自下而上从传感器底盘的穿线孔中穿入,并将电缆打个结(以避免误操作将雨量电缆拉出)。

(4)调整底盘水平:把传感器底盘的三个安装孔分别套入三个螺丝,然后分别调节下面的三个螺母使雨量传感器底座呈水平状态,即水平气泡在中心圆圈内,然后在三个螺钉上再分别拧上一个 M8 螺母并旋紧。

调整方法为:调整时,先调整两个相邻螺丝的其中一个,使水准气泡位于这两个螺丝形成直线的中间,再调整第三个螺丝,使水准气泡位于中心圆圈内。

注:调整螺丝时,不要用力过猛,避免导致雨量传感器变形。

(5)接线:按信号电缆颜色,把插片接在传感器底盘相应颜色的接线柱上(即红对红、黑对黑),并旋紧接线柱的紧固螺母。

注:旋紧时注意用力不要太大,以免因接线柱背面的焊片跟转而损坏干簧管。

(6)检查测试:用剪刀把固定翻斗用的四根橡皮筋剪断并拿走,用手指轻轻拨动各翻斗以检查其能否灵活翻转。同时可用万用表电阻(或通断)挡在两个接线柱上检查干簧管是否工作正常,计数翻斗每翻动一次,万用表应检测到一次通断过程。

(7)安装外筒并检查水平:将所有雨量翻斗拨向一个方向后,套上不锈钢外筒,并旋紧外筒壳的紧固螺钉,用接地线把雨量筒外壳与接地片连接好(若无接地片,可不接,但需说明)。

3.6.4 常规维护

雨量传感器的核心部件为三只翻斗,电子元件较少,理论上是最可靠的传感器,实际上问题最多,是最需要维护保养的传感器。

一般情况下,主要是灰尘、树叶、昆虫等堵塞流水口或结网而影响翻斗翻转。因此,应经常拆下筒身予以检查。检查时,应轻取轻放,千万不能撞击翻斗而引起翻斗翻转。

3.6.4.1 维护要求

(1)传感器每月至少定期检查一次,保持传感器器口不变形,器口面水平,器身稳固,检查翻斗翻动灵活性。

(2)定期清除承水器滤网上的沙尘、小虫等杂物,检查漏斗通道是否有堵塞物,要注意保持节流管的畅通。

注:严禁用手触摸翻斗内壁。

(3)风沙较大的地区,雨量传感器使用一段时间后,翻斗内可能会沉积泥沙,应定期清淤;可用干净的脱脂毛笔刷洗,必要时可加入适量的洗涤剂,然后用清水冲洗干净。

注:翻斗雨量传感器维护期间,应将雨量信号电线从雨量传感器上拆下或关闭 ISOS 软件中翻斗雨量传感器,避免翻斗误动作产生错误的雨量数据。

(4)无雨或少雨的季节,可将承水器口加盖,但注意在降水前及时打开。

(5)定期检查翻斗翻转的灵活性。发现有阻滞感,应检查翻斗轴是否正常、轴承是否有微小的尘沙、翻斗轴是否变形或磨损、翻斗外壁是否有蜘蛛网拉结等,并及时采取有效的措施。

注:严禁往轴承孔内注油、脂或其他所谓润滑材料。

(6)结冰期长的地区，在初冰前将感应器的承水器器口加盖，不必收回室内，并断开接线柱。

(7)新仪器(包括冬季停用后重新使用或调换新翻斗)工作一个月后的第一次大雨，应做精度对比。

注：严禁随意调整翻斗下方的定位螺钉。

(8)每 2 年进行一次现场检查、校准。

3.6.4.2 清洗步骤

(1)在 ISOS 业务软件左侧菜单栏选中 0.1 mm 翻斗雨量传感器，点击右键选择传感器维护，在弹出的窗口中填写相关信息(图 3.6.4)。

(2)旋下不锈钢外筒的三颗固定螺丝，轻轻取下承水器外壳，并对外壳内盛雨处进行清洁，必要时取下中间过滤网；

(3)用软毛刷沾水对两翻斗、漏斗轻轻刷洗。洗净后用清水试验，保证机构完好；

(4)旋下红黑两个接线柱，检查接线铜片是否生锈，如生锈则要清除锈斑。检查完好后接上引线，并保证接触良好；

(5)装回雨量筒外壳，旋紧三颗固定螺丝；

(6)雨量传感器维护完成，关闭 ISOS 业务软件翻斗雨量传感器的维护。

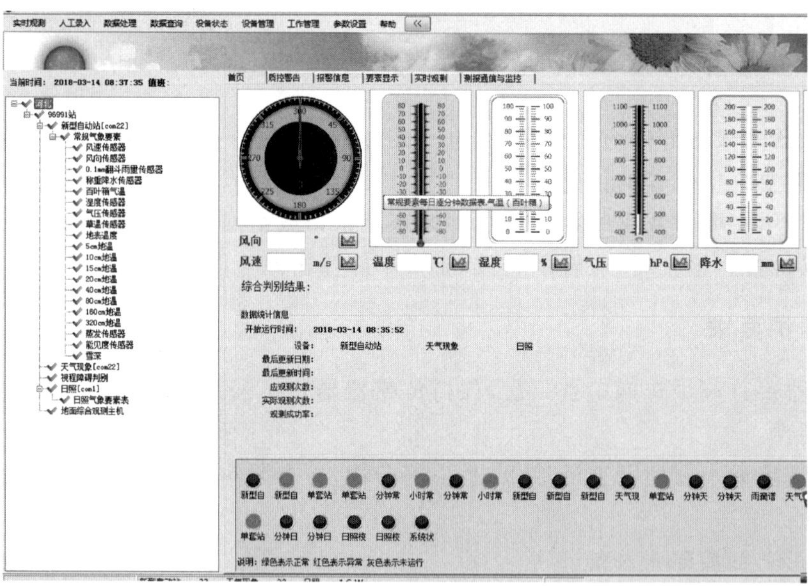

图 3.6.4　ISOS 软件界面图

3.6.4.3 基值调整

新仪器(包括冬季停用后重新使用或调换新翻斗)工作一个月后的第一次大雨，应做精度对比，即将雨量实测值和记录值比较。如发现差值超过±4%时，应首先检查记录器工作是否正常，计数与记录值是否相符，干簧管有无漏发或多发信号现象。如确是由于仪器的基点位置不正确所造成时，应做基点调整。

超差计算公式:超差=(实测值一计数值)÷实测值×100%

例如:用量杯实际量得真实值为10.0 mm,计数或者记录值为10.7 mm,则超差为-7%。

双翻斗调整方法:旋动计量翻斗的两个定位螺钉。将一个定位螺钉旋动一圈,其差值改变量为3%左右;如两个定位螺钉都往外或往里旋动一圈,其差值改变量为6%左右。

注:正超差往里调,负超差往外调。

比如:超差为-4%时,可将两个定位螺钉往外旋动2/3圈。如超差为3%时,可将其中一个定位螺钉往里旋动一圈。

为使调节位置准确,在松开定位螺帽前,须在定位螺钉上做位置记号。调节好后,须拧紧定位螺帽。

3.6.5 常见故障

3.6.5.1 一般故障排除方法

SL3-1型雨量传感器的故障一般都是为雨量超差或者显示值为0。判别的方法主要是通过人工观测值或者称重式降水传感器值之间的比较。

出现故障后处理的方法是:检查线缆连接是否良好,然后再检查雨量筒是否堵塞,若堵塞请用大量清水清洗,方法同维护方法;若没有堵塞则可能是干簧管损坏,需要更换干簧管。其他都没有问题,则是采集器防雷板相关通道损坏。

3.6.5.2 典型故障案例

(1)故障现象

翻斗雨量数据异常。

(2)故障分析

雨量传感器计数翻斗每翻动一次,干簧管闭合一次输出一个脉冲信号,相当于0.1 mm降水量。采集器雨量端口提供3.3 V左右脉冲信号驱动电压,并采集记录脉冲信号数量生成雨量数据。引起此故障的原因可能有:配置参数错误;雨量传感器故障;雨量电缆故障或连接不良;主采集器通道故障;外部电磁干扰。

(3)技术依据

主采集器雨量端口提供3.3 V左右脉冲信号驱动电压(图3.6.5)。

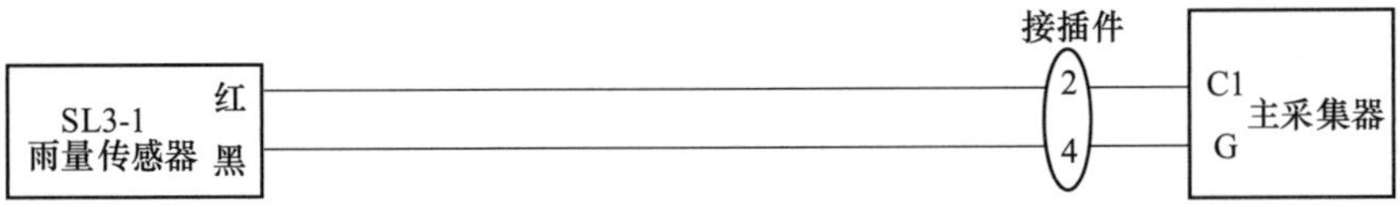

图3.6.5 DZZ4自动气象站雨量测量信号流向图

(4)维修流程

详见图3.6.6。

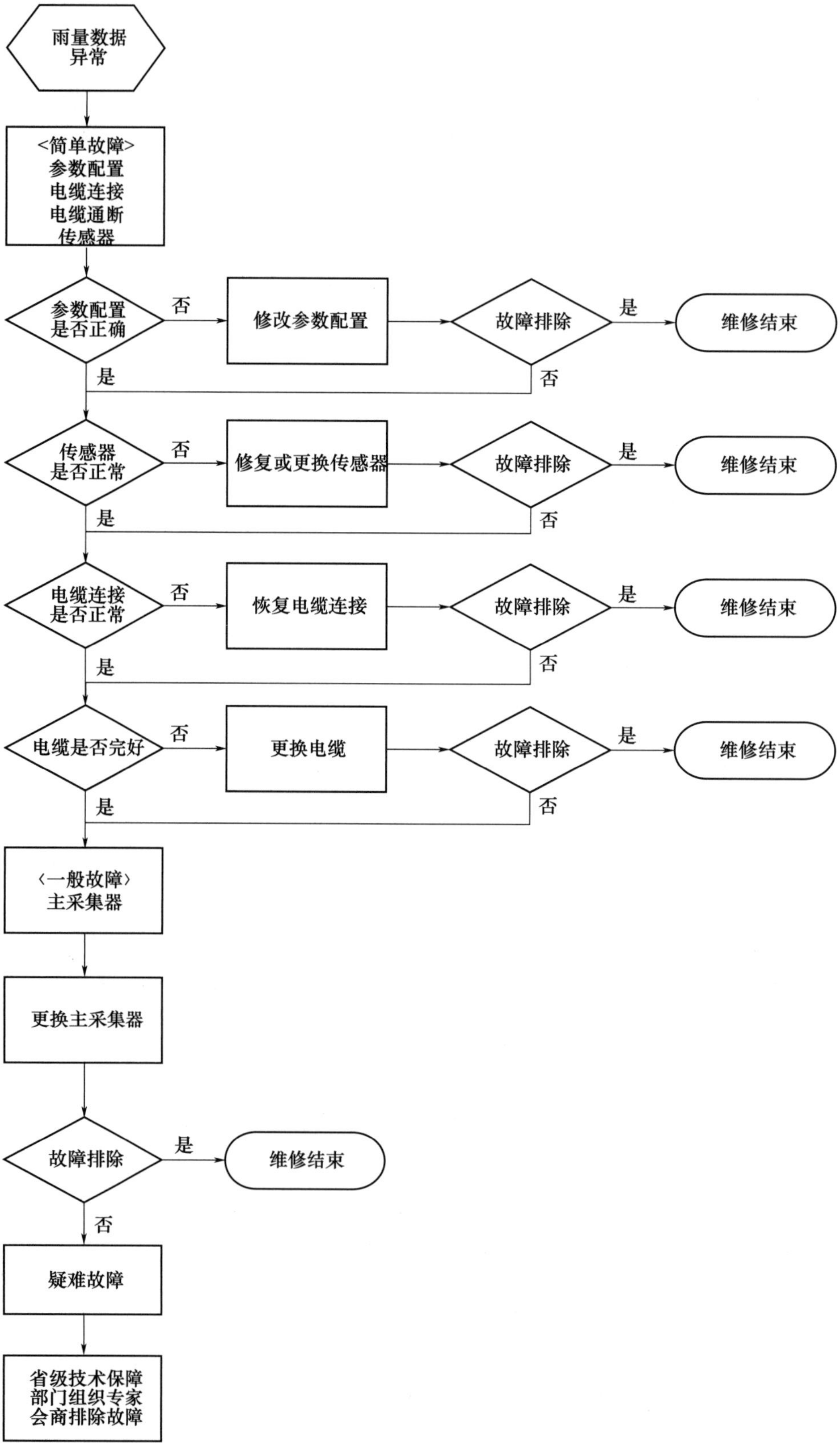

图 3.6.6　DZZ4 自动气象站雨量故障维修流程图

(5)检测要点

检查雨量传感器修正值、配置参数是否正常。

检查雨量传感器有没有堵塞,各个翻斗能否正常翻动。用万用表蜂鸣挡测试雨量传感器是否正常,如果在计量翻斗翻动时,每翻一次能够正常发出蜂鸣声,说明雨量传感器干簧管正常,否则干簧管故障,需要更换干簧管。

检查雨量电缆是否正常且连接良好:主采集器运行状态下,雨量采集端口有3.3 V左右的驱动电压,在线测量雨量传感器的红、黑接线柱,如果有3.3 V的电压,说明该线缆正常,否则线缆故障。或者断开雨量端子连接,用万用表通断挡测量雨量电缆是否有短路、断路故障,如果有则修复或更换雨量电缆。

主采集器运行状态下:将雨量端子拔掉,使用万用表直流电压挡测量雨量端口两针之间应有3.3 V左右的驱动电压,否则主采集器故障;使用金属工具短接雨量端口两针 n 次,采集软件应显示相应的降雨量($n\times0.1$ mm),否则主采集器通道故障。

(6)恢复测试

① 待自动站启动完成后,使用人工量杯量10 mm的水,缓慢倒入雨量桶中,检查传感器是否测量为10 mm左右。

② 雨量数据正常,完成恢复测试。

3.6.6 降水多传感器标准控制系统

降水多传感器标准控制系统由降水标准控制器、3个翻斗雨量传感器等组成。降水融合控制器采集3个翻斗雨量传感器的数据,经标准化算法确定实时降水量值,将实时降水量值、各传感器降水量采集值以及设备工作状态通过CAN总线发送到主采集器。

3.6.6.1 组成结构

降水多传感器标准控制系统包括3个翻斗式雨量传感器、降水多传感器标准控制器、通信接口和外围设备等,其硬件结构如图3.6.7所示。

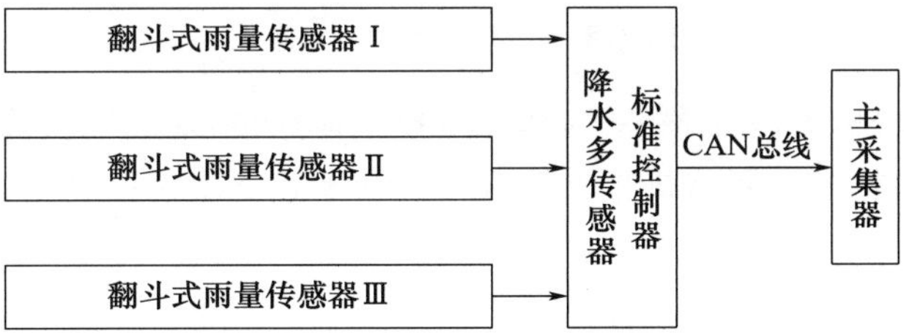

图3.6.7 降水多传感器标准控制系统硬件结构示意图

降水多传感器标准控制器设有单独的控制器机箱,结构示意详见图3.6.8。

3.6.6.2 安装

(1)降水多传感器标准控制系统中3个翻斗式雨量传感器两两相距1.5 m,呈等边三角形分布,如图3.6.9所示。

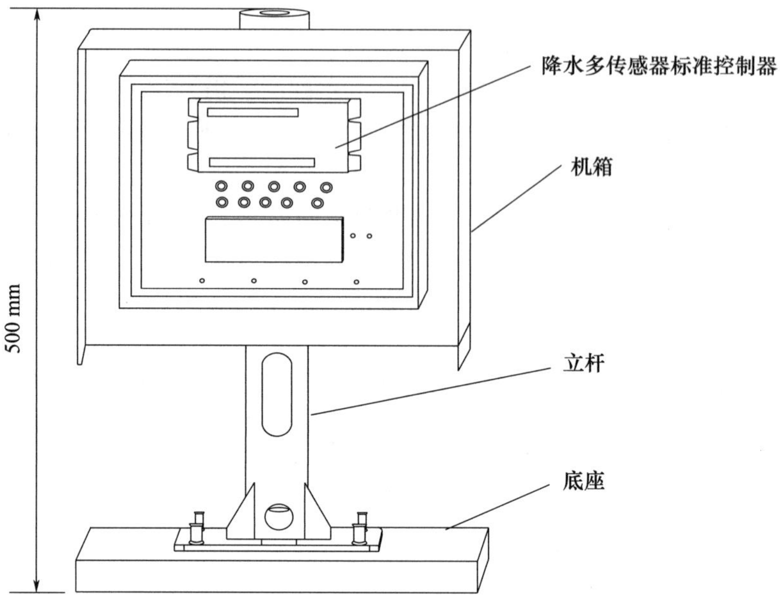

图 3.6.8　降水多传感器标准控制器示意图

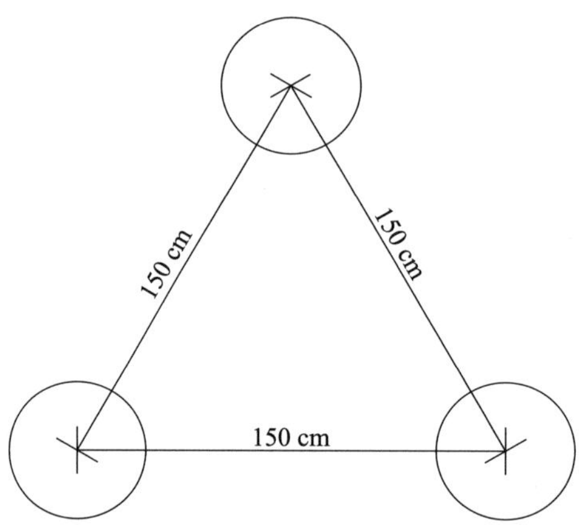

图 3.6.9　传感器分布示意图

(2)预置混凝土基础,与地面齐平;预埋件与接地体连接,基础中预留电源、信号管线。

(3)降水多传感器标准控制器机箱支架应牢固安装在混凝土基础上。

3.6.6.3　设备维护

(1)维护期间,应将信号线从传感器上拆下,避免翻斗误翻产生错误的雨量数据。

(2)定期检查雨量传感器的安装高度,检查传感器底盘上的水平泡,检测器口是否水平、有无变形,发现不符合要求时及时纠正;维护中应避免碰撞承水器的器口,防止器口变形而影响测量准确性。

(3)定期检查承水器,清除内部进入的杂物,检查过滤网罩,防止异物堵塞进水口。

(4)定期检查和清除漏斗、翻斗和出水口沉积的泥沙,保证流水畅通,计量准确,可用干净的脱脂毛笔刷洗。翻斗内壁切勿用手触摸，以免沾上油污，影响翻斗计量准确性。

(5)定期检查翻斗翻转的灵活性。发现有阻滞感，应检查翻斗轴向工作游隙是否正常，轴承如有微小的尘沙，可用清水进行清洗；翻斗轴如有变形或磨损，应更换轴承。切勿给轴承加油，以免粘上尘土，使轴承磨损。

(6)定期检查降水多传感器标准控制器工作状态。

(7)每年春季对防雷设施进行全面检查，复测接地电阻。

(8)当设备故障时应及时进行维护或维修。

任务 3.7　温度与湿度传感器的维护与维修

3.7.1　概述

地面气象观测中测定的是离地面 150 cm 高度处的空气温度和空气湿度。自动观测空气温度和空气湿度的仪器主要有铂电阻温度传感器、气温多传感器标准控制系统和湿敏电容湿度传感器等。

温湿度智能传感器是一种集温度、湿度测量功能于一体的智能化传感器，它可直接挂接到自动气象站的 CAN 总线上，将温度、湿度采样值通过 CAN 通信网络实时提交给主采集器。具体外形如图 3.7.1 所示。

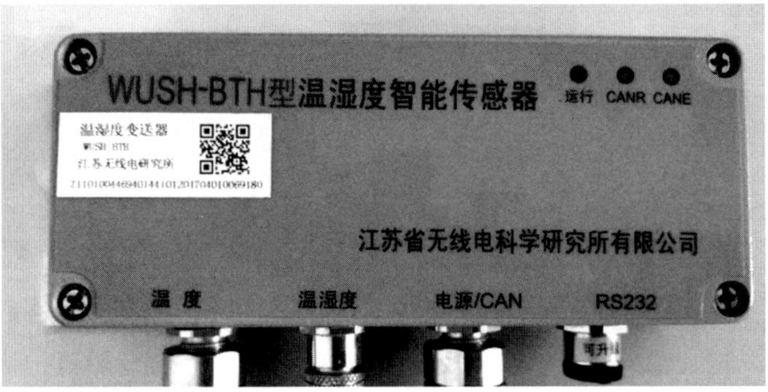

图 3.7.1　温湿度智能传感器外形示意图

温湿度智能传感器是由温湿分采集器、温度传感器、湿度传感器等三部分构成的一个整体，通过对整体进行标定，达到温度、湿度的高精度测量。其主要特点有：①高精度气温、相对湿度测量；②支持检定参数设置，对测量结果进行订正；③具有自检、自校功能；④具有运行状态监测功能；⑤可直接挂接到自动气象站的 CAN 总线上。

3.7.2　结构原理

3.7.2.1　气温传感器

(1)结构组成

气温传感器一般由精密级铂电阻元件和经特殊工艺处理的防护套组成，其外形结构如图 3.7.2 所示，组成结构如图 3.7.3 所示。

(2)工作原理

铂电阻温度传感器是利用金属铂 Pt100 在温度变化时自身电阻值也随之改变的特性来测

量温度的，其准确度和稳定性主要依赖于铂电阻元件的特性。铂电阻温度传感器通常采用Pt100电阻，0 ℃时的电阻值为100 Ω，电阻变化率约为0.385 Ω/℃。

图3.7.2 温度传感器外形图

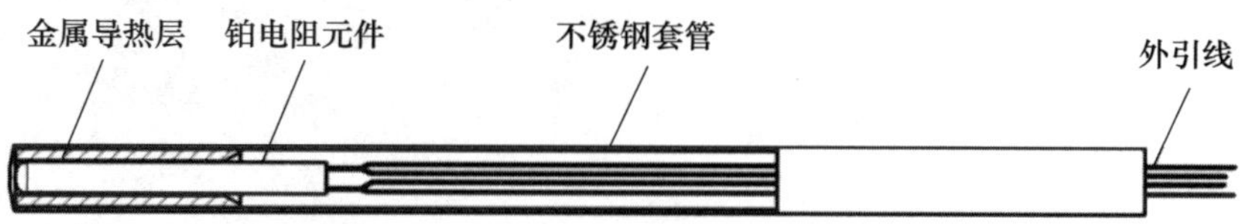

图3.7.3 温度传感器组成结构图

温度传感器采用四芯屏蔽信号线从敏感元件引出用于测量，使用四线制测温原理，以减少导线电阻引起的测量误差。带标准电阻的四线制电阻测温原理如图3.7.4所示

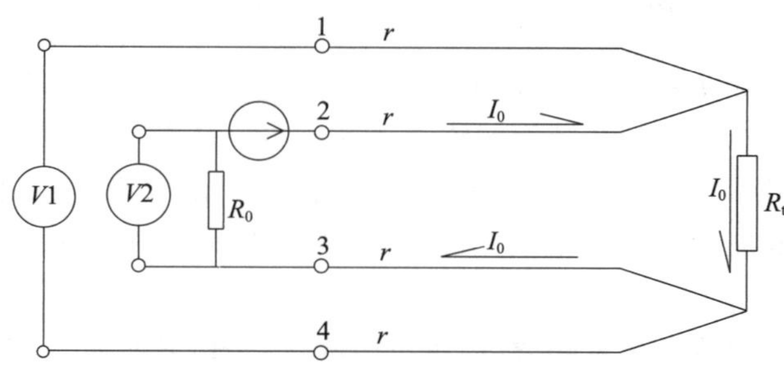

图3.7.4 四线制电阻测温原理图

假定传感器的四根导线电阻为r，在2、3端接入标准电阻R_0，和待测电阻R_t串联构成回路。由恒流源提供电流I_0，由于导线的压降很小，所以$I_0=V_1/R_t=V_2/R_0$，即得出$R_t=R_0\times V_1/V_2$，其中，R_0取值为100 Ω，V_1/V_2的值完全取决于温度的变化。即电阻与温度的关系式为：

$$R_t=R_0(1+\alpha t+\beta t^2)$$

式中，R_0为0 ℃时的电阻；R_t为t ℃时的电阻；α和β为电阻的一次和二次项温度系数。代入相关系数，电阻R_t与温度t的最终关系式为：$t=(R_t-100)/0.385$。

(3)技术指标

测量范围	−50～50 ℃
分辨力	0.1 ℃(准确度要求±0.2 ℃时)；
	或0.01 ℃(准确度要求±0.1 ℃时)
最大允许误差	±0.2℃(天气观测)；或±0.1 ℃(气候观测)

时间常数	≤20 s(通风速度 2.5 m/s)
传感器	具有互换性
输出	标准 4 线制测温铂电阻 80～120 Ω
灵敏度	0.385 Ω/℃
元件类型	Pt100

3.7.2.2 湿度传感器

(1)结构组成

湿度传感器通常由感应部件和外套管组成,感应部件位于杆头部。湿度传感器外观示意与实物如图 3.7.5 所示。

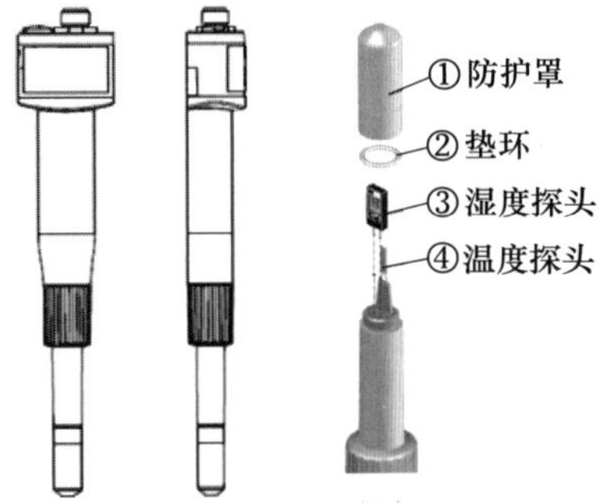

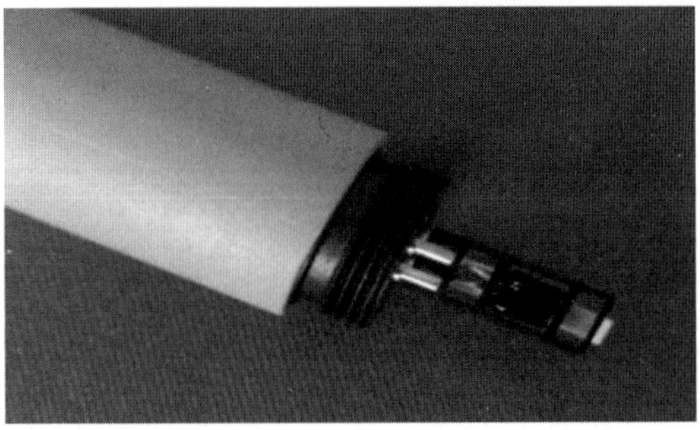

图 3.7.5　湿度传感器外观示意与实物图

湿度传感器的感应元件为湿敏电容 HUMICAP180R,湿敏电容主要由上极板、下极板、有机高分子薄膜、玻璃基底等组成,其结构如图 3.7.6 所示。其中,上部电极作为传导材料,可以保护传感器的主要材料不受灰尘、污垢和导电粒子的影响,使水蒸气通过,同时可以作为电容两极中的一极。下部电极与上极板相似,由传导材料做成,作为电容两极中的另一极。玻璃基底作为支撑传感器结构。

有机高分子薄膜作为活性聚合物薄膜,可以吸收水蒸气,其吸收量和周围环境的相对湿度存在函数关系。

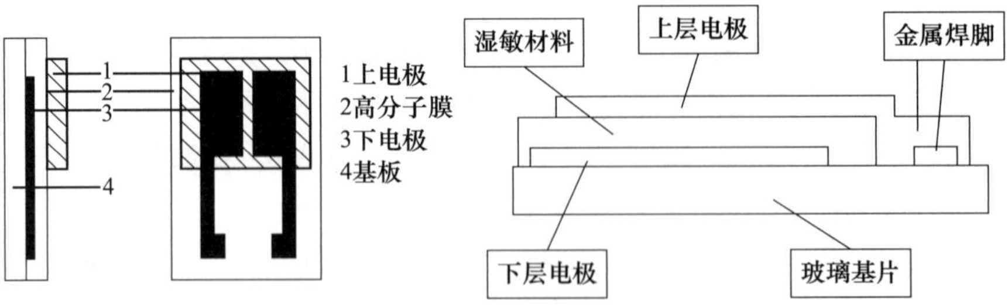

图 3.7.6　湿敏电容结构示意图

(2)工作原理

当环境湿度变化时,吸湿膜吸收或释放空气中的水汽,电容两极板间的介电常数 ε 发生改变,电容量随之改变,经过核查即可建立测量元件电容量与空气湿度的函数关系。

湿度传感器输出的是 0～1 V 的电压信号。

(3)技术指标

测量范围	5%~100%RH
分辨力	1%RH
最大允许误差	±3%RH(≤80%)
	±5%RH(>80%)
工作温度范围	−50~50 ℃
时间常数	≤40s
输出	0~100%RH 对应 DC 0~1 V

3.7.2.3 温湿度分采集器

温湿度分采集器(或称温湿分采)外观如图 3.7.7 所示,主要挂接气温、湿度传感器。工作状态下按预定频率对两个传感器进行扫描,收到主采集器同步信号后,将采样数据通过 CAN 总线发送给主采集器。

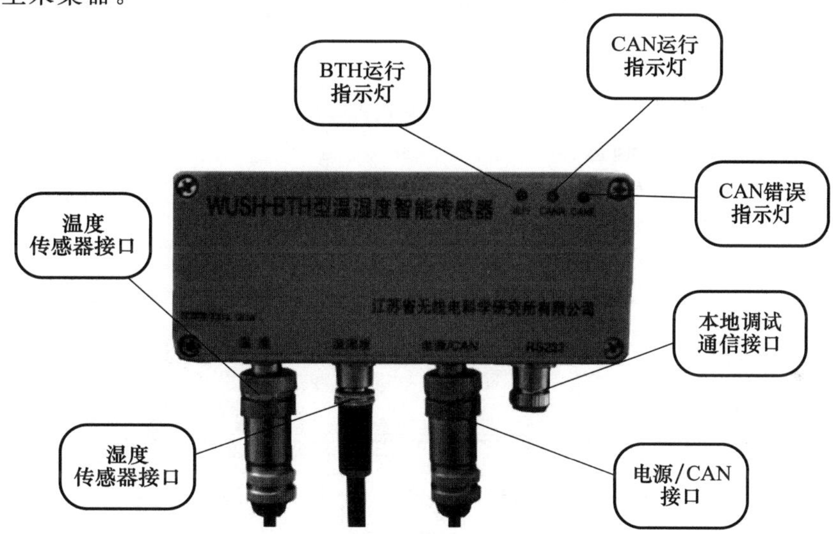

图 3.7.7 温湿度分采集器外观图

温湿度分采集器上有三个运行指示灯,加电后,指示灯状态说明见表 3.7.1。

表 3.7.1 温湿度分采集器指示灯状态

指示灯名称	功能	状态	说明
运行	BTH 运行状态	秒闪	温湿度分采集器工作正常
CANR(绿色)	CAN 总线运行状态	秒闪	温湿度分采集器初始化完成,开始连接 CAN 总线。此过程要持续几秒钟时间
		常亮	成功连接 CAN 总线
		持续闪烁	CAN 总线有问题
CANE	CAN 总线错误状态	不亮	CAN 总线通信正常
		闪烁	CAN 总线通信故障

3.7.2.4 气温多传感器标准控制系统

气温多传感器标准控制系统包括3支气温传感器、气温多传感器标准控制器、通信接口和外围设备等,其硬件结构示意如图3.7.8所示。

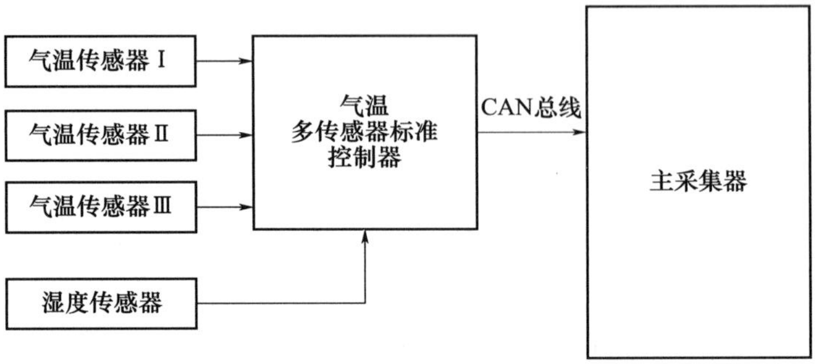

图3.7.8 气温多传感器标准控制系统硬件结构示意图

(1)气温传感器

温度测量传感器采用铠装Pt100铂电阻温度传感器,并采用ITS-90温标。

(2)气温多传感器标准控制器

标准控制器面板上的状态指示灯可以显示设备工作状态,气温多传感器标准控制器示意详见图3.7.9。

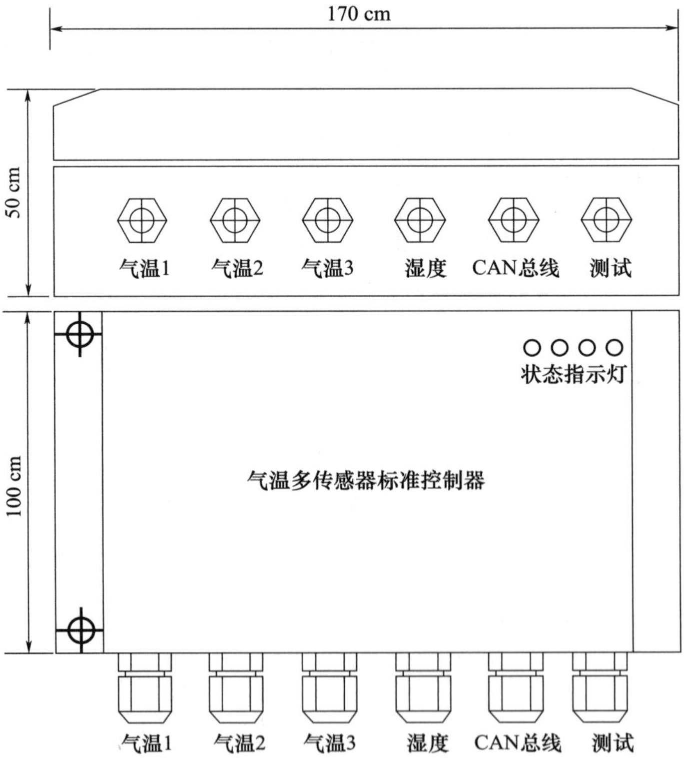

图3.7.9 气温多传感器标准控制器示意图

(3)气温多传感器标准控制系统

气温多传感器标准控制系统由气温标准控制器、3 支气温传感器等组成。气温标准控制器采集 3 支气温传感器的数据，经标准化算法确定实时气温值，将实时气温值、各传感器气温采集值以及设备工作状态通过 CAN 总线发送到主采集器。

3.7.2.5 百叶箱

百叶箱是用于安装铂电阻温度传感器和湿敏电容湿度传感器的装置，内外均为白色。

百叶箱的作用是防止太阳对仪器的直接辐射和地面对仪器的反射辐射，保护仪器免受强风、雨、雪等的影响，并使仪器感应部分有适当的通风，能真实地感应外界空气温度和湿度的变化。

百叶箱通常由玻璃钢材料制成，箱壁两排叶片与水平面的夹角大约为 45°，呈“人”字形，箱底为中间一块平板稍高的三块平板，箱顶为两层平板，上层稍向后倾斜。玻璃钢百叶箱内部高 615 mm、宽 470 mm、深 465 mm。

3.7.3 安装与测量

3.7.3.1 安装

(1)百叶箱

百叶箱应水平固定在一个特制的玻璃钢支架上，箱门朝正北。支架应牢固地固定在地面或埋入地下。多强风的地方，须在 4 个箱角拉上铁丝纤绳或采用强风板。

具体安装步骤如下：首先，将百叶箱的箱体和箱顶组合在一起，箱顶的北面比南面稍高；其次，将百叶箱的支柱安装在已预埋好三个紧固螺钉的水泥基座上，也可以用膨胀螺钉固定之，安装时注意调整水平；再次，将百叶箱的支架安装在支柱上，调整水平；最后将组合好的箱顶和箱体安装在支架上。

(2)气温传感器

气温传感器安装在百叶箱内的专用支架上，专用支架固定于百叶箱箱底中部；气温传感器感应部分垂直向下，固定在支架东侧相应位置上，感应元件的中心部分距地高度 150 cm。传感器电缆要连接、固定牢靠。

温、湿度传感器在百叶箱内的安装位置如图 3.7.10 所示。

(3)湿度传感器

湿度传感器安装在百叶箱内的专用支架上，专用支架固定于百叶箱箱底中部；湿度传感器感应部分垂直向下，固定在支架西侧相应位置上，感应元件中心部分距地高度 150 cm。传感器电缆要连接、固定牢靠。

湿度传感器启用前取下感应部分保护套。

(4)温湿度分采集器

温湿度分采集器一般安装在百叶箱箱体下部位置。

(5)气温多传感器标准控制系统

① 安装在现有百叶箱内正中位置的温湿度传感器支架上，支架均匀分布有 8 个孔。

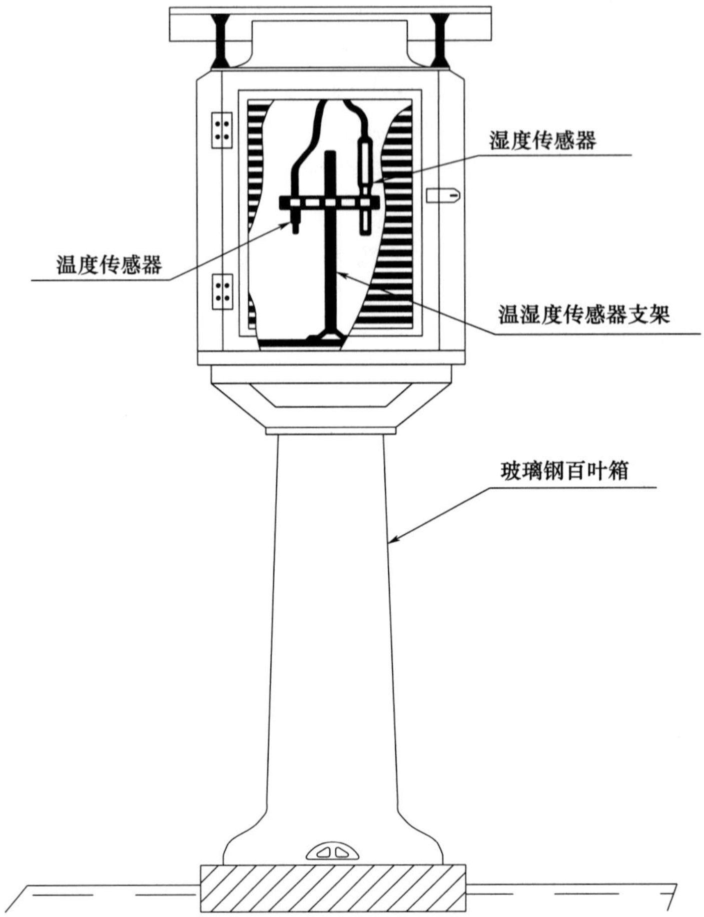

图 3.7.10　温、湿度传感器在百叶箱内安装位置示意图

② 3 支气温传感器安装在支架上的正东、正北、正南(其中正东为气温传感器 I,正北为气温传感器 II,正南为气温传感器 III),1 支湿度传感器安装在支架上的正西,如需增加气温、湿度传感器,可安装在东北、东南、西北、西南 4 个方位。

③ 确保气温、湿度传感器的感应部分中部距地 1.5 m。

④ 气温多传感器标准控制器安装在百叶箱与下基座连接处,通过现有温湿度分采集器的 CAN 总线与主采集器连接,温湿度传感器支架外形结构详见图 3.7.11。

3.7.3.2　测量

(1)气温传感器

气温传感器将气温要素值转换成电阻信号输出,通过测量电阻值可计算出气温值。

气温传感器接入温湿度分采集器中气温接口的“*”“+”“－”“R”,其信号线 A 与 C、B 与 D 为同端,其测量阻值为线阻,一般小于 5 Ω;A 与 B、A 与 D、C 与 B、C 与 D 为异端,其测量阻值为铂电阻与线阻的阻值,一般在 100 Ω 左右。

通过测量电阻值 R 计算气温值 T 的方法为:

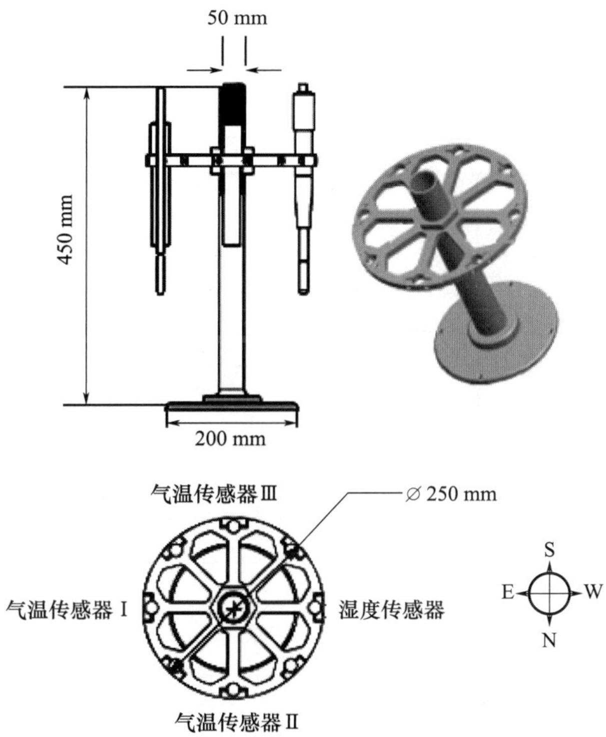

图 3.7.11　温湿度传感器支架外形结构图

$$T=\frac{\text{异端阻值 } R_i-\text{同端阻值 } R_j-100\ \Omega}{0.385\ \Omega/℃}$$

(2)湿度传感器

湿度传感器的工作电压为 DC ＋12 V,其测量点为温湿度分采集器中湿度接口的“＊”“R”端子。

湿度传感器将湿度要素值转换成电压信号输出,通过测量电压值可计算出湿度数值,其测量点为温湿度分采集器中的“＋”“－”端子,输出电压为 80～1000 mV,对应的湿度测量范围为 0.8％RH～100％RH。例如,湿度输出电压为 720 mV,则对应的湿度为 72％RH。

(3)温湿度分采集器

气温与湿度传感器的关键测试点都在温湿度分采集器上,因此熟悉温湿度分采集器内部接线位置、测量位置等非常重要,温湿度分采集器内部布局如图 3.7.12 所示。

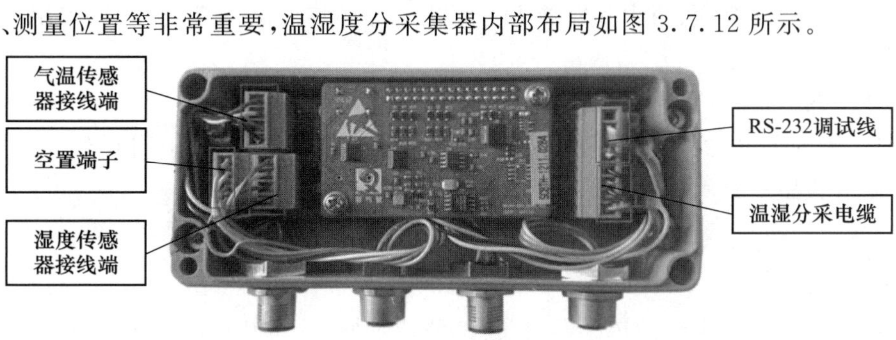

图 3.7.12　温湿度分采集器内部布局图

温湿度分采集器接线图如图 3.7.13 所示。

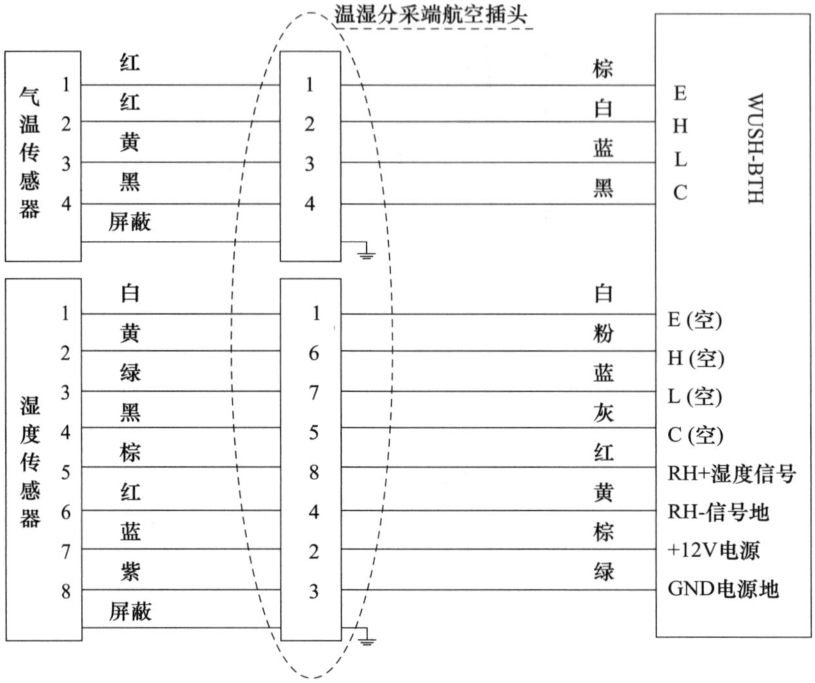

图 3.7.13　温湿度分采集器接线图

3.7.4　维护

3.7.4.1　百叶箱

百叶箱的维护主要包括以下三个方面。

(1)百叶箱要保持洁白,内外箱壁每月至少定期清洁一次,清洁时间以晴天上午为宜。不能用水洗,只能用湿布擦拭或毛刷刷拭。百叶箱内的温、湿传感器不得移出箱外;清洁百叶箱不能影响观测数据的准确性。

(2)定期检查百叶箱顶、箱内和壁缝中有无沙尘等影响观测的杂物,若有则用湿布擦拭或毛刷刷拭干净。

(3)百叶箱内不得存放多余的物品。

为了便于野外考察,可以使用简易防辐射罩。它的上板为伞形,中间有多层环片,下面为防辐射板,温湿传感器置于罩的中部。

3.7.4.2　气温传感器

(1)定期用干布或毛刷清洁传感器,保持其清洁干燥。维护时,注意避开正点数据采集;百叶箱门打开时间不宜过长、身体部位尽量远离感应部分,以免影响观测数据的准确性。切勿强烈碰撞感应部位，以免内部铂电阻被打碎而造成永久性损坏。

(2)定期检查传感器和线缆连接处是否松动。

(3)按业务要求定期进行检定，检定周期应不超过2年。

(4)当设备故障时应及时进行维护或维修。

3.7.4.3 湿度传感器

(1)防止传感器的感应部分附着水、灰尘等污染物，禁止手触摸感应部分。

(2)定期检查传感器和线缆连接处是否松动。

(3)每月维护传感器的防护罩，查看滤膜是否需要更换。

(4)按业务要求定期进行检定，检定周期应不超过1年。

(5)当设备故障时应及时进行维护或维修。

3.7.4.4 气温多传感器标准控制系统

(1)定期用干布或毛刷清洁传感器，保持其清洁干燥。维护时，注意避开正点数据采集。

(2)百叶箱门打开时间不宜过长、身体部位尽量远离感应部分，以免影响观测数据的准确性。切勿强烈碰撞感应部位，以免内部铂电阻被打碎而造成永久性损坏。

(3)定期检查传感器和线缆连接处是否松动。

(4)定期检查气温多传感器标准控制器工作状态。

(5)定期维护气温传感器。

(6)当设备故障时应及时进行维护或维修。

3.7.5 常见故障分析与排除

3.7.5.1 故障案例1：温湿度数据同时缺测

(1)故障现象

气温、湿度数据同时缺测。

(2)故障分析

气温和湿度传感器接在温湿度分采集器上，组成一个智能传感器，与主采集器采用CAN通信。

温湿数据同时缺测一般是温湿度分采集器公共部分故障引起。同时由于温湿度、地温共用CAN通信口和12 V直流电源，在地温数据正常的前提下可确定CAN通信公共部分和12 V直流电源无故障。引起此故障的原因可能有：ISOS软件及参数配置错误；温湿电缆连接不良；温湿电缆故障；温湿度分采集器故障。

(3)技术依据

主采集器通过同一条CAN总线与温湿分采集器、地温分采集器通信，直流12 V电源来自同一接点。如图3.7.14所示。

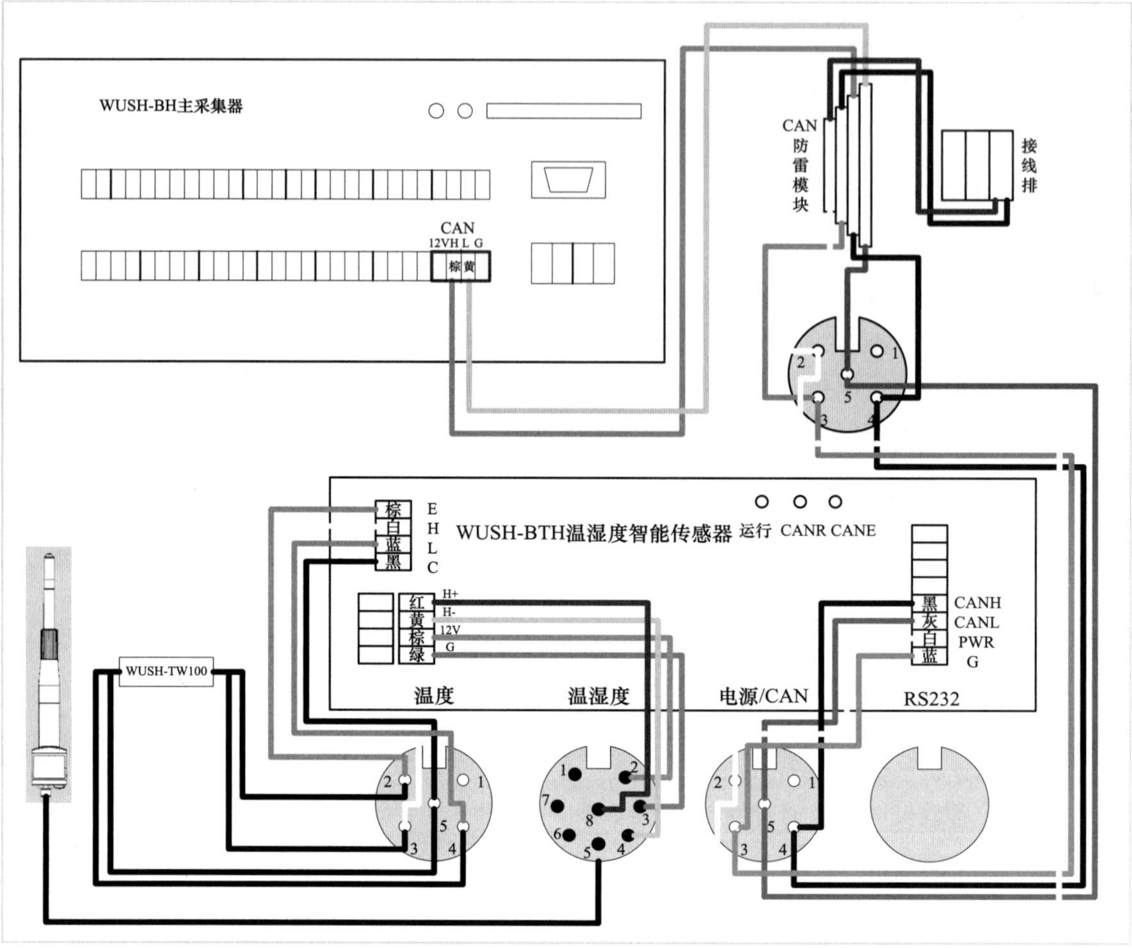

图 3.7.14 DZZ4 自动气象站温湿采集系统连接图

温湿度分采集器有 3 个指示灯，应用程序正常运行时："运行"指示灯为一秒一闪，通信工作灯"CANR"为常亮，通信故障灯"CANE"不亮。

(4)维修流程

具体详见故障维修流程图 3.7.15。

(5)检测要点

检查传感器挂接是否正常、是否处于维护、停用、标定状态；传感器是否开启；传感器测量范围、质量控制参数、修正值是否正常。

检查温湿分采指示灯是否正常，若不正常，检查温湿电缆是否有断路或接触不良等故障，如果有，则修复或更换温湿电缆；如果电缆连接正常或温湿分采指示灯也正常，则可能是温湿度分采集器故障。

(6)恢复测试

待自动站启动完成后，通过业务软件查看监控界面实时数据，确定气温、湿度实时观测数据正常。完成恢复测试。

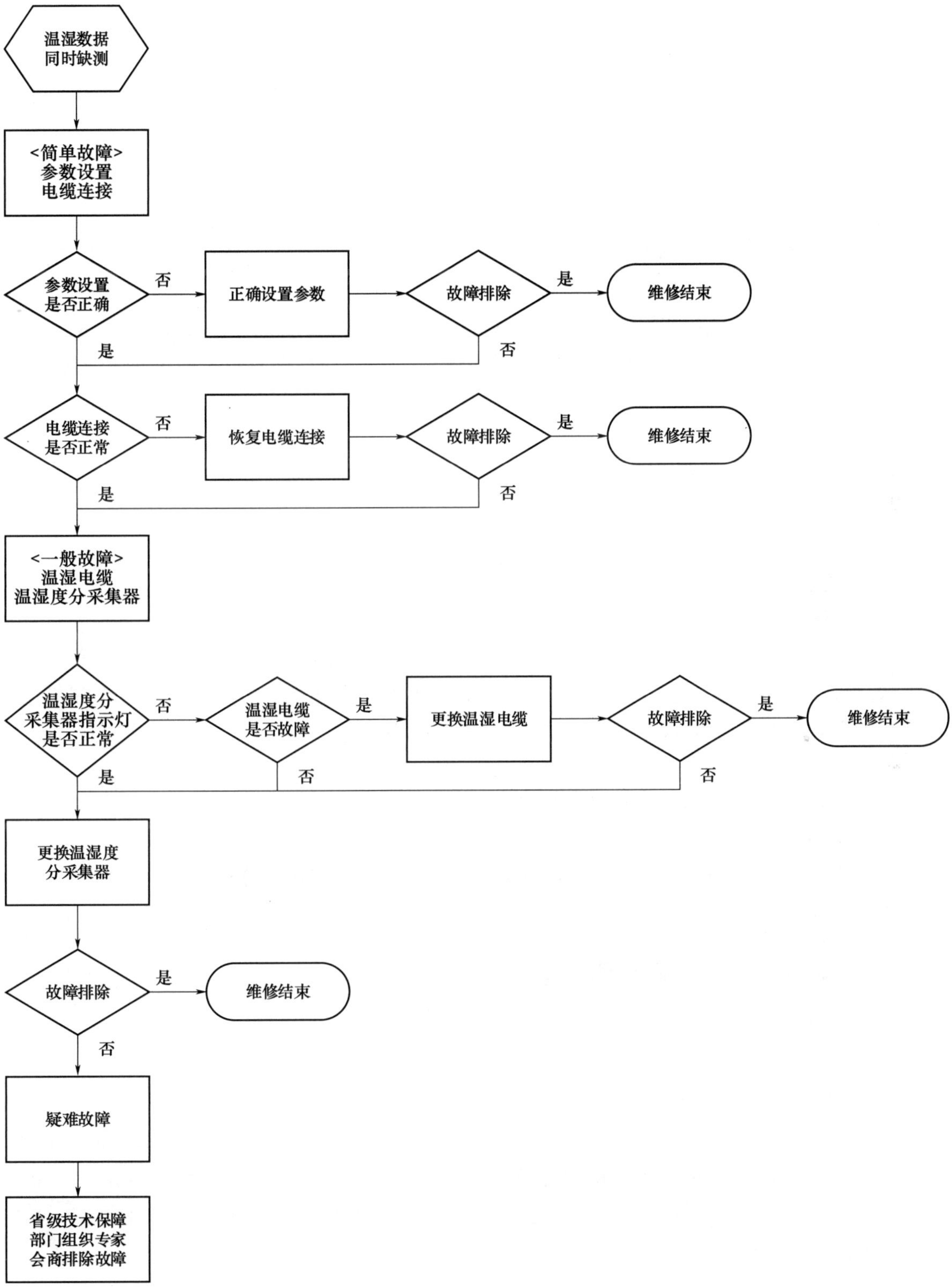

图 3.7.15 温湿度数据同时缺测维修流程图

3.7.5.2 故障案例 2:温湿数据同时异常

(1)故障现象

气温、湿度数据同时异常。

(2)故障分析

气温和湿度传感器接在温湿度分采集器上,组成一个智能传感器,与主采集器采用CAN 通信。温湿数据同时异常一般是温湿度分采集器公共部分故障引起,同时由于温湿度、地温共用 CAN 通信口和 12 V 直流电源,在地温数据正常的前提下可确定 CAN 通信公共部分和 12 V 直流电源无故障,引起此故障的原因可能有:传感器配置参数错误;温湿度传感器线路连接不良;气温、湿度传感器同时故障;温湿度分采故障;系统接地不良或外部电磁干扰。

(3)技术依据

同 3.7.5.1 节"故障案例 1:温湿度数据同时缺测"中的"(3)技术依据"。

(4)维修流程

具体详见故障维修流程图 3.7.16。

(5)检测要点

检查传感器修正值是否正常。

检查温湿度分采集器指示灯是否正常,如果不正常,检查温湿电缆是否有断路或接触不良等故障;检查温湿度分采集器、电缆是否因进水受潮造成绝缘电阻变小,影响测量信号准确度,如果有则修复或更换。如果温湿分采指示灯正常,则确定电缆正常,可用替换法或测量法检查是否气温、湿度传感器同时故障。

如果以上检查都正常,则可能是温湿度分采集器故障。

(6)恢复测试

待自动站启动完成后,通过业务软件查看监控界面实时数据,确定气温、湿度实时观测数据正常。完成恢复测试。

3.7.5.3 故障案例 3:气温数据缺测

(1)故障现象

气温数据缺测。

(2)故障分析

气温和湿度传感器接在温湿度分采集器上,组成一个智能传感器。与主采集器采用 CAN 通信。在湿度正常的前提下,可以确定温湿度分采集器核心部分和公共部分运行正常。引起本故障的原因可能有:ISOS 软件及参数配置错误;气温电缆连接不良;气温传感器故障;温湿度分采集器气温通道故障。

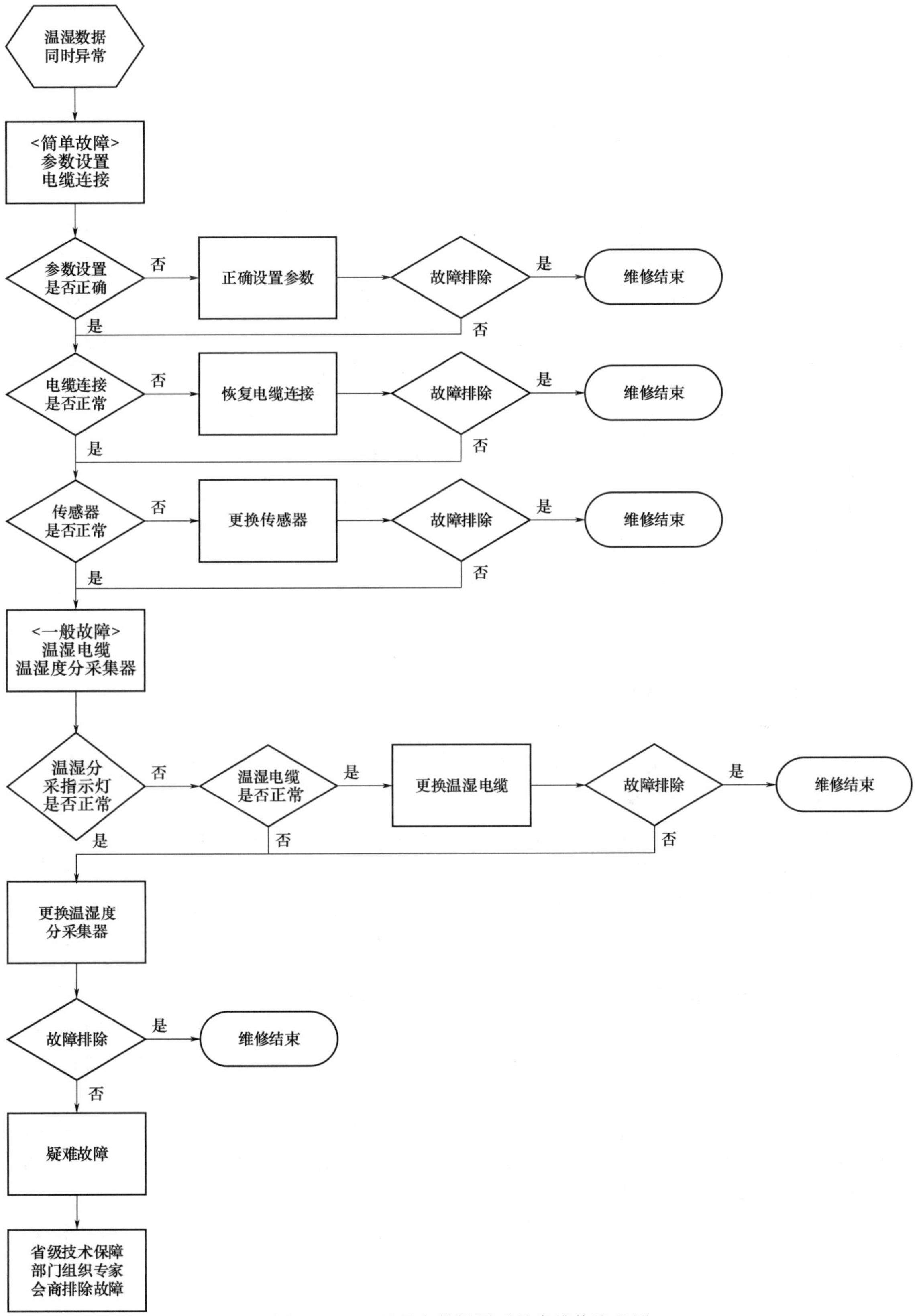

图 3.7.16 温湿度数据同时异常维修流程图

(3)技术依据

气温和湿度传感器接在温湿度分采集器上组成一个智能传感器，与主采集器采用 CAN 通信。如图 3.7.17 所示。

温湿度分采集器有 3 个指示灯，应用程序正常运行时："运行"指示灯为一秒一闪，通信工作灯"CANR"为常亮，通信故障灯"CANE"不亮。

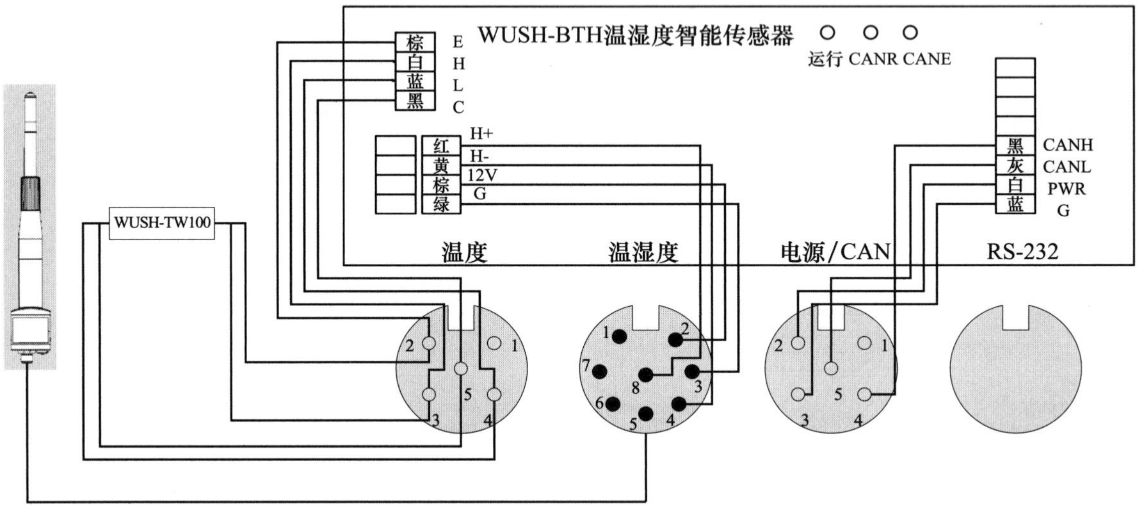

图 3.7.17　DZZ4 自动气象站温湿采集系统连接图

(4)维修流程

具体详见故障维修流程图 3.7.18。

(5)检测要点

检查传感器挂接是否正常、是否处于维护、停用、标定状态；传感器是否开启；传感器测量范围、质量控制参数、修正值是否正常。

在温湿度分采集器断电的情况下打开盖板，使用万用表电阻挡(200 Ω)测量该气温传感器的电阻，根据计算公式换算出温度，并与实际气温值比较。

通过测量电阻值 R 计算地温值 T 的方法为：

$$T=\frac{R_1(\text{异端阻值})-R_2(\text{同端阻值})-100\ \Omega}{0.385\ \Omega/℃}$$

如果计算出的气温值与实际气温值相差很大，或者测量的电阻值为"0"或"∞"，则说明故障原因为传感器或线路连接。依次检查气温电缆航空插头连接及温湿分采集器内接线，如果有连接故障，修复故障部位或者更换故障线缆；如果连接都正常，则说明气温传感器故障。

如果计算出的气温值与实际气温数值相符，说明气温传感器正常，故障由温湿度分采集器引起。由于本故障只是气温通道故障，分采集器核心部分工作正常，虽然各指示灯状态正常，也必须更换温湿度分采集器才能排除故障。

注：须注意检查气温传感器及温湿度分采集器是否屏蔽接地，如果屏蔽线虚接或者未接也有可能造成故障发生。

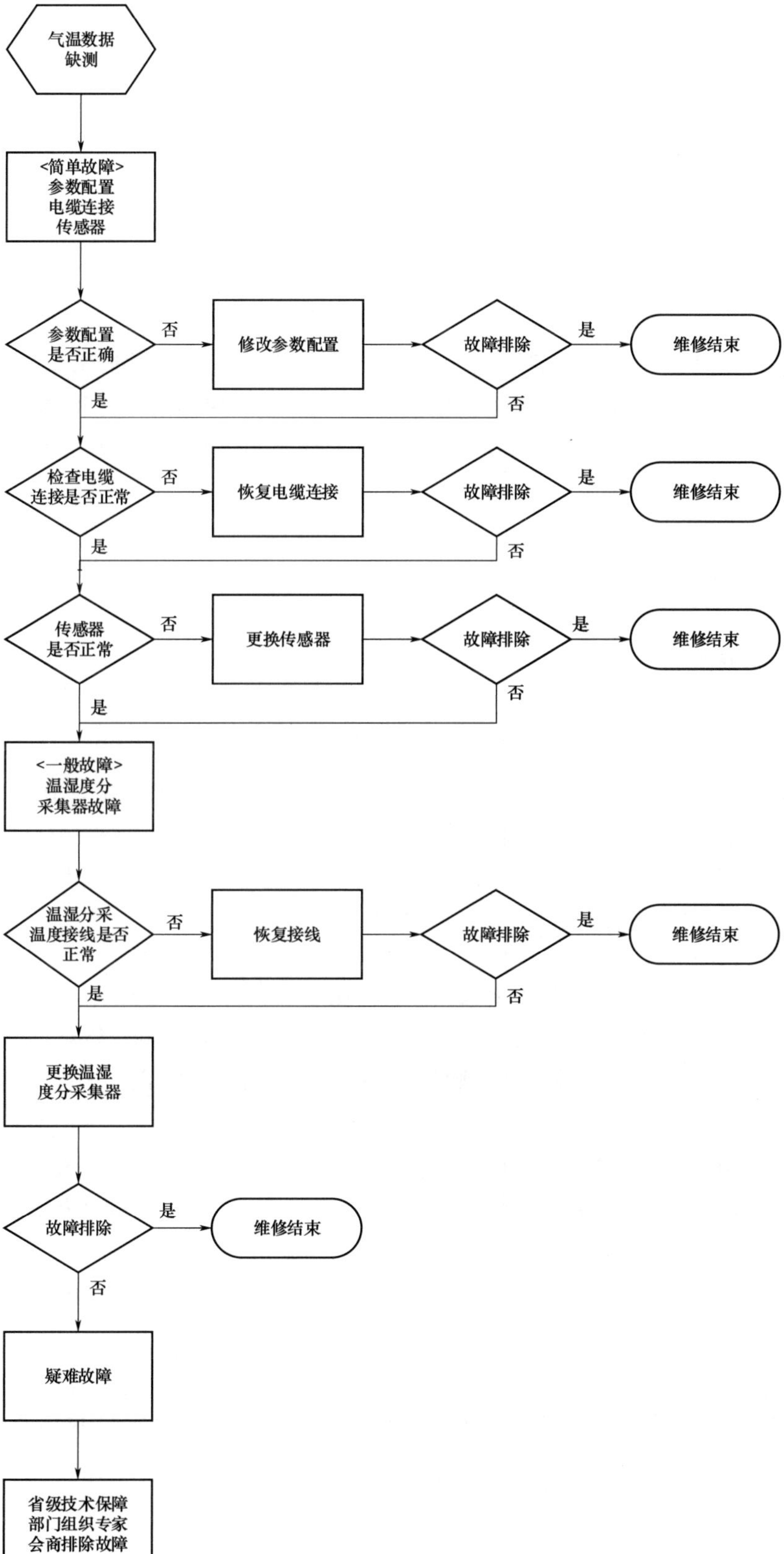

图 3.7.18 气温数据缺测维修流程图

(6)恢复测试

待自动站启动完成后,通过业务软件查看监控界面实时数据,确定气温实时观测数据正常。完成恢复测试。

3.7.5.4 故障案例 4:气温数据异常

(1)故障现象

气温数据异常。

(2)故障分析

气温和湿度传感器接在温湿度分采集器上,组成一个智能传感器。与主采集器采用 CAN 通信。在湿度正常的前提下,可以确定温湿度分采集器核心部分和公共部分运行正常。引起此故障的原因可能有:参数配置错误;气温电缆连接不良;气温传感器故障;温湿度分采集器气温通道故障;系统接地不良或外部电磁干扰。

(3)技术依据

同 3.7.5.3 节“故障案例 3:气温数据缺测”中的“(3)技术依据”。

(4)维修流程

具体详见故障维修流程图 3.7.19。

(5)检测要点

检查传感器修正值是否正常。

在温湿度分采集器断电的情况下打开盖板,万用表电阻挡(200Ω)测量该气温传感器的电阻,根据计算公式换算出温度,并与实际气温值比较。

通过测量电阻值 R 计算地温值 T 的方法为:

$$T=\frac{R_1(\text{异端阻值})-R_2(\text{同端阻值})-100\ \Omega}{0.385\ \Omega/^\circ\mathrm{C}}$$

如果计算出的气温值与实际气温值相差很大,或者测量的电阻值为“0”或“∞”,则说明故障原因为传感器或线路连接。依次检查气温电缆航空插头连接及温湿分采集器内接线,如果有连接故障,修复故障部位或者更换故障线缆;如果连接都正常,则说明气温传感器故障。

如果计算出的气温值与实际气温数值相符,说明气温传感器正常,故障由温湿度分采集器引起。由于本故障只是气温通道故障,分采集器核心部分工作正常,虽然各指示灯状态正常,也必须更换温湿度分采集器才能排除故障。

注:须注意检查气温传感器及温湿分采集器是否屏蔽接地,如果屏蔽线虚接或者未接也有可能造成故障发生。

(6)恢复测试

待自动站启动完成后,通过业务软件查看监控界面实时数据,确定气温实时观测数据正常。完成恢复测试。

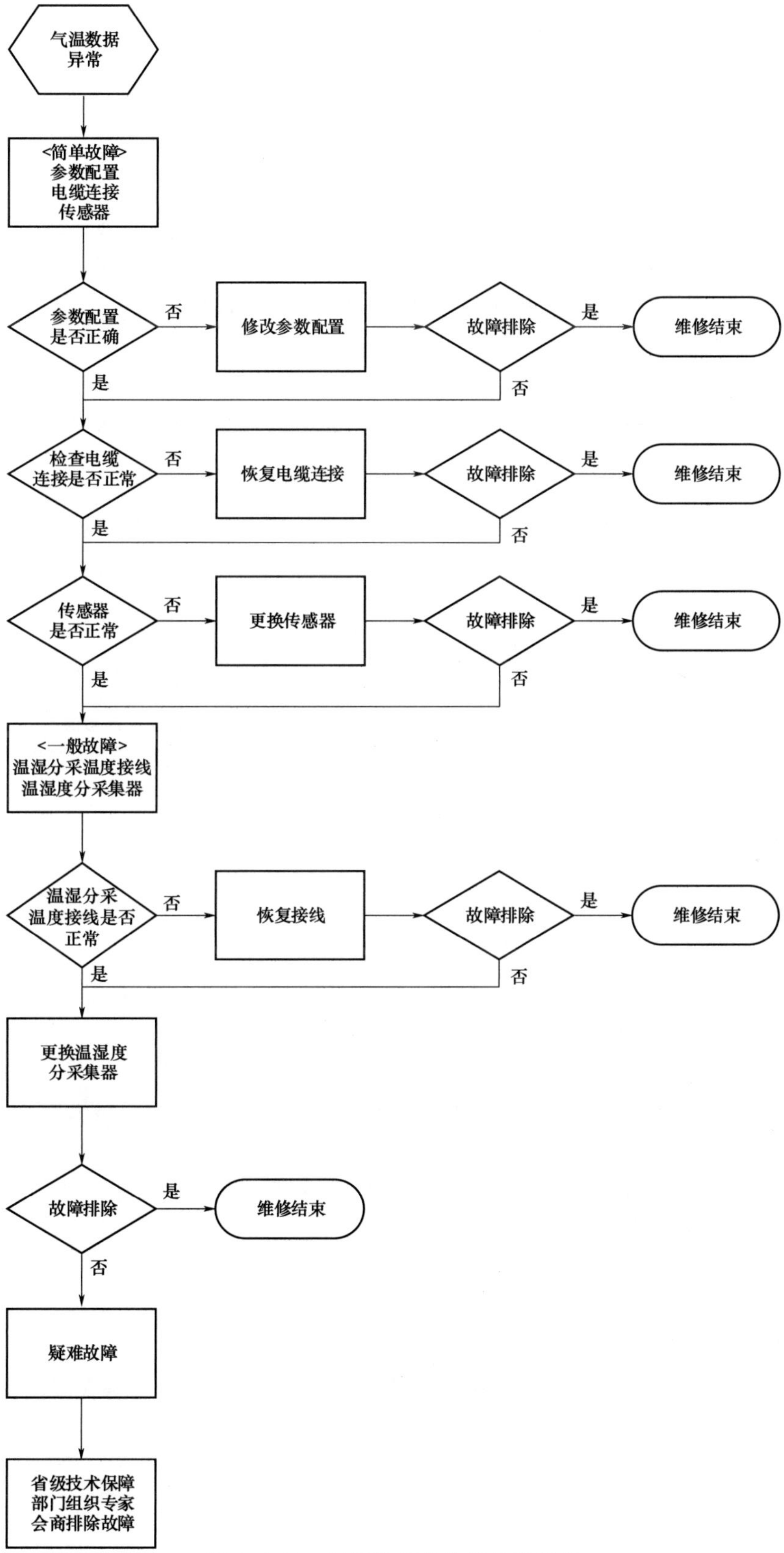

图 3.7.19 气温数据异常维修流程图

3.7.5.5 故障案例5:湿度数据异常

(1)故障现象

湿度数据异常。

(2)故障分析

气温和湿度传感器接在温湿度分采集器上,组成一个智能传感器,与主采集器采用CAN通信。在气温正常的前提下,可以确定温湿度分采集器核心部分和公共部分运行正常。引起此故障原因可能有:参数配置错误;电缆连接不良;湿度传感器故障;温湿度分采集器湿度通道故障;系统接地不良或外部电磁干扰。

(3)技术依据

基本同3.7.5.4"故障案例4:气温数据异常"中的"(3)技术依据"及表3.7.2所示。

表3.7.2 湿度传感器的接线与定义

序号	电缆引线颜色	电缆引线功能
1	蓝色	12 V电源
2	棕色	湿度输出电压
3	红色	湿度信号地
4	紫色	湿度电源地

(4)维修流程

具体详见故障维修流程图3.7.20。

(5)检测要点

检查传感器修正值是否正常。

打开温湿分采集器盖板,找到湿度传感器的端子,测量湿度传感器供电电压,"12 V电源"与"电源地"两端(棕、绿)之间的电压正常时应在11.6～13.8 V之间,如超出此范围则说明湿度传感器供电不正常,温湿分采故障。

如果供电正常,测量湿度传感器输出的湿度信号电压,"信号+"与"信号-"两端(红、黄)之间的电压值,正常时应在0～1 V之间对应空气相对湿度0～100%。如果相符合,说明湿度传感器正常,温湿分采故障。

如果根据测量的湿度信号电压值根本不在0～1 V范围内,或者计算值与实际空气相对湿度相差很大,则说明故障在湿度传感器或湿度线缆连接,依次检查湿度航空插头及温湿度分采集器内的接线,修复不良连接或者更换故障线缆,如果连接都正常,则说明湿度传感器故障。

(6)恢复测试

待自动站启动完成后,通过业务软件查看监控界面实时数据,确定空气湿度实时观测数据正常。完成恢复测试。

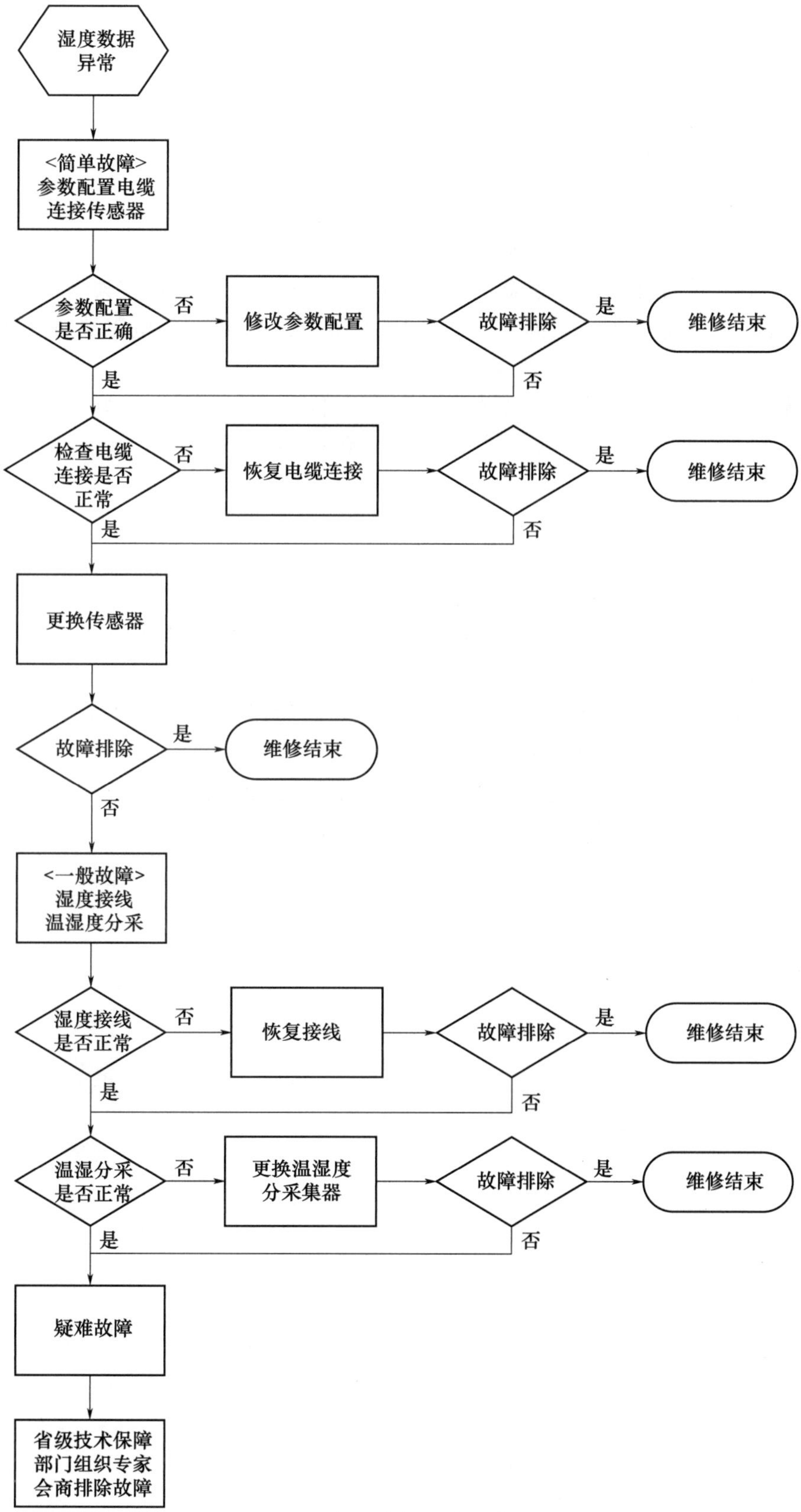

图 3.7.20 气温数据异常维修流程图

3.7.6 气温与湿度传感器置换

3.7.6.1 气温传感器置换流程

(1)断开自动气象站交、直流电源,自动气象站断电。

(2)将温度传感器电缆航空插头从温湿度分采集器上旋下。

(3)松开温湿度支架上气温传感器固定环,将气温传感器从温湿度支架中取下。

(4)将新的气温传感器安装到温湿度支架上,保持传感器直立,铂电阻端向下,感应器中心点距地面 1.5 m 高度。将信号线扎好,做到干净整洁。

(5)将温度传感器电缆航空插头旋接到温湿度分采集器气温插座上,确保接触良好。

(6)闭合自动气象站交、直流电源开关,自动气象站开始工作。

(7)完成气温传感器置换。

3.7.6.2 湿度传感器置换流程

(1)断开自动气象站交、直流电源,自动站断电。

(2)旋开湿度传感器电缆航空插头,松开温湿度支架上湿度传感器固定环,将湿度传感器从温湿度支架中取下。

(3)将新的湿度传感器安装到温湿度支架上,保持传感器直立,感应端向下,感应器中心点距地面 1.50 m 高度。将信号线扎好,做到干净整洁。

(4)将湿度电缆航空插头旋接到湿度传感器上,确保接触良好。

(5)闭合自动气象站交、直流电源开关,自动气象站开始工作。

(6)完成湿度传感器置换。

任务 3.8　风传感器的原理与安装

3.8.1　结构原理

当前，新型自动气象站使用的风传感器主要有 DZZ4 型自动气象站配备的 ZQZ-TF 型测风传感器、DZZ5\DZZ6 型自动气象站使用的 EL15 系列的风向风速传感器。本任务以 ZQZ-TF 型测风传感器为例介绍相关知识与技能。

3.8.1.1　风向传感器

(1)组成结构

风向传感器主要由风向标、格雷码盘、光电管组、外壳和信号线插座等主要部件组成。风向传感器结构示意图如图 3.8.1 所示。

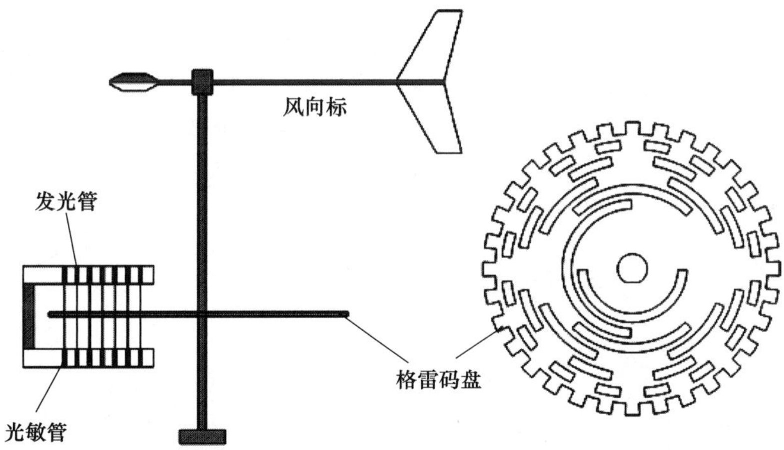

图 3.8.1　风向传感器结构示意图

(2)工作原理

风向传感器的感应元件为风向标组件。当风向标组件随风向旋转时，带动主轴及格雷码盘一同旋转，由于格雷码盘的特性，风向每转动 2.8125°，光电耦合器件输出七位(D0～D6)并行格雷码，经整形电路整形、反相后输出。

风向传感器的格雷码盘由七层等分的同心圆组成，自内而外分别进行了 2、2、4、8、16、32、64 共计 128 等分，相邻的两部分分别做透光和不透光处理。

主采集器为风向传感器提供间歇式 DC 5 V 工作电压(DZZ4 型特殊，其他型号提供恒定 DC 5 V 电压)。当换成恒定 DC 5 V 供电时，传感器每根信号线输出接近 0 V 的低电平或 DC 4.9 V 左右的高电平。

风向传感器实物示意如图 3.8.2 所示。

图 3.8.2　风向传感器实物图

(3)性能指标

测量范围：　　　0°～360°

分辨率：　　　　3°

最大允许误差：　±5°

3.8.1.2　风速传感器

(1)组成结构

风速传感器主要由三个轻质风杯、壳体、插座等组成。风速传感器的外形小巧轻便，便于携带和组装，其壳体一般采用优质铝合金型材或聚碳酸酯复合材料，防雨水、耐腐蚀、抗老化，是一种使用方便、安全可靠的智能仪器仪表。风速传感器结构示意如图 3.8.3 所示。

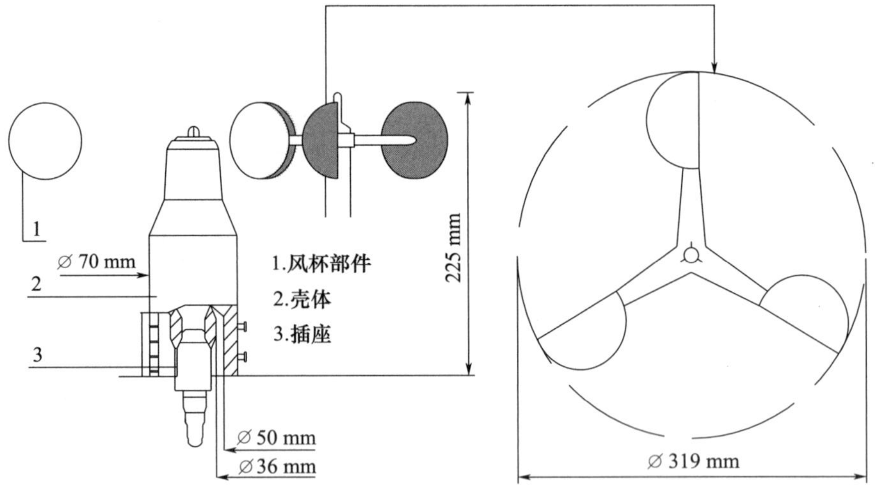

图 3.8.3　风速传感器结构示意图

(2)工作原理

风速传感器采用三杯式感应器，信号变换电路为霍尔开关电路。在水平风力作用下，风杯组旋转，通过主轴带动磁棒盘旋转，其上的 36 只磁体形成 18 个小磁场。磁棒盘旋转每一圈，均在霍尔开关电路中感应出与风速成正比的频率信号，采集器计数通道对频率信号计数，经转换即可得到实际风速。

风速传感器实物如图 3.8.4 所示。

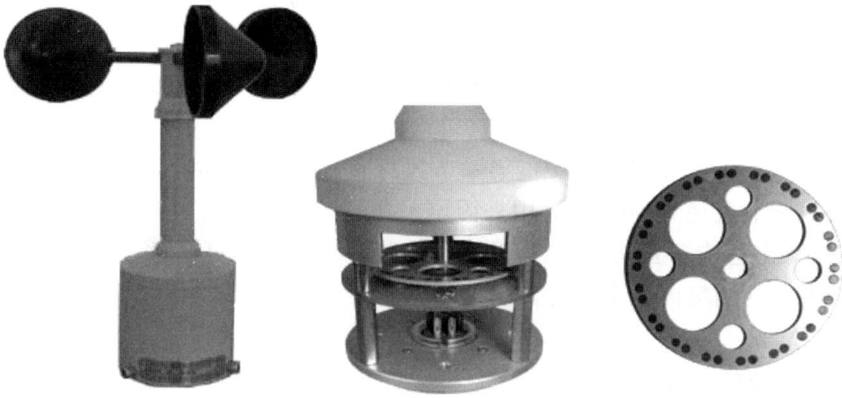

图 3.8.4 风速传感器实物图

其校准方程为：$V=0.1F$（V：风速，单位：米/秒；F：脉冲频率，单位：赫兹）

采集器输出恒定 DC 5 V 工作电压为风速传感器供电。风速的信号输出为频率信号，用万用表测量，风杯静止时输出信号电压为接近 0 V 或 DC 4.3 V 左右，风杯转动时为 AC/DC 2.3 V 左右。

(3)性能指标

测量范围：　0～60 m/s

分辨率　0.1 m/s

最大允许误差　±(0.5+0.03 v)m/s(v 表示实际风速)

3.8.2 安装与测量

3.8.2.1 安装

风传感器安装在风塔或者风杆上，二者的安装有一定区别。

(1)风塔及基础要求

风塔基础施工时，需预先开挖尺寸 220 cm(长)×220 cm(宽)×100 cm(深)的基坑，挖到设计深度，将基坑底面夯实后，浇筑 50 mm 厚的 50＃水泥砂浆垫层，待垫层初凝后安装钢基础，铁塔安装结束后，浇筑 C30 混凝土。本基础适用于 9 m 风塔，风塔基础及风塔安装施工应由专业施工公司按设计图纸进行。

特殊地质条件(岩石、沙地等)的在平台正东西两侧各焊接一根∅54 mm 的无缝钢管(垂直、顶端高出平台面 1.5 m)。两套风传感器安装在钢管上，两套风传感器之间的距离为 1.5 m。

(2)风杆及拉线基础要求

① 底座基础应为长 400 mm×宽 400 mm×深 1500 mm。

② 用 3∶1 的沙石水泥浇铸，浇铸时应加钢筋笼。技术要求：钢筋笼上圈距水泥基础面约 30 mm；若施工地点土质较硬，基础深度允许缩短，但不应小于 1000 mm；热轧圆盘条公称直径

为 6～6.5 mm。

③ 浇铸风杆底座时应将定位板一同浇铸，并用指北针精确定位南北方向。

④ 固定风杆底座的螺丝，同一侧的两颗螺丝应在水泥底座上方留出 45～48 mm，另一侧的一颗螺丝应在水泥底座上方留出 84 mm。

⑤ 拉线基础应距风杆基础 5 m，三个拉线基础为等边三角形，两根拉线基础与风杆基础之间的夹角为 120°。

⑥ 风杆总长度为 10 m，共分三节，第一节风杆直径为 55 mm，用来固定风横臂，第二节直径为 75 mm，第三节直径为 108 mm，用来固定采集器。

⑦ 风杆基础旁边应预留两根 PVC 管，高出地面 600 mm，另一端直接通向地沟。一根为∅100 mm 用来穿观测场内各个传感器的信号线，另一根为∅50 mm 用来穿从值班室接到观测场的交流电源线。

(3)风杆及拉线的安装

① 安装底座。调节风杆底座南北，使底座倒下时方向与南北方向垂直；拧上水平调节螺母，使用水平尺调节底座水平调节螺母，使底座南北方向和东西方向保持水平，拧紧固定螺母，固定底座。

② 穿风线并组装主体风杆。将风线由风杆顶部的穿线孔穿入，从风杆底座下孔穿出；连接三节风杆(10 m 风杆)，并将主杆与底座连接。

③ 安装风向风速传感器。将风横臂安装在风杆上且风向传感器正对北方，风速传感器正对南方。紧固风横臂抱箍螺栓，固定风横臂。关于风向风速传感器的组装见下面内容。

④ 安装避雷针及防雷接地线。将避雷针固定到风横臂下方；将黄绿接地线与避雷针连接；将接地线从上部拉线的绝缘磁环处开始顺下，并用扎带每间隔 1 m 固定好。防雷线就近接地，但同一接地点上不能再接其他地线。

⑤ 安装拉线。将拉线固定在各节风杆上。上部拉线抱箍固定在距地 8.5 m 左右，下部拉线抱箍固定在距地 6.4 m 左右。

⑥ 测试风向风速模拟信号输出。

⑦ 竖立风杆并固定拉线。竖立风杆并拧紧固定螺母；套上拉线保护管，将拉线与拉线基础连接并通过调节螺杆旋紧拉线。

(4)安装单翼风向传感器

风横臂按南北向水平架设在牢固的风塔(杆)上，把组装好的风向传感器安装在风横臂上，传感器中轴应垂直。风向传感器安装在风横臂的北侧，指北针或指北方位指向正北，风向标中心距地高度 10～12 m。

(5)风杯风速传感器

风横臂按南北向水平架设在牢固的风塔(杆)上，把组装好的风速传感器安装在风横臂上，传感器中轴应垂直。风速传感器安装在风横臂的南侧，风杯中心距地高度 10～12 m。

3.8.2.2 测量

风向、风速传感器的测试需熟悉风向风速传感器的接线，如图 3.8.5 所示。

(1)风向传感器

风向传感器的工作电压为 DC +5 V，其测量点为主采集器上风向接口的“+5 V”“GND”

端子。

注:DZZ4 型自动站供电电压为间歇性供电,须进行一定的改造处理后方能进行测试。

风向输出值与实际风向值的具体测试与计算方法如下。

① 使用万用表 20 V 直流电压挡,分别测试主采集器上风传感器对应的 D0~D6 管脚输出电压值,并记录 V1~V6。

② 将 V1~V6 的电压值按照低电平编码 0、高电平编码 1 的原则,从 D6 至 D0 的顺序排列电平编码,即为格雷码。

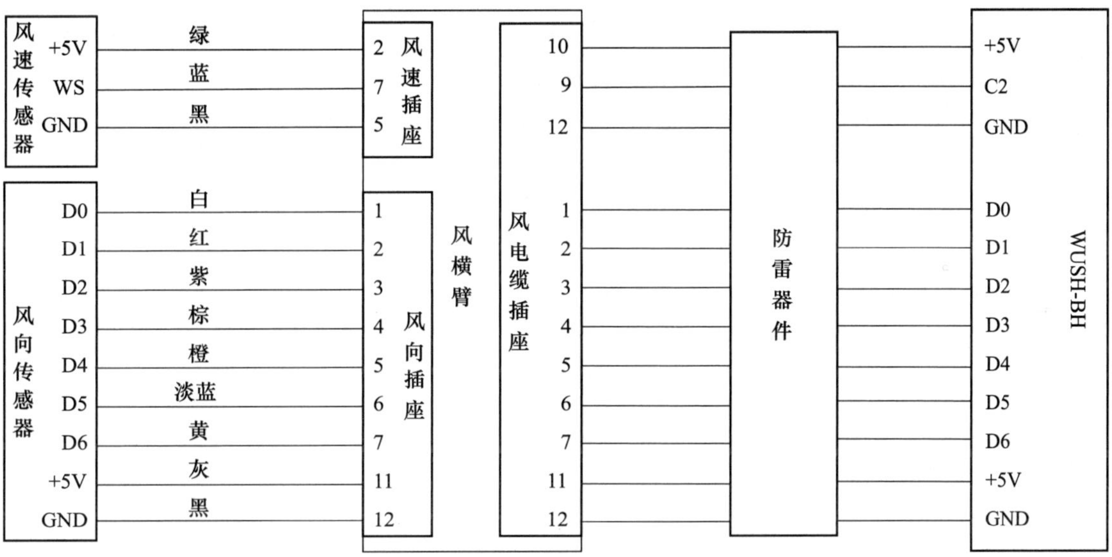

图 3.8.5 风向、风速传感器接线及信号流程图

③ 通过格雷码与风向对照表查询风向值。若没有相关对照表,则按照下列方法进行计算。

a. 将格雷码转换为二进制码。

格雷码转换二进制码的方法:首位相同;从第二位开始,二进制码值取决于格雷码的对应位与二进制码的前一位异或(相同为 0,相异为 1)的结果。如格雷码为 1011001,对应的二进制码为 1101110。

b. 将二进制码转为十进制码。

二进制码转换十进制码的方法为:将二进制数按照以 2 为底的形式展开计算得到的即为十进制数。如二进制码为 1101110,则十进制码为:

$$1\times2^6+1\times2^5+0\times2^4+1\times2^3+1\times2^2+1\times2^1+0\times2^0=110$$

c. 风向 WD=十进制码×2.8125。

如上式中,即风向 WD=110×2.8125≈309,与查对照表相同。

(2)风速传感器

风速传感器的工作电压为 DC +5 V 或 DC +12 V,其测量点为主采集器上风速接口的“+5 V”“GND”端子。

风速传感器的输出信号类型为频率信号，其测量点为主采集器上风速接口的“C2”“GND”端子。风速传感器的输出信号类型为频率(F)，其校准方程为：$V=0.1F$（V：风速，单位：m/s；F：脉冲频率，单位：Hz）。

3.8.3 维护

（1）定期巡查风向标、风杯转动是否灵活、平稳；风线缆接头防水性能是否良好，必要时更换防水胶布。

（2）台风、冰雹、冻雨等恶劣天气可能会造成风标板、风杯或轴承变形，致使传感器转动不灵活，强低温雨雪天气可能会使风向、风速传感器冻结。

出现上述天气时，要密切观察传感器工作情况，发现异常（如风向长时间在一个范围稳定不变或少变、风速长时间为 0 m/s），应及时处理，避免长时间数据异常。

（3）每年定期维护 1 次风向传感器，检查、校准风向标指北方位，当风向传感器指北标识模糊时，可用油性记号笔重新标示。

（4）每年春季对防雷设施进行全面检查，复测接地电阻。

（5）按业务要求定期进行检定，检定周期应不超过 2 年。

（6）当设备故障时应及时进行维护或维修。

3.8.4 常见故障处理

3.8.4.1 故障案例 1：风向风速数据同时异常

（1）故障现象

风向风速数据同时异常。

（2）故障分析

在正常状态下，主采集器为风向传感器提供间歇式 5 V 电压供电，主采集器读取风向传感器输出 7 位格雷码（D0～D6 与 GND 间电压值，高电位为 1，低电位为 0），与标准格雷码表对照得出风向值。主采集器为风速传感器提供稳定 5 V 供电，主采集器通道对风速传感器输出的脉冲信号进行计数，并处理转换为风速值。

引起该故障的原因可能有：ISOS 软件及参数配置错误；电缆连接不良；风向风速传感器同时故障；风向风速同时供电故障；风向风速防雷模块同时故障；主采集器风向风速通道同时故障；风信号电缆故障；风横臂内部风向风速电缆同时故障。

（3）技术依据

DZZ4 自动气象站的风向风速传感器与采集系统的连接如图 3.8.6 所示。

主采集器为风向传感器提供间歇式 5 V 供电，主采集器为风速传感器提供稳定 5 V 供电。

风向信号：D0～D6 分别对应七位格雷码，当换成恒定 DC 5 V 供电时，传感器每根信号线输出接近 0 V 的低电平或 DC 4.9 V 左右的高电平。

风速信号:风速的信号输出为频率信号,正常情况下风杯静止时输出信号电压为接近 0 V 或 DC 4.3 V 左右,风杯转动时为 AC/DC 2.3 V 左右。$V=0.1F$(V:风速,单位:m/s;F:脉冲频率,单位:Hz)

(4)维修流程

具体详见故障维修流程图 3.8.7。

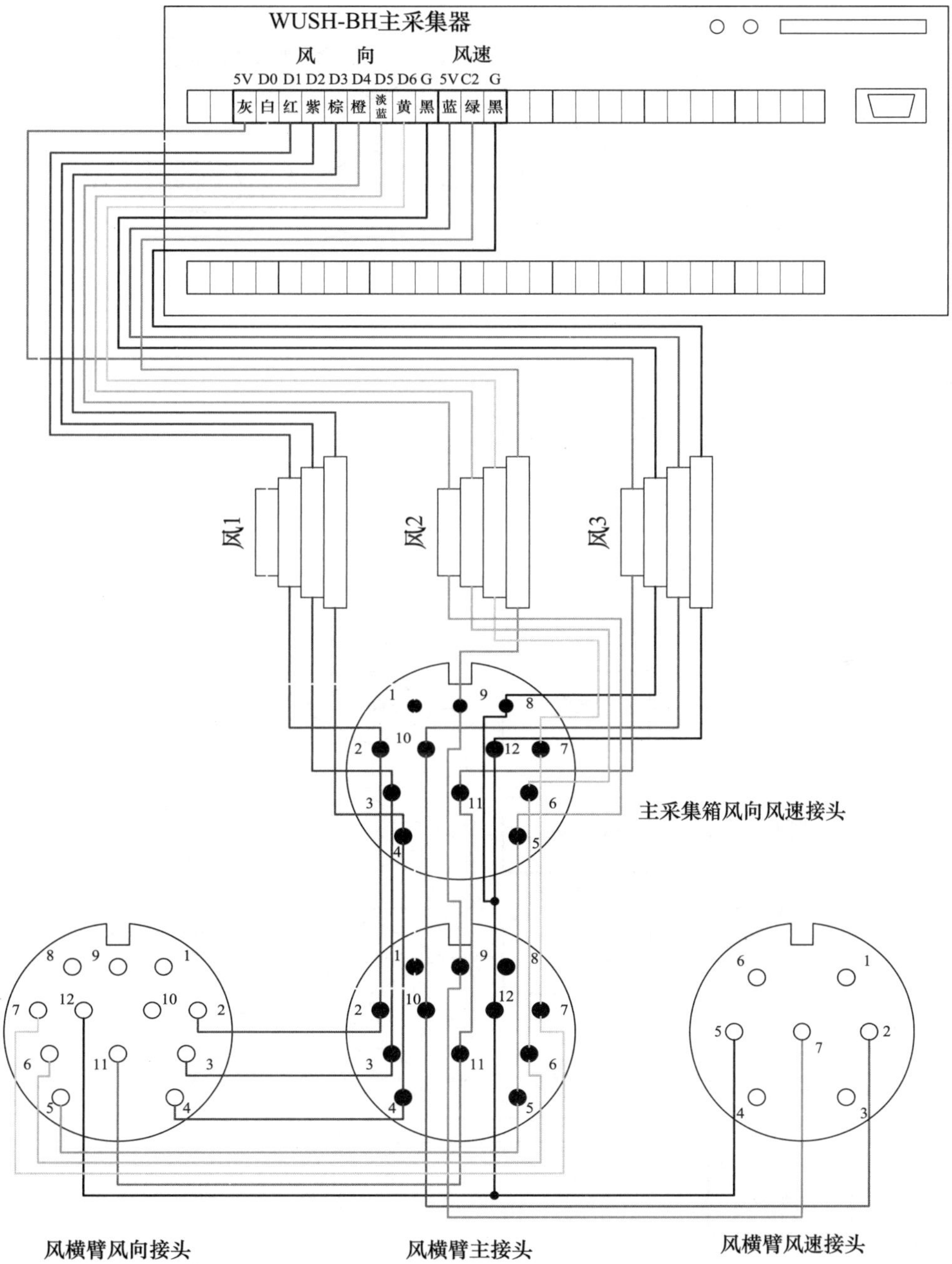

图 3.8.6 DZZ4 自动气象站风向风速采集系统连接图

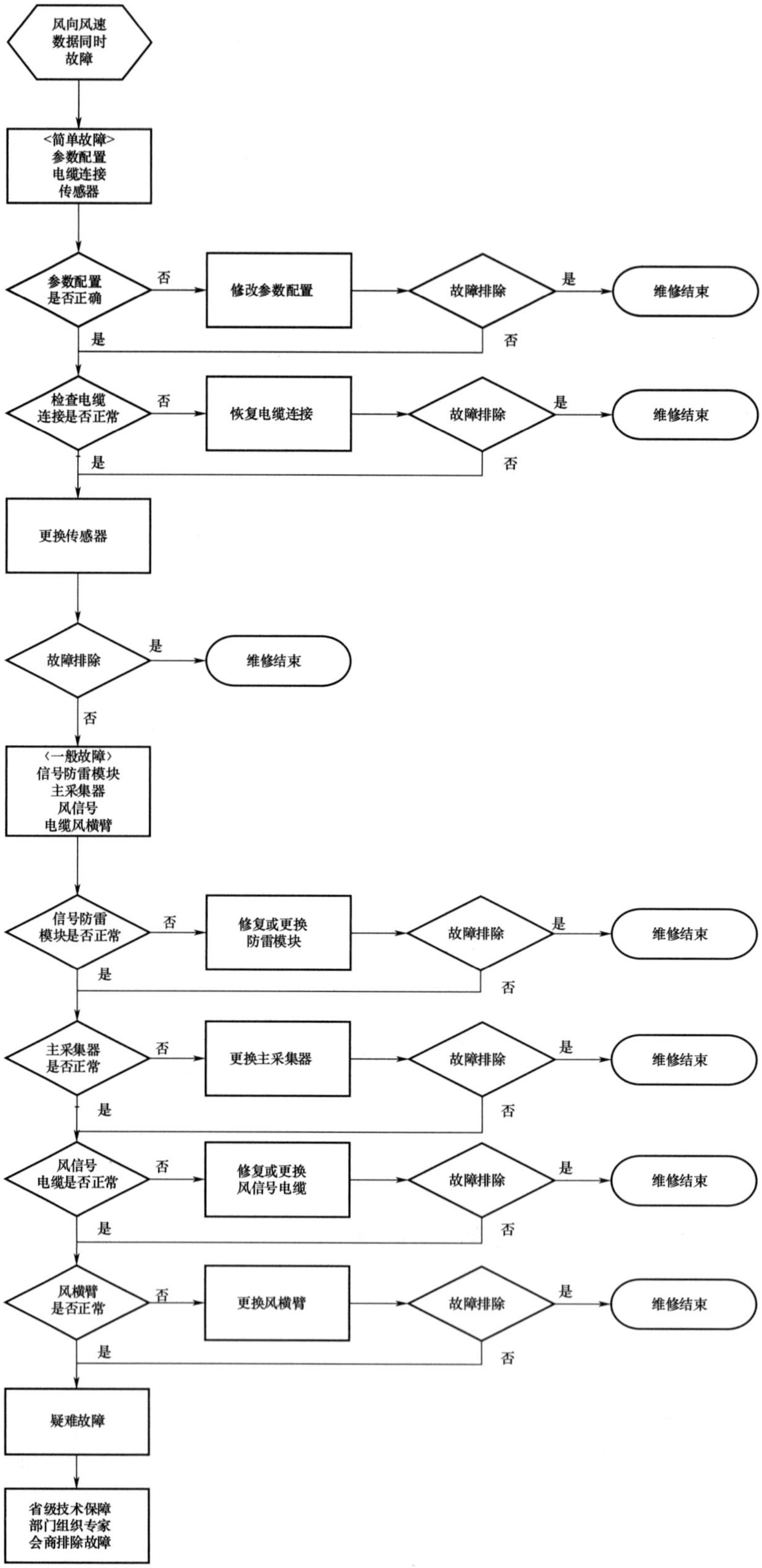

图 3.8.7　风向风速数据同时异常维修流程图

(5)检测要点

① 检查传感器挂接是否正常，是否处于维护、停用、标定状态；传感器是否开启；传感器测量范围、质量控制参数、修正值、配置参数是否正常。

② 检查风向风速传感器、风电缆航空插头连接是否正常，检查主采集器输入端口、信号防雷模块输入输出端压线连接是否正常。

③ 检查风向、风速传感器的供电电压是否正常。

拔下风向、风速端子，接通主采集器电源，使用万用表直流电压挡测量主采集器风向传感器供电是否为间歇 5 V(万用表显示不稳定的 1 V 左右的电压)，如果万用表始终显示 0 V，则主采集器风向电源输出故障，如果风速电源正常可用风速电源替代；用万用表测量主采集器风速传感器 5 V 供电是否正常，若正常则说明供电无故障，若不正常则主采集器故障须更换。

④ 检查主采集器端风向、风速信号是否正常。

插上风向、风速信号端子，接通主采集器电源。

首先在风杯转动情况下，可用频率挡或者直流 20 V 挡测量风速信号是否正常，若输出频率与风速变化对应或输出电压在 DC 2.3 V 左右，说明风速信号正常，则主采集器风速通道故障；通过测量 D0～D6 电平高低得出格雷码，再换算成风向数据，对比现场实际风向，看两者是否一致，若一致说明风向信号正常，则主采集器风向通道故障。

在主采集器提供的风向、风速传感器供电正常的前提下，如果主采集器端风向、风速信号不正常，首先检查信号防雷模块，正常情况下应输入、输出端导通且对地断路，否则信号防雷模块故障须更换；其次用替换法排除风向、风速传感器故障。

如果以上检查都正常，须检查风信号电缆及风横臂线路是否正常。首先排查短路故障，电缆一端空载(不连接)，在另一端用万用表蜂鸣档测量任意两根芯线之间电阻应为“∞”(不蜂鸣)，否则有短路故障，注意风电缆的风向、风速两根地线是连通的(蜂鸣)；其次排查断路故障，电缆一端芯线两两短接，在另一端用万用表蜂鸣档测量对应两根芯线之间应连通(蜂鸣)，否则有断路故障。

如果风电缆有短路或断路故障须更换风电缆，如果风横臂电缆有短路或断路故障须更换风横臂。

(6)恢复测试

待自动站启动完成后，通过业务软件查看监控界面实时数据，确定风向、风速实时观测数据正常。完成恢复测试。

3.8.4.2 故障案例 2:风向数据异常

(1)故障现象

风向数据异常。

(2)故障分析

在正常状态下，主采集器为风向传感器提供间歇式 5 V 电压供电，主采集器读取风向传感器输出 7 位格雷码(D0～D6 与 GND 间电压值，高电位为 1，低电位为 0)，与标准格雷码表对照得出风向值。

引起该故障的原因可能有:参数配置错误;电缆连接不良;风向传感器故障;风向传感器供电故障;风向信号防雷模块故障;主采集器风向通道故障;风信号电缆故障;风横臂风向电缆故障。

(3)技术依据

主采集器为风向传感器提供间歇式 DC 5 V 供电。当供电电压为恒定 DC 5 V 时,D0～D6 每根信号输出 0 V 的低电平或 DC 4.9 V 左右的高电平,形成格雷码信号输出给主采集器。

信号流程图如图 3.8.5 所示,具体信号接线如图 3.8.8 所示。

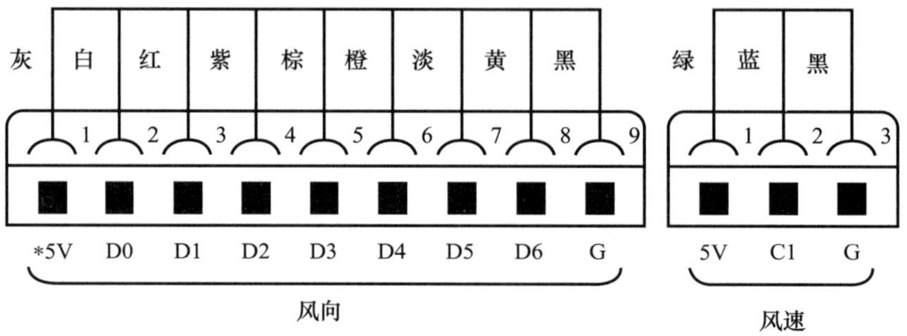

图 3.8.8 主采集器上风传感器接线图

(4)维修流程

具体详见故障维修流程图 3.8.9。

(5)检测要点

检查风向传感器修正值是否正常。

检查风向传感器、风电缆航空插头连接是否正常,检查主采集器输入端口、信号防雷模块输入输出端压线连接是否正常。

检查风向传感器指北是否正常。在长时间应用后,可能会出现因固定不牢造成的风横臂偏转或者风向传感器指北偏离现象。

检查风向传感器的供电电压是否正常。用风速传感器接口的 5 V 电压给风向传感器供电,查看风向数据是否正常,若数据正常说明主采集器提供的风向传感器间歇式 5 V 供电不正常,此时可更换主采集器或以风速端口稳定 5 V 电源代替。

在主采集器端风向传感器供电正常的前提下,测量主采集器箱内的风传感器防雷模块,输出风向电压是否为 5 V,若输出电压不正常,则防雷模块故障需更换;也可采用脱开防雷模块采用直连的方式做测试,若避开防雷模块短接后风向传感器数据恢复正常,说明该防雷模块已受冲击失效,则更换风传感器防雷模块。

利用风向格雷码信号判定故障点:可将用万用表直流电压 20 V 挡,测量 D0～D6 各信号端口电平高低得出格雷码,再换算成风向数据,对比现场实际风向,看两者是否一致。若一致则说明主采集器风向通道故障,须更换主采集器。若不一致则首先用替代法排除风向传感器故障,然后依次检查排除信号防雷模块、风信号电缆及风横臂风向电缆故障。

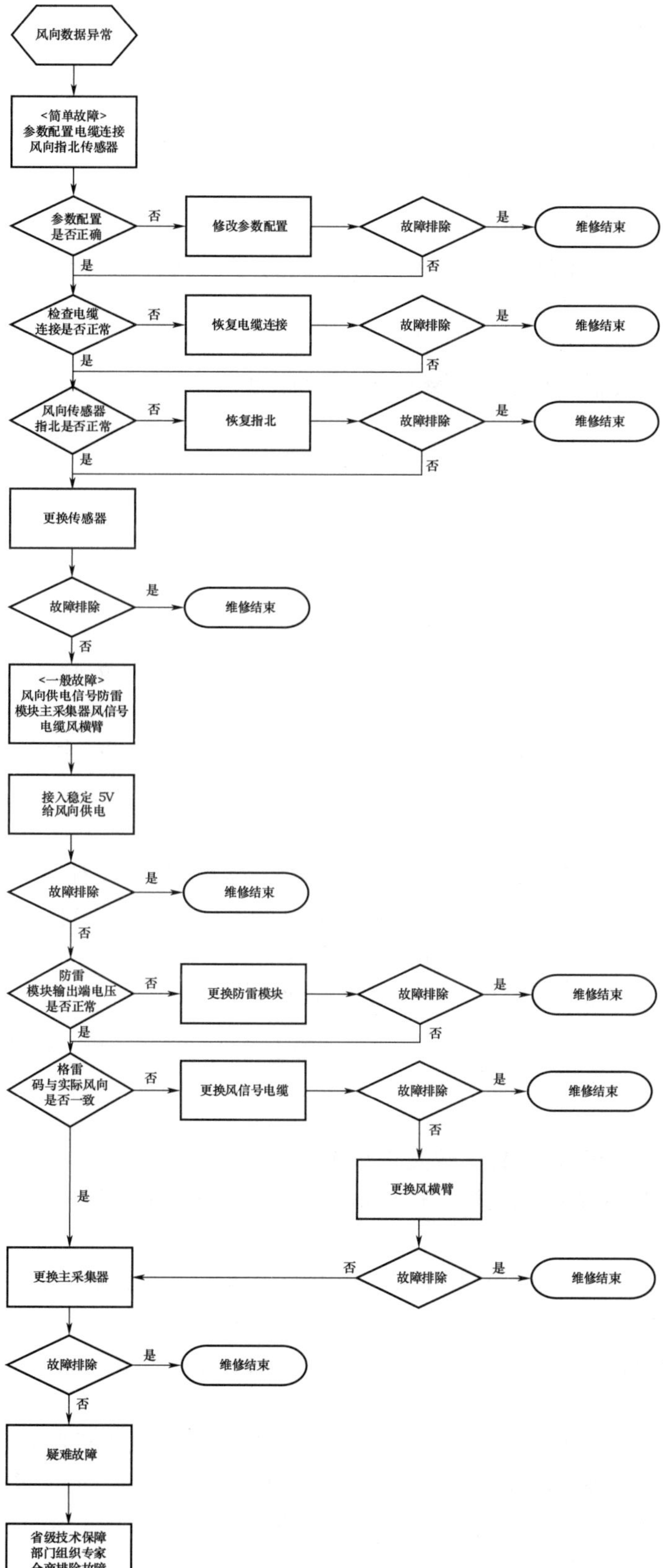

图 3.8.9 风向数据异常维修流程图

信号防雷模块，正常情况下应输入、输出端导通且对地断路，否则信号防雷模块故障需更换。

检查风信号电缆及风横臂风向电缆是否正常：首先排查短路故障，电缆一端空载（不连接），在另一端用万用表蜂鸣挡测量任意两根芯线之间电阻应为“∞”（不蜂鸣），否则有短路故障；其次排查断路故障，电缆一端芯线两两短接，在另一端用万用表蜂鸣挡测量对应两根芯线之间应连通（蜂鸣），否则有断路故障。

如果风电缆有短路或断路故障，须更换风电缆，如果风横臂风向电缆有短路或断路故障，须更换风横臂。

（6）恢复测试

待自动站启动完成后，通过业务软件查看监控界面实时数据，确定风向实时观测数据正常。

3.8.4.3 故障案例 3：风速数据异常

（1）故障现象

风速数据异常。

（2）故障分析

在正常状态下，主采集器为风速传感器提供稳定 5 V 供电，采集通道对风速传感器输出的脉冲信号进行计数，并处理转换为风速值。引起该故障的原因可能有：参数配置错误；电缆连接不良；风速传感器故障；风速传感器供电故障；风速防雷模块故障；主采集器风速通道故障；风信号电缆故障；风横臂风速电缆故障等。

（3）技术依据

主采集器为风速传感器提供恒定 DC 5 V 供电，正常情况下：风杯不动时风速信号电压为 0 V 或 DC 4.9 V 左右；风杯转动时风速信号电压为 AC/DC 2.3 V 左右。风速信号计算方法：$V=0.1\ F$（V：风速，单位：m/s；F：脉冲频率，单位：Hz）

具体依据信号流程图及接线图同风向数据异常。

（4）维修流程

具体详见故障维修流程图 3.8.10。

（5）检测要点

检查风速传感器修正值、配置参数是否正常。

检查风速传感器、风电缆航空插头连接是否正常，检查主采集器输入端口、信号防雷模块输入输出端压线连接是否正常。

检查风速传感器的供电电压是否正常。用万用表测量主采集器提供的风速传感器 5 V 供电是否正常，若正常则说明供电无故障，若不正常取下风速传感器，使主采集器空载运行，再测量 5 V 电压输出是否正常，若 5 V 输出还不正常，则说明主采集器风速电源输出故障，须更换主采集器。

在主采集器 5 V 输出正常的情况下，测量主采集器箱内的风传感器防雷模块，输出端风速供电电压是否为 5 V，若输出电压不正常，则防雷模块故障需更换；也可采用脱开防雷模块采用直连的方式做测试，若避开防雷模块短接后风速传感器数据恢复正常，说明该防雷模块已受冲击失效，则更换风传感器防雷模块。

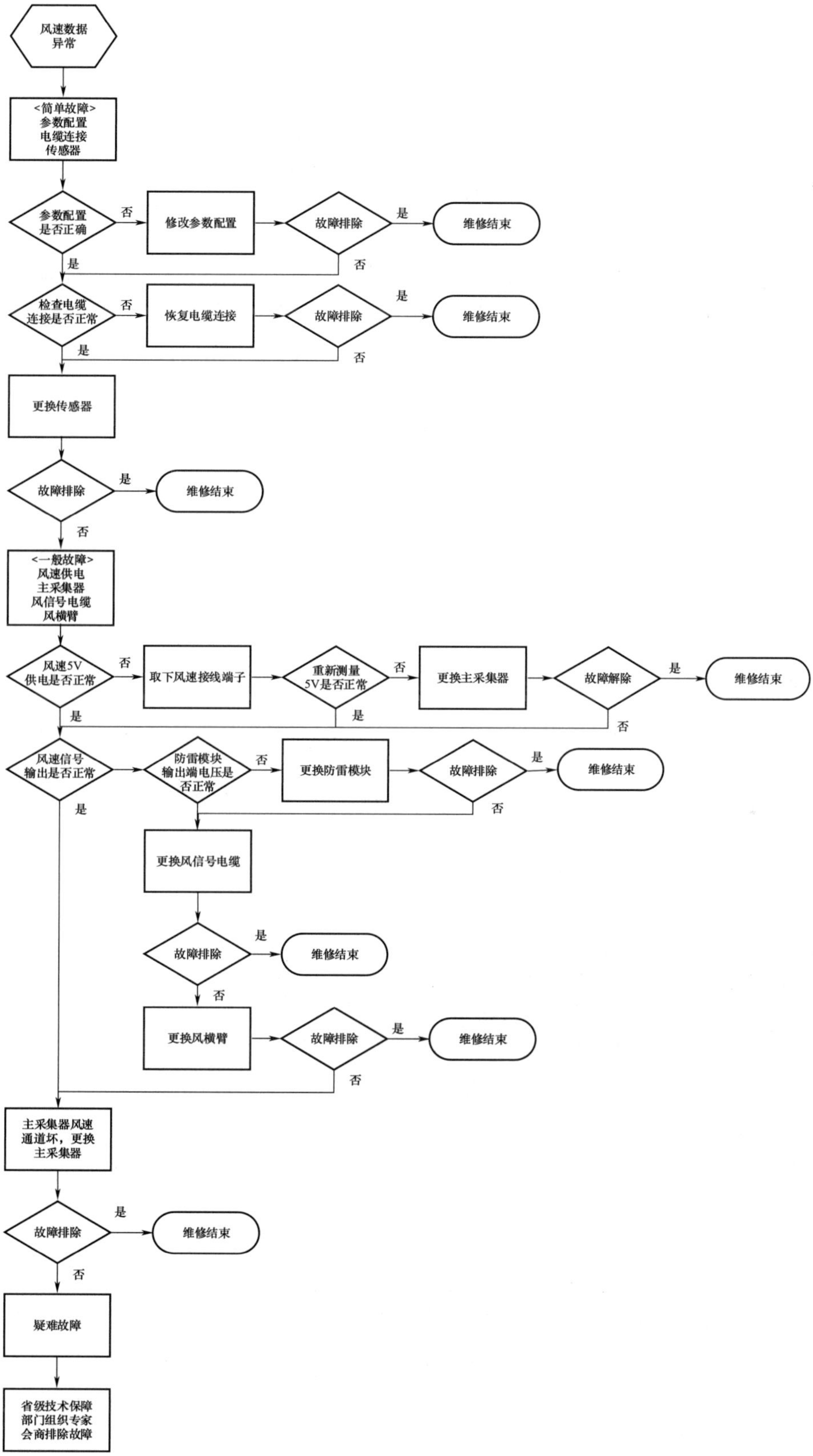

图 3.8.10 风速数据异常维修流程图

在主采集器 5 V 输出正常的情况下，测量主采集器输入端风速信号是否正常。可用频率档或者直流 20 V 档测量风速信号，若输出频率与风速变化对应或输出电压在 DC 2.3 V 左右，则说明风速信号正常，则主采集器故障；若风速信号不正常，则首先用替代法排除风速传感器故障，然后依次检查排除信号防雷模块、风信号电缆及风横臂风速电缆故障。

信号防雷模块，正常情况下应输入、输出端导通且对地断路，否则信号防雷模块故障需更换。

检查风信号电缆及风横臂风速电缆是否正常：首先，排查短路故障，电缆一端空载（不连接），在另一端用万用表蜂鸣挡测量任意两根芯线之间电阻应为“∞”（不蜂鸣），否则有短路故障；其次，排查断路故障，电缆一端芯线两两短接，在另一端用万用表蜂鸣挡测量对应两根芯线之间应连通（蜂鸣），否则有断路故障。如果风电缆有短路或断路故障需更换风电缆，如果风横臂风速电缆有短路或断路故障需更换风横臂。

（6）恢复测试

待自动站启动完成后，通过业务软件查看监控界面实时数据，确定风速实时观测数据正常。完成恢复测试。

3.8.5 风向风速传感器置换

3.8.5.1 风向传感器置换流程

（1）断开自动站交、直流电源，自动站断电。

（2）放倒风杆或爬上风塔，松开三个固定螺丝，轻轻抽出风向传感器，将风横臂电缆航空插头从风向传感器上旋下，将风向传感器取下。

（3）换上新的风向传感器，将风向指北标记正对北面，将风横臂电缆航空插头接到风向传感器，并紧固三个固定螺丝。

注意：连接时要旋转航空插头头部的紧固外圈，以防拧断航空插头内部的芯线。

（4）闭合自动站交、直流电源开关，自动站开始工作。

（5）如果是安装在风杆上，恢复测试完成后，重新断电，竖起风杆后，重新启动自动站。

（6）完成风向传感器置换。

3.8.5.2 风速传感器置换流程

（1）断开自动站交、直流电源，自动站断电。

（2）放倒风杆或爬上风塔，松开三个固定螺丝，轻轻抽出风速传感器，将风横臂电缆航空插头从风速传感器上旋下，将风速传感器取下。

（3）更换上新的风速传感器，将风横臂电缆航空插头接到风速传感器，并紧固三个固定螺丝。

注意：连接时要旋转航空插头头部的紧固外圈，以防拧断航空插头内部的芯线。

（4）闭合自动站交、直流电源开关，自动站开始工作。

（5）如果是安装在风杆上，先人工转动风速传感器，验证风速数据基本正常，然后重新断电，竖起风杆后重新启动自动站，再对比测试确定风速实时观测数据正常。

（6）完成风速传感器置换。

任务 3.9 气压传感器的原理与维护

3.9.1 结构原理

自动观测气压的仪器主要有硅电容式数字气压传感器、振筒式气压传感器等。气象台站现用的主要是硅电容式数字气压传感器。

新型自动气象站使用的各型号气压传感器都采用了维萨拉公司 BAROCAP 硅电容压力敏感元件。不同型号气压传感器的外形结构如图 3.9.1 所示。

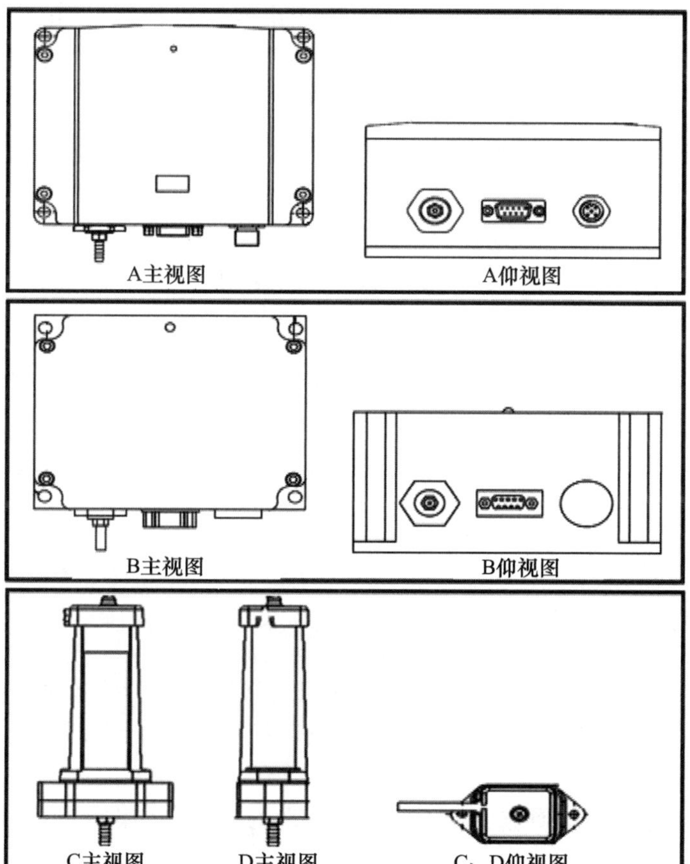

图 3.9.1 气压传感器不同型号外形结构图

3.9.1.1 组成结构

BAROCAP 压力传感器由中间夹有一层玻璃的上下两块单晶硅组成。

上层较薄的硅层两边蚀刻成一个绝对压力传感器的真空基准腔，并形成一个压力敏感硅膜片。下面较厚的硅层是传感器的刚性基片，并覆盖玻璃介质。较薄的硅片静电键合到玻璃面上形成一个牢固和密闭的接点。沉积上金属化薄膜形成一个在真空基准腔内的电容器电极；另一个电极为压力敏感硅膜片，构成一个电容量随压力变化的电容器 C_P。其内部结构如图 3.9.2 所示。

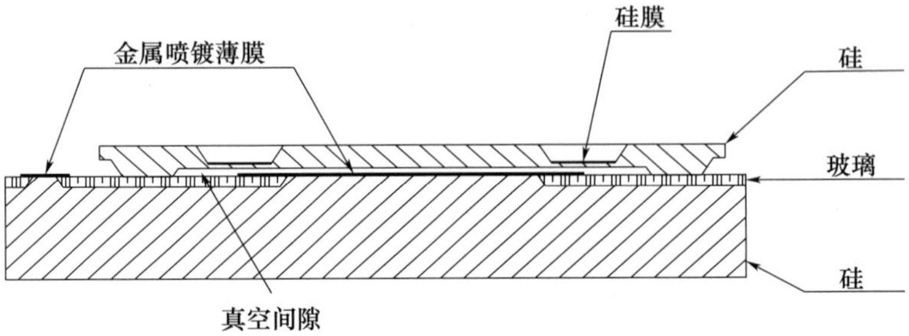

图 3.9.2 气压传感器内部结构原理图

气压传感器的测量电路是由一个电阻器 R、5 个电容器和 RC 振荡电路模块组成的 RC 振荡器构成，如图 3.9.3 所示。5 个电容器分别是电容压力传感器 C_P、电容温度补偿传感器 C_T 和与其相对应的 C1、C2 和 C3 三个参考电容器。在一个测量周期内，振荡电路模块分别连接这 5 个不同的电容器，产生 5 个不同的振荡频率。

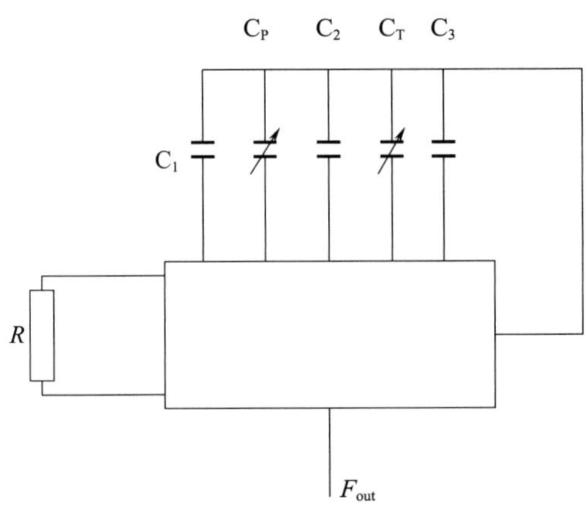

图 3.9.3 气压传感器测量电路

传感器每秒钟测 10 次 C_P 振荡频率计算出相应的气压值，每 30s 测得一次用于校正的 C1、C2 和 C3 三个参考电容器和温度补偿电容 C_T 的振荡频率，使用设定的测量算法计算出相应的气压值。

PTB330 气压传感器有三种输出方式：软件可设的 RS-232 串行输出；TTL 电平输出；模拟(电压、电流)输出、脉冲输出。

3.9.1.2 原理

气压传感器的感应元件是电容式硅膜盒，根据其结构特点，当外界气压发生变化时，单晶硅膜盒的弹性膜片发生形变，进而引起硅膜盒平行电容器电容量改变，通过测量电容量来计算本站气压。

其额定工作电压为 DC 12 V，通过 RS-232 交互方式输出信号。

3.9.1.3 性能指标

测量范围　　450～1100 hPa
分辨力　　0.1 hPa
准确度　　±0.3 hPa

3.9.2 安装与测量

3.9.2.1 安装

气压传感器安装于主采集箱内，通过 RS-232 串口与主采集器连接，气压传感器感应中心距地高度为 120 cm。

气压传感器在出厂时已安装在主采集箱内，一般不需要安装。

DZZ5、DZZ6 型自动气象站需要安装静压管与连接信号线缆。

3.9.2.2 测量

气压传感器的工作电压为 DC 12 V，其测量点为主采集器上气压接口的"+12 V""GND"端子。

气压传感器的输出信号类型为 RS-232 串行输出，其通信参数参考产品技术手册，可使用串口调试工具，通过命令的方式查询气压数值。

3.9.3 维护

(1)安装或更换气压传感器应在断电状态下进行。

(2)气压传感器应避免阳光的直接照射和风的直接吹拂。

(3)保持静压气孔口畅通，以便正确感应外界大气压力。

(4)配有静压管的气压传感器要定期查看静压管有无堵塞、进水，发现静压管有异物或破损时应及时处理或更换。

(5)使用带干燥剂静压管的传感器，要定期检查干燥剂颜色，若潮湿变色应及时更换。

(6)每年春季对防雷设施进行全面检查，复测接地电阻。

(7)按业务要求定期进行检定，检定周期应不超过 1 年。

(8)当设备出现故障时应及时进行维护或维修。

3.9.4 常见故障处理

3.9.4.1 故障现象

气压数据异常。

3.9.4.2 故障分析

气压传感器是智能传感器，具备数据采集处理及通信功能，主采集器通过 RS232 串口通信直接获取气压观测数据。引起此故障原因可能有：参数配置错误；气压传感器供电故障；传感器故障；系统接地不良或外部电磁干扰。

3.9.4.3 技术依据

DYC1 型气压传感器有一个电源指示灯，供电正常时绿色常亮。气压测量信号流向见图 3.9.4。

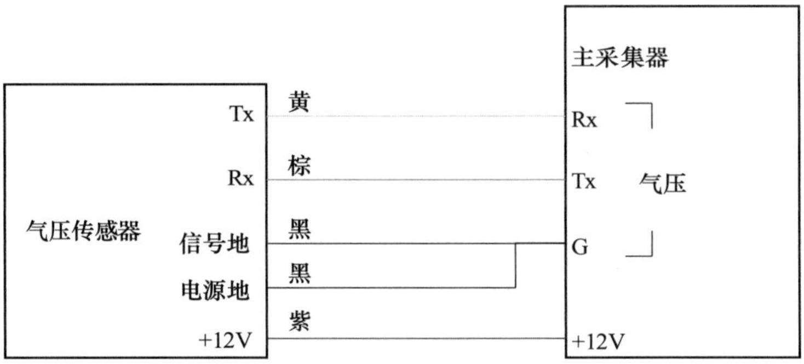

图 3.9.4 气压测量信号流向图

3.9.4.4 维修流程

具体详见故障维修流程图 3.9.5。

3.9.4.5 检测要点

(1)检查气压传感器修正值是否正常。

(2)观察气压传感器电源指示灯，正常情况下绿色常亮，若不亮或者闪烁，说明传感器供电不正常。检查气压传感器供电电压，将万用表调到直流电压 20 V 的测量挡，在主采集器气压端子上，测量“紫、黑”两端的电压应在 10～14.5 V 之间，若低于 10 V，则说明供电存在问题。恢复供电，如果电压正常则气压传感器故障。

注：供电问题有两方面原因，首先是电源系统故障，在供电系统供电电压低于 10 V 时，有可能会出现自动站系统运行正常气压异常的现象；另外，气压传感器工作电压由主采集器内部供电，故供电电压不正常也有可能是主采集器故障造成，此时可将气压传感器电源线直接接入主采集箱直流电源接线排供电。

(3)气压传感器电源指示灯正常，电脑直连读取气压传感器数据，验证气压传感器输出气压测量值是否正常。按图 3.9.6 所示连接气压传感器、DC 12 V 电源、计算机串口。

(4)然后打开串口调试软件，按照图 3.9.7 配置好串口参数，发送获取气压采样值的命令“5”，就可以在数据接收窗口获取到气压采样值。

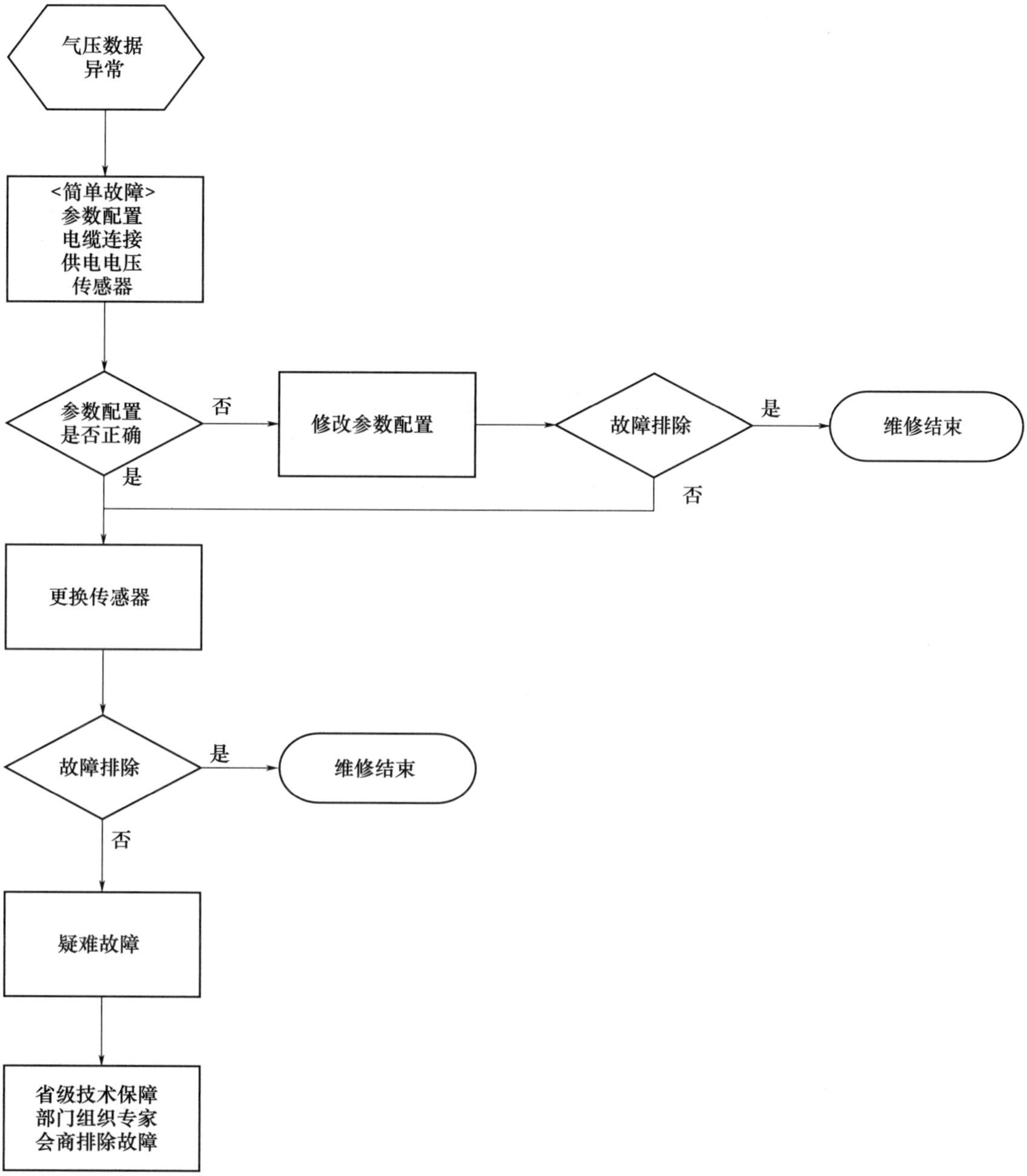

图 3.9.5 气压数据异常维修流程图

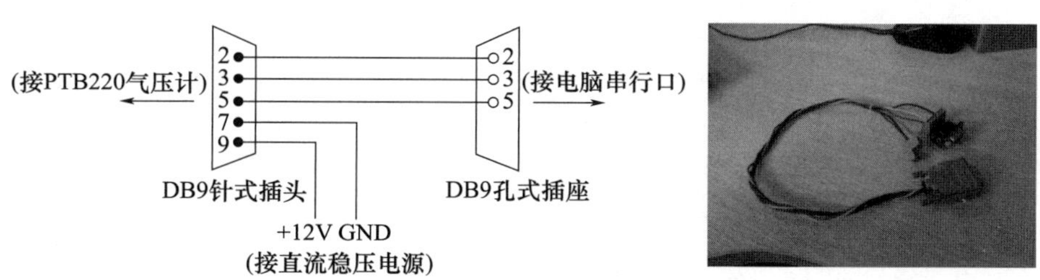

图 3.9.6 电脑直连气压传感器接线图

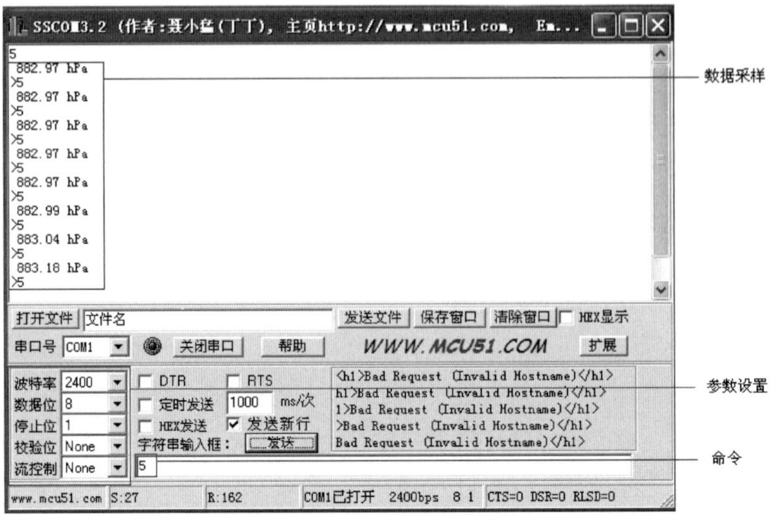

图 3.9.7　电脑直连气压传感器调试图

3.9.4.6　恢复测试

待自动站启动完成后，通过业务软件查看监控界面实时数据，确定气压实时观测数据正常。完成恢复测试。

3.9.5　气压传感器置换

(1)断开自动站交、直流电源，自动站断电。

(2)旋开气压传感器 RS232 通信口两侧的固定螺丝，将气压通信电缆 9 针插头拔下。

(3)旋下固定板固定螺丝，取出固定板及气压传感器，旋下气压传感器的固定螺丝，取下气压传感器。

(4)将新的气压传感器固定在固定板原位置，将固定板固定在机箱底板原位置。

(5)将气压通信电缆 9 针插头插入气压传感器 RS232 通信口上，旋紧两侧的固定螺丝。

(6)闭合自动站交、直流电源开关，自动站开始工作。观察气压传感器电源指示灯是否常亮并处于正常工作状态。

(7)完成气压传感器置换。

任务 3.10 地温传感器的维护与维修

3.10.1 结构原理

3.10.1.1 概述

地温是下垫面温度和不同深度的土壤温度的统称。根据土壤深度不同，地温包括地表温、浅层地温和深层地温，地表温是指地面 0 cm，浅层地温包括 5 cm、10 cm、15 cm、20 cm，深层地温包括 40 cm、80 cm、160 cm、320 cm，各层深度均配有铂电阻地温传感器 1 支，其中深层地温传感器应配有套管。

一般情况下，由于草温（雪温）的测量也属于下垫面温度，草温（雪温）传感器也划归到地温传感器范畴。

自动观测地温的仪器主要是铂电阻地温传感器，如图 3.10.1 所示。铂电阻地温传感器的性能、原理和组成结构与铂电阻气温传感器相同，但外形较粗，时间常数较大。

图 3.10.1 地温传感器外形结构图

3.10.1.2 地温分采集器

地温分采集器可挂接草温、地表温、浅层地温、深层地温传感器（图 3.10.2）。按预定频率对挂接的传感器进行扫描，将采样数据通过 CAN 总线发送给主采集器。

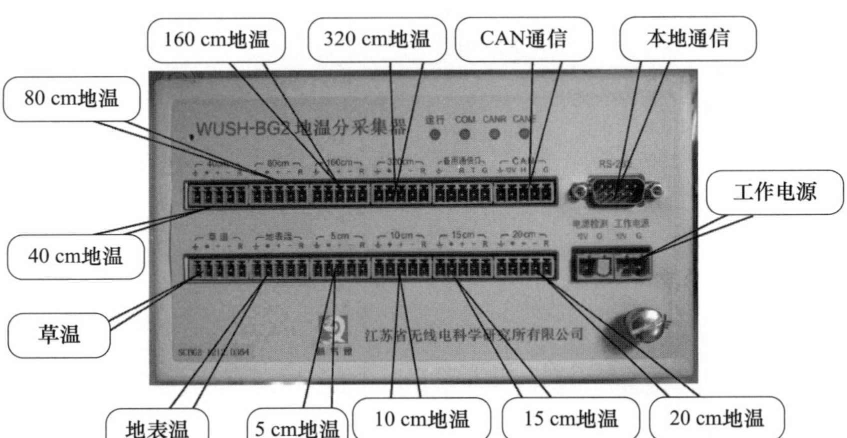

图 3.10.2 地温分采集器面板布局图

地温分采集器加电后，指示灯状态如表 3.10.1 所示。

表 3.10.1　地温分采指示灯状态

指示灯名称	功能	状态	说明
运行	分采运行状态	秒闪	地温分采集器工作正常
CANR(绿色)	CAN 总线运行状态	秒闪	地温分采集器初始化完成，开始连接 CAN 总线。此过程要持续几秒钟时间
		常亮	成功连接 CAN 总线
		持续闪烁	CAN 总线有问题
CANE	CAN 总线错误状态	不亮	CAN 总线通信正常
		闪烁	CAN 总线通信故障
COM	调试串口通信状态	亮	串口正在进行数据通信

3.10.2　安装调试

地面温度和浅层地温传感器的安装场地位于观测场西南侧，为 200 cm(南北向)×400 cm(东西向)疏松平整的裸地。

地面温度和浅层地温传感器安装在专用支架上，支架中心位于地温场东西向中心线上、南北向中心线东侧 20 cm 处(如果安装双套自动站，备份站传感器位于西侧 20 cm 处)；支架的零标志线与地面齐平，传感器感应部分朝南。

地面温度传感器一半埋入土中，一半露出地面。埋入土中的感应部分与土壤必须密贴，不可留有空隙，露出地面的感应部分要保持干净。

地面温度与浅层地温传感器安装如图 3.10.3 所示。

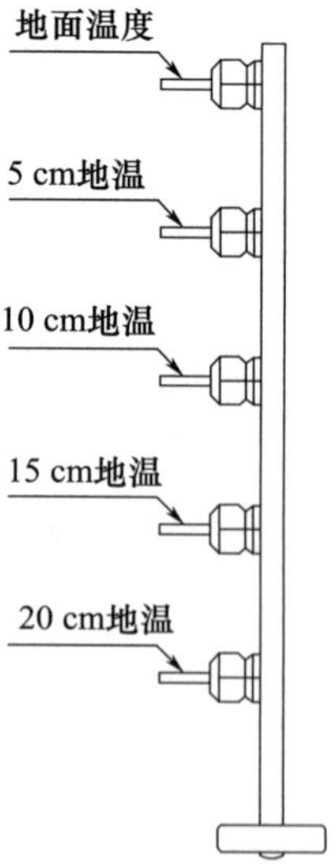

图 3.10.3　地面温度与浅层地温传感器安装示意图

3.10.3 深层地温传感器

深层地温传感器安装场地位于观测场的东南侧，为 300 cm(南北向)×400 cm(东西向)的自然场地(有自然覆盖物，不长草的地区除外)。自东向西分别为 40 cm、80 cm、160 cm、320 cm，传感器之间间隔 50 cm，安装在同一条直线上。

地温传感器安装管的结构见图 3.10.4。每只深层地温传感器的安装方法是一样的，先把木杆及外管分别按 40 cm、80 cm、160 cm、320 cm 的长度配对组合好，然后按以下步骤安装：

(1)护管、木杆和温度传感器的组装

① 旋下内管铜盖，将传感器插入护管并通过护管底部，把一支软木塞套于传感器根部电缆上，并把导热块套于传感器的金属管上，要求金属管端部球面与导热块端面相平。

② 将软木塞、传感器及导热块推入护管中，使导热块突出护管端面 10 mm。

③ 内管铜盖中装入适量铜屑，护管在垂直状态下，将铜盖拧入护管上，并把传感器与导热块推实，以保证热传导性良好。

④ 把另一支软木塞从护管上端沿电缆塞入护管适当位置。

⑤ 将木杆插入护管中，并把信号电缆(即传感器引线)压入导线槽(指木杆上的凹槽)中，要求护管中的电缆保持适当的自由度，固定所有的木螺钉。

⑥ 木杆上有几处凹槽，又称封闭槽，在封闭槽中缠上毡条，并用金属细线扎两条，使之扎紧。

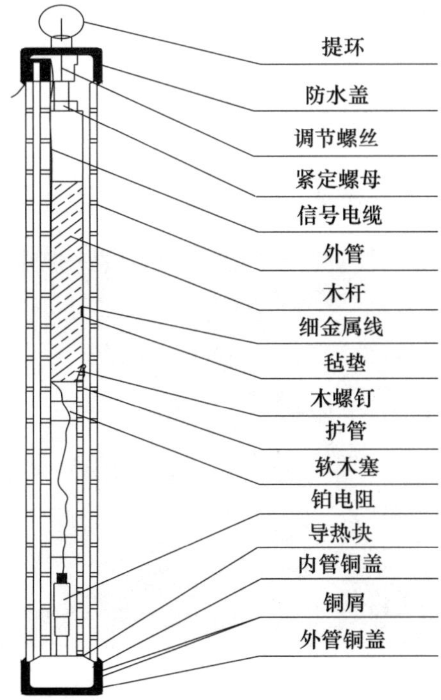

图 3.10.4 深层地温传感器组成结构图

(2)安装外管

把连接好的地温表安装管外管垂直插入相应的观测点内，以红色深度标志线为基准，使外管露出地面部分为 40 cm。外管四周用小泥土塞紧。

(3)总装

① 注入适量铜屑至外管底端铜盖中。

② 将组装好的护管、木杆和温度传感器插入外管。

③ 拧下提环及防水盖，拧松六角螺母，调整调节螺丝，使护管底部铜盖与外管底部铜盖接触良好，同时调节螺丝端面应比外管端面高出 10 mm。用扳手拧紧六角螺母，装上提环及防水盖。

注意：调节螺丝的扁平应与木杆导线槽底平面平行，导线应有一定自由度，并从外管上端出线槽中出线。

地温表安装管外的传感器引线应埋入地下，不宜露在地面。

接线盒能防水，可放在地沟内，但不宜浸在水中，故不宜放在沟底。电缆应穿在防护套管内。

安装双套自动站的台站，备份站深层地温传感器安装要求与现用传感器相同，位于现用传感器南侧 50 cm 处。

3.10.4 草面(雪面)温度传感器

草面(雪面)温度传感器安装在地面温度和浅层地温场西侧 50 cm 处，草地面积约 1 m^2。传感器安装在距地 6 cm 高度处，并与地面大致平行。感应部分朝南。

当有积雪但未掩没传感器时，继续进行观测。当积雪掩没传感器时，将传感器置于原来位置的雪面上，这时测量雪面温度，并备注起止时间。积雪融化后，继续观测草温。

观测场无草层的台站，仍按上述方法观测。

3.10.5 地温分采集器的安装

地温分采集器的安装相对较为简单，此处不再介绍。安装好后如图 3.10.5 所示。

图 3.10.5 安装好的地温分采集器

设备安装完成后，按要求设置参数，输入命令查看返回值，确认仪器工作是否正常。

3.10.6 维护

(1)雨后及时耙松地面温度和浅层地温传感器场地板结的地表土,保持疏松、平整、无草;保持草面(雪面)温度传感器观测场草株高度不超过 10 cm。

(2)深层地温的观测地段应与观测场地面齐平并保持同样的下垫面。若有洼陷,应及时垫平并移植与观测场现有草层同高的草层(不长草的地区除外)。

(3)铂电阻地面温度传感器被积雪埋住时仍按正常观测,但应备注起止时间。

(4)保持地面温度传感器和草面(雪面)温度传感器的清洁干燥,当有露、霜或灰尘等附着时,宜在早晨用干布或毛刷清理干净。保持深层地温传感器套管内干燥。

(5)测量雪面温度时,保持草面(雪面)传感器始终置于积雪表面上。

(6)每年春季对防雷设施进行全面检查,复测接地电阻。

(7)按业务要求定期进行检定,检定周期应不超过 2 年。

(8)当设备故障时应及时进行维护或维修。

3.10.7 故障处理

3.10.7.1 故障案例 1:全部地温(草温)数据缺测

(1)故障现象

全部地温(草温)数据缺测。

(2)故障分析

地温传感器用于测量土壤的温度,其工作原理同气温传感器相同。地温分采集器用于采集草温、地表温、浅层地温、深层地温,并将采样、处理数据通过 CAN 总线提交给主采集器。

在温湿度数据正常的前提下,可判定主采集箱内公共部分:CAN 通信、12 V 电源正常,同时可排除匹配电阻故障(匹配电阻故障时地温和温湿度会同时出现故障);引起全部地温缺测的原因:首先,考虑相应参数配置是否正确;其次,极端情况下全部地温传感器同时故障(信号线断)也会造成地温缺测。引起此故障原因可能有:ISOS 软件及参数配置错误;地温分采集器线路连接不良;地温电缆故障;地温分采集器故障;地温传感器同时故障。

(3)技术依据

主采集器通过同一条 CAN 总线与温湿分采集器、地温分采集器通信,直流 12 V 电源来自同一接点。地温采集系统的连接图如图 3.10.6 所示。连线如图 3.10.7 所示。

地温分采集器有 4 个指示灯,应用程序正常运行时:“运行”指示灯为一秒一闪,通信工作灯“CANR”为常亮,通信故障灯“CANE”不亮,调试串口指示灯“COM”串口通信时亮。

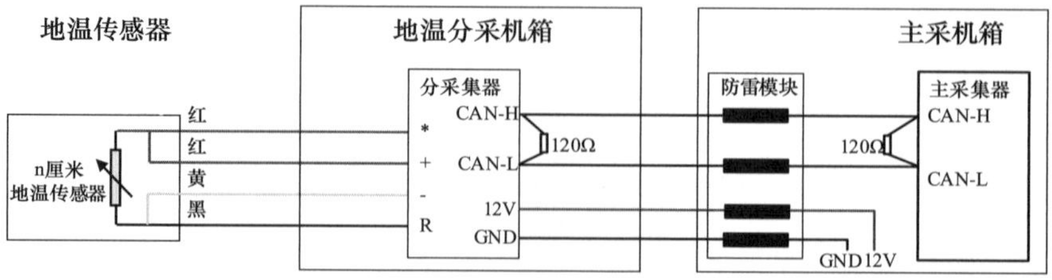

图 3.10.6　地温采集系统连接图

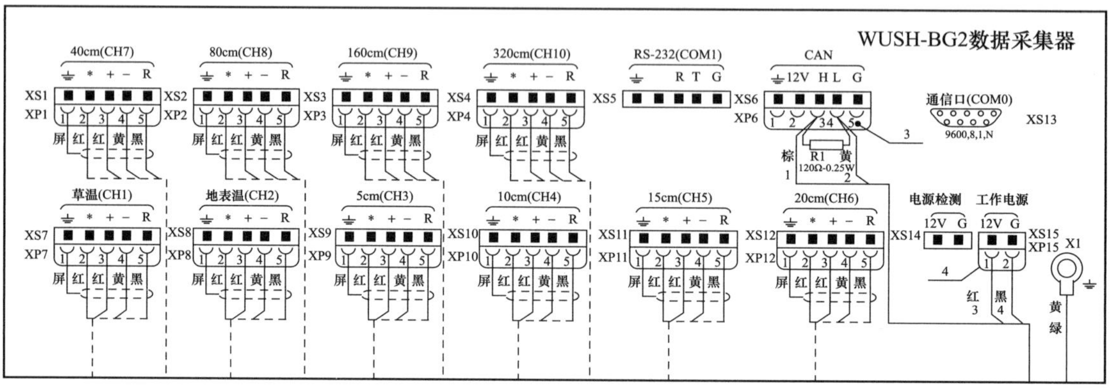

图 3.10.7　地温分采集器接线图

(4)维修流程

具体详见故障维修流程图 3.10.8。

(5)检测要点

检查传感器挂接是否正常，是否处于维护、停用、标定状态；传感器是否开启；传感器测量范围、质量控制参数、修正值是否正常。

检查地温分采集器连接是否正确，接插件是否有松动现象。

地温分采指示灯若不正常：首先，检查地温防雷模块，各通道输入、输出端应导通且对地断路，否则防雷模块故障需更换；其次，检查地温电缆是否有断路或接触不良等故障，如果有则修复或更换地温电缆。

有时所有指示灯都正常，也可能是地温分采集器故障。

如果以上检查都正常，极端情况下全部地温传感器同时出现断路故障（信号线因鼠咬、施工损坏）也会造成全部地温缺测。

(6)恢复测试

待自动站启动完成后，通过业务软件查看监控界面实时数据，与备用站实时观测数据比较，确定全部地温（草温）实时观测数据正常。完成恢复测试。

3.10.7.2　故障案例 2：全部地温（草温）数据异常

(1)故障现象

全部地温（草温）数据异常。

(2)故障分析

地温传感器用于测量土壤的温度，其工作原理同气温传感器相同。地温分采集器用于采集草温、地表温、浅层地温、深层地温，并将采样、处理数据通过 CAN 总线提交给主采集器。

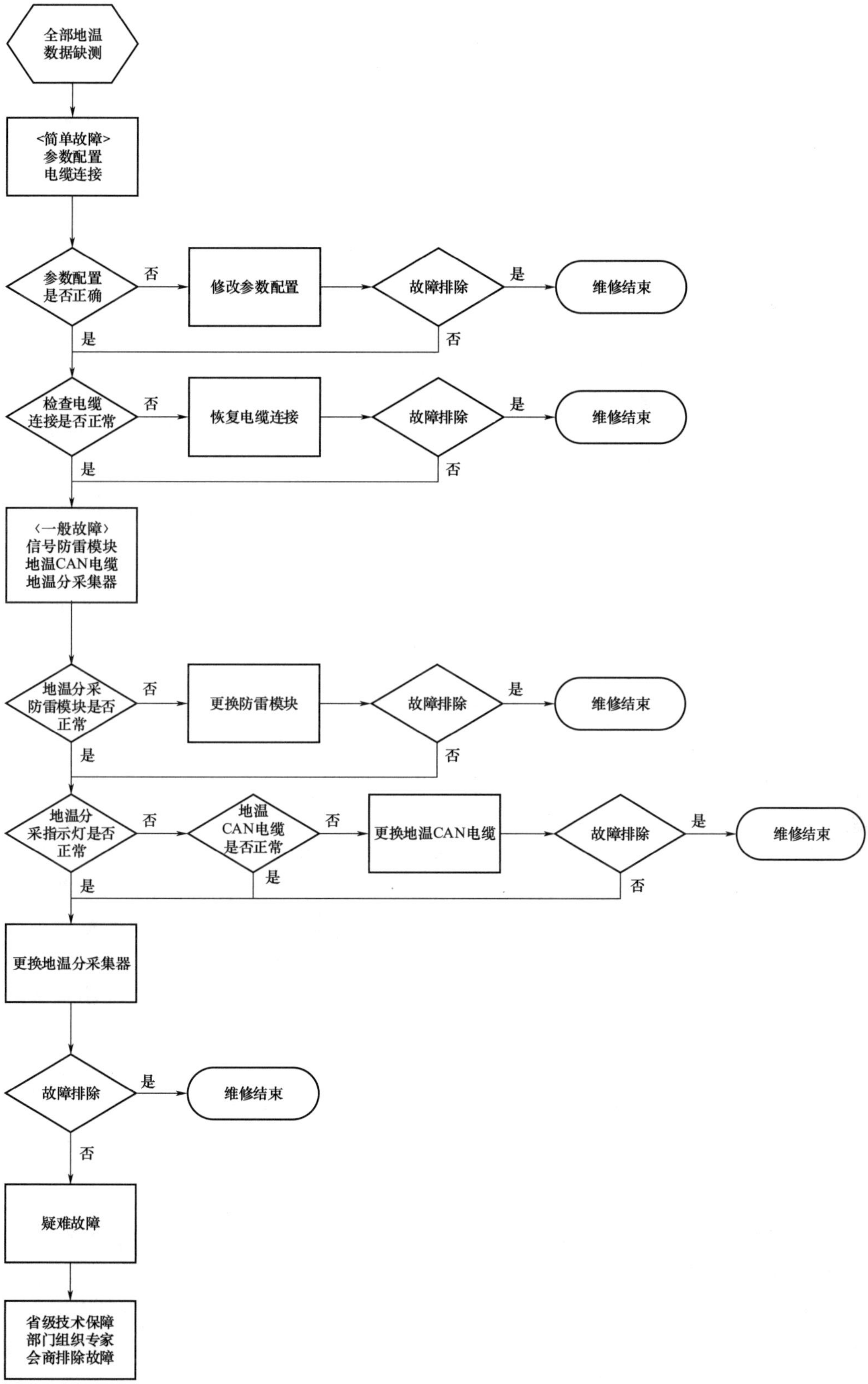

图 3.10.8 全部地温(草温)数据缺测维修流程图

在温湿度数据正常的前提下，可判定主采集箱内公共部分：CAN通信、12 V电源正常，同时可排除匹配电阻故障（匹配电阻故障时地温和温湿度会同时出现故障）；引起全部地温（草温）数据异常的原因：首先，考虑相应参数配置是否正确；其次，全部地温（草温）传感器同时故障（性能下降）的可能性几乎为零。故引起此故障的原因可能有：参数配置错误；地温采集通道线路连接不良；地温分采集器故障；系统接地不良或外部电磁干扰。

（3）技术依据

同3.10.7.1节"全部地温（草温）数据缺测"的"（3）技术依据"。

（4）维修流程

具体详见故障维修流程图3.10.9。

（5）检测要点

检查传感器修正值是否正常。

检查地温传感器连接是否正确，传感器接插件是否有松动现象，地温传感器连接不良接触电阻变大或接插件因潮湿、污染等原因造成绝缘电阻变小等原因都会影响测量准确度；地温传感器虚接、短路或断路时都会出现故障。

有时所有指示灯都正常，也可能是地温分采集器故障引起全部地温数据异常，可通过更换地温分采集器查看故障是否排除。

（6）恢复测试

待自动站启动完成后，通过业务软件查看监控界面实时数据，与备用站实时观测数据比较，确定全部地温（草温）实时观测数据正常。完成恢复测试。

3.10.7.3 故障案例3：单只或多只地温（草温）数据故障

（1）故障现象

单只或多只地温（草温）数据缺测或异常。

（2）故障分析

地温传感器用于测量土壤的温度，其工作原理同气温传感器，区别主要是测量精度和测量范围不同。全部地温（草温）传感器共用一个地温分采集器，与主采集器采用CAN通信。在部分地温（草温）数据正常的前提下，可以确定地温分采集器核心部分及地温数据通道公共部分（主采集器、CAN通信、12 V电源等）运行正常。引起本故障的原因可能有：参数配置错误；地温传感器线路连接不良；地温传感器故障；地温分采集器通道故障；系统接地不良或外部电磁干扰。

（3）技术依据

同3.10.7.1节"全部地温（草温）数据缺测"的"（3）技术依据"。

（4）维修流程

具体详见故障维修流程图3.10.10。

（5）检测要点

检查传感器挂接是否正常，是否处于维护、停用、标定状态；传感器是否开启；传感器测量范围、质量控制参数、修正值是否正常。

检查地温传感器连接是否正确，传感器接插件是否有松动现象，地温传感器连接不良接触电阻变大或接插件因潮湿、污染等原因造成绝缘电阻变小等原因都会影响测量准确度；地温传感器虚接、短路或断路时都会出现故障。

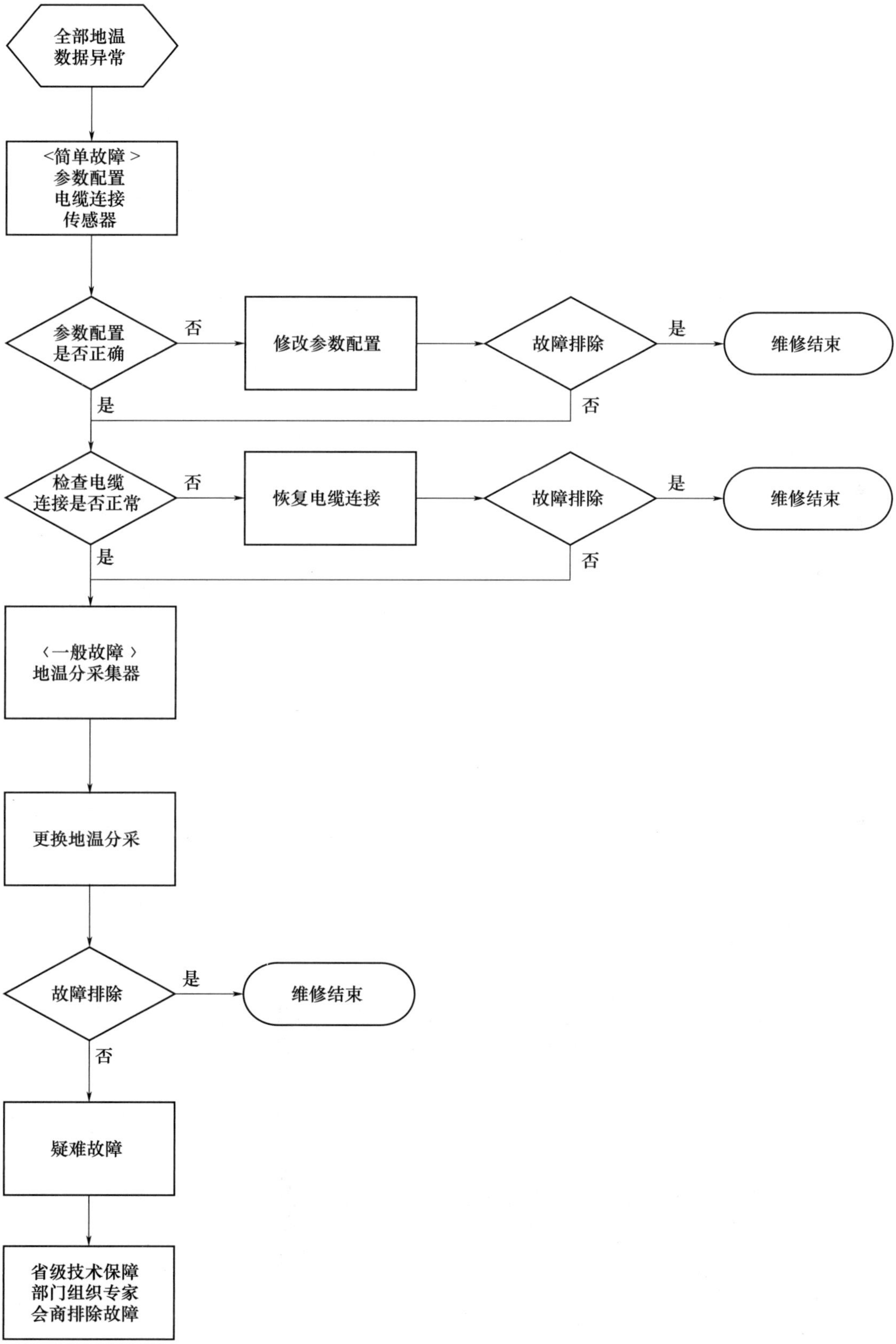

图 3.10.9 全部地温(草温)数据异常维修流程图

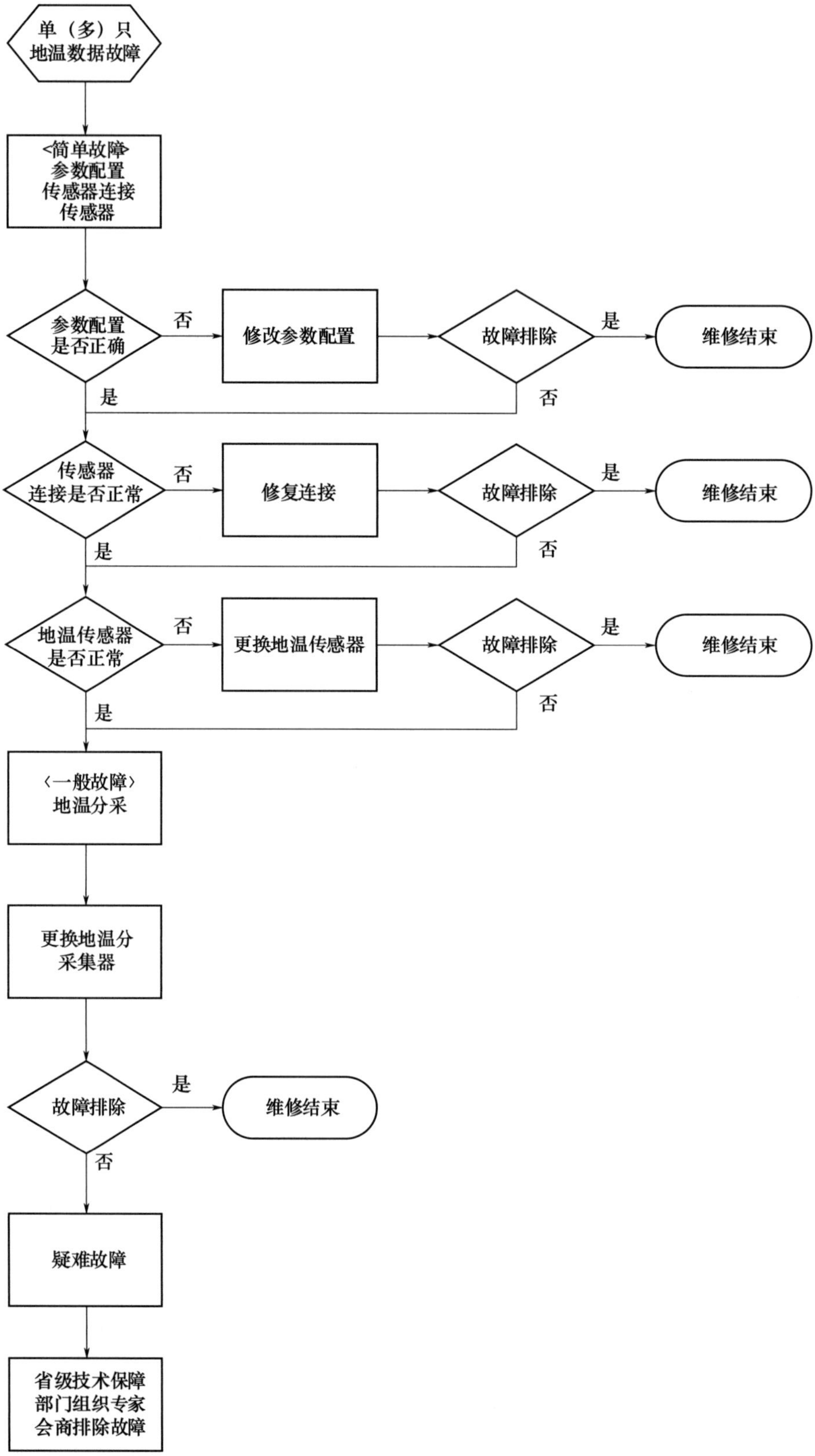

图 3.10.10　单只或多只地温(草温)数据故障维修流程图

在地温分采集器断电的情况下，使用万用表电阻挡(200 Ω)测量该地温传感器的电阻，根据计算公式换算出温度，并与实际地温值比较。

通过测量电阻值 R 计算地温值 T 的方法为：

$$T=\frac{R_1(\text{异端阻值})-R_2(\text{同端阻值})-100\ \Omega}{0.385\ \Omega/℃}$$

如果计算出的地温值与实际值相差很大，或者测量的电阻值为“0”或“∞”，则说明故障原因为传感器或线路连接。如果有连接故障，修复故障部位或者更换故障部件；如果连接都正常，则说明地温传感器故障。

如果计算出的地温值与实际地温数值相符，说明地温传感器正常，故障由地温分采集器引起。由于本故障只是部分地温通道故障，分采集器核心部分工作正常，虽然各指示灯状态正常，也必须更换地温分采集器才能排除故障。

注：须注意检查地温传感器及地温分采集器屏蔽接地，如果屏蔽线虚接或者未接，也有可能造成故障发生。

(6)恢复测试

待自动站启动完成后，通过业务软件查看监控界面实时数据，与备用站实时观测数据比较，确定地温(草温)实时观测数据正常。完成恢复测试。

3.10.7.4 地温(草温)传感器置换

(1)断开自动站交、直流电源，自动站断电。

(2)将要更换的地温传感器连接端子从分采集器相应通道上拔下，拆下接线端子，将地温传感器电缆从机箱线孔抽出。

(3)将地温传感器电缆从地沟管道抽出。

(4)将地温(草温)传感器从支架取出，换上新的地温(草温)传感器。草温传感器固定在草温支架上；浅层地温传感器通过地温支架安装在地温观测场，置换时把需更换的传感器从地温支架对应层拆卸下来，更换上相应的地温传感器即可；深层地温传感器安装在深层地温套管内，置换时把相应的地温传感器木棒从地温套管中抽出，打开金属铜盖、导热块，拧松木螺丝，打开塑料护管，把地温传感器取出，更换上新的地温传感器，重新安装好，垂直插入地温套管。

(5)将地温传感器电缆按原路径穿管(孔)进入地温分采集箱，连接接线端子后插入相应端口。

(6)检查全部接线，确保线序正确，接触良好。

(7)闭合自动站交、直流电源开关，自动站开始工作。

(8)完成地温(草温)传感器置换。

任务 3.11　蒸发传感器的安装与维护

3.11.1　概述

DZZ4 新型自动气象站中使用的蒸发传感器是 WUSH-TV2 型超声蒸发传感器（图 3.11.1），该传感器全程参加了新型自动站考核，考核期间运行稳定，数据准确，满足业务观测需求。

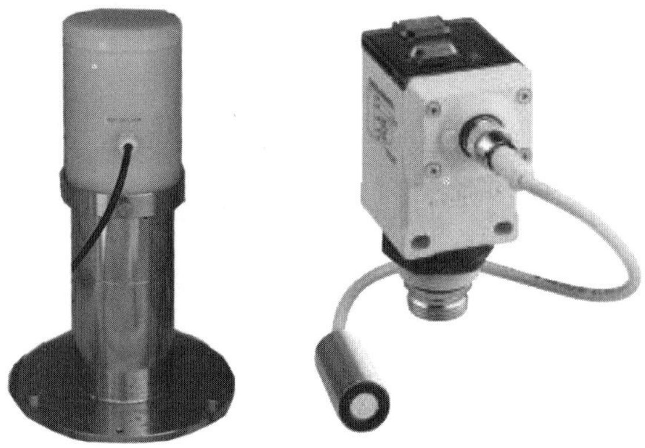

图 3.11.1　WUSH-TV2 型超声蒸发传感器

该传感器采用连通器原理和超声波测距原理，大大降低了水面波动对蒸发测量的影响，具有高稳定性、高分辨力、高测量准确度等优点。整套蒸发测量系统由水位测量探头、测量筒、蒸发皿、连通器、水圈、小百叶箱等组成。

测量探头通过检测测量筒内超声波脉冲发射和返回的时间差来测量水位变化情况并转换成电信号输出，测量探头还具有温度补偿功能。测量筒和测量探头置于百叶箱内，改善了测量环境，有效地提高了测量准确度和稳定性。测量探头的输出为 4～20 mA 电流信号，可以进行远距离传输。

蒸发皿采用业务台站常用的 E-106B 蒸发皿，并对它进行了改造，使它适合安装连通器。

3.11.2　结构原理

3.11.2.1　组成结构

蒸发器由蒸发桶、水圈、连通管、测量筒（或称不锈钢圆筒）、超声波传感器、通风防辐射罩和溢流桶等部件组成，其组成结构如图 3.11.2 所示。

（1）蒸发桶用白色玻璃钢制成，是一个器口面积为 3000 cm^2、有圆锥底的圆柱形桶，器口为圆形，口缘为内直外斜的刀刃形，在桶壁上开有溢流口。

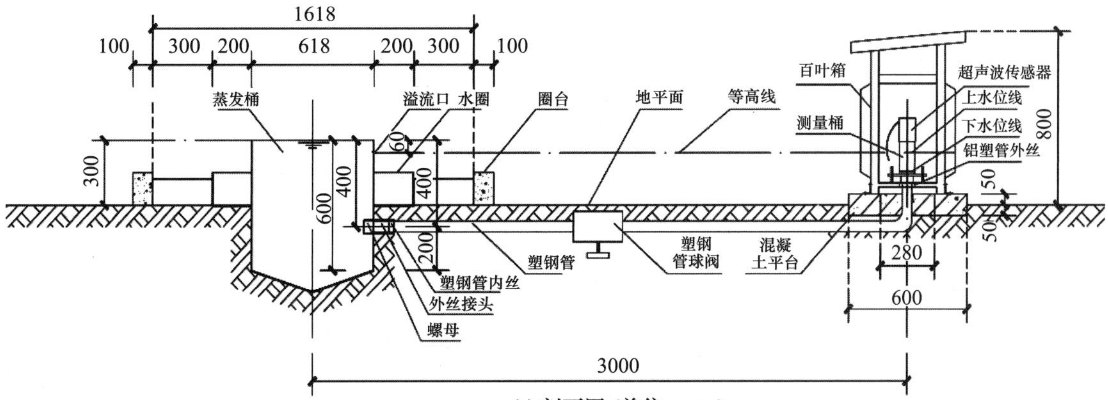

(a) 剖面图 (单位：mm)

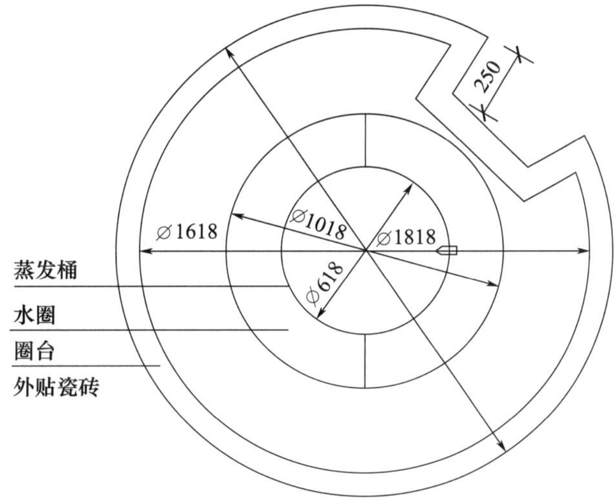

(b) 平面图 (单位：mm)

图 3.11.2 超声波蒸发传感器组成结构图

(2)水圈用白色玻璃钢制成，由 4 个相同的宽 20 cm 的弧形水槽组成，安装在蒸发桶四周，每个水槽的壁上开有排水孔。水圈内的水面应与蒸发桶内的水面接近，其作用一是减少太阳辐射对蒸发量的影响；二是减少降水对蒸发量的影响。

(3)百叶箱或蒸发传感器通风防辐射罩用白色玻璃钢制成，用于安装超声波传感器和测量筒，其作用是减少太阳对超声波传感器的辐射，以提高超声波传感器的测量精度。

(4)测量筒用不锈钢制成，与蒸发桶连接组成一个连通器，使测量筒的水位和蒸发桶一致。连通管可消除蒸发桶内水面波动对测量结果造成的影响，减少测量误差。

(5)超声波传感器安置在测量筒上，根据超声波测距的原理，精确测量出测量筒内水面高度，根据两个时刻的水位差计算出该时段内的蒸发量(图 3.11.3)。

(6)溢流桶是承接因降水较大时由蒸发桶溢出降水的圆柱形盛水器，可用镀锌铁皮或其他不吸水的材料组成。桶的横截面以 300 cm^2 为宜，溢流桶应放置在带盖的套箱内。

3.11.2.2 原理

超声波蒸发传感器基于连通器和超声波测距原理，选用高精度超声波探头，根据超声波脉冲发射和返回的时间差来测量水位变化，并转换成电信号输出，计算某一时段的水位变化即得到该时段的蒸发量(图 3.11.3)。

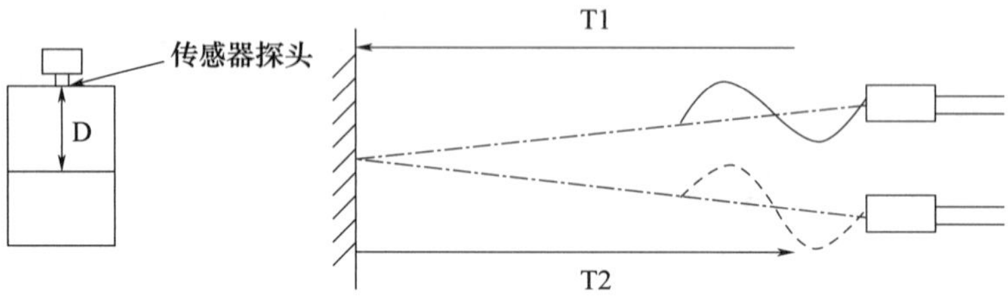

图 3.11.3 超声波蒸发传感器探头(a)及输出信号示意图(b)

超声波在空气中的传播速度为 v，而根据计时器记录的测出发射和接收回波的时间差 Δt，就可以计算出发射点距障碍物的距离 S，即：

$$S = v \cdot \Delta t /2$$

3.11.3 安装与测量

3.11.3.1 安装

百叶箱或通风防辐射罩位于蒸发桶北侧，门朝南，两者中心相距 3 m。安装蒸发桶时，力求少挖动原土。蒸发桶口缘应水平，并高出地面 30 cm。防塌圈的外径应为 181.8 cm，内径应为 161.8 cm。

向蒸发桶内注水时，应特别注意将连通器管道内的空气完全排出，以免影响测量的准确性。水圈与蒸发桶必须密合，其高度应低于蒸发桶口缘 5～6 cm。

水圈与地面之间的土圈应取与坑中土壤相接近的土壤填筑，其高度应低于蒸发桶口缘约 7.5 cm。

(1)制作百叶箱或通风防辐射罩安装混凝土基座，将百叶箱或通风防辐射罩牢固安装在基座上。然后，将测量筒和超声波传感器水平、稳固地安装在百叶箱或通风防辐射罩底板上。

(2)挖好安装蒸发桶的土坑，在百叶箱或通风防辐射罩基座和土坑之间挖一南北走向的土沟用于安装连通管。将蒸发桶埋入土坑，调整高度和水平，桶外壁与坑壁间的空隙用少量原土回填。

(3)安装管件和阀门，将蒸发桶和测量筒接通并注水试验，检查管件、阀门各接头是否漏水。

(4)将蒸发桶外壁与坑壁间的空隙用原土回填捣实。

(5)调节测量筒的高度，使测量筒最高水位刻度线稍高于蒸发桶溢流口。

(6)在蒸发桶四周砌筑防塌圈，可用预制弧形混凝土块拼成，或用水泥、砖块砌成，外露面贴白瓷片。在防塌圈东北方向，应留一个长约 40 cm、宽约 25 cm 的缺口，以便于业务人员测量和检查。

(7)将水圈安放在蒸发桶四周，并紧贴蒸发桶壁。

(8)连接信号线电缆。

3.11.3.2 测试

蒸发传感器安装完成后，向蒸发桶注水，当水从溢流口溢出时，停止注水。用万用表测量传感器的输出信号，电流值应在 4～20 mA。

3.11.3.3 测量

蒸发传感器的工作电压为 DC +12 V，其测量点为主采集器上蒸发传感器接口的“*”“R”端口。

蒸发传感器将蒸发要素值转换成电流信号输出，通过测量电流值可计算出蒸发数值，其测量点为主采集器上蒸发传感器接口的“+”端子及蒸发传感器的“输出电流+”引线，输出电流范围为 4～20 mA，对应的蒸发测量范围为 0～100 mm，输出电流 I(mA)与蒸发液面高度 H 的对应关系为：

$$H=\frac{I-4}{20-4}\times 100$$

3.11.4 维护

(1)蒸发传感器维护期间，应当暂停蒸发观测，维护完成后再启动观测，防止因维护操作而引起数据异常。维护尽量选择蒸发量小的时段。

(2)定期清洁百叶箱或通风防辐射罩。

(3)蒸发桶定期清洗换水，检查清理不锈钢测量筒内的异物，一般每月 1 次。

(4)蒸发桶内水位过低时应及时加水，水位过高时应及时取水，以免影响测量准确性。

(5)定期检查蒸发器的安装情况，如发现不水平、高度不符合要求等，要及时予以纠正。

(6)每年在汛期前后(冰冻期较长的地区，在开始使用前和停止使用后)，应各检查 1 次蒸发器的渗漏情况；如果发现问题，应进行处理。停用后，把电缆插头拔掉，将传感器探头取出放到室内。

(7)超声波蒸发传感器测量精度高，安装尺寸要求非常严格，切勿撞击或用手触摸超声传感器的探头。

(8)每年春季对防雷设施进行全面检查，复测接地电阻。

(9)按业务要求定期进行检定，检定周期应不超过 2 年。

(10)当设备故障时应及时进行维护或维修。

3.11.5 常见故障处理

3.11.5.1 蒸发数据异常

(1)故障现象

蒸发数据异常。

(2)故障分析

蒸发观测系统由超声波蒸发传感器、不锈钢测量筒、E-601B型蒸发桶、连通管、水圈、百叶箱等配套件组成。根据超声波测距原理,蒸发传感器通过检测量筒内超声波脉冲发射和返回的时间差来计算水位变化情况并转换成电流信号输出。引起该故障的原因可能有:参数配置错误;蒸发传感器故障;蒸发电缆故障或连接不良;主采集器通道故障;系统接地不良或外部电磁干扰。

(3)技术依据

超声波蒸发传感器的工作电压在DC 9～15 V,输出4～20 mA电流信号对应0～100 mm蒸发水位,主采集器通过125 Ω标准电阻转换将电流信号转换为0.5～2.5 V电压信号。蒸发测量信号流向示意图如图3.11.4所示,信号接线如表3.11.1所示。

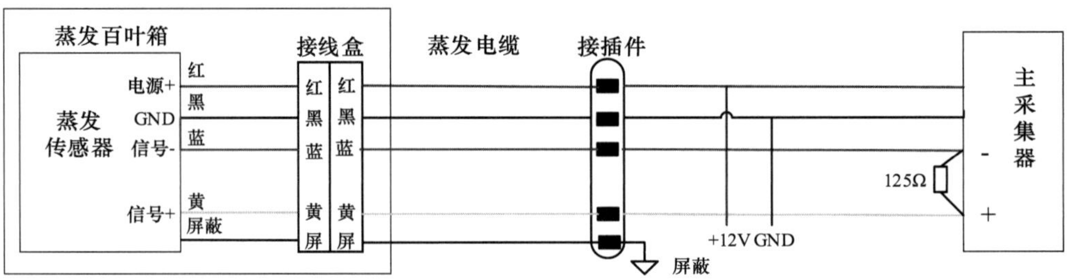

图3.11.4　蒸发测量信号流向示意图

表3.11.1　蒸发传感器的接线及定义表

序号	电缆引线颜色	电缆引线功能
1	红色	12 V电源
2	黑色	蒸发电源地
3	蓝色	蒸发信号地
4	黄色	蒸发信号＋

(4)维修流程

具体详见故障维修流程图3.11.5。

(5)检测要点

检查蒸发传感器修正值是否正常。

在业务软件上检查蒸发水位的数据,如果蒸发水位长时间不变,首先确认蒸发传感器的水位是否在规定的量程范围内,超出量程就要及时加水或者减水。然后检查蒸发桶到测量筒的连通管是否有气泡、异物等,如果有则可以从测量筒处加水冲出杂物;蒸发系统特别是连接处是否有漏水、渗水现象,如果有则进行相关维护、维修。

在蒸发百叶箱内,打开接线盒,检查蒸发传感器接线排线路连接是否正常。检查接线排到主采集器信号电缆是否正常。

检查蒸发传感器供电电压:首先,将万用表调到直流电压20 V的测量挡,在接插件上,测量"红、黑"两端的电压,正常情况下应在10～14.5 V,否则说明供电存在问题;其次,检查蒸发电缆是否正常、连接是否良好,主采集箱内直流电源接线排处蒸发电源线连接是否良好,排除电源故障。

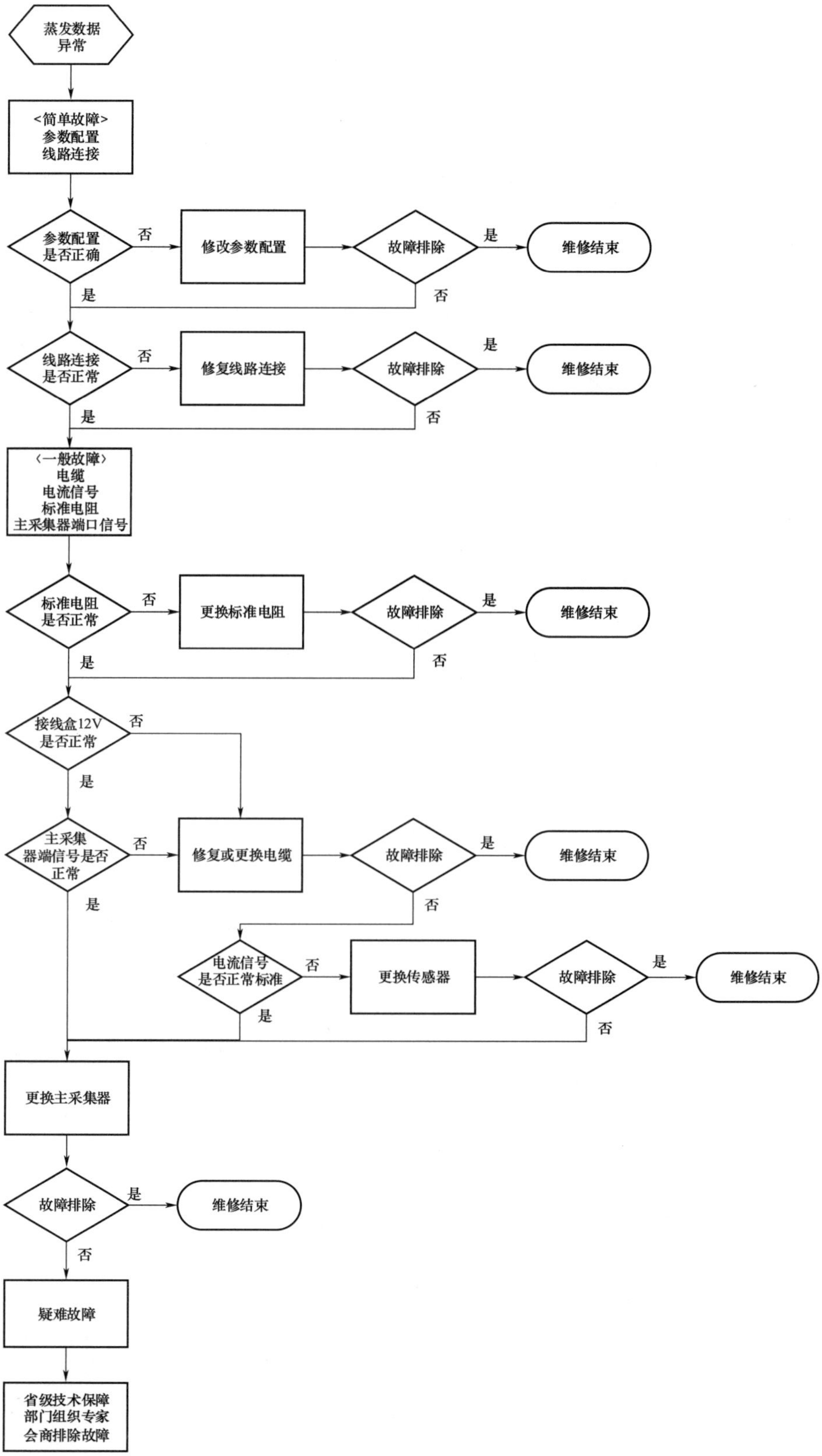

图 3.11.5　蒸发数据异常故障处理流程图

在蒸发传感器供电正常的情况下，检查蒸发传感器的输出信号。将万用表调至 200 mA 电流测量挡，将红、黑表笔串联在接插件“黄、黄”两端，测量信号电缆上电流，正常应为 4～20 mA 且与实际水位对应，否则说明蒸发传感器故障，更换蒸发传感器。

在蒸发传感器的输出电流信号正常的情况下，首先检查确认蒸发电缆正常且连接可靠。然后测量主采集器蒸发通道上标准电阻两端信号电压，正常情况下应在 0.5～2.5 V 范围内，如果信号电压不正常则检查测量 125 Ω 标准电阻，标准电阻不正常则更换，标准电阻正常则是主采集器故障；如果标准电阻两端信号电压正常，说明主采集器通道故障，更换主采集器。

(6)恢复测试

待自动站启动完成后，人工加水或者减水，在业务软件中检查蒸发水位的情况，数据是否与实际一致。

蒸发数据正常，完成恢复测试。

3.11.5.2 蒸发传感器置换

(1)断开自动站交、直流电源，自动站断电。

(2)打开蒸发接线盒，拧下蒸发传感器的信号线及屏蔽线。

(3)松开蒸发探头的 3 个固定螺丝，取下蒸发传感器。

(4)将新蒸发传感器换上，调节水平后，紧固 3 个固定螺丝。

(5)将蒸发传感器的信号线及屏蔽线，按原顺序可靠连接。

(6)闭合自动站交、直流电源开关，自动站开始工作。

(7)检测蒸发数据，完成蒸发传感器置换。

模块4

区域气象观测站的巡检与维修

任务 4.1 认识区域气象观测站

4.1.1 概述

4.1.1.1 定义与功能

区域气象观测站(简称区域站,有时又称区域自动气象站、中尺度站)是根据中小尺度灾害性天气预警,以及大中城市、特殊地区和专属经济区的气象和环境预报服务需要,为提高全国中小尺度天气监测和临近预报的水平和能力,在国家级气象观测站布局的基础上,根据当地经济社会发展需要而建设的地面气象观测站。

一般情况下,区域气象观测站是以加密自动气象(雨量)站为基础,以自动观测为主要手段,主要承担地面时空加密观测和实时要素监测业务,提供区域性高时空分辨率的中小尺度灾害性天气、局部环境和区域气候等观测数据,是国家级气象观测站的重要补充。

4.1.1.2 分类与型号

当前,全国气象部门使用的 6 万余个区域气象观测站类型覆盖了 30 多个厂家生产的 150 余种型号,下一步还将进一步增加到 8 万余个。区域气象观测站主要分为观测翻斗雨量的单要素雨量站,测量雨量、温度的两要素温雨站,测量雨量、温度、风向、风速的四要素观测站,测量雨量、温度、风向、风速、湿度(或气压)的五要素观测站,测量雨量、温度、风向、风速、湿度、气压的六要素观测站。

根据调研结果显示,全国气象部门使用的区域站主要有中环天仪(天津)气象仪器有限公司生产的 DSD24 型自动雨量站、DZZ2 型两要素至六要素区域站,中国华云技术有限公司生产的 DSD21 型自动雨量站、CAWS600-R(X)系列等,江苏省无线电科学研究所有限公司生产的 DSD22 型自动雨量站、ZQZ 系列要素区域站,长春气象仪器研究所生产的 DSD23 型自动雨量站,上海长望气象科技有限公司生产的 DSD25 型自动雨量站等。

4.1.2 结构原理

根据实际使用情况,不同型号的区域气象观测站因观测要素的不同配置有所差异,具体型号与观测要素的关系见表 4.1.1。

表 4.1.1 区域站类型与观测要素的关系表

序号	自动站类型	自动站型号	观测要素种类
1	单要素自动气象站	DSD24	雨量

续表

序号	自动站类型	自动站型号	观测要素种类
2	两要素自动气象站	DZZ2	温度、雨量
3	四要素自动气象站	DZZ2	风速、风向、温度、雨量
4	五要素自动气象站	DZZ2/DZZ6	风速、风向、温度、湿度/气压、雨量
5	六要素自动气象站	DZZ2/DZZ6	风速、风向、温度、湿度、气压、雨量

4.1.2.1　单要素雨量站

(1)功能特点

DSD24 型翻斗式自动雨量站系统(以下简称雨量站,外形如图 4.1.1 所示)采用模块化设计结构,可挂接不同的雨量传感器,通过采集系统对降雨数据进行采样处理,可将实时雨量,分钟、小时雨量累计及报警数据经有线或无线通信方式及时发送到相关部门,为气象数据的收集、分析和灾害预警提供可靠依据。

雨量站可外接 0.1 mm 和 0.5 mm 雨量传感器,系统可接直流或交流电源,通信系统有 4 G 或卫星等无线通信方式及有线通信。

图 4.1.1　DSD24 型自动雨量站外形结构图

(2)组成结构

雨量站由硬件和软件两个部分组成。硬件可分成翻斗雨量传感器、数据处理单元、供电单元、通信控制单元、无线传输模块及外围组件,如图 4.1.2 所示;软件可分成采集软件和业务软件两种。

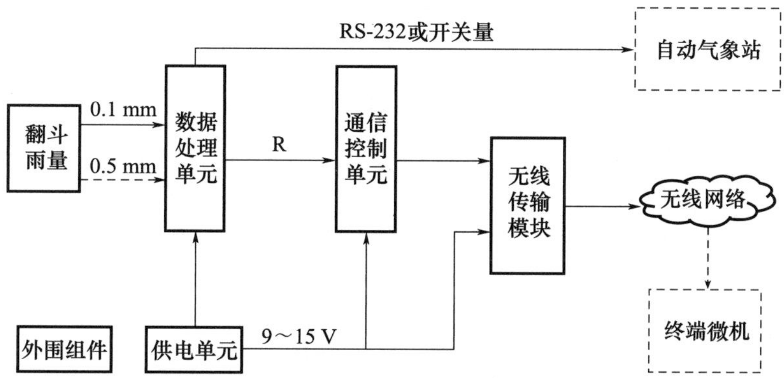

图 4.1.2　DSD24 型自动雨量站设备逻辑结构图

(3)翻斗雨量传感器

① 功能特性

雨量站采用 SL3-1 型翻斗式雨量传感器,该传感器适用气象台(站)、水文测站、农、林业等有关部门用以测量液体降水量、降水强度,仪器感应器用二芯电缆连接,输出机械触点信号(干簧管)。

② 结构原理

雨量传感器由承水器、上翻斗、计量翻斗、计数翻斗等构成。

其工作过程是:雨水由承水口汇集,进入上翻斗。上翻斗的作用是使降水强度近似大降水强度,然后进入计量翻斗计量,计量翻斗翻动一次为 0.1 mm 降水量。随之雨水由计量翻斗倒入计数翻斗。在计数翻斗的中部装有一块小磁钢,磁钢的上面装有干簧开关,计数翻斗翻转一次,则开关闭合一次,由于开关的闭合送出一个信号。输出信号由红黑接线柱引出。

③ 主要技术参数

承水口径:　　$\varnothing$200 mm

测量降水强度:　4 mm/min 内

测量最小分度:　SL3-1 型为 0.1 mm 降水量

最大允许误差:　±0.4 mm(≤10 mm)

　　　　　　　±4%(>10 mm)

(4)采集器

① 功能特性

采集器具有以下几个功能:完成雨量数据的采集,对数据进行控制运算、数据计算处理、数据质量控制、数据记录存储,实现数据通信和传输,与终端微机或远程数据中心进行交互。

采集器可以存储不少于 7 天的雨量数据,包括小时数据和分钟数据。数据通信方面可以选择 GPRS 通信、短信通信和卫星通信。

② 结构

见图 4.1.3。

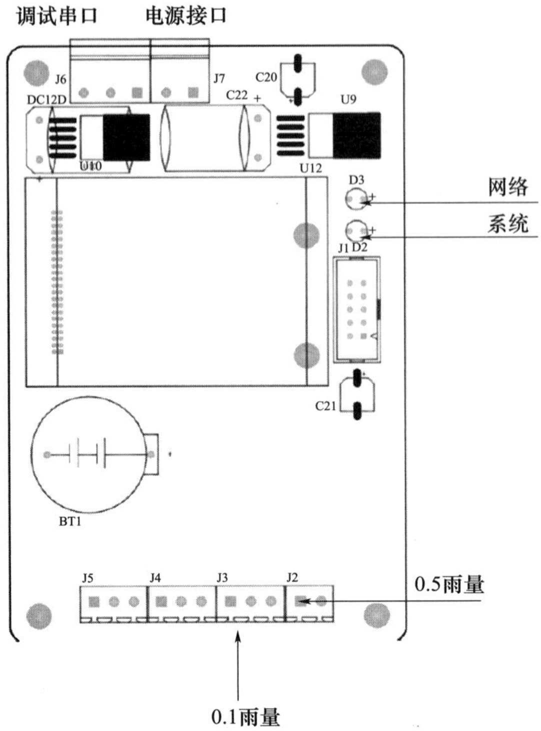

图 4.1.3　采集器各元件位置示意图

4.1.2.2　两要素观测站

DZZ2 型温雨两要素观测站主要由气象设备和数据监控中心两个部分组成。气象设备由数据采集器、翻斗雨量传感器、温度传感器、无线通信模块、太阳能供电系统等部分组成。数据监控中心由数据监控服务器和数据监控中心软件组成。

(1)数据采集器

数据采集器是自动气象站的核心。

DZZ2 型区域站最早使用 TYQ200 数据采集器，如图 4.1.4 所示，现在使用的部分 TYQ200 采集器如图 4.1.5 所示。

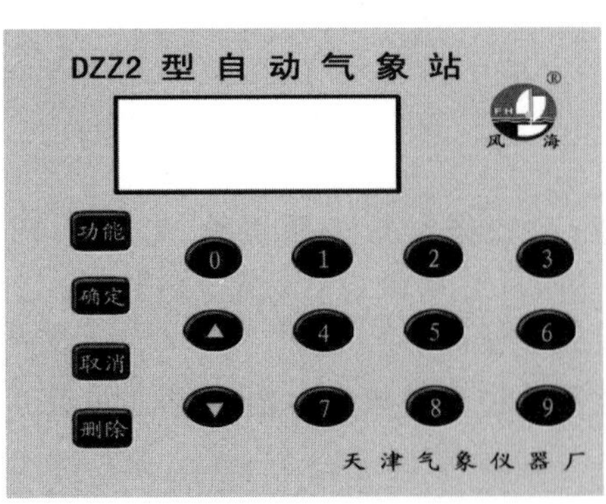

图 4.1.4　早期 TYQ200 数据采集器面板

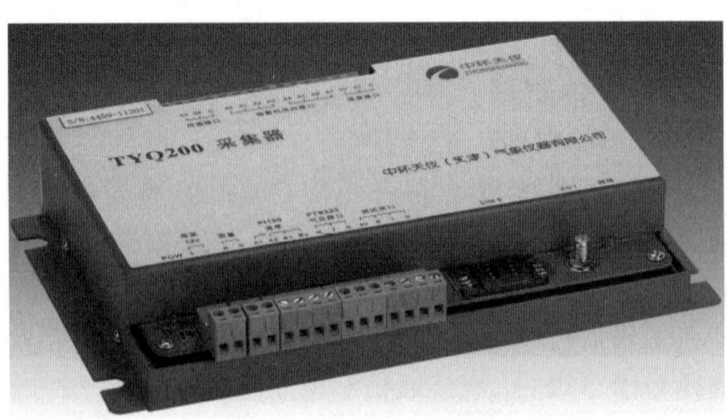

图 4.1.5　TYQ200 采集器

① 早期 TYQ200 数据采集器

早期 TYQ200 数据采集器硬件部分主要由采集板、液晶板、液晶显示器、键盘、通信模块及配件、外壳及配件等部分组成。主要实现多个气象要素的数据采集、处理、存储、显示、传输等功能;设计理念采用开放式体系结构,具有扩展性、互换性、适用性。系统设计做到模块化、集成化,提高了数据采集的准确性、及时性、可靠性,系统具有高效稳定、方便实用和维护的特点。

早期 TYQ200 采集器可存储至少三个月的历史数据,也可由中心站收集存储各站点雨量、温度、风速风向数据,资料采集以北京时间 20 时为界。有时间校准功能、报警功能(通过键盘输入或命令方式),以及液晶显示和键盘录入功能。

系统键盘和液晶显示器是为现场设置通信参数与查询气象数据而设置的。在系统正常工作期间,为节省功耗,液晶显示器处于关闭状态。

系统键盘共有 16 键,分为功能、确定、取消、删除四个菜单功能键,上翻、下翻两个辅助功能键,以及 0～9 十个数字键。

② 当前 TYQ200 数据采集器

目前使用的 TYQ200 数据采集器能够采集实时温度、风向、风速、湿度和气压等要素,数据存储在采集器内部,同时也可以将数据通过串口或内置 4 G 通信模块实现网络传输。

该传感器技术指标如下。

a. 测量部分技术指标:

频率测量精度	1 Hz
频率测量范围	0～3 kHz
AD 分辨率	16 位
电阻采样精度	0.04 Ω
单端采样精度	1‰
差分采样精度	10 μV

b. 电气技术指标:

电源输入电压	输入电压 5.6～15 V
工作温度	－40～80 ℃
电压分布结构	(3.3±1%)V,(5±1%)V,(3.9±1%)V
整机功耗	40 mA

(2)翻斗雨量传感器

两要素站可挂接各种不同的翻斗雨量传感器,主要有 SL3-1 型(同雨量站)、SL2-1 型单翻斗雨量传感器。

① 结构原理

SL2-1 型雨量传感器为单翻斗雨量传感器,主要由承水器(口径为 159.6 mm)、过滤漏斗、翻斗、干簧管和底座等组成,见图 4.1.6。

雨水由截面积为 200 cm^2 集水器汇集,通过装有小圆护网的小漏斗及其下端的引流管注入翻斗。当翻斗承积的水量达到一定的数量值时,翻斗翻倒,另一半翻斗开始盛雨。计数翻斗中部装有一块小磁钢,磁钢上端有干簧管。当计数翻斗翻动时,磁钢对干簧管扫描,使干簧管接点因磁化而瞬间闭合一次,送出一个电路导通脉冲。相当于 0.1 mm 降雨量。

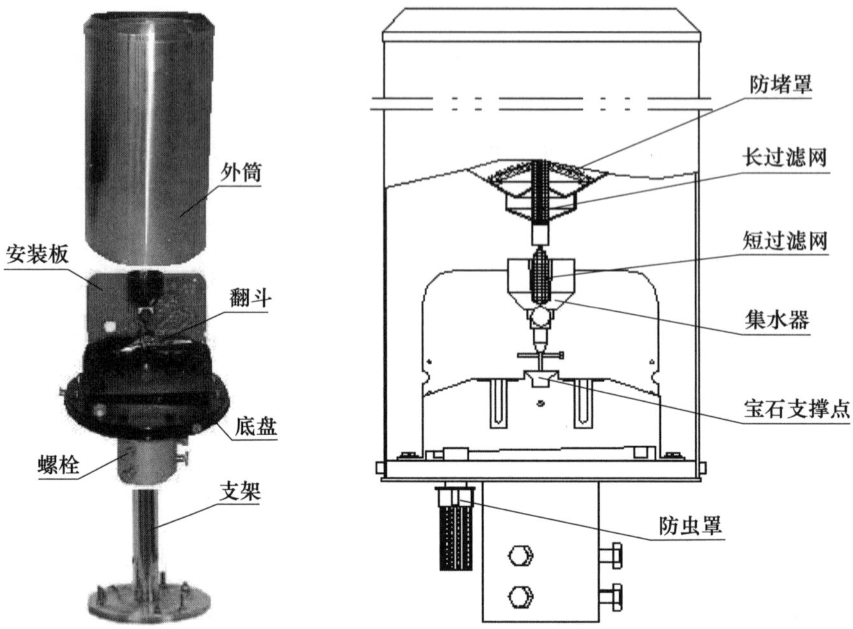

(a) (b)

图 4.1.6 SL2-1 型单翻斗雨量传感器外形(a)和结构(b)示意图

② 技术规格

集水口径	200 cm²(∅159.6 mm)
测量降水强度	≤4 mm/min
测量分辨率	0.1 mm
最大误差	±0.4 mm(降水量≤10 mm) ±4%(降水量≥10 mm)
工作温度	0～60 ℃

(3)温度传感器

DZZ2 型区域站配备的温度传感器主要有 WZP1 型温度传感器或 WZP2 气温传感器。传感器的精度和稳定度主要依赖于 Pt100 铂电阻的特性及精度级别。

温度传感器是利用金属铂 Pt100 在温度变化时自身电阻值也随之改变的特性来测量温度的。

Pt100 铂电阻温度传感器通常在气温为 0 ℃时的电阻值为 100 Ω，电阻变化率约为 0.385 Ω/℃。其电阻 R_t 与温度 t 的最终关系式为：$t=(R_t-100)/0.385$。

(4)电源系统

两要素站大多布设在偏远乡镇、景区、水库等区域，电源部分的设计要充分考虑无人值守、市电不稳和现场防雷击事故等多种情况。

整机设计采用太阳能供电或市电供电的工作方式，原理简要如下：由模块化开关电源和太阳能电池板产生的直流电，经过充放电控制板后，一路为蓄电池充电，另一路在电源控制板输出端输出 10.5～14.5 V 的直流电压，该电压首先经 U1 和 U2 变成稳定的+9 V、+5 V 电压，为 GPRS 通信模块与采集器主板单元供电，电源工作原理框图如图 4.1.7 所示。

(5)通信部分

DZZ2 系列区域站可配备 CGSM 智能通信仪,也可利用 TYQ200 采集器自带的无线通信模块。此处不再详细介绍。

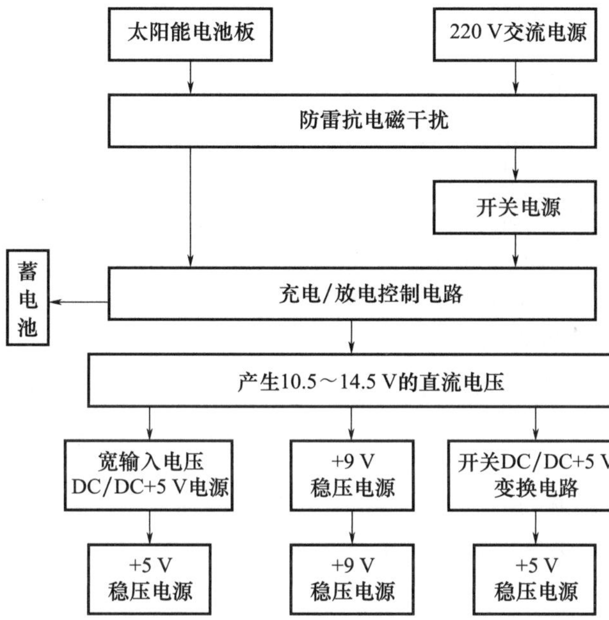

图 4.1.7　DZZ2 型区域站电源工作原理图

4.1.2.3　四要素观测站

DZZ2 型四要素观测站是在两要素站的基础上增加了风向、风速传感器,其他设备与两要素站完全一致。

风向、风速传感器用于测量距地 10 m 处的地面风的速度及方向值,并转换为电信号,此信号可以直接传送到显示仪器或记录设备进行处理。

传感器由风向传感器、风速传感器及传感器支架三部分组成。传感器供电电源分为＋12 V 和＋5 V 两种情况。DZZ2 型四要素观测站配备 EL15 系列风向、风速传感器,如图 4.1.8、图 4.1.9 所示。

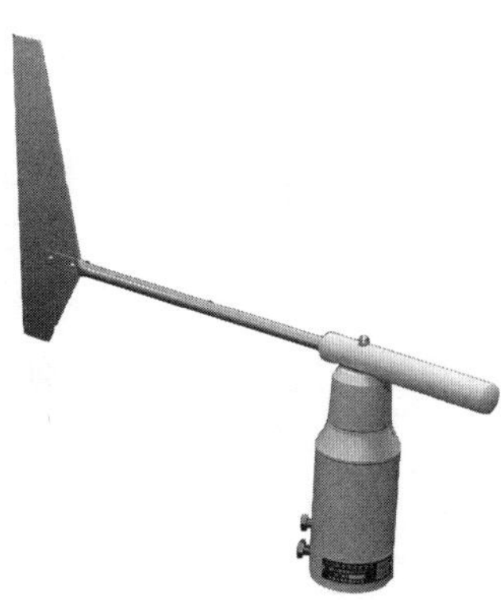

图 4.1.8　EL15-2C 风向传感器

图 4.1.9　EL15-1C 风速传感器

(1)EL15-2C 型风向传感器

① 工作原理

风向低惯性轻金属的风向标响应风向，带动同轴码盘转动，此码盘按格雷码编码并以光点子扫描，输出对应风向的电信号，可以方便地进行信号采集及处理。

② 主要技术指标

测量范围	0～360°
分辨力	7 位格雷码
准确度	±5°
起动风速	≤0.5 m/s
使用温度范围	−50～50 ℃
供电电源：	电压：DC(12±2)V； 电流：平均值小于 5 mA

其他：允许对校准方程线性系数进行修改的前提下传感器具有互换性。

(2)EL15-1C 型风速传感器

① 工作原理

风速低惯性轻金属风杯，随风旋转，带动同轴光盘转动，以光电子扫描输出脉冲串，输出相应于转数的脉冲频率，对应其风速，便于采集及处理。

② 主要技术指标

测量范围	0～60 m/s
分辨力	0.1 m/s
准确度	±(0.3+0.03 v)m/s
起动风速	≤0.5 m/s
输出	频率信号，校准方程为线性
使用温度范围	−50～50 ℃
供电电源	电压：DC(12±2)V； 电流：平均值小于 5 mA
重量	1 kg
外形尺寸	319 mm×226 mm

其他：允许对校准方程线性系数进行修改的前提下传感器具有互换性。

4.1.2.4 五/六要素观测站

DZZ2 型五/六要素观测站是在四要素站的基础上增加了湿度、气压传感器，其他设备与四要素站完全一致。

(1)湿度传感器/温湿度传感器

五/六要素观测站采用湿度传感器，一般会将湿度传感器与温度传感器合并使用温湿度传感器安装在通风防辐射罩或百叶箱内。

DZZ2 型五/六要素观测站配备 DHC1 型温湿度传感器。传感器由连接电缆、壳体、湿度探头、温度探头等组成。

DHC1 型温湿度传感器温度测量采用 Pt100 铂电阻，与 WZP1 型气温传感器结构和工作原理相同。湿度测量采用电容式湿度传感器，三线制输出。湿敏电容湿度传感器是用有机高分子膜做介质的一种小型电容器。传感器置于大气中，当大气中水汽透过上电极进入介质层，介质层吸收水汽后，介质系数发生变化，导致电容器电容量发生变化，电容量的变化正比于相对湿度。湿度在(0～100)%RH 范围内输出稳定的(0～1)V 直流电压。

(2)气压传感器

观测站配备 PTB330 气压传感器，感应元件为硅电容压力传感器 BAROCAP。

BAROCAP 压力传感器由中间夹有一层玻璃的上下两块单晶硅组成。上层较薄的硅层两边蚀刻成一个绝对压力传感器的真空基准腔，并形成一个压力敏感硅膜片。下面较厚的硅层是传感器的刚性基片，并覆盖玻璃介质。较薄的硅片静电键合到玻璃面上形成一个牢固和密闭的接点。沉积上金属化薄膜形成一个在真空基准腔内的电容器电极；另一个电极为压力敏感硅膜片，构成一个电容量随压力变化的电容器 C_P。

气压传感器的测量电路是由一个电阻器 R、5 个电容器和 RC 振荡电路模块组成的 RC 振荡器构成。5 个电容器分别是电容压力传感器 C_P、电容温度补偿传感器 C_T 以及与其相对应的 C1、C2 和 C3 三个参考电容器。在一个测量周期内，振荡电路模块分别连接这 5 个不同的电容器，产生 5 个不同的振荡频率。

传感器每秒钟测 10 次 C_P 振荡频率计算出相应的气压值，每 30 s 测得一次用于校正的 C1、C2 和 C3 三个参考电容器和温度补偿电容 C_T 的振荡频率，使用设定的测量算法计算出相应的气压值。

PTB330 气压传感器有三种输出方式：软件可设的 RS232 串行输出；TTL 电平输出；模拟(电压、电流)输出、脉冲输出。

任务 4.2　安装调试区域气象观测站

4.2.1　场地建设要求

4.2.1.1　建设环境要求

(1)站点位置的基本条件

区域站的站点位置应选择在省(区、市)区域站站网总体布局规划图的网格点附近,以具有一定的地域代表性、满足当地气象服务或特定服务需要、交通便利、便于维护维修为原则,兼顾设备安全,尽量安置在能保持长久固定的地点,避免频繁迁移。

(2)站点位置的探测环境条件

站点的气象探测环境应能够保证观测的气象要素具有一定的代表性。用于中小尺度天气监测的区域站与周围障碍物的距离不小于障碍物高度的三倍;为森林、湿地、交通、海上平台、浮标、船舶、桥梁等特殊需求服务的区域站亦应满足其配置的观测要素的最基本代表性条件。场地、仪器的通风和光照条件须得到保证,避免建在高大建筑群、山坳、陡壁等影响资料地域代表性或对观测资料准确性有干扰的地方。

(3)站点位置的电力电源条件

区域站应优先选择太阳能或风能供电,以降低因电力线路引入的雷电干扰和破坏,电力功率应满足技术要求。采用公共电力供电的区域站,所选站点位置应当具备 220 V 交流电源供电条件,达到基本不停电,并加装防雷电设施。

(4)站点位置的通信条件

站点位置应具备自动观测数据实时传输所需要的通信条件。当采用无线通信方式进行区域站数据传输时,站点位置的手机信号强度须经现场测试,达到稳定可靠。信号不稳定又不能改换的地点,须申请当地移动通信部门对基站天线方向进行调整。

(5)站点位置的看护条件

负责建设和管理区域站的气象部门应与站点所在单位或邻近具备看护条件的单位签订合作协议,落实区域站的探测环境保护职责,安排固定人员负责仪器设备和场地设施的经常性维护,做好设备和场地的安全保护。

4.2.1.2　建设基础要求

根据《区域气象观测站建设指导意见》等文件要求,区域站的基础设施建设包括观测场地、仪器基础、地下管道、防雷设施等项目,各项建设工程由省(区、市)气象局组织检查、验收。对于站址条件或基础设施施工不合格的站点,必须及时调整或改进。

(1)观测场地

为保证区域站观测资料的代表性、准确性,必须在观测场地建设方面坚持如下标准。

① 观测场的位置

观测资料的地域代表性主要取决于探测环境和下垫面。因此，陆地区域站应设置在位于地面并保持自然平整的观测场地上，不宜设置在建筑物上面；在浮标、石油平台等特殊条件下，可不设置观测场。

② 观测场的面积

有条件的站点应尽量达到《地面气象观测规范》对观测场面积的要求。确因条件限制，也要满足气温、降水等气象要素对探测环境的最低要求，遵从各仪器之间互不干扰的原则，围栏到仪器的间距应能使围栏起到有效的隔离作用。

两要素（降水、气温）区域站观测场面积不得小于南北长 6 m、东西宽 4 m。四要素（降水、气温、风向、风速）至六要素（降水、气温、风向、风速、气压、湿度）区域站观测场面积不得小于南北长 8 m、东西宽 4 m。

增加能见度、地温观测要素时，须相应增加观测场的面积，其中，浅层地温场面积不小于 2 m×2 m。

③ 观测场的围栏

观测场地一般应设置坚固、稀疏、美观、不反光或弱反光材质的防护围栏，其高度可根据安全防护需求并与周边环境相协调为宜；围栏外侧应设立用于防护的告示牌，其告知内容、型式和安置等事项由省（区、市）气象局规定。

④ 观测场的门和小路

观测场门的位置以方便人员进出和方便仪器维护为原则；场内一般不铺设专用小路；当铺设小路时，路面的宽度应小于 50 cm。

（2）仪器基础

风、气温和湿度、降水、能见度等传感器的安装设施都应按照图纸制作坚固、美观的混凝土基础。

① 风杆、能见度仪、百叶箱的基础根据厂商提供的图纸制作。

② 雨量传感器的基础同新型自动气象站，单要素站雨量传感器可安装在采集箱上部。

③ 基础的顶面要方正、平滑，并高出观测场地面 3～5 cm，以减少积水对紧固件的侵蚀。

④ 基础内要预埋一定口径的铝塑穿线管，与地下管道连通，用于仪器缆线的穿行和保护；当有电力电源线时，电源线与信号线须分别设置穿线管。

（3）地下管道

观测场内和连接到建筑物中的仪器缆线、电力电源缆线进行地下掩埋敷设，并在每个仪器位置设置分线井。

① 区域站全部缆线均应采用带有金属屏蔽层的套管做防护，并埋入地下，管道直径 50～90 mm，埋设深度 30～50 cm；电力电源与仪器信号缆线应分管防护。

② 除接闪器和仪器设施的接地引下线外，风、气温、雨量等传感器的信号线和机壳接地线均从仪器设施基础内的套管中穿行。

③ 确保观测场内地下缆线分线井和建筑物内缆线防护管端口的严密性，防止鼠类进入地下管网。

（4）防雷设施

应按照《自动气象站场室防雷技术规范》（QX/T 30—2021）的要求，建设好观测场地、仪器设施的接地工程和防雷工程，增强区域站的安全运行能力。

4.2.2 传感器的安装

4.2.2.1 防辐射罩与温(湿)度传感器

将温(湿)度传感器安装在防辐射罩内,如图 4.2.1 所示。

温度传感器输出为四线制电阻值,其中 A、B 为一组,C、D 为一组。在 DZZ2 型自动气象站中用到的铂电阻温度传感器有 5 根接线,除了图中的 4 根接线外,剩余一根为屏蔽线。

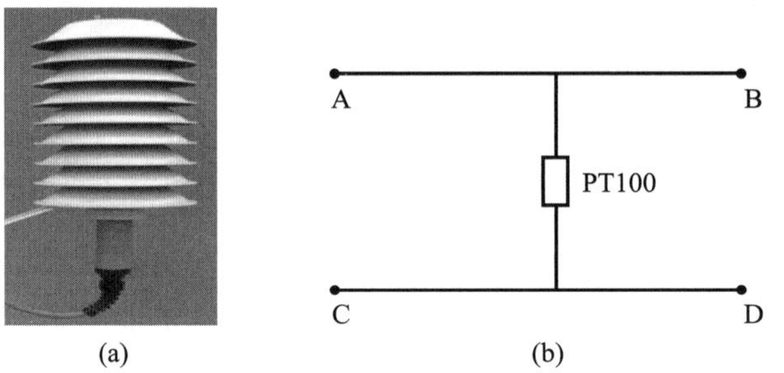

图 4.2.1 防辐射罩(a)及温度传感器接线图(b)

防辐射罩的底板上面有温(湿)度传感器支架和磁座天线固定板。温(湿)度传感器支架既适用于单温度传感器,亦适用于温湿度传感器,通过将传感器支架两面互换来调整适应。单温度传感器安装在支架顶部的固定座内,温湿度传感器安装在支架侧面的 U 型卡箍内。具体安装步骤如下。

① 先松开防辐射罩三个底脚元宝螺母,使底板与外罩分开。

② 单温度传感器的安装:调整传感器支架,使有温度传感器固定座的一侧朝向底板中心位置,旋松固定座,将温度传感器从下往上穿过底板中心圆孔,插入固定座孔中,旋紧固定座即可。

③ 温湿传感器的安装:调整传感器支架,使有温湿度传感器 U 型卡箍的一侧朝向底板中心位置,松开卡箍,将温湿度传感器从下往上穿过底板中心圆孔,用卡箍将其固定在传感器支架上。固定时,注意应使卡箍卡在温湿度传感器的下半段,然后将温湿度传感器头部的黄色帽套摘掉。

④ 将通信模块的磁座天线吸附在天线固定板上,其引线从防辐射罩底板中心圆孔穿出。

⑤ 将温(湿)度传感器电缆和天线从防辐射罩支架外侧管内穿入,从另一侧下面的穿线孔穿出。

⑥ 将防辐射罩底板安装到防辐射罩支架上。

⑦ 用圆形不锈钢抱箍把防辐射罩支架固定在立柱上。固定前应调整安装高度,根据气象观测规范的要求,确保传感器感应头部分距地面 1.5 m。防辐射罩一般可安装在立柱(或风杆)的西面。

⑧ 套上防辐射罩外罩,并用元宝螺母将其拧紧。

⑨ 传感器电缆和天线应从立柱上的穿线孔进入立柱内部,并从立柱下部的穿线孔引出后,再进入采集器。

⑩ 防辐射罩安装在风杆上时,方法与上类似,只是所有电缆线沿风杆外壁走线。

4.2.2.2　百叶箱及温湿度传感器

(1)百叶箱的安装

首先,将百叶箱的箱体和箱顶组合在一起,箱顶的北面比南面稍高。其次,将百叶箱的支柱安装在已预埋好三个紧固螺钉的水泥基座上,也可以用膨胀螺钉固定之,安装时注意调整水平。再次,将百叶箱的支架安装在支柱上,调整水平。最后将组合好的箱顶和箱体安装在支架上(百叶箱门朝北)。

(2)温湿度传感器的安装

在百叶箱底部中间平板的中心位置向东约 10 cm 处凿一圆孔(现已凿孔,位置不对的,仍以原孔不变),大小以能穿过传感器的电缆线插头为宜,电缆线从底座经此孔引入百叶箱内,在百叶箱内侧顶板的中间位置安装一个挂钩,将连接传感器的电缆线固定在挂钩上,使传感器自然下垂,或在百叶箱底部内侧平板中心安装一个类似于安装干湿球温度表的专用支架(若中间平板在两侧平板之上,则安装在中间平板),将传感器固定在该支架的西侧,感应器直立,头部向下,感应器与支架中心立杆的距离为 5～8 cm,感应器中心点距地面 1.50 m。百叶箱内电缆线不应太多,其长度以便于安装或拆卸为宜。

若温度和湿度传感器分开安装,或同时单独安装温度传感器,则温度传感器的信号线也从底部圆孔中引入,在百叶箱内侧顶板安装两个挂钩,挂钩之间的距离约为 15 cm,两挂钩的中间位置也是顶板的中心位置,温度传感器固定在东侧挂钩上,湿度传感器固定在西侧挂钩上,使传感器自然下垂。若采用支架固定,则温度传感器在支架的东侧,湿度传感器在支架的西侧,感应器直立,头部向下,两个感应器之间的距离约为 15 cm。

4.2.2.3　单翻斗雨量传感器

(1)先将支架安装并紧固在观测场预先做好的水泥座上,如图 4.2.2 所示。再将传感器底座安装在支架上,紧固传感器底座上的六个螺栓使其成为一体,调整支架底盘的三个调整螺钉,观察传感器底盘的水平器处于最佳状态时紧固支架底盘的三个紧固螺钉。

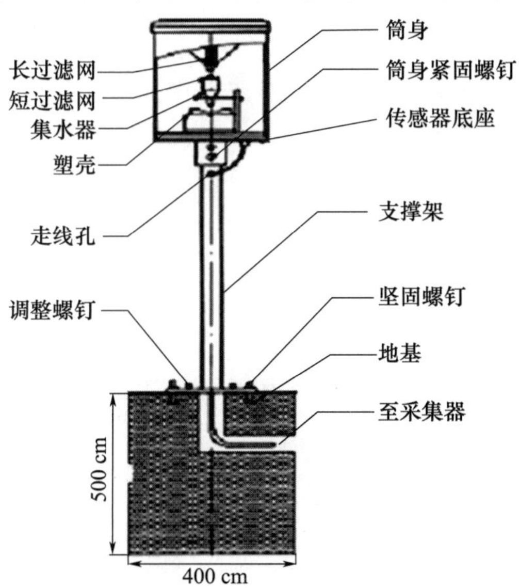

图 4.2.2　雨量传感器安装示意图

(2)取出翻斗(翻斗单独放在一个小盒里),翻斗拿捏位置如图 4.2.3 所示,注意不要用手触摸翻斗内侧,小心地放在传感器塑壳的"宝石"支撑点上,用手轻轻拨动翻斗上的螺钉处使其能正常翻转。

(3)将短过滤网放在集水器中,要放正。

(4)将外筒与底盘紧固,并将长过滤网放入外筒内。

(5)将连接采集器的电缆连接在主板接线端子上。接线方式如图 4.2.4 所示。

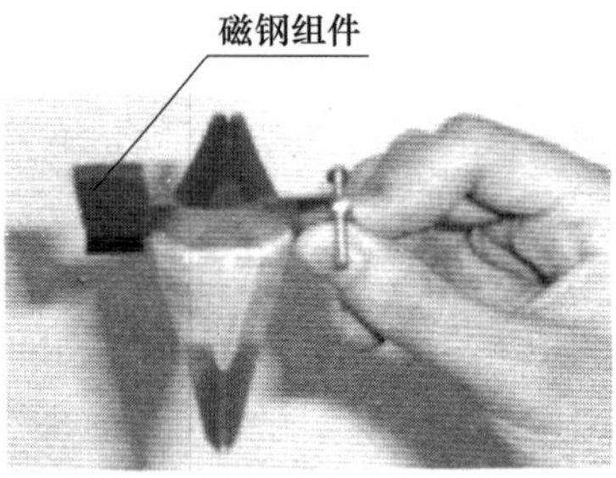

图 4.2.3　单雨量传感器翻斗正确拿捏方式

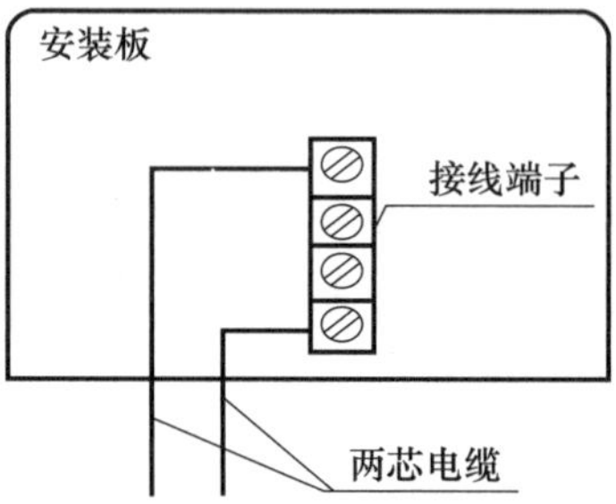

图 4.2.4　信号线缆连接示意图

(6)用清水轻轻倒入外筒中,听内部有无翻斗声,如有则为正常,如没有则是因为翻斗没安装好,须重复上述步骤。

(7)观察采集器,如有数据显示证明连接正常。如果翻斗正常翻转而无显示,则须检查电缆,并检查翻斗是否安装错误,至显示正常即可以使用。

4.2.2.4　风向传感器

(1)安装场地的选择

测风仪器和障碍物之间的距离至少等于障碍物本身高度 10 倍以上,如果不能满足此要求,则测风仪器应放在高于障碍物 6～10 m 处。

(2)风向标部件的安装

风向传感器的安装示意如图 4.2.5 所示。

将盖形螺母从传感器上取下,而橡胶垫圈留在保护罩内;把风向标部件穿过轴装在保护罩上,并使风向标部件上的销钉插入保护罩的缺口中;用盖形螺母紧固。

注:紧固盖形螺母时,手握保护罩,不要握风向标。

(3)风向传感器的安装

① 传感器的架设

将焊好电缆的电缆插头穿过安装架插入传感器插座内,然后将传感器放在安装架上。

调整传感器壳体上的"N"极标记指向实际"北"极,然后用螺钉紧固传感器。

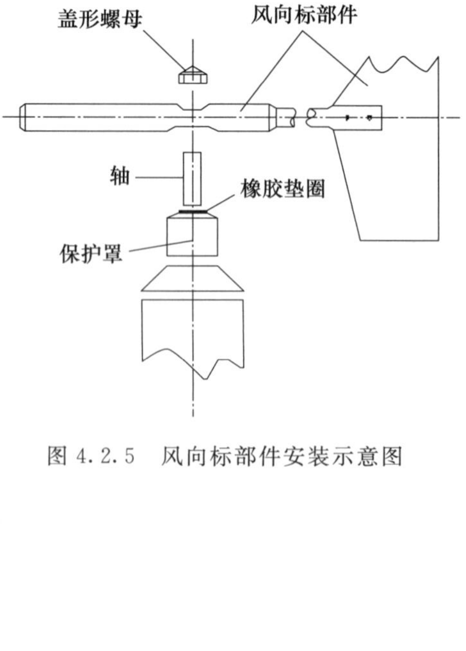

图 4.2.5　风向标部件安装示意图

② 传感器的连接

风向信号经风向风速变送器变换后输入采集器内，风速信号电缆线连接方法如图 4.2.6 所示。

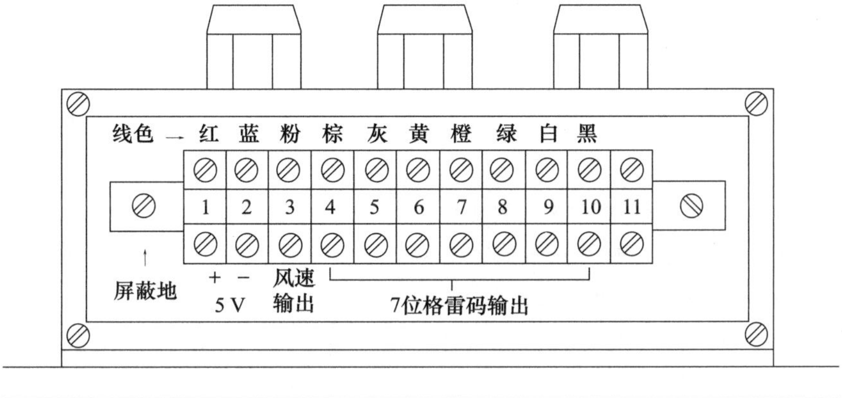

图 4.2.6　风向风速接线盒的电缆连接方法

③ 传感器的使用

传感器安装后，观察显示器，如有数据显示，则连接正常。如无显示，则须检查并重新连接电缆插头，至显示正常即可使用。

④ 注意事项

风向标部件应轻拿轻放，防止硬性损伤；传感器使用时禁止带电插拔；安装风向时，手握保护罩不要握风向标。

4.2.2.5　风速传感器

如图 4.2.7 所示，将盖形螺母和圆板从传感器上取下，而橡胶垫圈留在保护罩内；把风杯部件穿过轴装在保护罩上，并使风杯架上的销钉插入保护罩的缺口中；在风杯架上装圆板，然后用盖形螺母紧固。

注意：紧固盖形螺母时，手握保护罩，不要握风杯。

其他部分的安装要求与步骤与风向传感器相似。

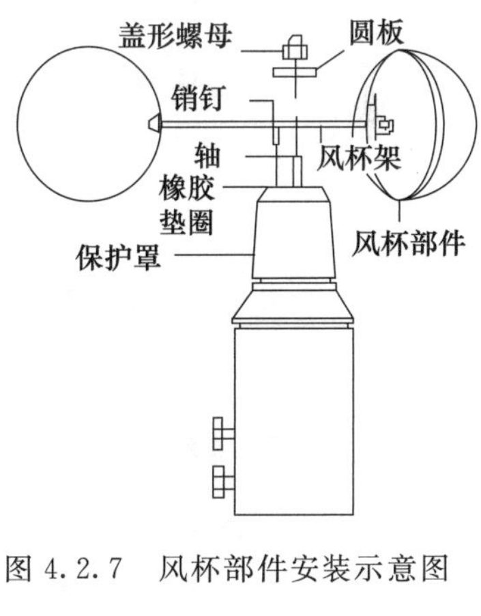

图 4.2.7　风杯部件安装示意图

4.2.2.6　气压传感器

气压传感器在出厂时安装在采集箱内。

4.2.3　立柱的安装

采用太阳能供电时，建议将采集器、太阳能电池板、温（湿）度传感器及防辐射罩单独安装在一个独立的立柱上。该立柱离雨量传感器和风杆（或风塔）应有一定的距离，一般不少于 2 m 左右。

4.2.4 太阳能电池板的安装

(1)将太阳能电池板正面朝南安装(一般情况朝南偏西 10°～20°),安装方向应倾斜,仰角按所在地理位置而确定,一般在当地纬度的基础上再加 10°,见图 4.2.8。太阳能电池板实物安装示意见图 4.2.9。

(2)用 U 形不锈钢抱箍把太阳能电池板安装支架固定在立柱上,然后把太阳能电池板装在支架上,调整角度后拧紧。

(3)太阳能电池板的二芯电源输出线通过立柱上端的穿线孔进入立柱后,从立柱下端穿线孔引出,穿线过程中应避免两根电源芯线短路,特别是在有太阳时(该电源线端头的红色保护用胶带纸直到进入采集箱接线时才能去掉)。

注意:只要太阳能电池板暴露在太阳光线下,马上就会产生电压!

(4)当需要将太阳能电池板固定在风杆上时,情况与上类似。

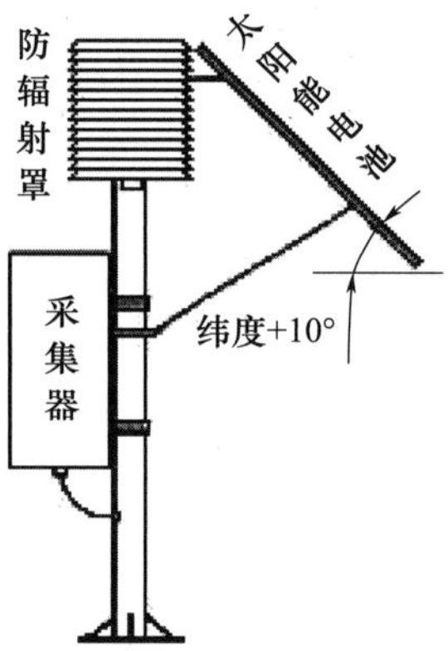

图 4.2.8 太阳能电池安装示意图

图 4.2.9 太阳能电池板实物图

4.2.5 采集器的安装

4.2.5.1 安装步骤

(1)用两个“Ω”形抱箍将数据采集器固定在立柱上。安装高度一般为采集器底端距地面 40～50 cm,低洼地段可以再高一点,以防极端天气条件下可能被淹。采集器正面一般朝北,也可根据现场情况改变朝向(若没有立柱,则采集器安装在风杆上,方法与此类似,此时采集器正面的朝向应在风杆倾倒方向的侧面或反面)。

(2)将采集箱底部的防水接头螺圈拧下,将风信号电缆、雨量信号电缆和温(湿)度信号电缆依次穿过螺圈后从防水接头中穿到采集箱内。采集器的信号接线端子上用文字标示出了传感器的名称以及信号电缆芯线颜色,电缆接入时注意一一对应即可。

注意:接线时要注意芯线与接线端子完全接触,切勿使接线端子的金属片轧在芯线包皮上。

(3)线接好后将防水接头的螺圈拧紧。

(4)用接地线把采集器底部的接地铜螺钉与地网连接好。

4.2.5.2　安装注意事项

(1)所有传感器均按线号接在防雷板上,并注意传感器的地线要与机箱底板的螺钉连接好。

(2)不要将电源线的外皮弄坏以防止短路现象。

(3)所有传感器接好后要用万用表的“通断挡”量一下各个传感器的电源正与地是否短路。

(4)开启空气开关后,先用万用表的“交流 750 V 挡”量一下市电是否正常,再用万用表的“直流 20 V 挡”量一下采集器、PV 控制器的输出端、直流电源的输出端以及蓄电池的电压是否都在 12～15 V。

4.2.6　通信模块的安装

采用新型 TYQ200 采集器的区域站,可以直接将 SIM 卡插入采集器通信模块,连接相关天线并安装好位置即可,无须进行通信模块的安装。若老式区域站,则按照下列步骤进行通信模块的安装。

① GPRS 模块的 SIM 卡从左上部的侧面插入,装入或取出时需要打开 SIM 卡盖。插入时请注意 SIM 卡的缺口朝外,并将 SIM 卡插入到位。

② GPRS 模块的磁座天线吸附在装温(湿)度传感器的防辐射罩内,天线带插头的一端从采集器下端穿线孔引入采集器,直接插入模块顶部的天线插座即可。

③ 插入 SIM 卡和天线后,重新装上 SIM 卡盖并固定,以防 SIM 卡和天线移位或脱落。

4.2.7　电源接入

蓄电池安装在采集箱内。把蓄电池专用连接线接在蓄电池上,务必注意正负极(棕色接正极,黑色接负极)。为减少接触电阻,螺钉应确保旋紧。卸下采集器内的电池仓压条,将蓄电池小心地装入电池仓。把蓄电池连接线另一头的输出插头与采集器内的直流输入接插头对接起来即可。

(1)太阳能输出电源接入

将太阳能电池板的二芯输出电源线穿过采集箱底部穿线孔后引入采集箱,并接到充电控制器相应接线端,注意正负极不能接反,黑线为负极。

(2)交流电源引入

在确保交流电源关断的前提下,把电源线穿过采集箱底部相应的穿线孔引入采集箱,松开采集箱内的三芯电源插座盖,将电源线分别接到插座的 L(火线)、N(零线)、PE(专用保护零线)三个接点上,复查无误后才能盖上插座盖并固定好。送电后用万用表量一下插座上的电压,在 220 V 左右表示交流接入已正常。

4.2.8 现场参数设置

将笔记本电脑与数据采集器连接，打开串口调试助手，选择对应的串口号及波特率(9600，N,8,1)。选择对应采集器类型 DZZ2，指令区就可以显示出适用该采集器的常用命令。如图 4.2.10 所示。选择该指令后，会弹出如图 4.2.11 所示的窗口。

图 4.2.10 通信参数选择界面

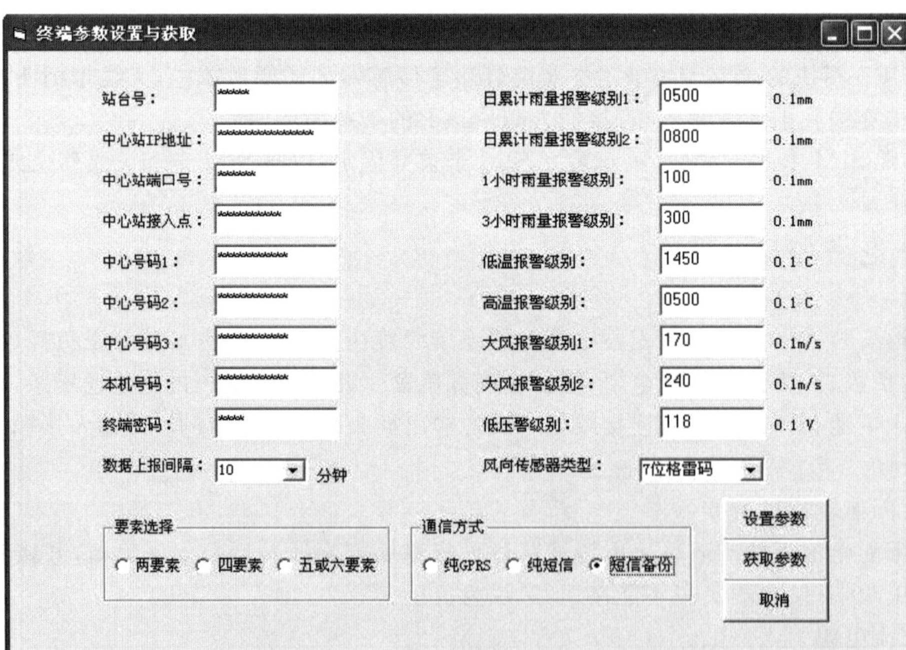

图 4.2.11 终端参数设置界面

采集器设置到这一步后，一般只需要修改台站号、数据上报间隔，六要素台站选择五或六要素，单雨量站选择两要素，其他默认值即可。

输入信息后，点击设置参数等待几秒钟软件会弹出设置成功提示框，如果设置不成功也会弹出提示框。设置完成后关闭该窗口，进行后面的设置。

注意："＊"的位置如果不更改，软件会按照采集器原来默认的参数进行设置，所以客户每次只需更改自己需要更改的部分，不必担心原来的参数会改变。

4.2.9 中心站软件的安装

4.2.9.1 数据库安装

服务器最好选择非 64 位的操作系统，准备好服务器后，安装数据库，推荐安装 SQL Server 2005。在 SQL2005 中建立一个名为 CAWSAnyWhereServer 的数据库，如图 4.2.12 所示。

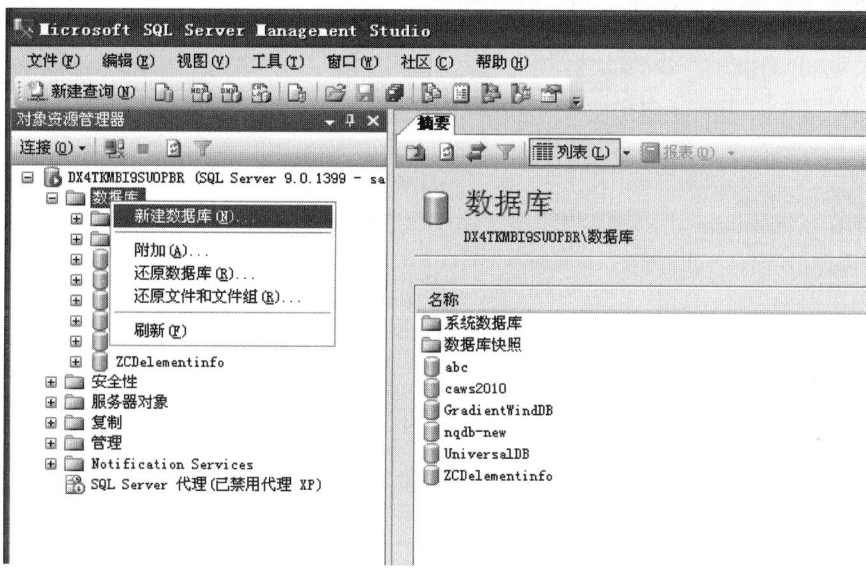

图 4.2.12 新建数据库操作界面

在图 4.2.13 中的数据库名中输入"CAWSAnyWhereServer"。点击"确定"。

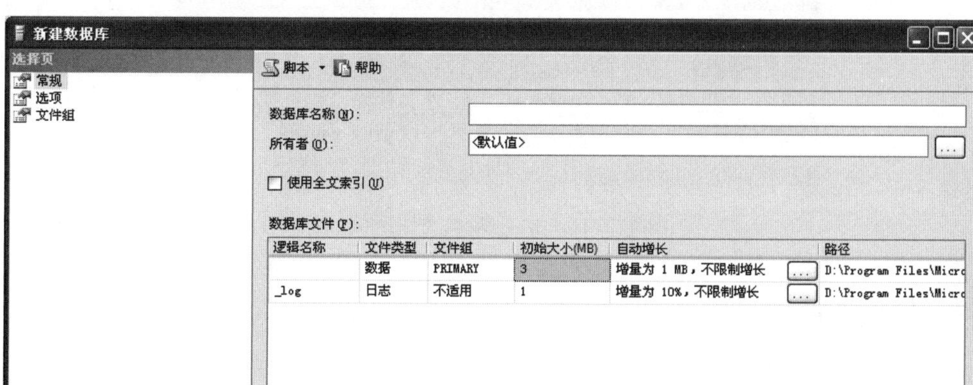

图 4.2.13 新建数据库 CAWSAnyWhereServer

4.2.9.2 软件安装

依次运行文件夹“安装包”中的 dotnetfx、CAWSAnyWhereServer2010SetupFull_2012 年 3 月 9 日新版 . exe、CAWSAnyWhereServerMapSetup10_北京市 . exe、CAWSAnyWhereServer2013SetupUpdate_V2. 2. 2_20140409 等程序。

4.2.9.3 执行脚本文件

(1)复制根目录中 CAWS2013. txt 中的脚本内容。

(2)打开 SQL Server Management Studio 并登录,点击数据库名 CAWSAnyWhereServer,再点击新建查询,如图 4. 2. 14 所示,在右方粘贴 CAWS2013. txt 中的脚本内容。

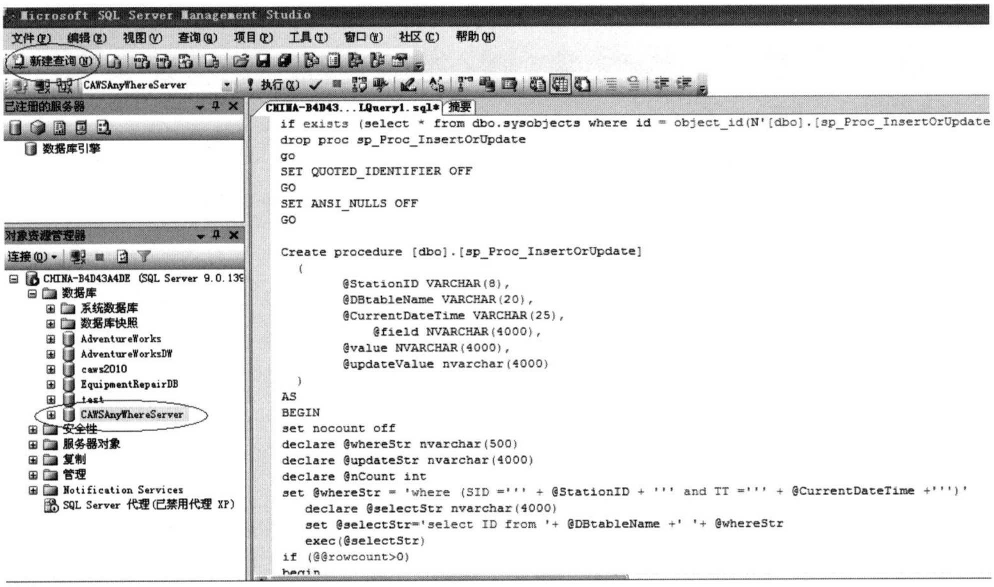

图 4. 2. 14 执行脚本文件示例一

(3)点击图 4. 2. 15 中的“执行”,执行前注意图中圈中的部分是否是“CAWSAnyWhereServer”。

图 4. 2. 15 执行脚本文件示例二

4.2.9.4 软件设置

(1)中心站参数设置

① 选择“设置-中心站参数设置”,输入用户名和密码,点击确定进入中心站参数设置界面。

② 点击常规，根据自己的需求进行设置。

③ 点击数据库按钮，设置的参数如图 4.2.16 所示。这里的用户名密码是用 sql 身份登录数据库时的用户名、密码，服务器输入一个英文的句号。

④ 点击“其他”，根据自己的需求勾选相应的内容。

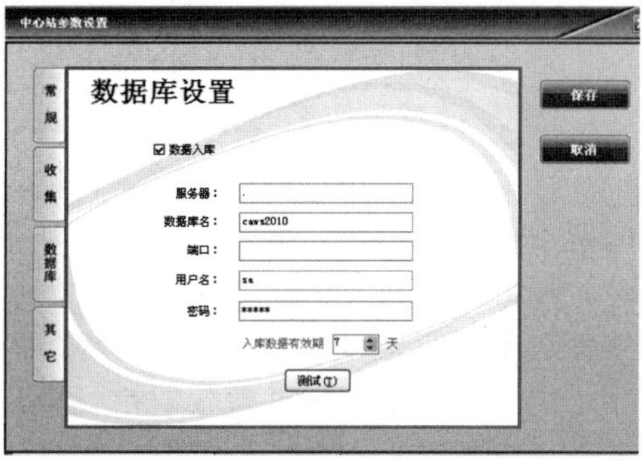

图 4.2.16 数据库参数设置

(2)建立台站

选择“设置”——→“子站设置”，输入用户名与密码。弹出界面如图 4.2.17 左图所示。选中左边“全部台站”，点击左下角添加分类，输入分类名称，点击左下角添加子站，在右面的要素和状态中对照图 4.2.17 左图勾选相应的项，输入站点名称、区站号等，仪器厂商和型号根据实际情况选择，点击下一步。图 4.2.17 右图界面不用修改任何参数，直接点击下一步。

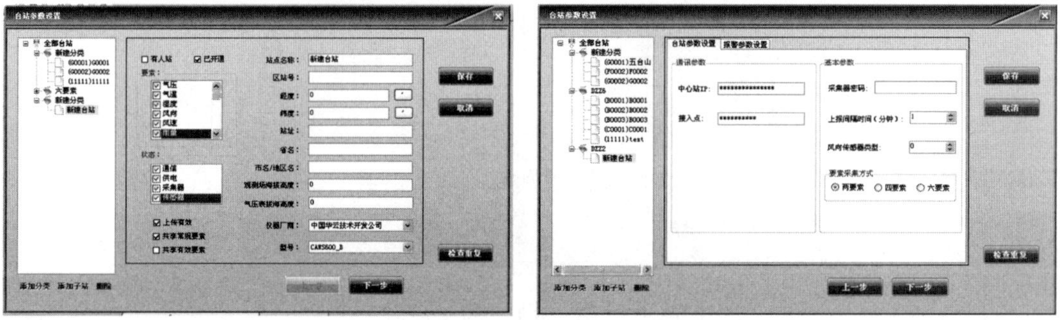

图 4.2.17 新建台站参数设置

(3)通信方式设置

主要通信方式设置如图 4.2.18 所示，在右边输入已开通的端口号，采集器设置的端口号要与这里设置的端口号相同，心跳包按默认设置即可，如果还有台站没有建立，继续点击下一步，继续添加台站，如果所有台站建立完成，点击保存，软件重新启动。重新启动后，新的台站就会显示在地图上。重新启动后进行数据宏设置。

图 4.2.18 通信参数设置

(4)数据宏设置

型号不同,宏字段就不同,每个型号对应自己的数据宏字段。

选择"设置——数据宏设置",输入用户名与密码。

打开界面后,默认首先设置定时宏。点击"新建",将宏字段粘贴到宏设置中,然后选中对应型号的台站,其他设置都不用改动(图 4.2.19)。

点击左上角"分钟数据宏"进行分钟数据宏设置,点击"新建",将宏字段粘贴到宏设置中,然后选中对应型号的台站,其他设置都不用改动。

定时数据宏和分钟数据宏都设置好之后点击保存(日期时间格式宏不用设置),这时软件不会再重新启动。

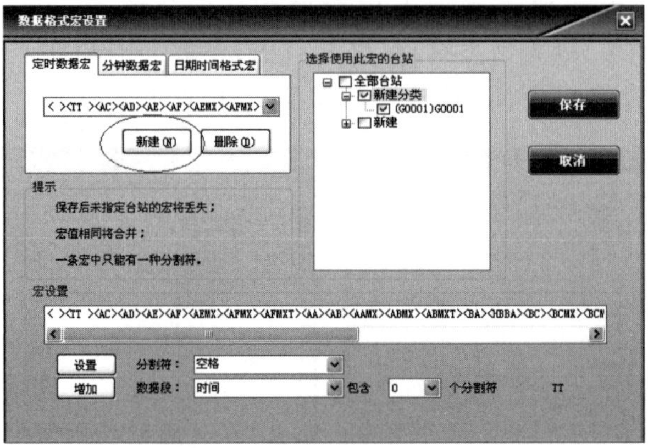

图 4.2.19　数据宏设置界面

(5)数据库配置

选择"设置——数据库配置",输入用户名与密码。

勾选新建的台站号,点击"建表",生成对应台站的数据表(图 4.2.20)。

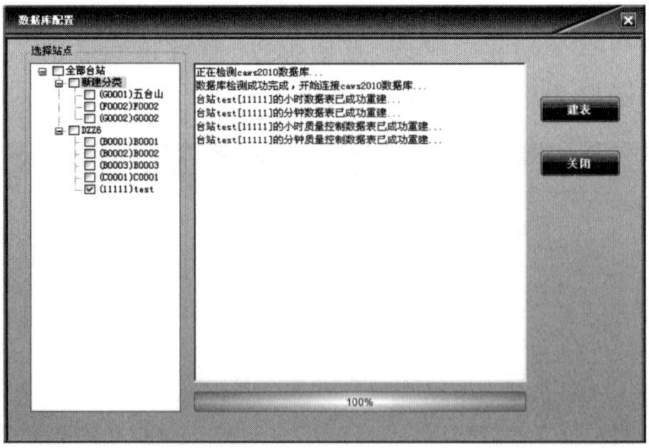

图 4.2.20　数据库配置界面

到此为止软件设置完成,接着就可以观察台站是否上线入库。

注意:主界面的启动加密和对应台站是否勾选,如不勾选台站会自动以 60 min 的发送间隔发送数据。

任务 4.3 区域气象观测站的巡检与维护

在实际业务中，区域气象观测站的巡检维护是区域站保障的最主要工作。这项工作有的台站由气象部门工作人员完成，有的委托社会保障公司提供服务。

4.3.1 维护时间

(1)汛前、汛后各维护一次，具体时间根据各地汛期开始和结束时间自定。

(2)汛期期间维护 1～2 次，风沙较大地区或因特殊服务需求，可适当增加维护次数。

4.3.2 维护内容

对区域站进行维护时，应按图 4.3.1 所示流程进行。

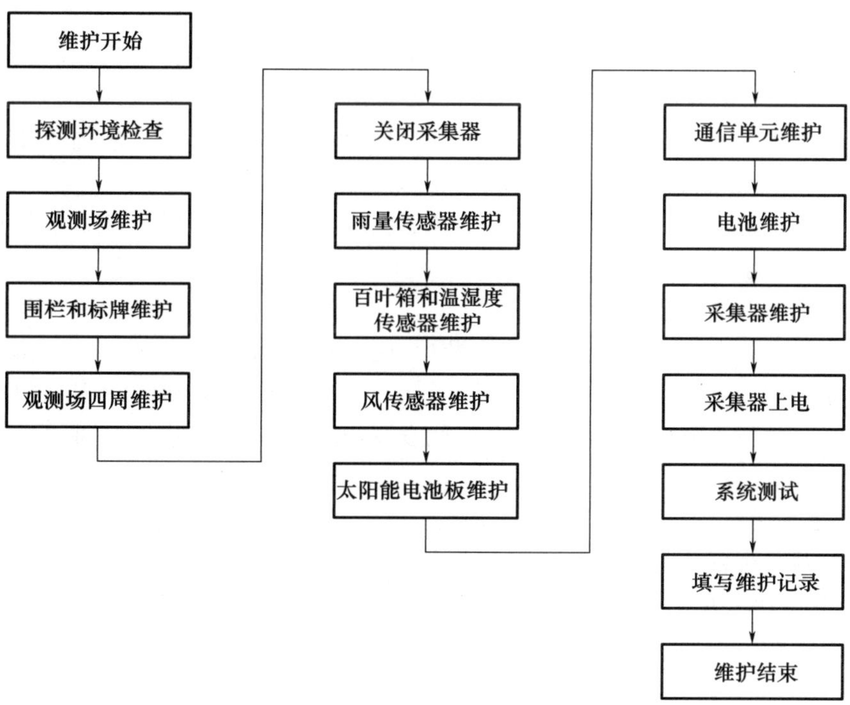

图 4.3.1 区域气象观测站维护流程图

4.3.2.1 探测环境维护

(1)探测环境检查

通过目测检查测站周边探测环境。检查观测场周边下垫面是否被破坏，是否存在影响观测数据质量或设备安全的因素；检查观测场周边是否存在影响观测数据质量的建(构)筑物或其他干扰因素。

对于探测环境被严重破坏的台站，须在维护记录中详细说明，必要时拍摄照片附在维护记录后面。

(2)观测场维护

清除场内杂物、杂草，保持观测场平整。

(3)围栏和标牌维护

对围栏和标牌进行清洁维护；如围栏和标牌有损坏，应及时修复；标牌悬挂端正、醒目。

(4)围栏外环境维护

清除围栏周边 10 m 范围内的障碍物，保证观测场周边环境开阔，保证仪器的感应面通风和不受遮阴。

4.3.2.2 仪器设备维护

(1)翻斗雨量传感器

检查翻斗雨量传感器的器身是否稳定、器口是否水平、高度是否符合规范，发现不符合规范要求时应及时纠正。

检查各连线外皮是否有老化和破损现象。

检查各翻斗和过滤网。清除过滤网上的尘沙、小虫等，以免堵塞管道，保持节流管畅通。夏季雨量筒内部结有蜘蛛网，影响翻斗翻转时，要清除干净。

检查翻斗翻转的灵活性。发现有阻滞感，应检查翻斗轴游隙是否正常、轴承是否有微小的尘沙、翻斗轴是否变形或磨损，并及时采取有效的措施。

翻斗内如沉积泥沙，应及时清淤，可用干净的脱脂毛笔刷洗，必要时可加入适量的洗涤剂，然后用清水冲洗干净。

用万用表检查干簧管是否正常。

翻斗雨量传感器内部清洁完毕，完成安装后，应对雨量筒外壁进行一次彻底清洁。

维护期间，应将雨量信号线从翻斗雨量传感器上拆下，避免翻斗误动作出现错误的雨量数据。

汛期前(后)对翻斗雨量传感器进行全面检查清洁时，各站根据启用时间，及时揭开(盖上)雨量筒盖子。

(2)百叶箱

用毛刷或湿布对百叶箱进行一次全面清洁，保持干净、洁白，如遇百叶箱顶、箱内和壁缝中有雪和雾凇时，要小心用毛刷扫除干净。检查百叶箱支架是否牢靠。在清洁过程中，百叶箱内的仪器设备不得移出箱外。

(3)湿度传感器

检查连线外皮是否有老化和破损现象；用毛刷对传感器保护罩进行清理，严重污染或破损的，应及时更换。

(4)温度传感器

检查连线外皮是否有老化和破损现象；用干毛巾清洁传感器探头和线缆的灰尘。

(5)风向风速传感器

每年对风传感器进行一次全面维护，维护时间自定。检查连线外皮是否有老化和破损现象;检查线缆接头是否有短线或松动现象;清洁风传感器部件;检查、校准风向标、风横臂指北方位;检查避雷针结构是否牢靠。

其余维护时间,目测风杯和风向标转动是否灵活、平稳,是否有破损;发现异常时,及时处理。

风杆、拉线底座应稳固,风杆应垂直、无明显倾斜,拉线松紧适宜、无锈蚀。

安装有风塔的观测站,应根据风塔维护技术要求及时维护。

(6)气压传感器

检查连线外皮是否有老化和破损现象;检查气压传感器静压气孔口气流是否畅通;清洁传感器表面灰尘。

4.3.2.3 采集器

检查与采集器连接的线缆是否牢固;用毛刷清除采集器表面和采集箱内外的灰尘;检查台站参数设置。

4.3.2.4 通信单元

检查天线是否有老化破损现象;检查通信单元接头是否有松动现象;检查通信单元指示灯是否正常;清除通信单元表面灰尘。

4.3.2.5 供电系统

清除太阳能板表面灰尘,检查连线外皮是否有老化和破损现象;检查太阳能板安装是否牢靠,检查太阳能板的安装角度是否正确;将太阳能板与采集器之间的连线断开,测量太阳能电池板输出电压是否符合技术要求;检查蓄电池是否有开裂漏液现象,检查负极板是否有氧化现象,检查电池线缆接头是否牢固,测量电池输出电压是否符合标称值;检查电源控制器状态指示灯是否正常;清洁外表灰尘。

4.3.2.6 防雷设施

检查防雷接地线连接是否牢固。每年汛前检测一次接地电阻。接地电阻不宜大于 4 Ω,处在高山、海岛等岩石地面土壤电阻率大于 1000 Ω·m 的区域站,接地体的阻值可适当放宽。

4.3.3 系统测试

检查系统采集器、通信单元运行状态,检查与中心站连接是否成功。使用该型区域气象观测站测试软件进行现场读取。对实时数据检查,确认系统工作正常。

4.3.4 维护记录

维护完成后,应及时填报上传维护记录表,见表 4.3.1。

维护记录表应及时收集、整理,并归档保存。

表 4.3.1　区域气象观测站维护记录表

站名：　　　　　　　　站号：　　　　　　　　设备型号：　　　　　　　　维护人员：

维护时间：　　　年　月　　日　　时—　　时　　维护要素：□温　□湿　□压　□风　□雨

名称	维护内容	存在问题	处理情况
观测场地维护	□ 探测环境检查 □ 观测场维护 □ 围栏和标牌维护 □ 观测环境评估		
供电系统	□ 太阳能板维护 □ 蓄电池维护 □ 控制器检查 □ 电池电压测量		
采集器	□ 清洁和状态检查 □ 线缆接口检查		
通信	□ 天线检查 □ 清洁和状态检查		
翻斗雨量传感器	□ 检查和清洁 □ 安装规范检查 □ 校准		
温度传感器	□ 清洁百叶箱 □ 检查传感器 □ 检查线缆		
湿度传感器	□ 清洁百叶箱 □ 检查传感器 □ 保护罩、滤膜维护 □ 检查线缆		
气压传感器	□ 检查传感器 □ 检查线缆		
风向风速传感器	□ 检查传感器外观 □ 检查线缆 □ 指向检查 □ 灵活性检查 □ 风杆(风塔)检查		
防雷	□ 接地线检查 □ 测量接地电阻		
系统测试	□ 系统运行状态检查 □ 观测数据检查		

注：维护内容打“√”

4.3.5　注意事项

(1)维护过程中应严格执行有关安全生产、作业规定，保证人员的人身安全；

(2)应选择晴好天气开展维护工作，开始维护时，应避开正点；

(3)禁止带电插拔、安装、清洁设备；

(4)及时检查维护工具，确保其处于完好状态，维护工具清单见表 4.3.2。

表 4.3.2 维护工具

序号	名称	规格参数	数量	状态
1	数字万用表	便携式，三位半及以上	1个	
2	RS232 转 USB 串口线	USB2.0，1.5 m	1根	
3	串口调试工具	串行通信接口调试连线及软件	1套	
4	气烙铁	便携式，100 K	1件	
5	指北针	便携式，表盘直径约 60 mm	1个	
6	水平尺	300 mm	1把	
7	螺丝刀	一字 3×75 mm，十字 3×75 mm， 一字 6×150 mm，十字 6×150 mm	4把	
8	钢丝钳	8 吋	1把	
9	尖嘴钳	8 吋	1把	
10	剥线钳	7 吋	1把	
11	钢卷尺	5 m	1把	
12	活动扳手	200 mm，300 mm	2把	
13	内六角扳手	平头，不少于 9 件	1套	
14	套筒扳手	1/4(6.3 mm)，不少于 12 件	1套	
15	焊锡	∅0.4 mm，∅0.6 mm	2卷	
16	电工胶布	无铅、阻燃、耐低温	2卷	
17	冲击电钻	钻孔直径 4～12 mm	1套	
18	钢锯	540 mm×170 mm	1把	
19	羊角锤	长度约 285 mm	1把	
20	数显测电笔	便携式，具夜视显示功能	1支	
21	手电筒	便携式，LED 光源，五号电池	1支	
22	屏蔽电缆线	国标纯铜，100 m， RVVP2×2.5 mm^2，RVVP2×0.3 mm^2， RVVP4×0.3 mm^2，RVVP8×0.3 mm^2， RVVP12×0.3 mm^2	5卷	
23	热缩管	∅2 mm，∅4 mm，∅6 mm，∅8 mm	若干	
24	人字梯	便携式，铝合金，高度约 1.8 m	1个	
25	安全绳	20 m，∅10.5 mm，2 个保险扣	2根	
26	笔记本电脑		1台	
27	枝剪		1把	

任务 4.4　区域气象观测站常见故障诊断分析与排除

区域气象观测站在使用过程中不可避免地会出现故障，当设备出现故障时，应如何处理呢？

4.4.1　维修条件

4.4.1.1　维修人员

(1)应持有气象装备维修业务上岗证；

(2)具备一定的电子、通信、机械、计算机及气象学等相关学科知识；

(3)熟悉区域气象观测站的组成结构、工作原理，具备一定的维修经验；

(4)熟悉相关仪器、仪表、辅助工具和软件的使用方法；

(5)积极参加上级业务主管部门组织的业务技术培训，不断掌握新的维修技术和方法。

4.4.1.2　维修工具

维修过程中使用的仪器、仪表、辅助工具和软件应处于良好的工作状态。

维修过程中使用的仪器、仪表、辅助工具和软件应定期进行检查、维护和补充。维修工具和软件见表 4.3.2。

4.4.1.3　维修备件

维修过程中使用的备件应是中国气象局列装的备件(产品)；

维修所用备件(产品)应处于检定有效期内。

4.4.1.4　维修资料

维修业务应配备完整的产品手册、电路图等技术文档。

4.4.2　常见故障维修处理流程

4.4.2.1　故障发现及分类

相关单位根据各自业务流程，对区域气象观测站运行状态进行监控，发现故障应及时报告。区域气象观测站发生故障后，应按照《气象观测装备维修业务管理办法(试行)》开展维修。

根据故障现象，区域气象观测站故障主要分以下三类：

① 全部(大面积)站点数据缺测;
② 单站数据缺测;
③ 单要素数据缺测或错误。

4.4.2.2 全部(大面积)站点数据缺测

全部(大面积)站点数据缺测故障处理流程见图 4.4.1。发生故障时,按照流程逐一排查,直至故障彻底解决。

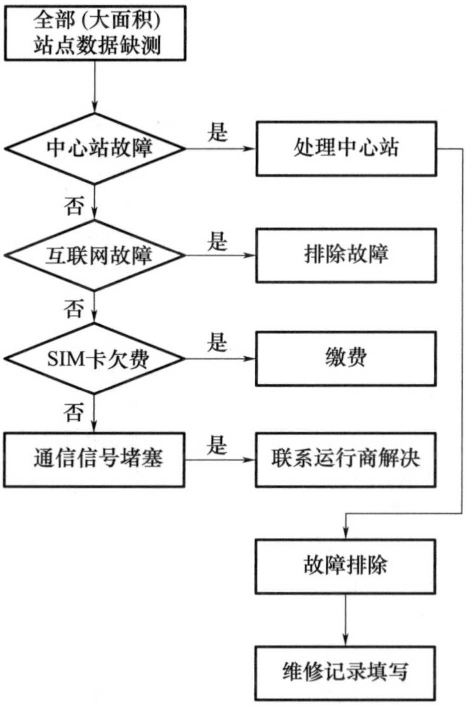

图 4.4.1 全部(大面积)站点数据缺测故障处理流程

(1)检查中心站服务器运行是否正常,检查项目包括:服务器是否开机或死机,服务器操作系统运行是否正常,服务器时间是否正确,中心站软件(含传输软件)运行是否正常。

(2)检查中心站服务器接入的互联网运行是否正常,可通过登录外网进行测试。如果不正常,检查机房交换机、路由器、防火墙、光端机、网线等网络设备是否正常,如果确认网络设备正常,联系相关运营商解决互联网不通问题。

(3)检查缺测站点 SIM 卡是否欠费。

(4)如果数据缺测时间发生在节假日,或者缺测站点位于人流量激增地区,及时联系通信运营商检查缺测站点附近是否发生网络堵塞现象。

4.4.2.3 单站数据缺测

单站数据缺测时,首先进行远程诊断,检查是否因通信问题造成。如果排除通信原因,则须赴现场维修。

(1)远程诊断

单站数据故障发生时,应先按图 4.4.2 所示流程进行远程诊断。

① 远程电压检查:查看缺测站点最后上传报文里面的电压数据,如果电压大于 11.5 V,说明电压正常,排查其他原因,如果低于 11.5 V,下站维修。

② SIM 卡通信费用检查:检查缺测站点 SIM 卡通信费用,确认其是否欠费,如果欠费,及时缴纳费用。

③ 站点无线信号检查:联系运营商检查站点附近通信信号是否正常,如果不正常,通知运营商及时处理,通信信号恢复后,如果数据仍然缺测,则须下站维修。

(2)现场维修

单站数据缺测现场维修流程见图 4.4.3。

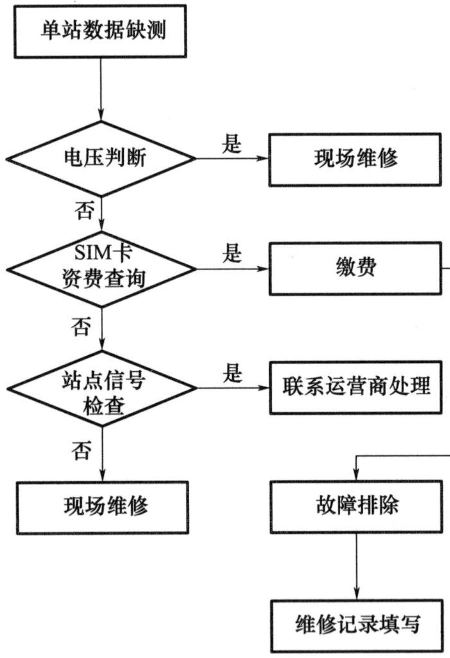

图 4.4.2　单站数据缺测远程诊断流程

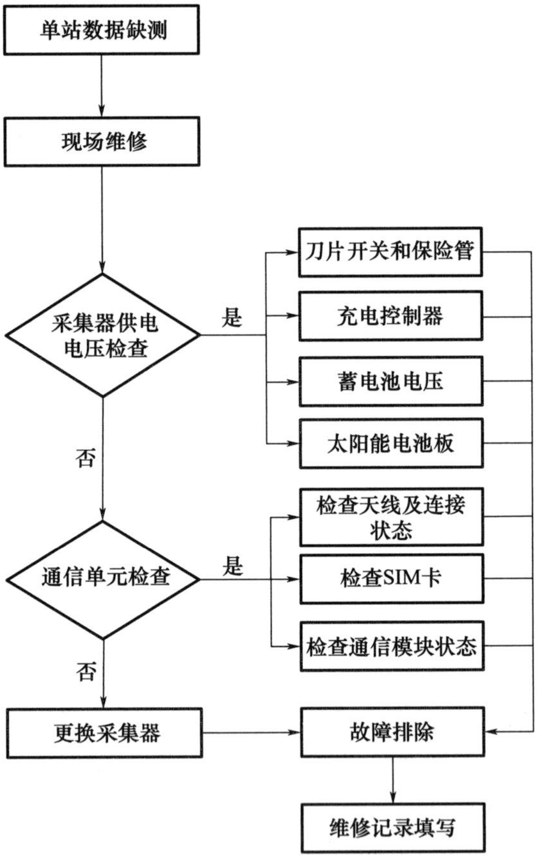

图 4.4.3　单站数据缺测现场维修流程

① 供电系统检查:利用万用表检查采集器输入电压是否正常,如果不正常,检查刀片开关、保险管、充电控制器、电池、太阳能板等供电设备,发现问题,及时排除故障,恢复供电。

② 通信单元检查:查看状态指示灯是否正常,如不正常,检查天线外观是否完好,连接是否牢靠;将 SIM 卡取出,插入手机检查通信是否正常;检查通信模块与采集器之间的连接是否牢靠,将通信模块与笔记本电脑连接,测试其通信性能是否正常。

③ 采集器检查:将采集器与笔记本电脑连接,使用测试软件检查其是否正常。

4.4.2.4 单要素数据缺测或错误

(1)气压

气压数据缺测或错误时,按图 4.4.4 所示流程进行处理,直至故障排除。

① 静压气孔检查:检查气压传感器静压气孔是否通畅,如有堵塞,及时清除。

② 气压传感器连接线检查:检查气压传感器与采集器之间的连接线是否有断开、松动现象,如有异常,及时排除。

③ 气压传感器检查:检查气压传感器输入电压,如果输入电压正常,更换气压传感器。

④ 采集器检查:在确认气压传感器正常的情况下,数据仍然缺测或错误,更换采集器。

(2)雨量

雨量数据缺测或错误时,按图 4.4.5 所示流程进行处理,直至故障排除。

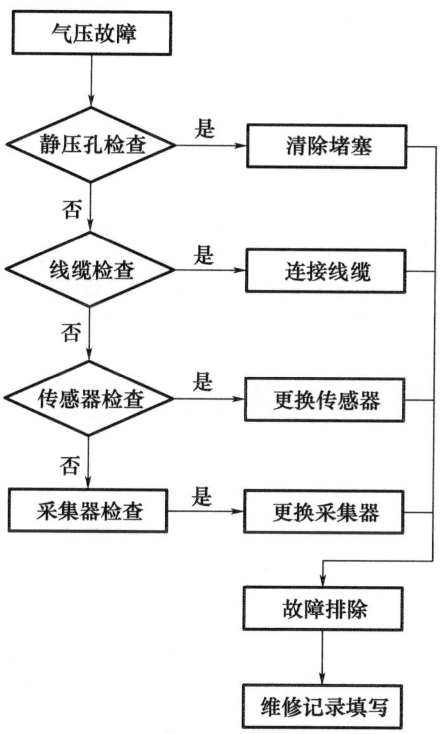

图 4.4.4 气压故障处理流程

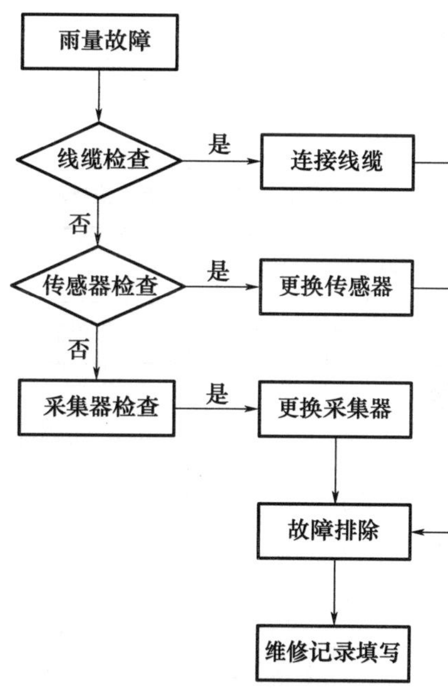

图 4.4.5 雨量故障处理流程

① 传感器检查:检查传感器承水口是否堵塞;打开雨量筒,检查汇集漏斗是否堵塞,检查计数翻斗和计量翻斗翻动是否灵活,检查干簧管吸合是否正常。

② 线缆检查:检查传感器与采集器之间的线缆是否有断开、松动、短路现象。

③ 采集器检查:在确认传感器输出信号正常的情况下,数据仍然异常,更换采集器。

(3)气温

气温数据缺测或错误时,按图 4.4.6 所示流程进行处理,直至故障排除。

① 传感器检查:将传感器取下,利用万用表测量传感器同端和异端电阻,如果两个同端(异端)电阻差别较大,直接更换传感器;如果两个同端(异端)电阻误差不大于 0.1 Ω,通过测

量值计算传感器输出温度值((异端电阻－同端电阻－100 Ω)/(0.385 Ω/℃)),计算值与实际温度差别较大时,更换传感器,与实际接近时,传感器正常。

② 采集器检查:在确认传感器及连接线正常的情况下,更换采集器。

(4)空气湿度

空气湿度数据缺测或错误时,按图 4.4.7 所示流程进行处理,直至故障排除。

① 线缆检查:检查传感器与采集器之间的线缆是否有断开、松动、短路等现象,如有异常,及时排除。

② 传感器检查:测量传感器的输入电压是否正常;测量传感器输出电压,如果电压值超过 1 V,传感器故障,须更换;如果电压在 0～1 V 之间,计算传感器输出的湿度值(输出电压×100),如果与环境湿度一致,证明传感器正常。

③ 采集器检查:在确认传感器正常的情况下,更换采集器。

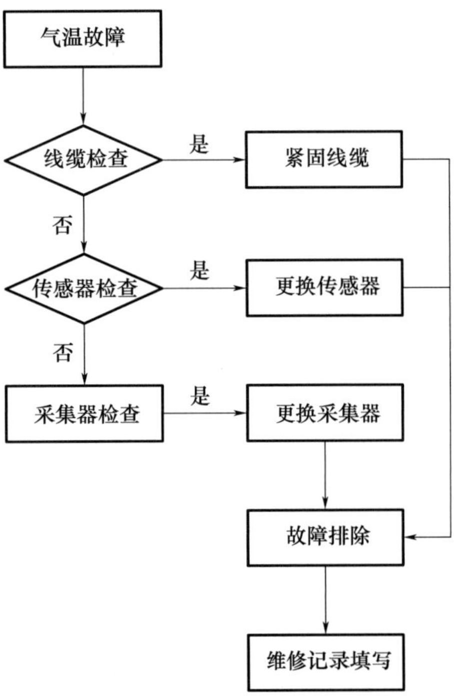

图 4.4.6 气温故障处理流程

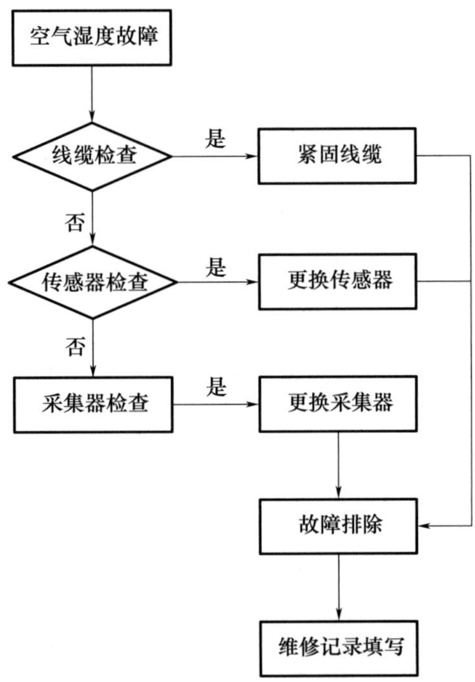

图 4.4.7 空气湿度故障处理流程

(5)风向风速

风向风速数据缺测或故障时,应按图 4.4.8 所示流程处理,直至排除故障。

① 传感器输入电压检查:打开采集器箱,测量传感器输入电压,如果输入电压异常,检查供电系统。

② 采集器检查:更换采集器,查看数据是否恢复,如果异常,则须检查传感器。

③ 传感器检查:放倒风杆,检查传感器与采集器之间的线缆连接是否正常,如无异常,更换传感器。

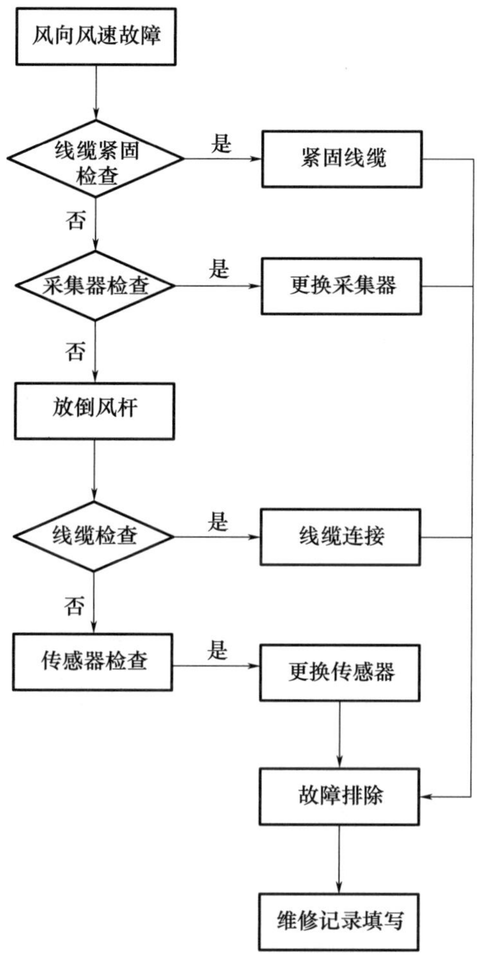

图 4.4.8　风向风速故障处理流程

4.4.3　维修事项

4.4.3.1　维修检验

经过维修的设备应进行不少于 1 h 的拷机检验，拷机检验期间密切关注设备的运行状态和观测数据。若拷机检验期间设备的运行状态和观测数据均正常，则确认本次故障修复，否则应重新进行维修、拷机，重新拷机开始时间以最后修复时间为准。维修后的设备应按照规定进行现场校准。

4.4.3.2　维修记录

维修完成后，应及时填报维修记录表，见表 4.4.1。维修记录表应定期收集、整理，并归档保存。

表 4.4.1　区域气象观测站维修记录表

站名		站号	
故障开始时间		故障结束时间	
维修开始时间		设备型号	
故障部位			
故障现象			
维修过程和方法			
备件更换明细			
备注			
维修人员		联系电话	

4.4.3.3　维修注意事项

(1)维修过程中应严格执行有关安全生产、作业规定,保证人员的人身安全,保证仪器设备安全,避免损坏。

(2)维修过程中应尽量保证非故障要素的正常采集、存储和传输,并避免错误数据上传。

(3)维修过程中应根据区域气象观测站的组成结构和工作原理,采用替代的方法,迅速排除故障。

(4)维修时效、维修业务管理流程应符合《气象观测装备维修业务管理办法》中的有关要求。

模块5

便携式自动气象站的架设与维护

任务 5.1 认识便携式自动气象站

5.1.1 概述

近年来，国内外重大灾害性天气气候事件频发，对人民的生命财产安全造成严重威胁，气象监测预警系统在各类灾害监测与预警中起到重要作用。

2022 年 5 月，国务院印发《气象高质量发展纲要(2022—2035 年)》，要求加快推进气象高质量发展，充分发挥气象防灾减灾第一道防线作用，全方位保障生命安全、生产发展、生活富裕、生态良好，更好满足人民日益增长的美好生活需要。提出气象工作要做到“监测精密、预报精准、服务精细”。

在兰州国际马拉松赛、全国第十四届运动会、北京冬奥会等一些重大体育赛事活动或重大天气过程中，便携式自动气象站作为应急气象观测设备，为监测精密气象数据、保障精准气象预报、提供精细气象服务工作起到了重要作用。

便携式自动气象站(有时也称移动式自动气象站、便携站、移动站等)是一种现场自动气象站，主要用于对风向、风速、雨量、气温、相对湿度、气压等气象要素进行全天候现场监测，广泛应用于气象、环保、民航、农林、水文、军事、仓储、科学研究等领域。

5.1.2 功能与特点

当前，气象部门使用的便携式自动气象站有 30 多个厂家生产的 150 余种型号，但其结构原理及使用维护方法基本相同，本模块主要以江苏省无线电研究所有限公司生产的 ZQZ-CY 型移动式自动气象站和中环天仪(天津)气象仪器有限公司生产的 DZB2 型便携式自动气象站为例介绍相关知识与操作。

ZQZ-CY 型便携式自动站是一种便携式地面气象观测设备，可以测量风速、风向、雨量、温度、湿度和气压等气象要素。可以用掌上平板电脑、笔记本电脑在现场读取数据；同时支持 GPRS/CDMA 1X 无线通信，可接入地面气象监测网。整机为室外型设计，能够迅速安装和使用。特别适用于突发性灾害性天气的现场监控、突发事件(如火灾、洪涝灾害)的响应以及学校教学科研、流动气象观测哨、短期科学考察、季节性生态监测等。

便携式自动站采用积木式结构，既可以安装在地面等固定平台上使用，也可以安装在车辆等移动平台上使用，如图 5.1.1 所示。

该型号便携站具有如下特点：

① 可靠的三防设计，防护级别达到 IP65 级；

② 精细的结构设计，充分保证快速的安装和拆卸；

③ 低功耗，适用多种供电方式；提高了设备的环境适应性；

④ 具有大容量数据存储功能；

⑤ 支持本地有线通信和远程无线通信，满足不同需求。

(a) 固定平台上使用

(b) 移动平台上使用

图 5.1.1　便携式自动站实物示例

5.1.3　结构与原理

ZQZ-CY 型便携站由数据采集器、传感器、电源、通信模块和安装支架等部分组成。

5.1.3.1　数据采集器

数据采集器是整个系统的核心。它包括接口与保护电路、主控单元、数据存储器、通信接口电路、实时时钟等部分。数据采集器以单片机为基础，通过其内置程序控制传感器采样频率，实现不同气象要素的数据采集、计算、存储和传输。

数据采集器上配备了两个标准 RS-232 串口，既可实现本地有线通信，也可实现远程无线通信。

(1)有线通信

用通信电缆连接自动站采集器的"本地通信"串口及电脑串口，可进行本地有线通信，实现在观测现场直接读取数据或进行现场测试。

本地通信端口的通信参数为：波特率 2400 bps，数据位 8，停止位 1，偶校验 E。

(2)无线通信

自动站采集器的"远程通信"串口接上 GPRS 模块或 CDMA 模块后，可实现远程无线组网通信。在移动通信网覆盖且已开展 GPRS 或 CDMA 1X 业务的地方，均可采用这种方式。

远程通信串口提供了 9 芯 D 形针式插座和 20 芯扁平电缆两种对外接口，在实际使用过程中同一时间只能使用其中一个，否则不能正常通信。远程通信端口的通信参数为：波特率 4800 bps，数据位 8，停止位 1，偶校验 E。

5.1.3.2　传感器

标准配置的便携式自动站可以测量风向、风速、温度、相对湿度、雨量和气压六个要素。

(1)风向传感器

选用 XFY3-1 型风向风速传感器。

风向变换器采用精密导电塑料电位器。电位器安装在柱座内，尾翼转动的角度通过主壳体组件顶部的键和连接器传送到电位器的轴上。外加一个激励电压，电位器输出的风向信号是一个正比于尾翼转动角度的模拟电压。

风向传感器的输出信号为 0～5 V 的直流电压，对应于 0～360°的风向传感器尾翼转动角度。测出电压值就可计算出风向值。

(2)风速传感器

与风向传感器同型号。

风速变换器采用磁电感应原理。当安装在螺旋桨轴上的六磁极的磁盘旋转时，线圈中即激发出交流脉冲信号，其频率与螺旋桨的转速成正比。螺旋桨每转动一周，线圈中感应出三个周期的正弦波信号。经过信号转换板转换，输出频率正比于风速的方波信号。信号转换板主要由放大整形电路和快速反应二极管组成。快速反应二极管的作用是防雷电干扰。

风速传感器的输出信号为数字脉冲信号，其频率与风速成正比，测出频率就可计算出风速。

(3)温度传感器

选用芬兰 Vaisala 公司生产的 HMP45D 温湿度传感器或 ZQZ-TW2 型温度传感器。HMP45D 温湿传感器用来同时测量空气温度和相对湿度。测温元件是铂电阻传感器(Pt100)，如图 5.1.2 所示。感应部件位于传感器杆顶端保护罩内。HMP45D 温度为无源输出(电阻 Pt100)。

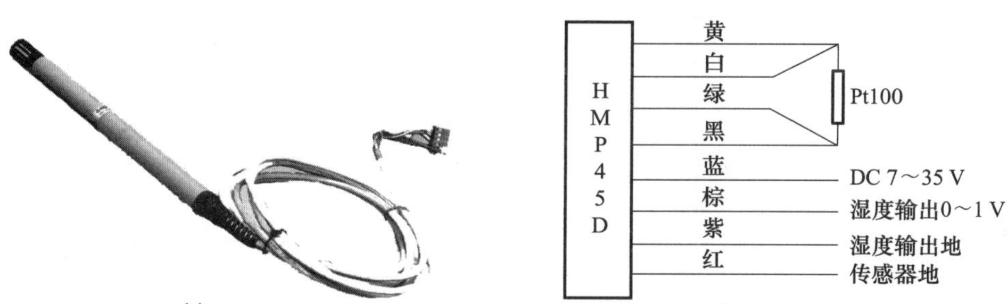

图 5.1.2 HMP45D 型温湿度传感器实物(a)及其接线示意图(b)

铂电阻温度传感器的工作原理都是相同的，此处不再介绍。

(4)湿度传感器

选用芬兰 Vaisala 公司生产的 HMP45D 温湿度传感器，测湿元件是聚合物薄膜电容传感器 HUMICAP180。其工作原理同新型自动气象站使用的湿度传感器。

(5)雨量传感器

选用 SL2-1 型雨量传感器。

(6)气压传感器

选用芬兰 Vaisala 公司生产的 PTB220 气压传感器，或国产的 GQY-1D 气压传感器。

气压传感器为智能化传感器，通过 RS-232 串口输出气压数据，采集器直接从串口读取得到气压值即可。

5.1.3.3 电源

便携式自动站配备了独立的电源箱。电源箱中配置了容量为 24 Ah/12 V 的蓄电池。电源箱配有专用充电器。

根据需要,也可定制太阳能电源系统进行供电。

5.1.3.4 通信模块

便携式自动站通过 GPRS 或 CDMA 通信模块实现远程无线通信及组网。

5.1.3.5 电子罗盘(可选)

电子罗盘是便携式自动站的一个可选配件,使用电子罗盘后,移动式自动气象站在任何方位工作时均能自动修正风向值。选用 HONEYWELL 公司的 HMR3000 型电子罗盘。HMR3000 电子罗盘的对外接口是一个针式 DB9 插座,通过通信电缆与自动气象站数据采集器的"备用通信"端口相连接使用(通信口参数出厂时已配置为 19200,8,1,N)。

5.1.4 技术规格

5.1.4.1 测量性能指标(表 5.1.1)

表 5.1.1 便携式自动站测量性能指标

序号	气象要素	测量范围	分辨率	准确度
1	风向	0～360°	1°	±5°
2	风速	0～60 m/s	0.1 m/s	±1 m/s(≤20 m/s) ±5%(>20 m/s)
3	温度	−50～+50 ℃	0.1 ℃	±0.2 ℃
4	相对湿度	0～100%	1%	±3%(≤80%) ±5%(>80%)
5	雨量	0～999.9 mm	0.1 mm	±0.4 mm(≤10 mm) ±4%(>10 mm)
6	气压	550～1060 hPa	0.1 hPa	±0.2 hPa

5.1.4.2 环境条件

温度:　−40～50 ℃

湿度:　0～100%RH

防护等级:　IP65,防尘、防雨水,但不能浸水

5.1.4.3 电源电压

直流额定电压 11～14 V。

5.1.4.4 采集器时钟精度

月累计误差≤ ±30 s。

5.1.4.5　数据存储容量

可存储一个月的正点数据及七天以上的加密数据。

5.1.5　DZB2型移动式自动气象站

5.1.5.1　概述

DZB2型移动式自动气象站(图5.1.3)采用一体化设计,组装便捷,能固定安装也能车载。可以用笔记本电脑直接读取数据,也可以通过各种无线途径将数据远程传输到中心台站,移动式自动气象站的数据可以并入区域站软件中,便于数据的后期处理及使用。主要应用于气象保障、突发事件的响应、森林火灾的气象监测及临时气象观测点等。

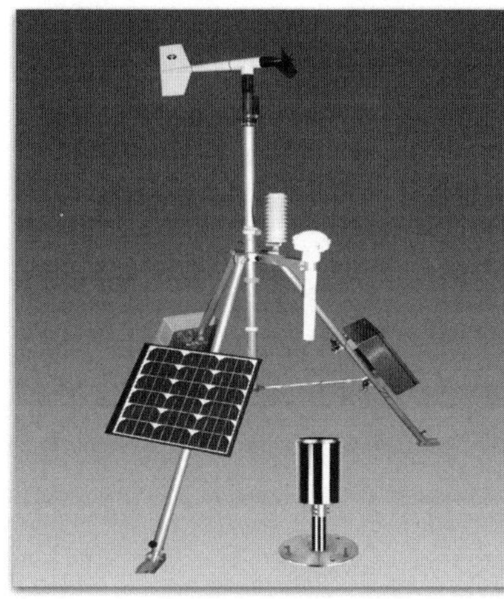

图5.1.3　DZB2型移动式自动气象站

该便携式自动气象站主要由采集器、传感器及三脚架等组成,其中传感器根据需要可以选配温湿度传感器、风向风速传感器、雨量传感器和气压传感器等。

5.1.5.2　采集器

(1)结构组成

采集器是便携自动气象站的核心,它由硬件系统和采集软件系统两部分构成。

硬件部分由高稳定性电源、嵌入式处理器、大容量数据存储器、高精度时钟电路、高精度模数转换电路、多路数字及模拟传感器接口、通信接口、指示灯电路等多种电路模块构成。

采集软件系统包含采集模块、通信模块、时钟模块、存储模块、数据处理模块、指令响应模块等多种功能模块。

(2)功能及通信工作模式

可以通过参数设置修改雨量值的系数,并且能够实时采集温度、风向、风速、湿度和气压等要素。

该采集器自身具备无线数据通信功能,可支持中国移动的GSM/GPRS无线网络,采集器具体包含如下三种通信工作模式。

① GPRS实时在线方式(只采用GPRS上报通信方式)。通过GPRS发送数据,可以任意设置1～60 min的数据上报时间间隔。需要注意的是,在设置参数时,有几方面是必须要设置的,即中心站IP地址、中心端口号、GPRS接入点(为用户提供GPRS服务的服务商)。

② 短信方式(通过短信自动上报通信数据)。正点时刻自动通过短信方式,将正点数据发送到短信中心,这里必须要设置的是中心号码。

③ 短信备份方式(以GPRS通信为主要通信方式,SMS为备份通信方式)。GPRS正常时,以GPRS通信方式上报数据;当GPRS掉线等通信不正常超过3 min时,自动切换为SMS

短信方式将小时数据上报到短信中心。

此外，还可以采用卫星通信的模式进行数据传输。

5.1.5.3 温湿度传感器

选用 DHC1 型温湿度传感器，其线缆输出线代表的含义如表 5.1.2 所示。其结构与原理类同于新型自动气象站使用的温湿度传感器。

(1)技术参数

工作温度　　－40～60 ℃

存储温度　　－40～80 ℃

供电　　DC 12 V

(2)温度传感器

分辨力　　0.1 ℃

测量范围　　－40～60 ℃

最大允许误差　　±0.2 ℃

(3)湿度传感器

分辨力　　1% RH

测量范围　　(0～100)%RH

对应模拟输出　　(0～100)%RH 对应于(0～1)V

最大允许误差　　±3%RH(0～90)%RH；
±5%RH(90～100)%RH

表 5.1.2　DHC1 型温湿度传感器输出线定义

序号	颜色	定义
1	红色	供电正
2	黑色	电源地
3	白色	湿度输出
4	蓝色	PT100A
5	绿色	PT100A
6	粉色	PT100B
7	橙色	PT100B
8	灰色	模拟地

5.1.5.4 风速风向传感器

采用 XFY9-1 型螺旋桨风传感器。该风传感器是用于测量水平方向风向风速的专业气象仪器，具有抗强风、耐海洋性气候、动态特性好等特点，仪器结构设计合理，工作稳定可靠，可在恶劣气候条件下工作。

(1)工作原理

风速测量是利用低惯性的螺旋桨作为感应部件，螺旋桨随风旋转，螺旋桨轴上的磁盘旋转时，通过电磁感应在线圈中感应出正弦波信号。

风速与螺旋桨转速为正向线性关系，感应正弦波信号频率同样与风速为正向线性关系，风速最大输出为 1000 Hz。

风速和信号频率关系如下：

$$V=0.098F$$

式中，V 为风速，单位：m/s；F 为风速信号频率，单位：Hz。具体 1 m/s 风速对应 9.8 Hz，1 m/s 风速对应螺旋桨每分钟转速 196 rpm。

电路板电源电压输入 DC 5～15 V，电路板电压输出 4.6 V。风速正弦波信号经电路整形放大，输出脉冲方波。电源输入和信号输出采用瞬变抑制二极管进行过载保护。

风向测量是利用低惯性的尾翼作为感应部件，尾翼随风转动，带动精密电位器输出电压值。风向角和精密电位器输出电压为正向线性关系，风向最大输出 2.5 V。

风向角和风向电压值关系如下：

$$\varnothing=0.144U$$

式中，$\varnothing$ 为风向，单位度用“°”表示；U 为风向电压，单位 mV。具体来说 1°风向对应 6.94 mV，359°风向对应 2.493 V。

电路板风向电路 R13 为调零电位器，R18 为满度电位器。

(2)技术参数(表 5.1.3)

表 5.1.3 XFY9-1 型风传感器技术参数

参数指标	XFY9-1 型
风速测量范围	0～90 m/s
风速起动风速	不大于 1 m/s
风速分辨力	0.1 m/s
风速精确度	±0.5 m/s(≤10 m/s) ±(0.05 v)(>10 m/s)
风速输出信号	方波 0～1000 Hz
风向测量范围	0～360°
风向分辨率	0.5°
风向精确度	不大于 1.5°
风向输出信号	0～2.5 V
抗风强度	100 m/s
工作电压	DC 5～15 V
工作电流	不大于 DC 35 mA
使用环境	温度 −40～50 ℃，湿度 0～100%RH
重量	1.2 kg
外形尺寸	长 580 mm 高 450 mm

5.1.5.5 雨量传感器

选用 SL3-1 型翻斗式雨量传感器。

5.1.5.6 气压传感器

选用 PTB210 型数字气压传感器。

5.1.5.7 三脚架

三脚架由风杆、三根支撑腿、横臂、法兰盘等部件组成，用于支撑采集器、传感器及太阳能电池板等。

任务 5.2 便携式自动气象站的架设与调试

5.2.1 安装前的准备工作

5.2.1.1 选择观测场所

在选择观测场所时应尽量远离高大建筑物或树木等物体，配备电子罗盘时更应该尽可能远离任何可能产生磁场的地点和铁磁性的金属物体。观测场所位置的选择可参照图 5.2.1 进行。

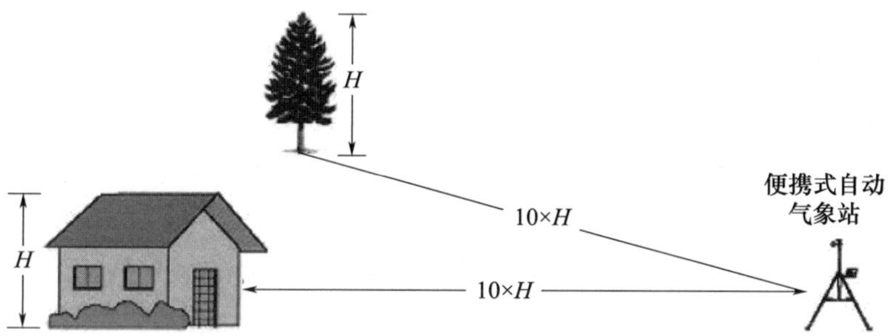

图 5.2.1 观测场所位置示意图

5.2.1.2 工具

在安装前需要准备以下工具：指南针、水平尺、活络扳手(6 吋)、内六角扳手(6 mm)、“一字型”螺丝刀(6 吋、2 吋)、“十字形”螺丝刀(6 吋)、锤子、万用表等。

5.2.1.3 开箱检验

便携式自动站标准配置分 4 个包装箱，可参考图 5.2.2。

安装之前，请先根据装箱单核查箱内物品，以免因缺少部件或部件损坏而影响到安装使用。系统使用结束后请按原包装箱放置，并仔细检查，以免遗漏。

5.2.2 硬件安装

5.2.2.1 安装支架

便携式自动气象站使用的支架分为三脚架和升降杆两部分。使用全套支架时，通过调节升降杆，最大高度可达 2.5 m。

注：由于型号的不同，实际使用的便携式自动站可能与图片不完全相同，请以实物为准。

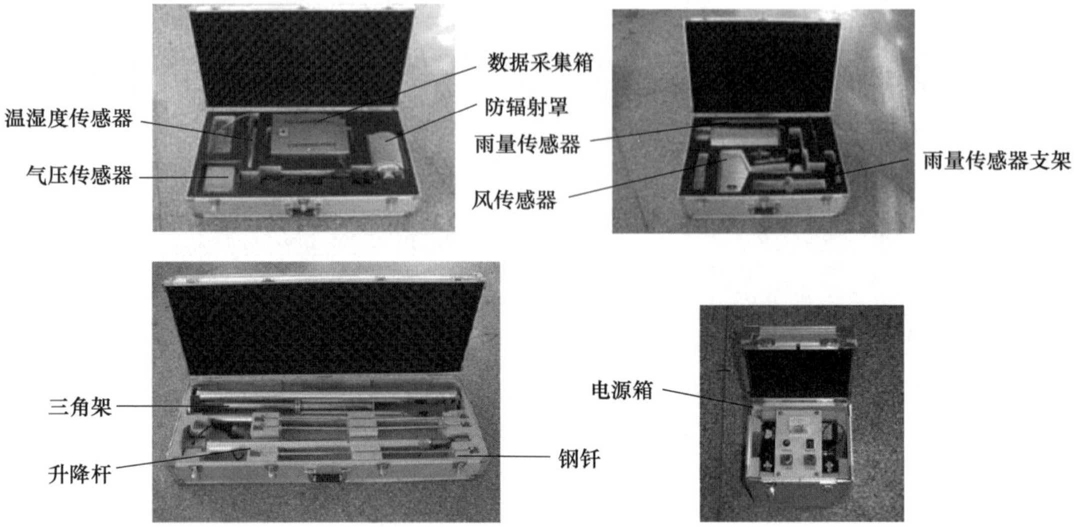

图 5.2.2　便携式自动站部件图

观测平台为地面时，将三脚架撑开并旋紧其伸缩杆上的黑色旋钮，用钢钎将三脚架固定在地面，然后将升降杆底盘置于三脚架顶部圆盘上，通过三个螺钉将三脚架和升降杆连为一体。参考图 5.2.3。

观测平台为车辆时，一般须根据车型另外安装与之相适应的结构附件，然后将升降杆底盘固定在车顶或车斗上。

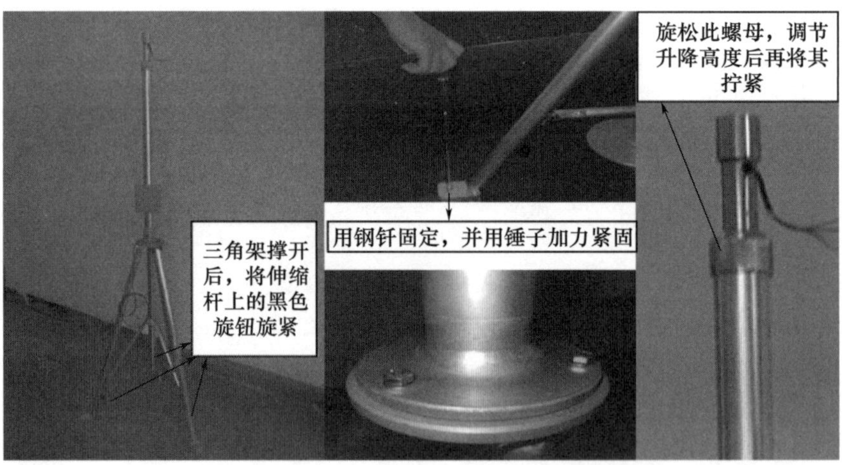

图 5.2.3　支架安装示意图

5.2.2.2　安装数据采集箱

将采集箱挂到升降杆附带的采集箱安装架上，并用活络扳手将固定螺钉拧紧即可，见图 5.2.4。

5.2.2.3 安装传感器

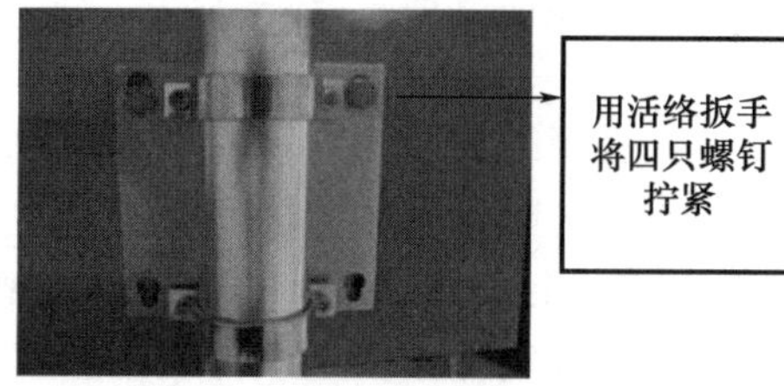

图 5.2.4 数据采集箱安装示意图

(1)安装风传感器

① 将风传感器装在升降杆顶部,使风传感器安装座上凸出的 N 字(即风向的定位标志,见图 5.2.5)对准正北,用风传感器底座上的不锈钢喉箍紧固住。

② 风传感器信号电缆在升降杆的管内走线,并从升降杆顶部穿线孔穿出。

③ 打开风传感器接线盒,将电缆从接线盒下的密封接头中心穿入,按图 5.2.6 将电缆接到相应接线端子上,然后将密封接头锁死。

注:安装盒盖时一定要压紧,使密封条压死,以确保整个接线盒的防水性能。

图 5.2.5 风传感器安装示意图

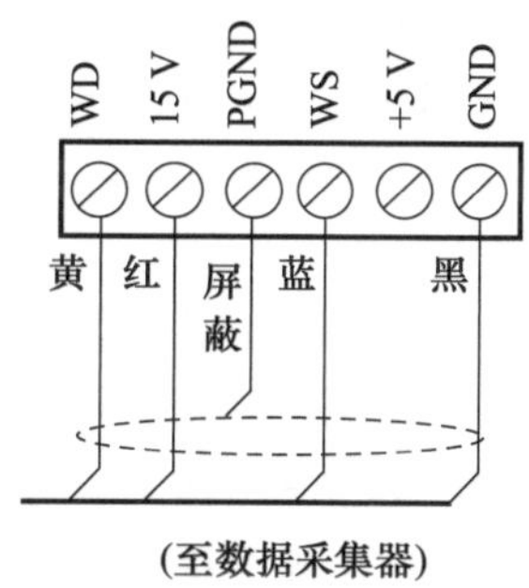

图 5.2.6 风传感器电缆接线图

(2)安装温湿度传感器

将防辐射罩安装架固定在升降杆上。先将温湿度传感器头部的黄色帽套摘掉,将传感器从防辐射罩底部装入,安装在地面时应确保传感器感应头安装在距地面 1.5 m 的位置(图 5.2.7)。

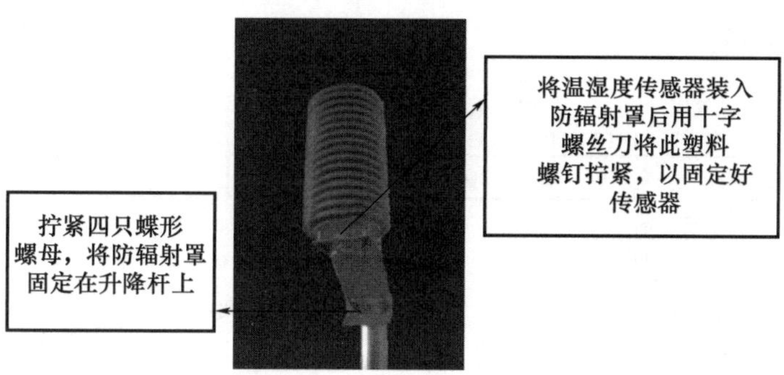

图 5.2.7 温湿度传感器安装示意图

(3)安装雨量传感器

① 将雨量传感器支架先安装并固定好(装于地面时用钢钎将其固定)。

② 将雨量传感器安装在支架上,拧紧六个固定螺钉,使雨量传感器和支架成为一体。

③ 观察传感器底盘上的水平器,将传感器调成水平状态。

④ 手拿计数翻斗带螺钉的一端，小心地将翻斗安放在传感器塑壳的宝石支撑点上，用手轻轻拨动翻斗上的螺钉处，保证翻斗能正常翻转。

⑤ 将短过滤网垂直放入集水器中，要放正。

⑥ 将雨量信号电缆从底盘的密封接头中心穿过，两根线可任意倒换接到安装板接线排的最外侧两个接线端子上。线接好后将密封接头锁紧。

⑦ 将外筒对正固定螺钉缺口安放在传感器底盘上，拧紧固定螺钉。

⑧ 将防堵网和长过滤网正确放入外筒的大漏斗内。

⑨ 将防虫罩紧密装在传感器出水口上，不得松动。

⑩ 将清水轻轻倒入外筒中，能听到翻斗的翻转声，表示安装正确，工作正常，否则要取下外筒，检查上述安装要求是否正确，并做改正。

(4)安装气压传感器

便携式自动气象站出厂时，气压传感器已安装在采集箱内，不需要再行安装。

(5)连接传感器信号电缆

将风传感器信号电缆、温湿度传感器信号电缆和雨量传感器信号电缆从采集箱底部相应的密封接头中心穿入采集箱，按颜色将芯线一一接到数据采集器上相应的接线端子，并将密封接头锁死即可。采集箱底部穿线孔的排列顺序可参照图 5.2.8。

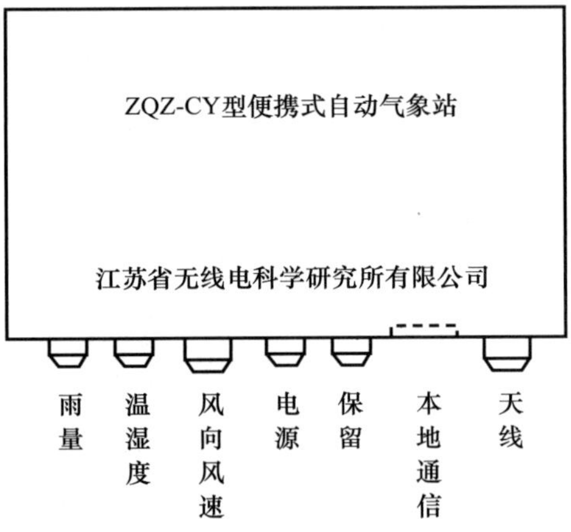

图 5.2.8 采集箱穿线孔示意图

图 5.2.9 为数据采集器面板，图中给出了各电缆的芯线颜色和对应的接入点。

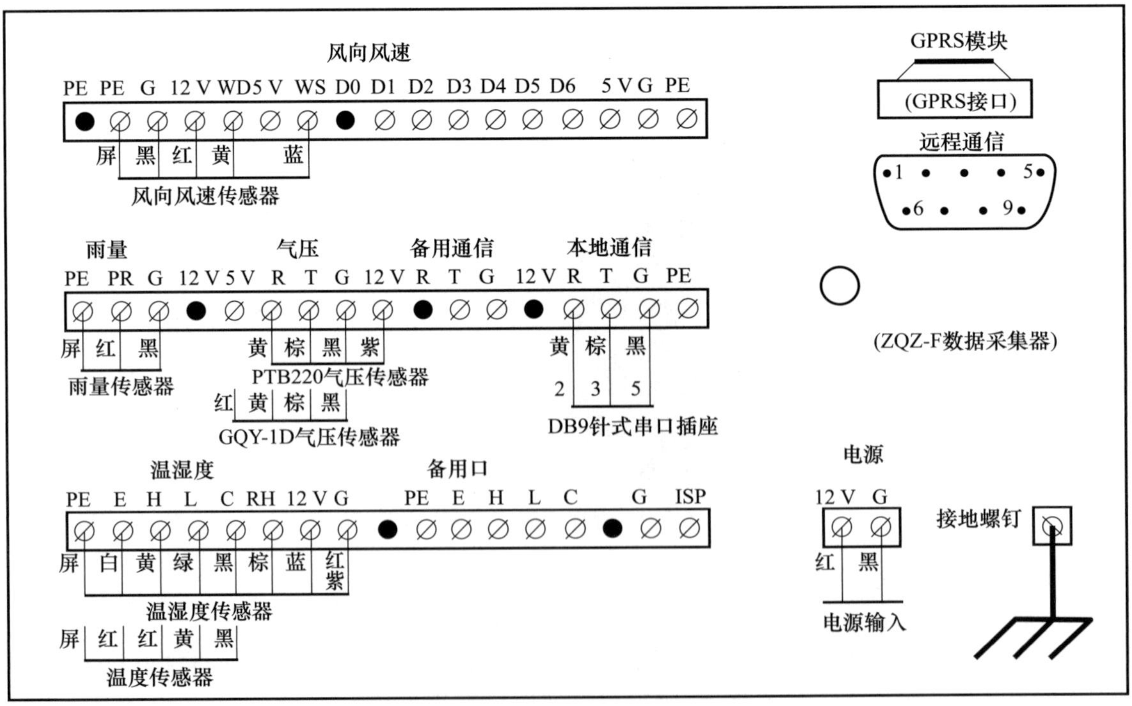

图 5.2.9 数据采集器面板及接线示意图

(6)安装电子罗盘

电子罗盘安装在车辆上时,推荐安装在距车顶 50 cm 高度,采用铝制支架,用铝壳全密封防雨,并注意对通信电缆的防护。

安装电子罗盘时,为获得最佳特性,须遵守下列规则。

① 位置:使罗盘尽可能远离任何可能产生磁场的地点和铁磁性的金属物体。HMR3000 电子罗盘内部的标定和补偿程序可以有效地补偿附加在地磁场上的静态磁场,但不能对交流或直流电流产生的变化磁场进行补偿。

② 水平:HMR3000 电子罗盘带有电子常平架,所以不需要使罗盘完全水平,但是为获得最大的倾斜变化范围,当运载工具或平台处于正常工作位置时,罗盘应安装成水平状态。

③ 方向:罗盘正方向(Forward)应当与风向标的正北方向一致。风向标的指北线建议与运载工具的航向保持一致。

电子罗盘与数据采集器的电缆连接见图 5.2.10。

图 5.2.10　电子罗盘与数据采集器的接线图

(7)标定电子罗盘

电子罗盘必须标定,以补偿地磁场外的其他磁场,从而获得精确的航向。标定分为针对主平台的标定和针对观测场的标定。

① 针对主平台的标定

地磁场外的磁场是由主平台产生的,因此与罗盘的安装位置有关。如果罗盘改变了安装位置或平台的磁特性发生了变化,罗盘需重新标定,否则会产生航向误差。将主平台系统旋转 360°或使其行驶一个圆圈(如果主平台是车辆的话),可使罗盘对它所在的磁场环境进行采样。

注:针对主平台进行标定时,主平台周围的环境对地磁场不应有强的影响(如周围有很大的硬铁体),因此要选择合适的场所来进行标定。

② 针对观测场的标定

通常,针对主平台进行标定后,在观测场所不需要进行标定。但如果观测场周围有较强的影响地磁场的环境,或者期望得到更高的航向准确度,则需要重新进行标定。

如果观测场所条件许可,推荐进行标定。

注:如果观测场所具有影响地磁场的环境,并且针对该观测场所进行了标定,那么移动到另一观测场所进行观测前,需要重新进行针对主平台或观测场所的标定。

③ HMR3000 电子罗盘标定方法

a. 用自动站本地通信电缆连接采集器的“本地通信”串口及电脑串口,运行串口调试软件，端口参数为 2400，8，1，E；

b. 输入“COMPMODE4”命令，进入标定模式；

c. 360°转动主平台，尽可能多次地改变主平台的俯仰角和倾斜角；

d. 输入“COMPCA”命令查看标定过程，屏幕将显示标定的次数值，请多次输入该命令（如串口调试软件有自动发送功能，可选择定时自动发送该命令），直到屏幕显示值为“275”时，说明标定已完成，此时停止发送命令；

e. 标定完成后，电子罗盘自动进入测量模式，可输入“COMPMODE”命令检查罗盘模式，此时屏幕上应显示“0”。

5.2.2.4 安装通信模块

便携式自动站采用无线通信方式时，须安装通信模块。一般情况下，出厂时通信模块已安装在采集箱内，现场须装上天线和 SIM/UIM 卡。SIM/UIM 卡在使用前需要确保上网功能已经开通并且账户上有足够的费用。

（1）安装 GPRS 模块

GPRS 模块的 SIM 卡从左上部的侧面插入，装入或取出时需要打开 SIM 卡盖。插入时请注意 SIM 卡的缺口朝外，并将 SIM 卡插入到位。如图 5.2.11 所示。

将天线插头插入模块顶部的天线插座，将采集箱底部最右边的密封接头拧松，从采集箱内将磁座天线朝下插入密封接头中心，并尽量插到底，然后将密封接头锁紧。

若现场 GPRS 网络信号不佳，也可将磁座天线吸附在采集箱外适当的位置。

插入 SIM 卡和天线后，重新装上 SIM 卡盖并固定，以防 SIM 卡和天线移位或脱落。

（2）安装 CDMA 模块

CDMA 模块的 UIM 卡从顶部插入或弹出。用一尖状物体顶触 UIM 卡座旁边的弹出按钮，弹出 UIM 座套，将 UIM 卡接触簧片朝外，插入 UIM 卡座即可。如图 5.2.12 所示。

图 5.2.11 GPRS 模块安装示意图

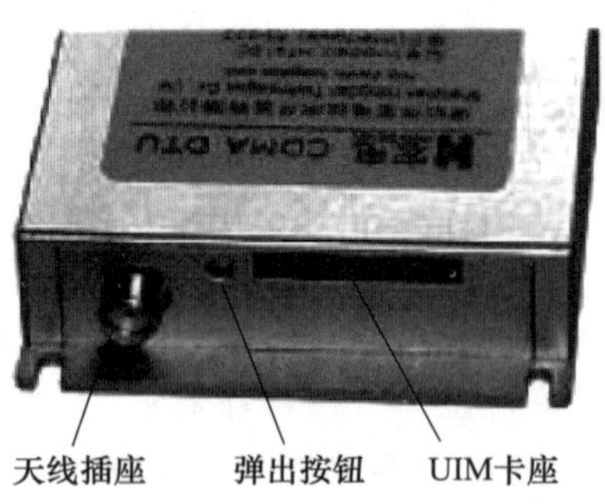

图 5.2.12 CDMA 模块安装示意图

将天线插头插入模块顶部的天线插座，将采集箱底部最右边的密封接头拧松，从采集箱内将磁座天线朝下插入密封接头中心，并尽量插到底，然后将密封接头锁紧。若现场 CDMA 网络信号不佳，也可将磁座天线吸附在采集箱外适当的位置。

5.2.2.5 安装本地通信电缆

将通信电缆一端插到采集箱下相应的串口插座上，另一端插到电脑的串行口上即可。

本地通信电缆两端均为 9 芯孔式 D 型连接器，其接线如图 5.2.13 所示。

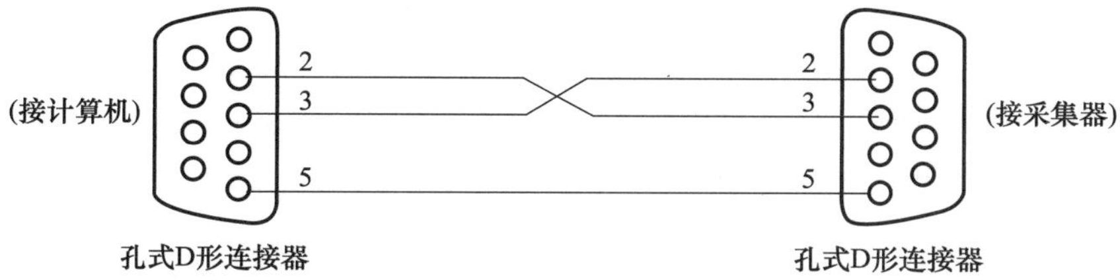

图 5.2.13 本地通信电缆接线图

5.2.2.6 接入电源

将电源线不带航空插头的一端穿过采集箱下的密封接头后，接到数据采集器的电源接线端子上，另一端的航空插头拧到电源箱内“＋12 V 输出”端。

5.2.3 软件运行调试

5.2.3.1 参数设置

检查所有电缆连接正确后，将电源箱上的开关打开，数据采集器开始运行，运行指示灯开始秒闪。

采用 GPRS/CDMAlX 远程通信方式时，须在数据中心安装配套的中心站软件，并在中心站软件中添加该自动站。

若使用本地有线通信方式在现场接收和查看数据，则需要在电脑上安装配套的本地通信软件。一般情况下，本地通信软件中的通信端口参数应置为 2400，8，1，E。此时，采用本地串口通信方式的，可以在现场电脑上接收和看到实测数据。实时数据每隔 1 min 更新一次。

仅采用 GPRS/CDMAlX 无线通信方式的，在正式使用前可先将扁平连接电缆从通信模块上拔掉，将本地通信电缆一端插在数据采集器的远程通信端口上，另一端插在电脑串口上，运行电脑上“开始”—“附件”—“通信”—“超级终端”，选择相应的端口号，并将其属性中的端口参数设置为 4800，8，1，E，如图 5.2.14 所示。然后输入“TEST”命令并回车，即可收到实时采集的数据。

确认通信正常及数据合理性后，将本地通信电缆从远程端口上拔掉，将扁平连接电缆插到通信模块上，并等待通信模块登录到 GPRS/CDMAlX 网络和中心站，等待时间一般在上电后半分钟左右(因各地信号情况不同，有时可能会需要更长的时间)。

登录情况可通过通信模块的指示灯来观察。

(1)GPRS 模块工作状态指示

PWR 灯：正常登录时，每隔 8 s 亮一次。

DATA 灯：平时不亮，有数据收发时闪烁。

NET 灯：有网络信号时该灯长亮。

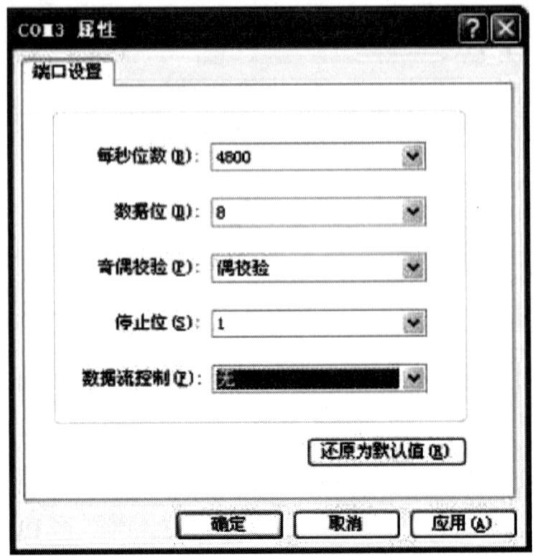

图 5.2.14 串行通信口设置示意图

(2)CDMA 模块工作状态指示

PWR 灯:正常登录时,每隔 1 s 亮一次。

DATA 灯:平时不亮,有数据收发时闪烁。

NET 灯:有网络信号时,每 0.5 s 闪烁一次。

通信模块登录正常后,中心站就可接收自动站的数据了。

5.2.3.2 中心站软件安装环境检查

(1)请检查准备安装中心站软件的计算机是否安装有杀毒软件等安全软件。若有则先退出 360 安全卫士等杀毒软件和防火墙软件。

(2)请检查计算机是否安装了 Microsoft. NET Framework 4.0。若没有,则找到厂家提供的相关光盘中的“中心站软件安装文件”文件夹,在该文件夹下找到“dotNetFx40_Full_x86_x64.exe”文件,双击文件,点击“下一步”进行安装。

若本机没有打开 .iso 文件的工具,请找到“虚拟镜像工具”文件夹中的 Daemon_Tools_4.47.1.337 文件按照正常软件安装步骤进行安装。

5.2.3.3 安装中心站软件

(1)找到“中心站软件安装文件”文件夹,在该文件夹下找到“Debug.exe”文件,双击该文件即可弹出安装界面,如图 5.2.15 所示。

(2)点击“下一步”,弹出窗口如图 5.2.16 所示。

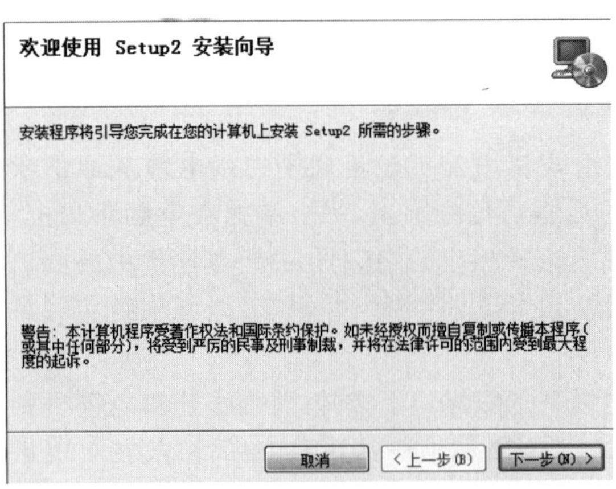

图 5.2.15 中心站软件安装向导界面

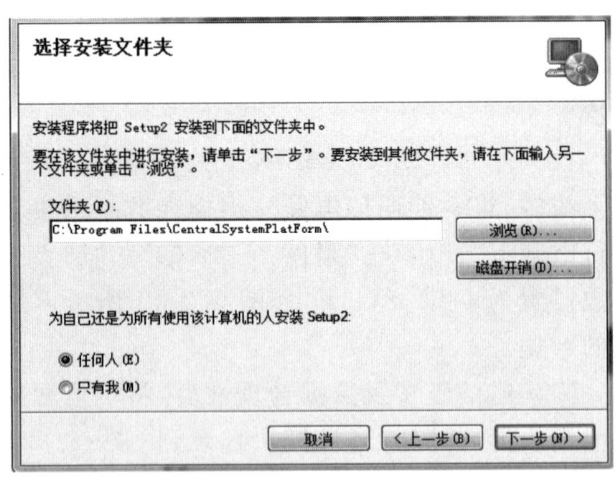

图 5.2.16 选择安装路径界面

(3)选择“任何人”,如果有需要可以点击“浏览”修改安装的路径。然后点击“下一步”,确认安装,如图 5.2.17 所示。

(4)点击“下一步”,进入安装过程,安装结束后显示界面如图 5.2.18 所示。

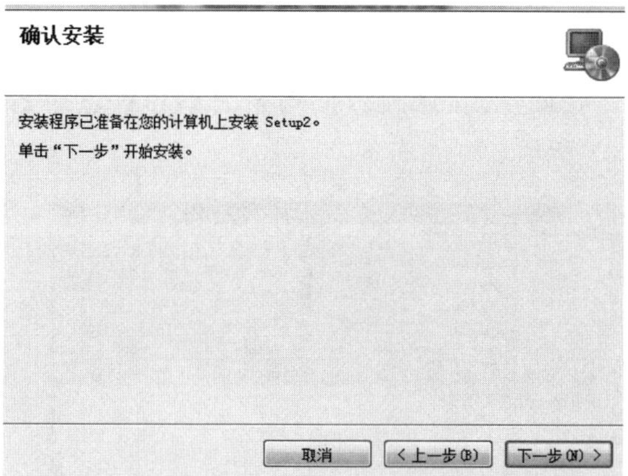

图 5.2.17　确认安装界面

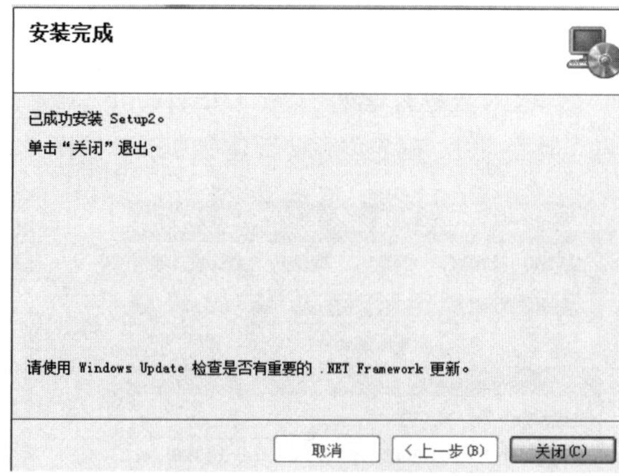

图 5.2.18　安装完成界面

(5)点击"关闭"。安装完成。

(6)在安装路径文件夹下找到 ConfigurationFile.xml 文件,将这个文件拷贝到 CentralSystemPlatForm 的安装目录/Config/下。

(7)在计算机的桌面及开始菜单中出现如图 5.2.19 所示的快捷方式。

图 5.2.19　桌面及开始菜单栏的快捷方式

(8)点击桌面上的或开始菜单中的快捷方式"CentralSystemPlatForm"即可打开中心站软件,如图 5.2.20 所示。

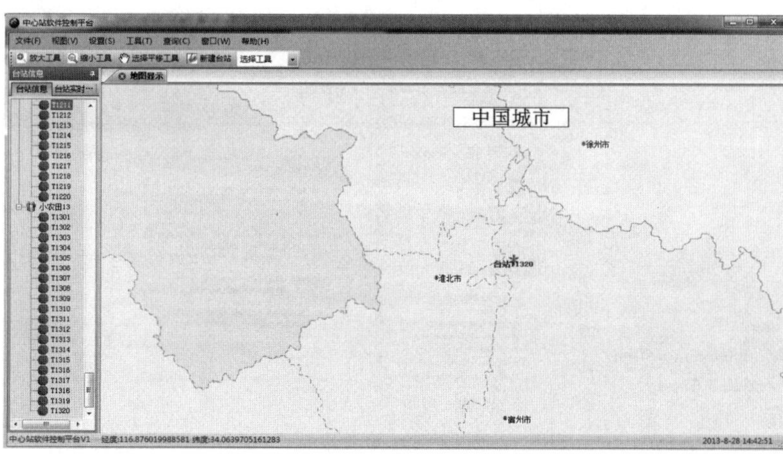

图 5.2.20　中心站软件界面

5.2.3.4　数据库使用和配置

(1)Windows 数据库环境检查

① 检查 windows 机器中是否装有 Microsoft SQLServer 2005,如果未安装,请先使用 Microsoft SQLServer 2005 安装包进行安装。

② 打开 Microsoft SQLServer 2005，右键“数据库”，选择“新建数据库”，如图 5.2.21 所示。

③ 输入数据库名称“CertralSystem”，确保输入名称正确，修改数据初始大小和日志初始大小，最后点击“确定”完成新建数据库，如图 5.2.22 所示。

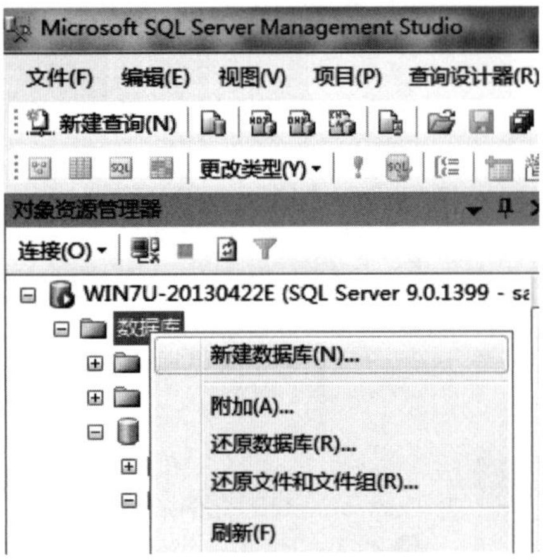

图 5.2.21 数据库管理界面

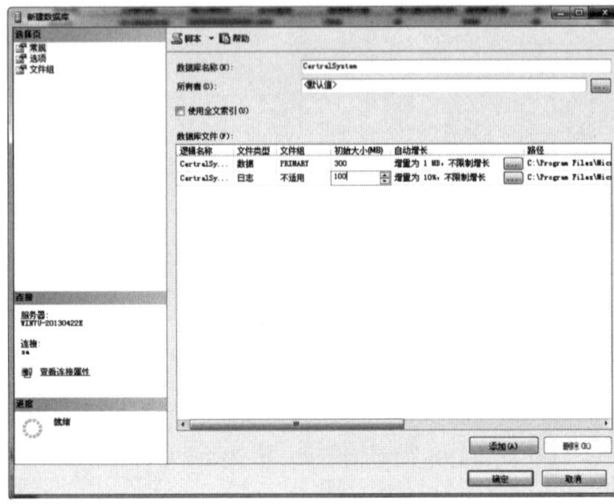

图 5.2.22 新建数据库界面

(2)运行数据库脚本

① 在安装包中找到文件夹“SQL”，进入该文件夹找到如图 5.2.23 所示的文件。

② 使用 Microsoft SQLServer 2005 依次打开图 5.2.23 中的所有文件，弹出界面如图 5.2.24 所示。

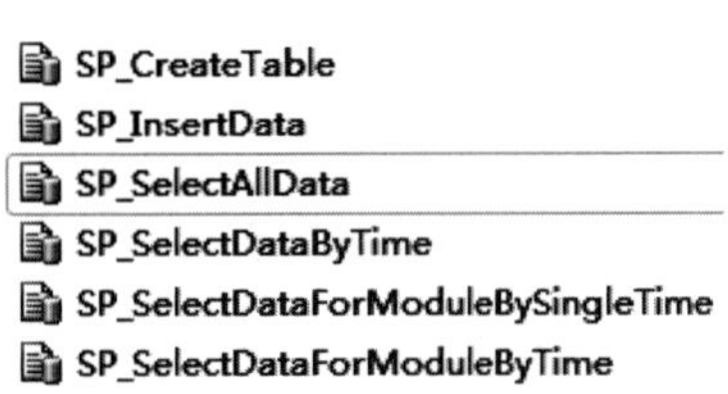

图 5.2.23 数据库文件夹

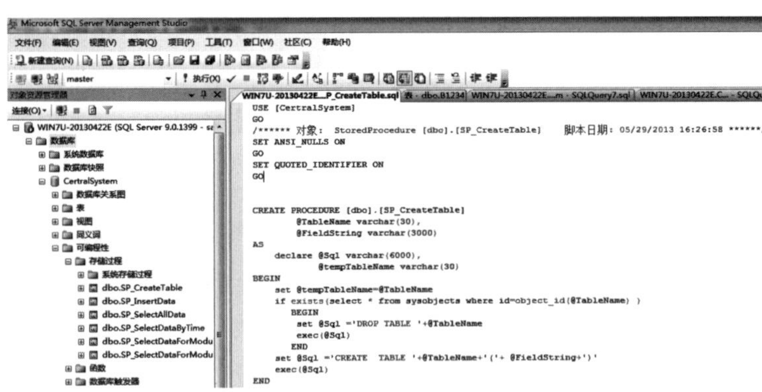

图 5.2.24 数据库文件运行界面

③ 先点击“！ 执行”旁边的绿色勾，然后点击“！ 执行”，完成脚本的执行。

5.2.3.5 中心站软件配置使用方法

(1)端口和数据库配置

① 点击菜单中的“设置”—“通信连接及 SQL 设置”弹出如图 5.2.25 所示界面，在“输入新端口”中输入接收数据的端口，先后点击“添加”“确定”。

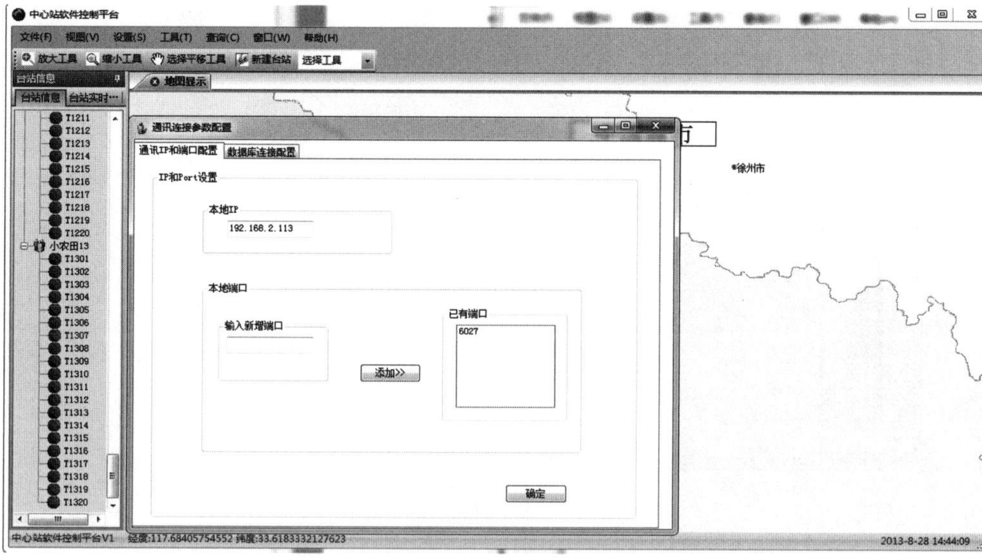

图 5.2.25 通信 IP 及端口配置界面

② 选择“数据库连接配置”选项卡，输入服务器名称，若数据库安装在本机，则只需要输入“.”。

③ 再输入用户名和密码，点击“测试连接”，检查是否连接成功，最后点击“确定”(图5.2.26)。

图 5.2.26 数据库连接配置界面

(2)新建地域

① 若“台站信息”中包含有你想要建的区域，先右键点击该区域弹出菜单选择“删除区域”，再进行一下操作。

② 点击软件菜单栏中“文件”—“新建”—“新建地域”，如图 5.2.27 所示。

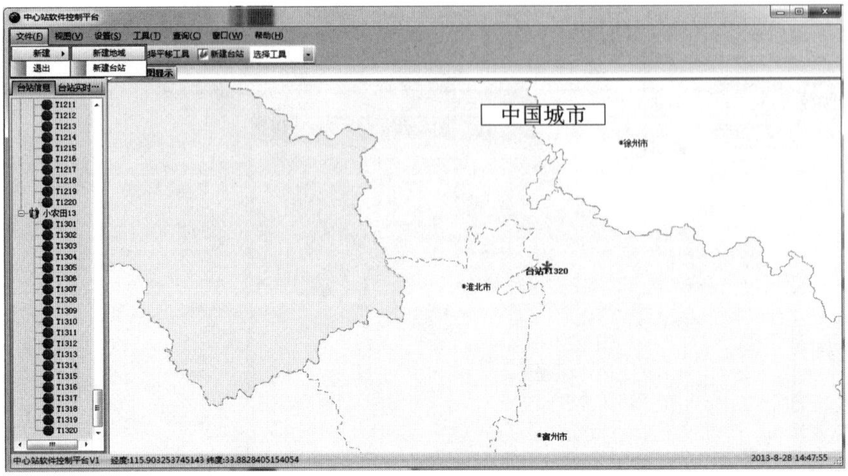

图 5.2.27　新建地域操作界面

③ 弹出如图 5.2.28 所示窗口。

④ 填写地域如“四川资阳市”，点击“确定”即可在“台站信息”里面看见“四川资阳市”。

图 5.2.28　新增地域输入界面

(3)新建台站

① 若“台站信息”中包含有你想要建的区域台站，先右键点击该台站弹出菜单选择“删除台站”，再进行一下操作。

② 点击软件左边的框中选中区域，右键选中“新建台站”(图 5.2.29)。

③ 弹出如图 5.2.30 所示窗口，其中十分重要的信息是“台站号”和“采集器标识”，台站号根据当地定好的台站号进行设置，采集器标识请选择“0015:四川资阳市小农田”，其他设置根据实际情况数输入，“数据传输方式”选中“GPRS 传输方式”。点击“确定”完成台站新建。

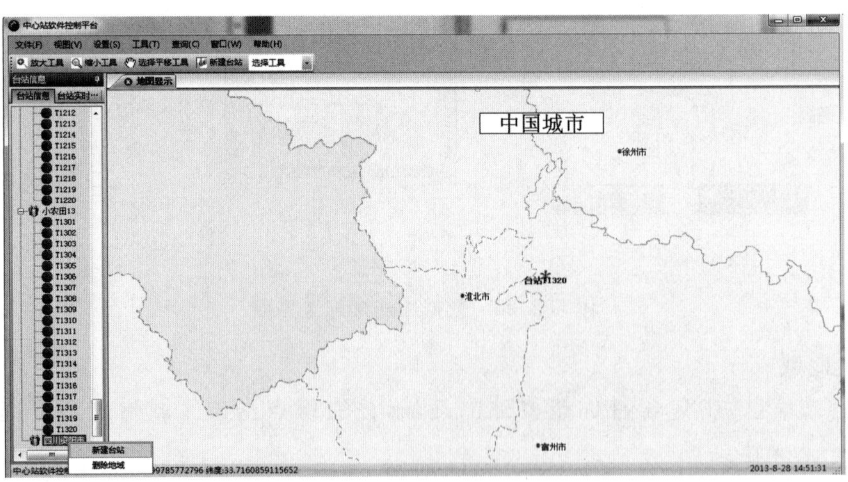

图 5.2.29　新建台站操作界面

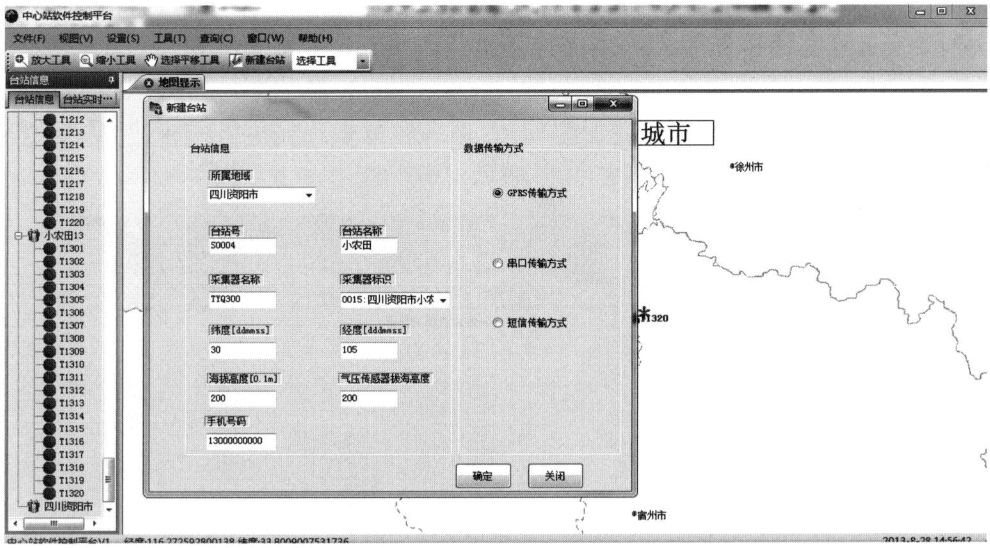

图 5.2.30 新建台站信息设置操作界面

④ 点击"确定"弹出提示是否建台站成功,点击"关闭"提示建完台站后须重启软件,切记,此时需要关闭软件重新启动 CentralSystemPlatForm。此时能看见在"四川资阳市"下面包含了台站"S0004",同时在地图上显示了台站所在位置,红色表识该台站并未上线(图 5.2.31)。

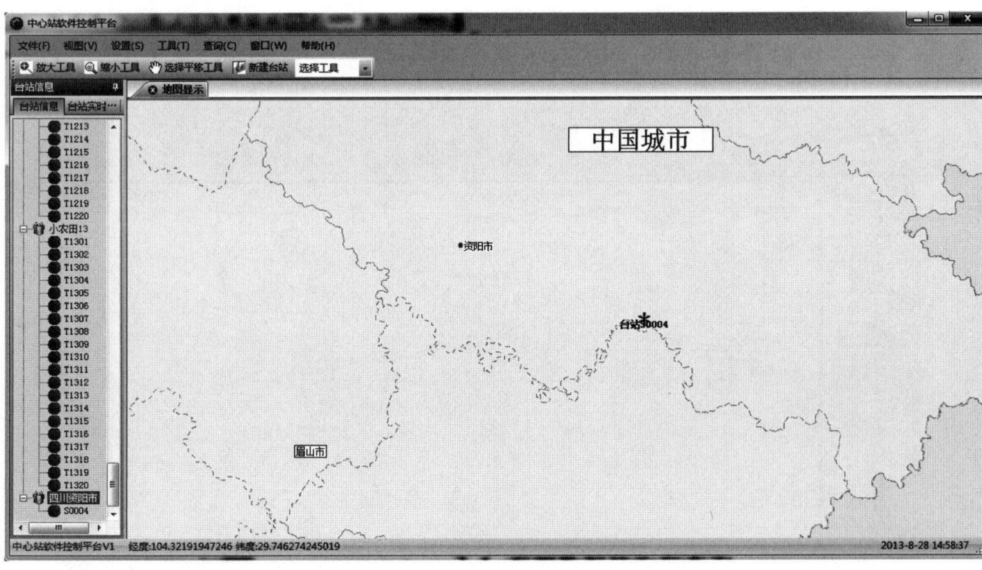

图 5.2.31 新建台站设置好的界面

(4)观测数据接收和查询

① 观测数据的实时曲线变化图操作。

a. 点击菜单栏中"视图"—"实时曲线滚动窗口"则弹出实时曲线滚动串口 tab 页,再用鼠标左键点击左侧的台站号,如左键点击"S0004"则在软件界面的中间会弹出 S0004 的"实时曲线变化图",如图 5.2.32 所示。

b. 在“条件选择”中选择需要观测的要素，点击“确定”即可对该要素进行实时曲线的观测，在曲线绘制区域右键弹出菜单中选择“显示节点数据”（或者 ShowPointsValues）能显示当前鼠标指示点对应的（时间，数值）。

c. 同时点击软件界面“台站信息”旁边的“台站实时数据”，显示 S0004 的“状态”和“观测要素数据”的实时值。

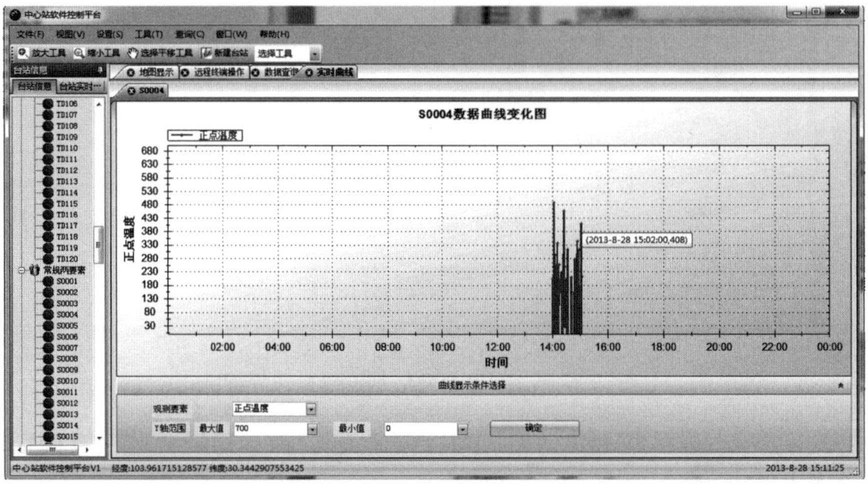

图 5.2.32　实时曲线变化图

② 点击菜单栏中的“工具”—“远程终端操作”显示如图 5.2.33 所示界面，在“命令执行监控区”可以看见中心站软件接收到的实时数据。

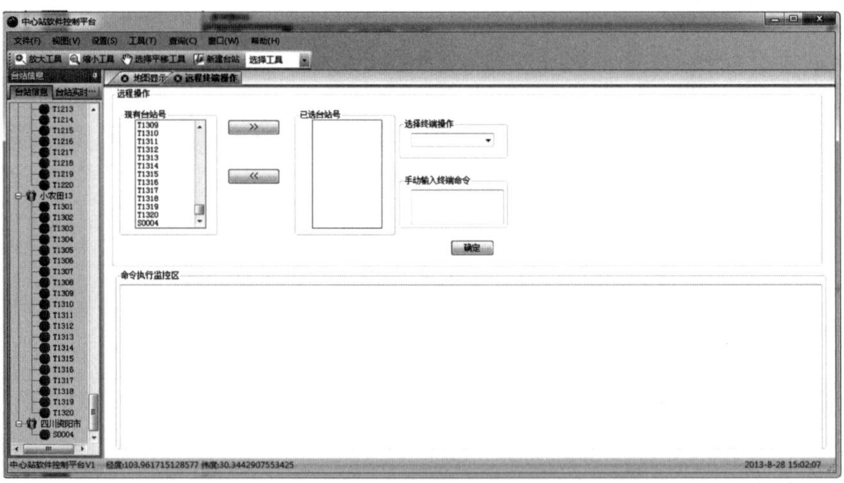

图 5.2.33　远程终端操作界面

③ 点击菜单栏中的“查询”—“数据查询”弹出如图 5.2.34 所示界面，选择“区域”“台站号”“开始时间”“结束时间”点击“分钟数据查询”可查询分钟数据，点击“小时数据查询”可查询小时数据。

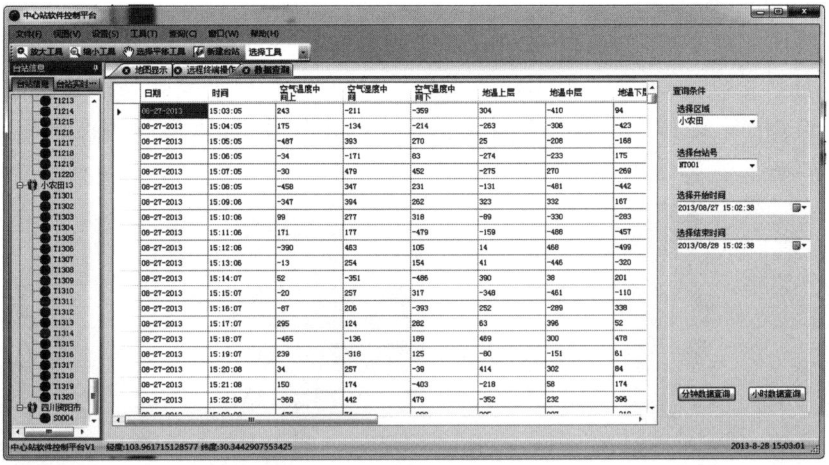

图 5.2.34 数据查询界面

5.2.4 DZB2 型便携式自动站的安装与调试

5.2.4.1 架设步骤

DZB2 型便携式自动站架设好后如图 5.2.35 所示。

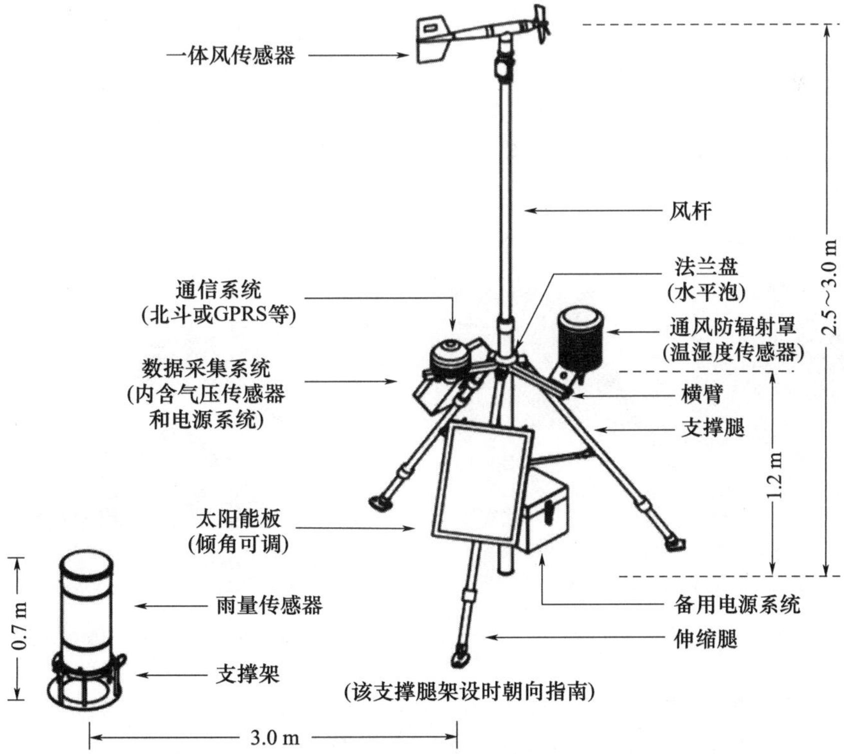

图 5.2.35 DZB2 型便携站架设示意图

具体的架设方法如下。

(1)通过按压支撑梁使三支撑杆分开,高度调节环到达最低位置时停止,此时支撑梁应与地面平行,如图 5.2.36 所示。三地脚保持水平与地面接触,保证支架稳固且整体不出现倾斜。

(2)将机箱背面上端伸出的螺柱对准支撑杆上的定位孔,插入后利用夹紧装置将机箱固定在支撑杆上,如图 5.2.37 所示。

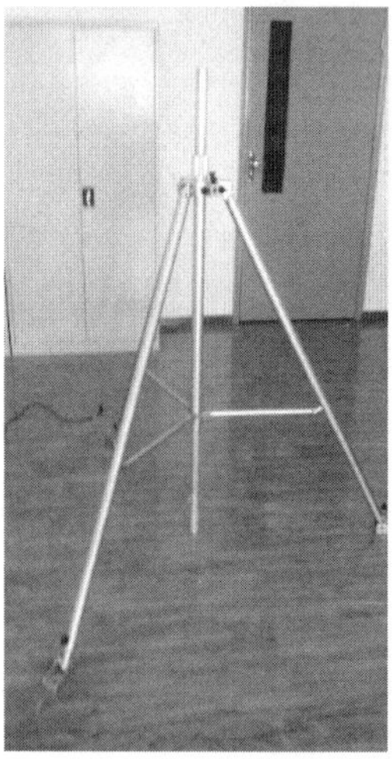

图 5.2.36　架设三脚架

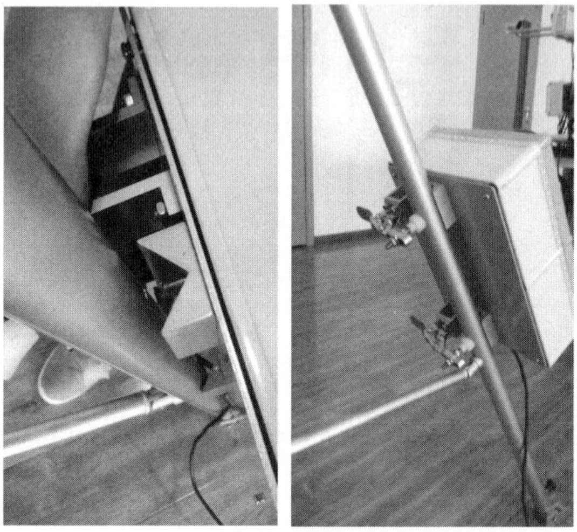

图 5.2.37　安装固定机箱

(3)安装太阳能板时,与机箱安装相同,先将太阳能板背部伸出螺柱对准支撑杆上定位孔插入,然后再用夹紧装置将太阳能板固定在支撑杆上,如图 5.2.38 所示。

(4)将支撑杆其中一个伸出的固定端上的三个滚花螺钉拧松,上方螺钉拧下,然后将温湿臂插入,再将三个滚花螺钉拧紧,如图 5.2.39 所示。

(5)将温湿罩及传感器安装在温湿臂上,利用螺钉将温湿罩连接件与温湿臂固定,如图 5.2.39 所示。

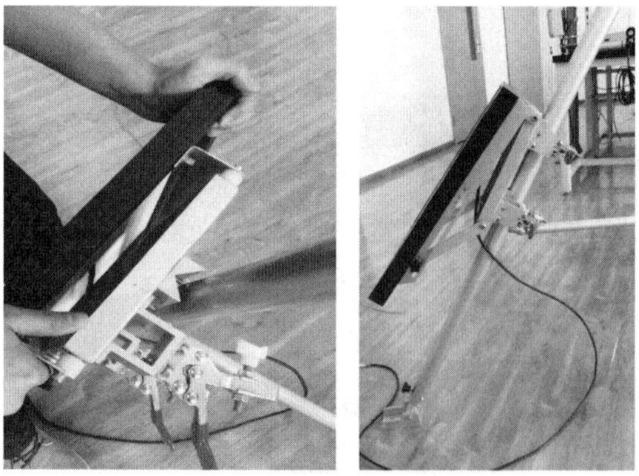

图 5.2.38　安装太阳能板

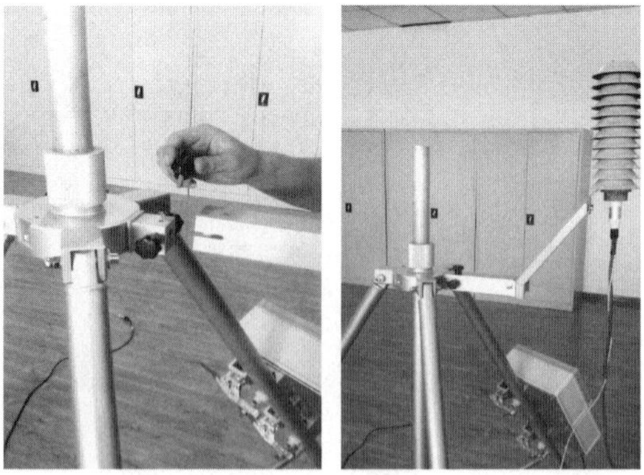

图 5.2.39　安装温湿度传感器支架及防辐射罩

(6)将上支撑杆安装在支撑杆主杆上,配有定位凹槽与定位销,匹配插入即可。将风传感器安装在支撑杆上方,风传感器底部直接插入上支撑杆,匹配插入即可。然后拧紧固定。将主体杆上提至 3 m 刻度处,旋紧锁紧套管将其固定。如图 5.2.40 所示。

图 5.2.40 安装支撑杆

(7)安装好各传感器后连接各传感器，将各传感器对应的航空插头连到机箱，机箱从左至右的航空插头顺序依次为：充电器、风传感器、雨量、温湿传感器、串口。

(8)按照上述顺序连接好航空插头，详见设备接线。

(9)串口连接电脑。电源连通后如果听到蜂鸣声就是连通了。

5.2.4.2 设备接线

各传感器、电源、通信线缆需要连接到采集器上，采集器上的接口如图 5.2.41 所示。

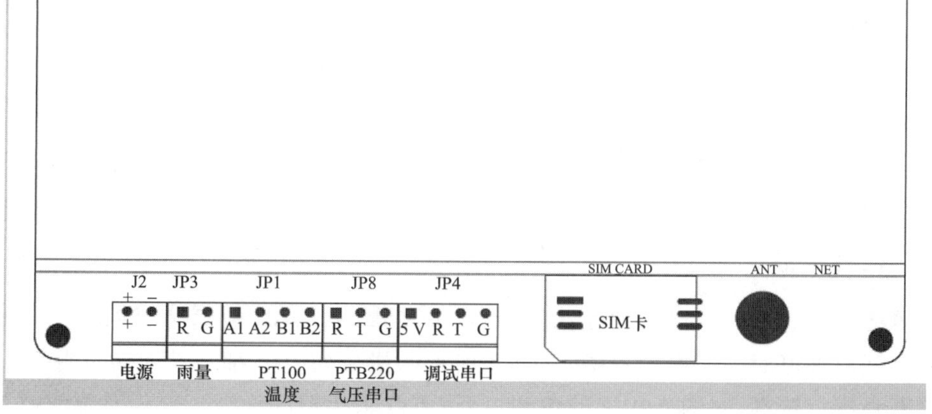

图 5.2.41 系统连接线图

(1)电源接口:+:电源+;-:电源-。

(2)雨量接口:R:雨量筒信号;G:雨量筒地线。

(3)PT100 温度:A1:信号 A1;A2:信号 A2;B1:信号 B1;B2:信号 B2。

(4)PTB210 气压接口:需要 DB9 针头 RS232 串口调试线,针头的一端接在气压传感器,另一端接在传感器上,需要注意的是 PTB210 要接电源,所以正负极千万不要接错。气压部分各接口的接线为:R:RS232-RXD 线;T:RS232-TXD 线;G:RS232-GND 线。

(5)调试串口:需要 DB9 孔头 RS232 串口调试线,孔头一端接电脑串口,另一端接在采集器上,采集器各端口接线情况如下所示:5V:5V 输出线;R:RS232-TXD 线;T:RS232-RXD 线;G:RS232-GND 线。

(6)风速信号线:5V:5V 输出线;SP:风速频率线;G:信号地线。

(7)格雷码风向接口:如果接格雷码风向,那么接线情况为:A0～A7:格雷码风向信号线由低到高。

(8)电压风向接口:如果接电压风,接线情况为:A0:可作为电压风向的输入接口。

(9)湿度接口:5V:5V 输出线;HI:湿度模拟信号线;G:湿度模拟信号地线。

5.2.4.3 设备启动

确认已经按照上述步骤中的说明正确连接各端子后,将调试串口线连在电脑串口上,上电启动设备。系统指示灯将被点亮,随后听到蜂鸣器发出连续两声蜂鸣声,表示设备上电启动成功,即可打开软件进行参数设置,具体步骤详见“参数的设置与读取”。

如果设备没有正常启动的提示蜂鸣声,而是系统指示 LED 灯闪烁,表示系统检测到的电池电压低于最低工作电压,系统进入保护状态,此时须检查电池电压是否过低。

5.2.4.4 查看数据

查看数据需要连好串口航空插头,串口另一端连接电脑的串口,通过串口调试助手可以看到数据。

5.2.4.5 修改参数

修改采集器的参数,如台站号、要素类型、上传时间间隔、IP 地址和端口号等,可以使用“串口设置参数”小软件。

5.2.4.6 其他

(1)若要走网络通信,请注意在采集器中插上 SIM 卡及天线,还要设置 IP 地址和端口号。

(2)风传感器指北针易摔断,请用户小心,确保螺丝上紧,方可拿出使用。

5.2.4.7 设置参数

软件界面如图 5.2.42 所示,首先选择串口、波特率、校验位、数据位、停止位,然后打开串口。串口打开后即可对采集器设置指令,如图所示的指令列表中列出了所有的相关指令,用户可以根据需要进行选择,并输入相关的参数,即可更改采集器的设置。在信息显示栏中可以显示所有发送过的指令,以及读到的参数。

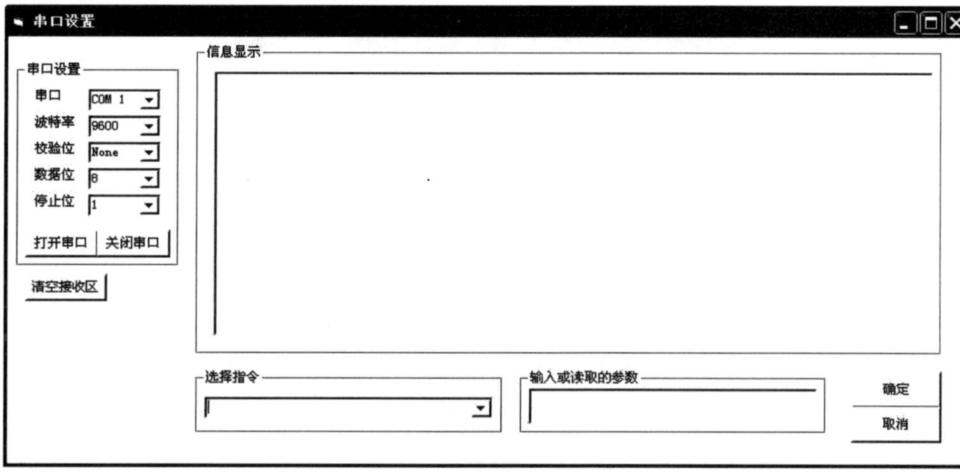

图 5.2.42　软件设置

(1)设置或读取 TYQ200 的相关参数

在选择指令列表中选择设置中心站参数或者是获取中心站参数，即可弹出如图 5.2.43 的界面，若要设置中心站参数，则在该页面中填入相应的 IP 地址、端口号报警级别等信息，点击设置参数即可。若要获取中心站参数，则直接点击获取参数，则系统会将读到的参数写入相应的位置。

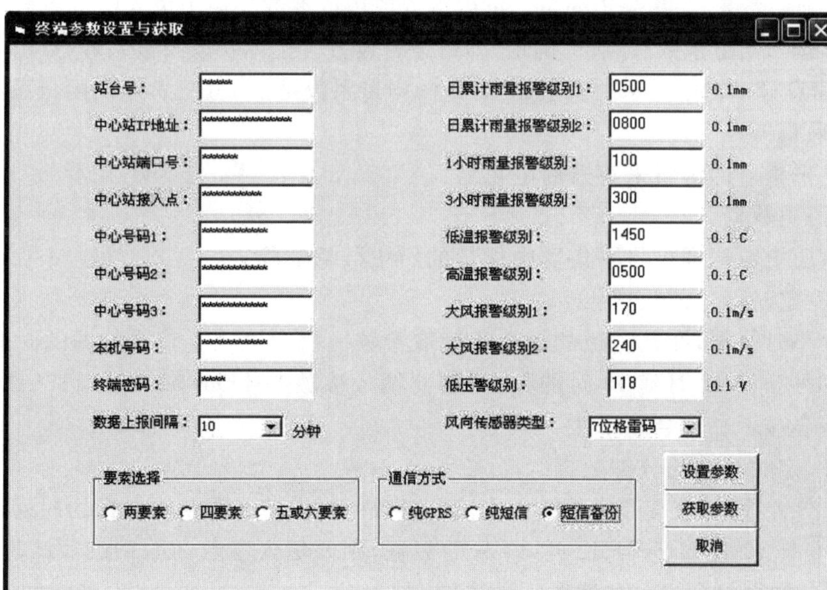

图 5.2.43　中心站参数设置

(2)设置或获取多 IP 相关参数

在选择指令列表中选择设置多 IP 相关参数或者是获取多 IP 参数，即可弹出如图 5.2.44 界面，设置多 IP 相关参数指令主要是用来设置从 IP，在该界面中填入 IP 地址，对应的端口号，以及选择是否启用从 IP，点击确定即可进行设置。

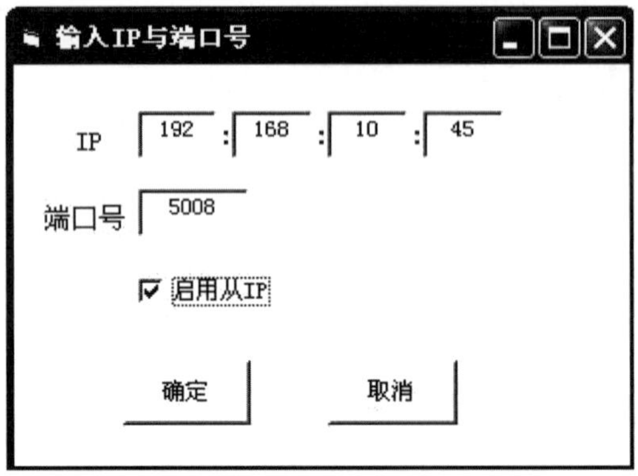

图 5.2.44 设置或获取多 IP 相关参数

(3)设置或获取系统时间

选择设置系统时间指令,在其旁边的输入或读取参数一栏中填入要设置的时间,参数格式为“YYYYMMDDHHmmSS”,共 14 位,如要设置系统时间为 2011 年 10 月 25 日 14 时 25 分 00 秒,则参数应写为 20111025142500,然后点击“确定”即可设定系统时间。选择读取系统时间,点击“确定”,读取成功,则会在信息显示栏中显示当前的系统时间,如当前系统时间为 2011 年 10 月 25 日 14 时 25 分 00 秒,则会显示 T20111025142500。

(4)设置或获取雨量系数

选择设置雨量系数,在其旁边的条形框内输入或读取参数一栏中填入雨量系数,雨量系数为 1~10 的数字,输入雨量系数后点击“确定”即可进行设置。选择获取雨量系数,点击“确定”,获取成功,则会在信息显示栏中显示雨量系数,默认的雨量系数是 01,并且常用的雨量系数也是 01。

(5)重启采集器

选择重启采集器即可将采集器断电重启。

(6)清除历史数据

选择清除历史数据即可将采集器中保留的历史数据清除。

(7)获取一定时间内的数据

选择获取小时数据,在其旁边的输入或读取参数一栏中填入要获取数据的时间段,如要获取 2011 年 11 月 5 日 12 时到 13 时的数据,则要填入参数 2011110512201111051З。则对应时间段的数据将会显示在信息显示栏。

(8)获取一定时间内的分钟数据

选择获取分钟数据,在其旁边的输入或读取参数一栏中填入要获取数据的时间段,如要获取 2011 年 11 月 5 日 12 时 25 分到 12 时 43 分的数据,则要填入参数 201111051225201111051243。则对应时间段的数据将会显示在信息显示栏。

(9)获取实时数据

选择获取实时数据指令,点击“确定”,即可获取实时数据,并显示在信息显示栏中。

任务5.3　便携式自动气象站的维护保养

5.3.1　概述

定期的维护保养是保证便携式自动气象站正常工作的重要措施，为使便携站的数据能够接近实际情况，日常做好便携站的维护和保养极其重要。

在不使用便携式自动气象站时应拆卸后装入专用包装箱中，运输过程中避免强烈碰撞和挤压，各传感器在使用过程中应轻拿轻放，防止损坏。

应根据气象仪器检定的相关要求定期进行检定和校准，以保障气象数据准确。各传感器的最大允许误差：气压±0.3 hPa、温度±0.2 ℃、相对湿度±4%RH(≤80%)或±8%RH(>80%)、起动风速≤0.5 m/s、风速±(0.5+0.03 v)m/s(v为指示风速值)、风向±5°、雨量±0.4 mm(降雨量≤10 mm)或±4%(降雨量>10 mm)。

5.3.2　传感器的维护

5.3.2.1　风传感器

观察风传感器转动是否灵活，若有怀疑，可在1级风时再观察，若确实不灵活，应更换风传感器，对换下的风传感器做清洗处理。清洗后仍不灵活的应做报废处理。一般情况下发现风传感器存在问题时，应及时寄回设备生产厂家，由厂家进行处理。

冰雹会打坏风传感器，下过冰雹后必须仔细检查风传感器有否受损。

5.3.2.2　温湿度传感器

在发现性能下降之前，一般无须特别维护。

5.3.2.3　雨量传感器

雨量传感器在现场使用过程中应定期进行维护保养，以防风沙及其他因素而影响正常使用，如遇特殊环境影响，可根据实际情况进行维护保养。具体事项如下。

(1)维护保养工作尽量在自动站停止使用期间进行，如必须在自动站运行时进行，注意应先将电缆插头拔下，以免误动作影响测试数据。

(2)将外筒取下，将长过滤网拿掉，用清水将外筒冲洗干净，并将过滤网刷洗干净再放回外筒中。

(3)将翻斗轻轻取出，再将短过滤网拿出，然后用清水冲洗干净，并将短过滤网刷洗干净后重新放入集水器(黑色小漏斗)中，注意要放正。

(4)将取出的翻斗用清水刷洗干净(切勿用酒精或汽油清洗)，并将清洗后的翻斗背面用干净的布或面巾纸擦干净(注意不要用手触摸翻斗内侧),再将翻斗放回原处,用手轻轻拨动翻斗螺钉处,使其能正常翻转。

(5)将防虫罩取下清洗干净后,放回原处。

(6)上述工作完毕,将电缆线接好,并将外筒固定。

5.3.2.4 气压传感器

气压传感器在发现性能下降之前,一般无须特别维护。但需要注意的是,对于不同型号的气压传感器,其对应的接线是不一样的,在更换备件时请检查气压传感器型号和接线的对应关系,避免因接错线而损坏传感器,特别是电源线切勿接错!

5.3.3 电源的维护

电源箱在每次使用结束后需要在有交流电源的场所用充电器进行充电。电源箱如果长时间不使用,再次使用之前应先检查蓄电池电压。

5.3.4 数据采集器及电缆的维护

采集器安装在防水的机箱内,使用时请把机箱门锁紧。日常维护工作主要是注意有否自然或人为的损坏。

电缆和插头座的损坏主要有电缆老化开裂、金属插头座锈蚀、插头座松动等。

电缆与插头座的维护主要是加强检查,及时发现上述原因造成的损坏,及时更换性能变坏的电缆或插头座,外露接插件要求用防水绝缘胶布包裹。

模块 6

新型气象观测设备的原理与维护

任务 6.1 称重式降水传感器的安装与维护

6.1.1 概述

6.1.1.1 功能特点

降水观测是地面气象观测的主要项目之一，它为气象防灾减灾、天气预报、气候分析和科学研究提供了重要的基础资料。但在我国北方，固态降水的观测早期主要依靠人工观测，为了有效解决固态降水的自动化问题，相关自动气象站生产厂家研发了称重式降水传感器。

称重式降水传感器实现了固态、液态和混合性降水的自动化观测，能够克服气象台站固态降水人工观测造成的时效性差、观测频次低等弊端，有利于提高固态降水观测的准确性和效率，减轻观测人员的工作量。

称重式降水传感器结合了降水测量、机械、电气工程、信号处理软件等方面的技术，适合在苛刻现场条件进行全天候降水测量，具有高可靠性、高准确性、易维护、易扩展等特点。

当前气象部门使用的称重式降水传感器主要有江苏省无线电科学研究所有限公司生产的DSC1 型、华云升达(北京)气象科技有限责任公司生产的 DSC2 型和天津华云天仪特种气象探测技术有限公司生产的 DSC3 型(图 6.1.1)。

(a) DSC1型　(b) DSC2型　(c) DSC3型

图 6.1.1 称重式降水传感器实物图

6.1.1.2 工作原理

称重式降水传感器的测量原理是通过对质量变化的快速响应来测量降水量的。

载荷元件对重量变化快速响应，把降水引起的重量变化转变为电信号，信号变换电路将载荷元件测得的电信号进行转换，再通过温度修正处理得到重量数据；称重单元通过温度补偿、数字滤波等技术达到全量程范围内的降水准确测量；处理单元对称重单元的信号进行采样，并对采样值进行数据运算处理,计算出分钟降水量和累计降水量。

称重式降水传感器通过测量落到盛水桶中降水的质量,根据水的密度换算成降水的体积,再由承水口面积计算出盛水桶中收集的降水总量。计算相邻两分钟的降水总量的差值即得到分钟降水量。

由降水质量换算成降水总量的计算公式:

$$P=M/(\rho\times S)$$

式中,P 为降水总量;M 为降水总质量;ρ 为水密度;S 为承水口面积。

目前,气象部门使用的称重式降水传感器称重测量技术主要有两种:一种是基于电阻应变技术(DSC1 型),即敏感梁在外力作用下产生弹性变形,使粘贴在它表面的电阻应变片也随同产生变形,电阻应变片变形后,它的阻值将发生变化,再经相应的测量电路把这一电阻变化转换为电信号,进而得到降水的质量;另一种是振弦技术(DSC2 型和 DSC3 型),即以弦丝为弹性部件,根据其所受拉力与振动频率的对应关系,通过相应的测量电路得到降水的质量数据。

本任务以 DSC1 型称重式降水传感器为例介绍相关内容。

6.1.2 结构组成

DSC1 型称重式降水传感器既可以作为单独的传感器挂接在新型自动气象站上,也可以作为独立的降水观测仪使用。

6.1.2.1 设备外观及结构

DSC1 型称重式降水传感器基于单点测压原理设计,由硬件和处理软件组成。该传感器既可以输出开关信号替换或模拟翻斗雨量传感器接入现有的各种自动气象站中,也可以作为智能传感器直接挂接在新型自动气象站上。

传感器的组成结构框图如图 6.1.2 所示。

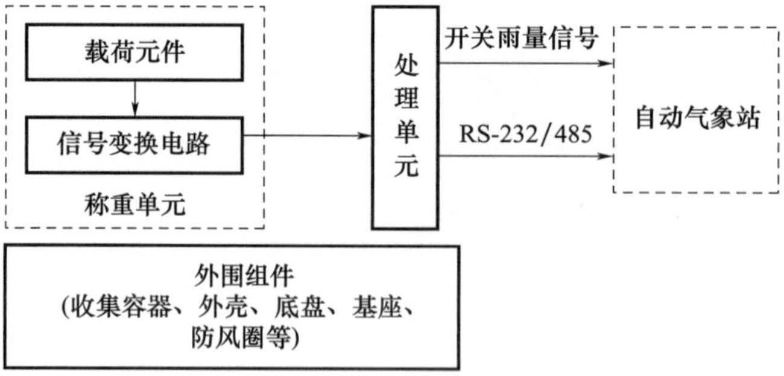

图 6.1.2 DSC1 称重式降水传感器组成结构图

6.1.2.2 结构组成

传感器的具体组成部分如图 6.1.3 所示,在硬件上分为称重单元、处理单元和外围组件三部分。

(1)称重单元

称重单元是称重式降水传感器的重要组成部分。主要由载荷元件和信号变换电路组成，载荷元件是称重单元的核心，通过对质量变化的快速响应测量降水。

称重单元通过温度补偿、数字滤波等技术达到全量程范围内的降水准确测量。称重单元称量降水的总质量(含盛水桶、防冻液等)，测量环境温度用于温度补偿，监测工作电压。称重单元的测量结果送到处理单元做进一步处理。

载荷元件采用单点测压元件，它基于电阻应变技术，敏感梁在外力作用下产生弹性变形，使粘贴在它表面的电阻应变片也随同产生变形，电阻应变片变形后，它的阻值将发生变化，再经相应的测量电路把这一电阻变化转换为电信号，进而得到降水的质量数据。

信号变换电路的作用是将载荷元件测得的信号进行转换，再通过温度修正处理后，得到降水的质量数据，信号变换电路也叫电子单元，如图 6.1.4 所示。

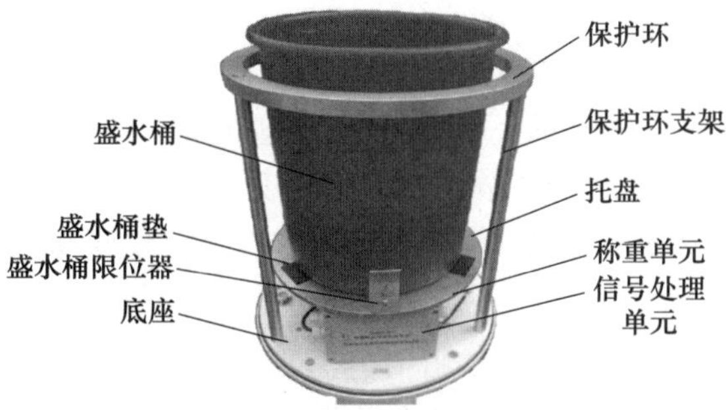

图 6.1.3 DSC1 称重式降水传感器结构图

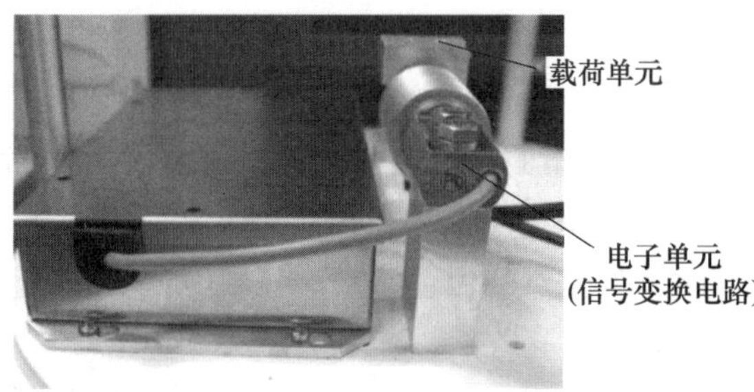

图 6.1.4 DSC1 称重式降水传感器称重单元实物图

(2)信号处理单元

该单元由中央处理器、时钟电路、数据存储器、信号继电器、RS-232 驱动器等部分构成。

其主要功能是对称重单元的信号进行采样，并对采样值进行数据运算处理，计算出分钟降水量和累计降水量，并实现质量控制、记录存储，实现数据通信和传输。

处理单元既能输出雨量开关信号(模拟翻斗雨量传感器)，也能通过 RS-232 接口直接提供数字量。

信号处理单元的结构和实物分别见图 6.1.5 和图 6.1.6。

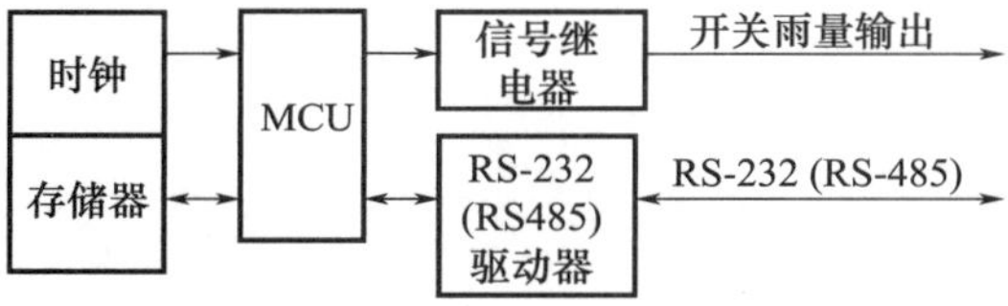

图 6.1.5 DSC1 称重式降水传感器信号处理单元结构图

图 6.1.6 DSC1 称重式降水传感器信号处理单元实物图

信号继电器的开关动作由 MCU 控制，模仿翻斗雨量传感器的开关信号输出。当前分钟发生的降水量所对应的开关次数，平均分布后通过信号继电器输出。信号继电器每闭合一次，对应翻斗雨量传感器的一次翻斗雨量(0.1 mm)信号。

(3)外围组件

外围组件包括盛水桶、外壳、底盘、基座组件、防风圈等。

① 盛水桶。用于收集降水，同时也盛装防冻液和防蒸发油。盛水桶安装在载荷元件上，可容纳的累积降水量(含防冻液、防蒸发油等)不小于 600 mm。

② 外壳。外形设计呈“凸”字形，具有上部窄、下部宽的特点，这样的结构可起密封性很好，既能减少外部环境对内部测量环境的扰动，又能对内部器件有很好的防护作用。盛水桶与外壳间保持合理间隙，可防止两者冻结、接触，影响正常观测。承水口形状为内径 200 mm 的正圆，口缘呈内直外斜刀刃形，可有效防止雨滴溅失和桶口变形，保证承水口采样面积和 0.1 mm 翻斗雨量传感器一致。

③ 底座。用于放置内部的称重单元、盛水桶等部件。底座安装在基座上。

④ 底座组件。包括基座、预埋件和螺栓螺母等。基座的下法兰盘安装在混凝土基座(或基础)上；基座的上法兰盘用于安装底盘，并可通过调平螺栓调节仪器的水平度。

⑤ 防风圈。增大降雪捕获率的重要设备，顶端高度略高于传感器承水口，表面喷涂防腐蚀、耐紫外辐射的白色涂层。

(4)处理软件

处理软件基于实时的 uC/OS 操作系统，在处理单元中运行，具有数据采集、数据处理、数据存储和数据输出功能。

(5)通信

DSC1 型称重式降水传感器与自动站主采集器的通信采用 RS-485 方式，终端操作命令，同时也可支持 RS-232 和脉冲输出方式。

6.1.2.3 技术规格

承水口内径尺寸	$\varnothing 200_{0}^{+0.6}$ mm
容量	600 mm(包括防冻液，蒸发抑制油)
分辨力	0.1 mm
最大测量误差	±0.3 mm(≤10 mm 时)
	±3%(>10 mm 时)
测量稳定性	年漂移≤0.2 mm
最大载荷量	30 kg
质量分辨力	1 g
通信接口	RS-232/RS-485/脉冲接口
工作电压	DC 9～15 V

6.1.3 安装调试

6.1.3.1 安装前准备

(1)安装工具准备

安装前应准备好水平尺、内六角、吊锤、扳手、榔头、钳子等工具及安装抱箍、螺钉、螺母、垫片、垫圈等安装件。

(2)安装基础

① 混凝土基础大小为1100 mm×1100 mm×550 mm(长宽深),高出地面50 mm,外露面平整光洁;地脚螺栓同时浇注在混凝土中(使用厂家提供的预埋件,注意方向),并使其顶部高出混凝土表面35 mm。基础中央位置预埋入直径为50 mm的PVC穿线管(管内注意预留铁丝),从水泥基础的底部通向地沟。

② 承水口保持水平,距地高度120±3 cm(北方积雪较厚的个别地区可以选择150±3 cm),防风圈开口朝北,高于承水口约2 cm。

③ 用16 mm^2接地线将仪器接地端子就近与观测场防雷地网连接。

④ 图6.1.7中预埋件尺寸按DSC1型称重雨量传感器设计。

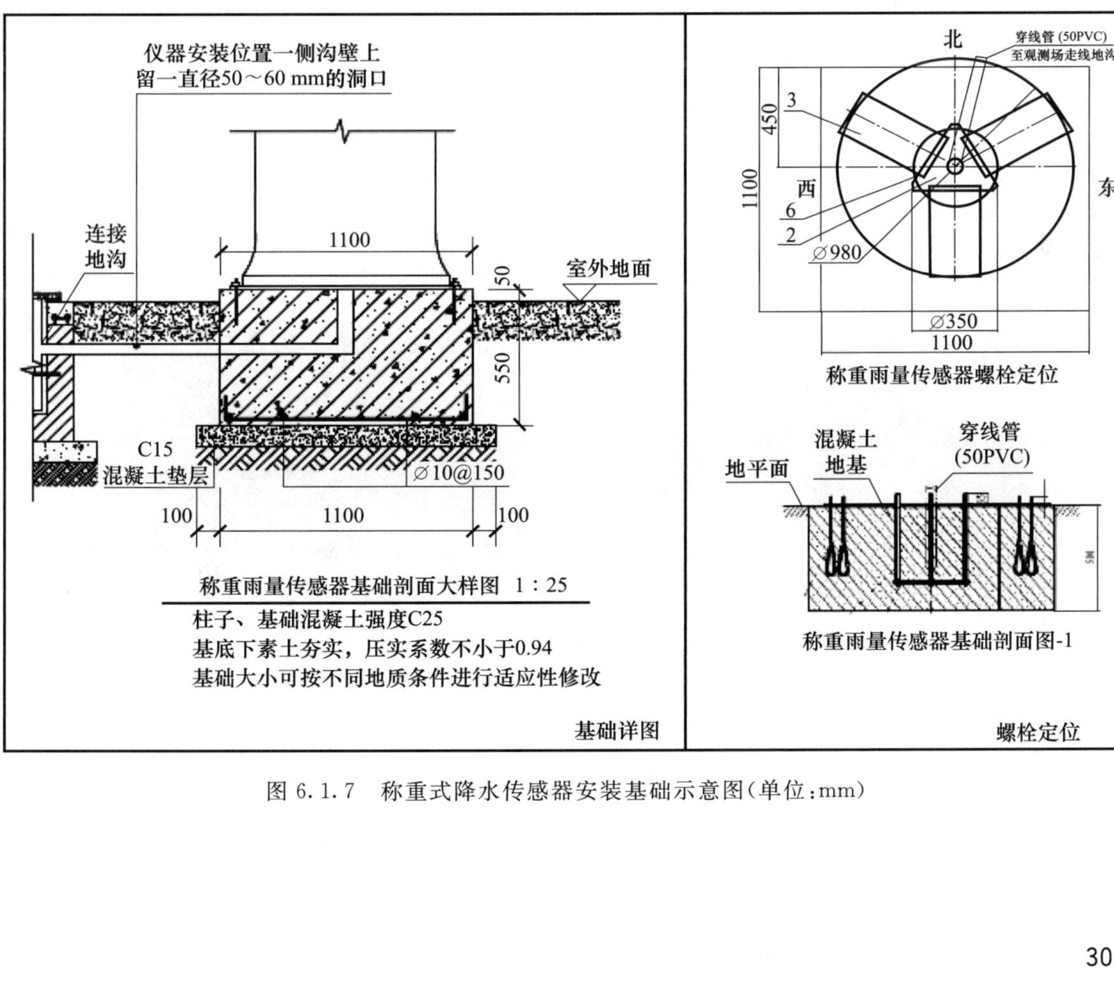

图6.1.7 称重式降水传感器安装基础示意图(单位:mm)

6.1.3.2 安装硬件

(1)安装基座

用螺栓(预埋在基础上)和螺母将基座固定在混凝土基础上,为方便后面底座水平调节和保证传感器整体安装质量,基座安装时请尽量保持水平。

(2)安装底座

将传感器的底座安装到基座上之前,须在底座上安装好以下部件:

① 将称重单元的 4 个支柱安装到底座的对应位置;

② 将称重单元保护环的 3 个支柱安装到底座的对应位置;

③ 将信号处理单元安装到底座上;

注:上述三个步骤实际上已在出厂前安装完毕。需要注意的是有些批次生产的称重式传感器含有以上设备,有些生产批次不含,实际安装时根据实际情况灵活处理。

④ 将 3 颗固定调平螺栓分别从底座下部拧入底座,螺栓上端面与底座表面平齐即可,然后用一颗螺帽将其与底座并紧;

⑤ 再在 3 个螺杆上分别拧入一颗螺帽,然后将底座放到基座上,底座上的 3 个固定调平螺栓穿入基座上的 3 个安装孔内,调节底座水平后,用螺栓固定;

⑥ 锁紧底座、基座上法兰盘以及螺栓。

(3)安装称重单元

将称重单元固定在四个支柱上,称重单元上有接插件的一面应朝外。

载荷元件是一个压力敏感元件,虽然有一定的抗冲击能力,但是为更好地保护敏感元件,在传感器安装、维护过程中,必须使用"L"形支撑杆(早期批次如图 6.1.8 所示)或支撑块(目前批次如图 6.1.9 所示)做保护,将"L"形支撑杆或支撑块放入载荷元件和电子单元之间。

注:在基本完成传感器安装和维护工作,需要正式通电调试前,千万不能移开"L"形支撑杆或支撑块,否则可能对载荷元件造成冲击和损害!请严格按照后面安装或维护步骤操作!

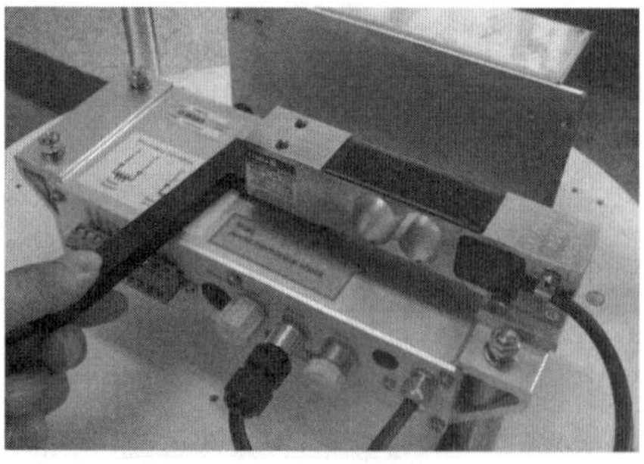

图 6.1.8　称重单元安装示意图(L 型支撑杆)

图 6.1.9　称重单元安装示意图(支撑块)

(4)安装托盘

将托盘固定到称重单元上,并检查水平。若发现不水平,须通过底盘水平调节螺钉来调节水平。

在托盘上安装 3 个限位器,用于将盛水桶保持在中央位置,注意先不要拧紧螺钉,须待放好盛水桶后才能拧紧。

(5)放置盛水桶

将盛水桶放到托盘上,确保稳定不晃动。调整 3 个限位器,使桶处于托盘中央,然后拧紧螺钉,固定限位器。注意盛水桶边缘不能接触保护环或者三根支柱。

(6)连接称重单元与信号处理单元的电缆

将随机配置的 RS-232 转接线的 M12 圆形插头插入称重单元 RS-232 接口,注意防误插位朝上,并拧紧。

RS-232 转接线的焊锡接线一端穿过信号处理单元的防水接头,按照信号处理单元内的接线图所示,接到信号处理单元的"称重单元"端子排上。把称重降水电缆接入称重传感器的一端接在信号处理单元的"RS-485 通信口"上,具体接线方式可参见图 6.1.10。然后盖上盖子。电缆带有接插件的一端通过地沟走线连接到自动站主机箱一端。

注:目前批次的相关信号线缆已经连好,只需要将相关线缆连接上即可。

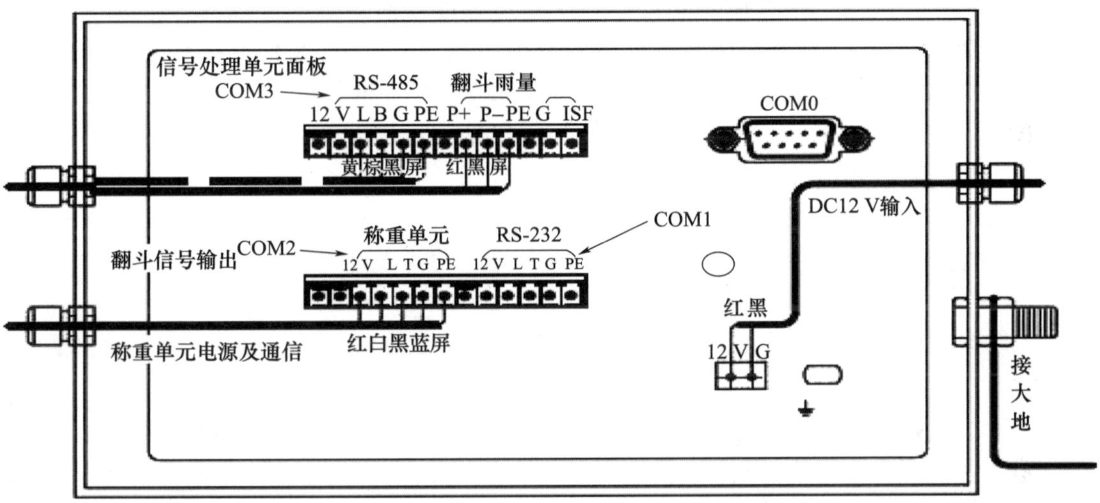

图 6.1.10 信号处理单元面板连线示意图

(7)罩上外壳

在经过必需的调试工作,确认传感器工作正常后,应罩上外壳。然后将 3 个弹簧搭扣对准底座凹槽后扣紧。

注:在完成传感器的安装,罩上外壳前才能进行传感器的调试!此时应检查并确认传感器结构安装准确无误后才能将"L"形支撑杆或支撑块移除,进入调试和工作状态!

(8)安装防风圈

按防风圈安装方法安装防风圈。应注意降水传感器在防风圈的中央,防风圈的高度应比传感器承水口上边沿略高。防风圈的安装相对于传感器的安装是一个独立的过程,可以先在空旷的地方将防风圈组装好,然后移至基础上进行固定;也可以直接在基础上进行组装。

① 组装防风圈支架。按以下步骤组装 3 个支架:将 3 个支撑板分别固定到 3 个竖杆下部。将连接杆和连接板组装成"T"形支撑架,共有 3 个这样的支撑架。请注意连接杆体有螺纹孔的一侧和连接板外圆弧同侧。将组装好的 3 个"T"形支撑架分别固定到三个竖杆上部,"T"形支架内圆弧应与支撑板凹槽处于同一方向。

② 安装风挡固定环。将 3 节风挡固定环安装到三根防风圈支架上。应注意支架摆放位

置，"T"形支架上有沉孔的两根防风圈支架必须放在相邻位置，并且位于传感器的北侧。这两个支架上用 4 只蝶形螺钉固定可拆卸的一段风挡。

③ 安装风挡叶片。将风挡叶片安装到风挡固定环上，安装的时候应适当微调防风圈叶片的高度和角度，使其匀称、美观。

(9)完成安装

所有风挡叶片都固定好后，就完成了防风圈的组装工作。最后将其安装到基础预埋的防风圈固定螺钉上。

通过防风圈竖杆腰形孔适当调节防风圈高度，使防风圈固定环上平面高于传感器器口上边缘 2 cm，可拆卸(用蝶形螺母固定)的那一段风挡朝北。

6.1.3.3 调试

设备安装完成后，应选择晴朗的天气，使用雨量标准器对传感器进行现场测试，测试方法如下：先将数据线拔下，将其与雨量校准器的数据线相接，并将雨量校准器清零；用量杯量取 10 mm 水，缓慢倒入内筒，模拟雨强 2～4 mm/min。每次现场测试重复进行 3 次，并分别计算误差。

6.1.4 清洗维护

6.1.4.1 维护要求

(1)维护之前应先断开称重式降水传感器电源，拔下数据线；维护完毕后，再接上数据线和电源线。

(2)定期检查承水口水平、高度，检查内筒内液面高度，发现不符合要求时及时纠正。

(3)定期检查清洁仪器，清除承水口的蜘蛛网及其他堵塞物。如遇有承水口沿被积雪覆盖，应及时将口沿积雪扫入桶内，口沿以外的积雪及时清除。

(4)每次较大降水过程后及时检查，防止溢出。

(5)预计将有沙尘天气但无降水，应及时将桶口加盖；沙尘天气结束后及时取盖。

(6)降水过程中，因降水量较大可能超过量程时，应在降水间歇期及时排水。

(7)每月检查供电设施，保证供电安全。

(8)每年春季对防雷设施进行全面检查，复测接地电阻。

(9)按业务要求定期进行校准，校准周期应不超过 1 年。

(10)当设备故障时应及时进行维护或维修。

6.1.4.2 维护步骤

(1)拆除防风圈和外壳。

(2)称重单元断电，为保证操作过程的安全，更换传感器时首先将整个系统断电。

(3)移除盛水桶和托盘。

(4)拆除电子单元接插件上与信号处理单元通信的电缆。

(5)拆除电子单元和载荷单元的固定螺丝并取下。

(6)安装新的电子单元和载荷单元，按照电子单元里接插件的标识对通信电缆进行接线。

(7)将支撑垫块放入载荷元件和下垫块之间,并固定。在未完成传感器安装和维护工作,需要正式通电调试前,千万不能移开支撑垫块,否则可能对载荷元件造成冲击和损害。

(8)安装托盘和盛水桶。

(9)检查传感器电路连接是否正确,相关部件是否固定,确认无误后传感器通电。

(10)恢复测试正常后,安装外壳和防风圈。

6.1.5　常见故障分析与处理

6.1.5.1　故障案例1:称重降水数据缺测

(1)故障现象

称重降水数据缺测,自动站其他观测要素正常。

(2)故障分析

称重式降水传感器是智能传感器,输出信号是RS-485的串口信号或者脉冲信号。DZZ4业务站的标准配置采用RS-485方式输出直接进入采集器通道。

引起称重降水数据缺测的故障原因可能有:①参数设置错误;②称重式降水传感器工作不正常;③称重降水通信电缆故障;④主采集器通道故障。

(3)技术依据

称重降水测量信号流向图如图6.1.11所示。

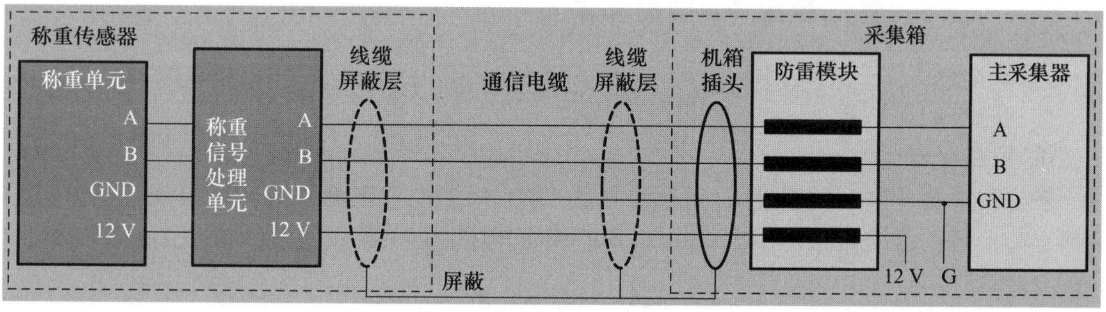

图6.1.11　DSC1称重式降水传感器测量信号流向图

称重式降水传感器两种方式的接线及定义如表6.1.1所示,其中通信参数为:9600 N 8 1。

表6.1.1　称重式降水传感器接线颜色及定义

序号	信号名称	信号线颜色	备注
1	RS485＋	黄	A
2	RS485－	蓝	B
3	屏蔽线	屏	
4	P＋	红	脉冲
5	P－	黑	脉冲
6	电源＋	红	＋12 V
7	电源－	黑	G

(4)维修流程

具体详见图 6.1.12。

(5)检测要点

① 在 ISOS 的采集软件上检查称重式降水传感器是否挂接；通过 ISOS 软件的维护终端或者直连主采集器，用终端操作命令 SENST RAW 检查称重式降水传感器的状态是否被禁用；检查 ISOS 软件中的数据质量控制参数设置。

② 检查称重式降水传感器是否连接正确，传感器接插件是否有松动现象；检查传感器的供电电压，将万用表调到直流电压 20V 的测量挡，在称重降水信号处理单元的电源输入端上，测量“红、黑”两端的电压，正常情况下，电压应在 10～14.5 V，若低于 10 V，则说明供电存在问题，检查通信电缆和供电系统，恢复供电。

③ 在主采集器上，将称重降水的接插件拔掉；在称重降水处理单元端，将通信电缆的信号接插件拔掉，使用万用表拨至通断挡分别两两测量三根信号线的通断，若其中任一组出现短路情况，说明通信电缆故障，请更换通信电缆。

④ 如果传感器、供电、电缆均正常，可能主采集器故障。

(6)恢复测试

使用人工量杯量 10 mm 的水，缓慢倒入称重式降水传感器盛水桶中，通过业务软件查看监控界面实时数据，检查称重式降水传感器是否测量为 10 mm 左右。称重式降水传感器数据正常，完成恢复测试。

6.1.5.2 故障案例 2：称重降水数据异常

(1)故障现象

称重降水数据异常。

(2)故障分析

基于称重测量降水的原理，称重单元性能下降、日常维护不到位或环境因素等，都可能影响称重降水数据的准确性。引起此故障的原因可能有：①参数设置不正确；②传感器缺少维护；③传感器故障。

(3)技术依据

称重降水测量信号流向图如图 6.1.11 所示。

(4)维修流程

具体详见图 6.1.13。

(5)检测要点

通过 ISOS 软件的维护终端或者直连主采集器，用终端操作命令 SENCO RAW 检查称重式降水传感器的系数是否正常；检查 ISOS 软件中的数据质量控制参数设置。

工作状态检查：打开外壳，首先观察传感器的信号处理单元上的运行指示灯状态，在正常工作时，应当为一秒亮一秒暗；如果运行指示灯不正常，应检查信号处理单元上的电源电压，应当为 DC 12 V±20%。

检查承水口：每个月应检查承水口是否有蜘蛛网及其他堵塞异物。在多雪的季节，应经常检查承水口是否有雪堆积。

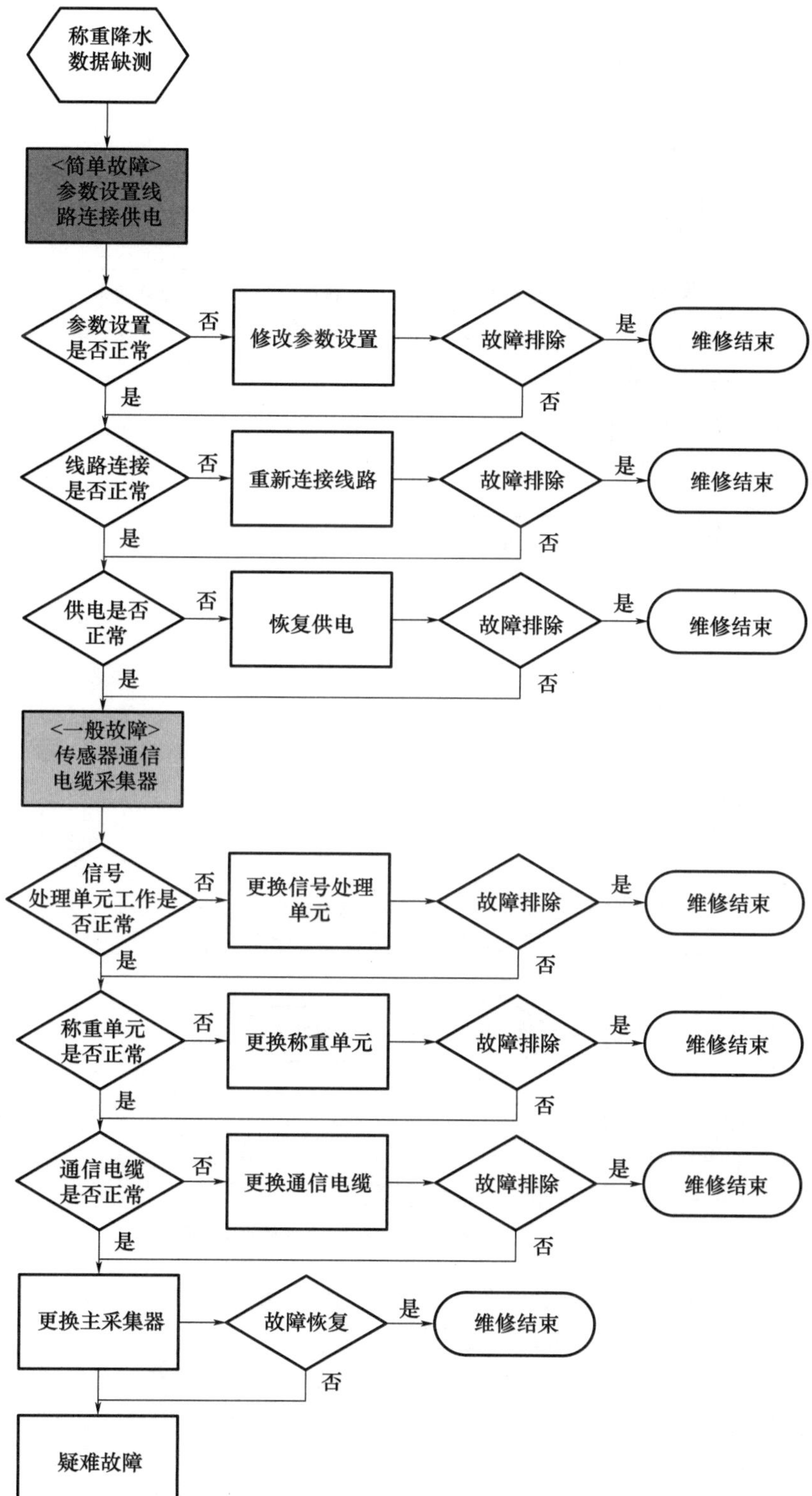

图 6.1.12 称重降水数据缺测维修流程图

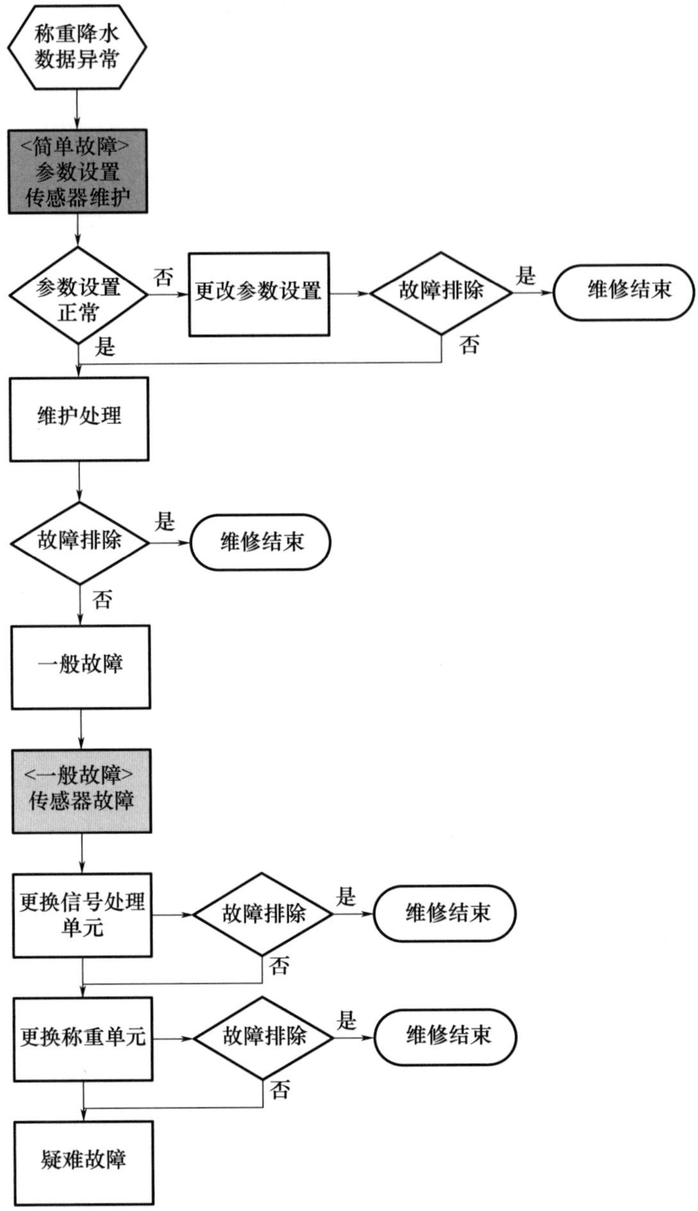

图 6.1.13 称重降水数据异常维修流程图

维护盛水桶：盛水桶每年至少进行 2 次维护，一次是在入夏之前，一次是在入冬之前。在降水量多、沙尘严重的地区，维护次数应适当增加。

盛水桶的维护包括以下几个方面：清空、清洗；添加防冻液（在有冰冻的地区，入冬之前应添加）；添加防蒸发油。

(6)恢复测试

使用人工量杯量 10 mm 的水，缓慢倒入称重式降水传感器盛水桶中，通过业务软件查看监控界面实时数据，检查称重式降水传感器是否测量为 10 mm 左右。称重式降水传感器数据正常，完成恢复测试。

6.1.6 硬件置换

6.1.6.1 称重式降水传感器

(1)称重式降水传感器置换流程(图 6.1.14)

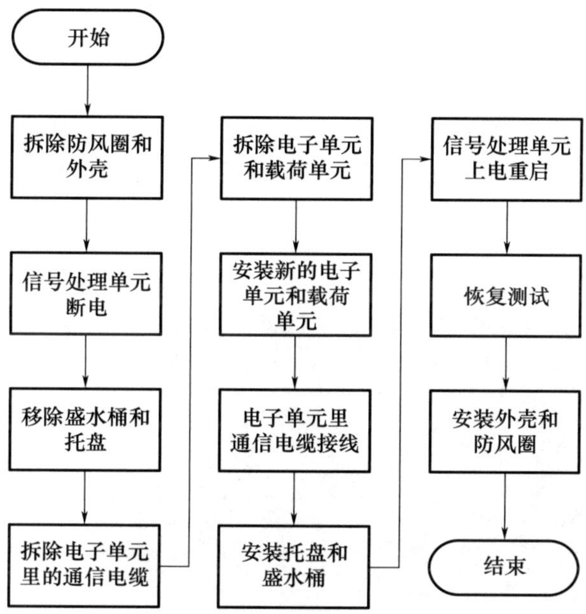

图 6.1.14 称重降水传感器置换流程图

(2)称重式降水传感器置换操作过程

① 拆除防风圈和外壳。

② 称重单元断电,为保证操作过程的安全,更换传感器时首先将整个系统断电。

③ 移除盛水桶和托盘。

④ 拆除电子单元接插件上与信号处理单元通信的电缆。

⑤ 拆除电子单元和载荷单元的固定螺丝并取下。

⑥ 安装新的电子单元和载荷单元,按照电子单元里接插件的标识对通信电缆进行接线。

⑦ 将支撑垫块放入载荷元件和下垫块之间,并固定。载荷元件是一个压力敏感元件,虽然有一定的抗冲击能力,但是为更好地保护敏感元件,在传感器安装、维护过程中,必须使用支撑垫块做保护。在未完成传感器安装和维护工作,需要正式通电调试前,千万不能移开支撑垫块,否则可能对载荷元件造成冲击和损害。

⑧ 安装托盘和盛水桶。

⑨ 检查传感器电路连接是否正确,相关部件是否固定,确认无误后传感器通电。

⑩ 恢复测试正常后,安装外壳和防风圈。

(3)恢复测试

① 使用人工量杯量 10 mm 的水,缓慢倒入称重式降水传感器盛水桶中,通过业务软件查看监控界面实时数据,检查称重式降水传感器是否测量为 10 mm 左右。

② 称重式降水传感器数据正常,完成恢复测试。

6.1.6.2 接线端子

自动站主采集器、称重式降水传感器大量使用接线端子连接方式(图 6.1.15),具体更换步骤如下:

① 拔出需要置换的接线端子;

② 旋松接线端子上线缆的固定螺丝,取出卡在接线端子中的线缆,注意记住线序;

③ 更换新的接线端子,将线缆按原顺序插入线孔并旋紧固定螺丝;

④ 把接线端子插入相应的接线端口;

⑤ 完成接线端子置换。

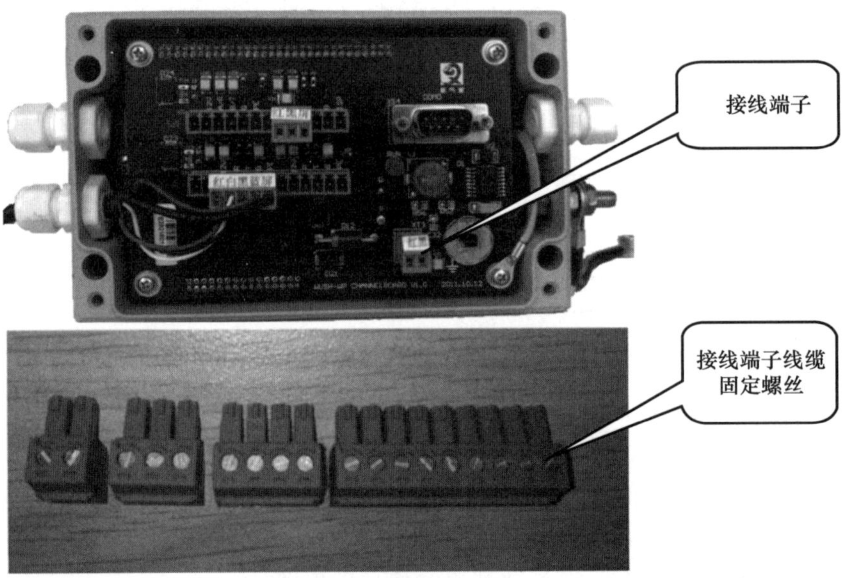

图 6.1.15 接线端子置换示意图

6.1.6.3 线缆

主采集器与称重式降水传感器之间使用电缆连接,其中主采集器端采用防水接插件连接,传感器端使用接线端子插接。

(1)航空插头操作

主采集器端的防水接插件连接,将电缆插头接到机箱上时,不要误拧松了电缆的锁紧螺母,这将导致失去防水作用。可参考图 6.1.16,用一只手捏紧图示位置,另一只手拧指定的螺母。可以通过推、拧交替的方法来拧紧螺母。

(2)线缆置换注意事项

① 安全地把原线缆从连接处取下,不要损伤连接点,保留侧部件的连接性能。

② 新更换上的线缆连接要确保线序正确、连接可靠。

③ 原线缆从铺设管道或线槽中取出时不要损伤其他保留线缆。

④ 新更换上的线缆要按规范铺设，不要损伤线缆保护层，转弯处要保留适当弧度，避免折损芯线，外露部分适当捆扎固定。

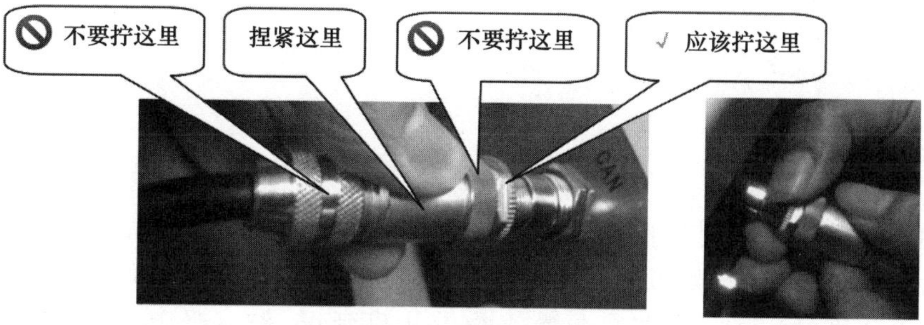

图 6.1.16　防水接插件连接示意图

任务 6.2 前向散射能见度仪的原理与维护

6.2.1 概述

能见度是地面气象观测的重要观测项目之一，对人们的生产生活具有重要影响。特别是低能见度，对农业生产以及航运、飞机起降、道路交通运输和人们生活出行等都有极大的影响。每年都会因为低能见度导致大量的航班延误、航运受阻、公路交通拥堵，事故频发。

能见度观测仪测定的是一定基线范围内的能见度。当前地面气象观测中，能见度用自动能见度观测值表示。自动观测能见度的仪器主要有前向散射能见度仪、透射式能见度仪等。

6.2.2 结构与原理

散射能见度仪是测量散射系数从而估算出气象光学视程的仪器。前向散射能见度仪的优点是基线长度很短，光源与接收安装在同一支架上，避免基线难以对准的缺陷。当前，气象部门使用的前向散射能见度仪主要有华云升达（北京）气象科技有限责任公司生产的 DNQ1（HY-V35）型、安徽蓝盾光电子股份有限公司生产的 DNQ2 型和凯迈（洛阳）环测有限公司生产的 DNQ3 型。本任务主要以 DNQ1 型为例介绍相关知识。

6.2.2.1 工作原理

大气中光的衰减是由散射和吸收引起的，在一般情况下，吸收因子可以忽略，而经由水滴反射、折射或衍射产生的散射现象是影响能见度的主要因素。故测量散射系数的仪器可用于估计气象光学视程（MOR）。

前向散射能见度仪的发射器与接收器之间保持一定的距离，并成一定的角度。接收器不能接收到发射器直接发射和后向散射的光，只能接收大气的前向散射光。通过测量散射光强度，可以得出散射系数，从而估算出消光系数。

根据柯西米德定律计算气象光学视程：

$$MOR=\frac{-\ln(\varepsilon)}{\sigma}$$

式中，MOR 为气象光学视程；ε 为对比阈值；σ 为消光系数。当 $\varepsilon=0.05$ 时，得出：

$$MOR\approx\frac{2.996}{\sigma}$$

从而可以得出气象光学视程。

如 DNQ1 型前向散射能见度传感器，其传感器发射单元持续发射红外光脉冲(波长为 875 nm，散射角度为 45°)，被透镜聚焦后经大气中的颗粒物散射，接收单元透镜将散射光收集到光敏二极管上转换为电信号，并对其强度进行检测，得到信号强度的数字信号，再将得到的数字信号发送到数据处理板的 CPU 进行处理，通过特定的算法转化为气象光学能见度数据。其原理如图 6.2.1 所示。

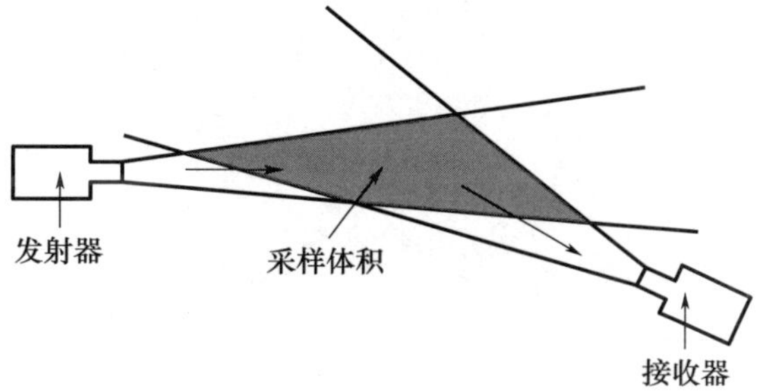

图 6.2.1 前向散射能见度仪工作原理图

能见度仪带有内部加热装置，以防止水汽凝聚在光学镜头表面。发射器和接收器均有镜头表面污染监测功能，当污染程度超过阈值时进行报警。

6.2.2.2 组成结构

DNQ1 型前向散射能见度仪由能见度传感器、能见度机箱、安装结构件及附件组成。如图 6.2.2 所示。

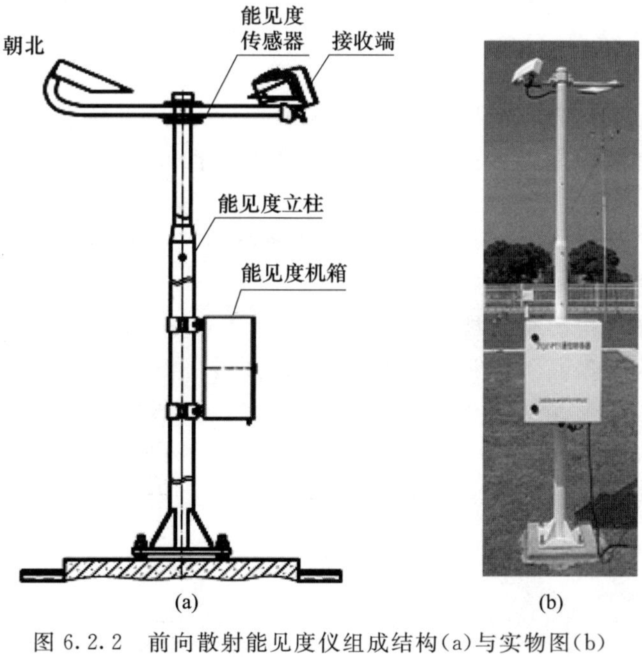

图 6.2.2 前向散射能见度仪组成结构(a)与实物图(b)

机箱内部安装有数据采集器、供电系统(空气开关、交流防雷模块、电源转换模块、升压模块、交流变压器、直流开关、蓄电池、保险管)、接线排等部件。如图 6.2.3 所示。

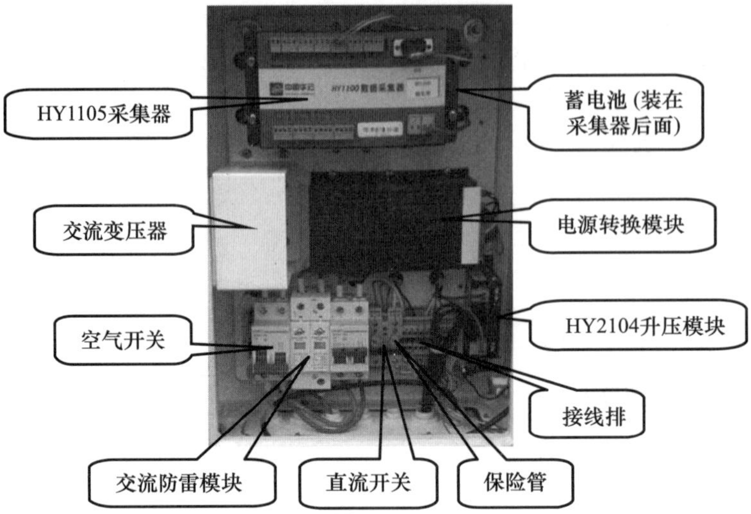

图 6.2.3　前向散射能见度仪组成结构与实物图

(1)传感器发射单元和接收单元

① 发射单元。由红外线 LED、控制和触发电路、LED 强度监控器和反向散射接收单元组成。发射单元电子器件以 2 kHz 的频率使 IR-LED 产生脉冲波。光二极管监控传送的光强度。测量的发射单元强度级别用于自动使 LED 的强度保持为预设值。

② 接收单元。由 PIN 光二极管、前置放大器、电压到频率转换器、反向散射测量光源 LED 以及一些控制和定时电子器件组成。接收 PIN 光二极管检测从悬浮颗粒散射且传送的光脉冲。

(2)数据采集器

HY1105 数据采集器可对能见度传感器探测数据进行采集、处理和存储。有 3 个 RS-232 和 1 个 RS-485 数据接口,分别用于采集传感器数据和数据输出。

(3)供电单元

供电单元由空气开关、交流防雷模块、电源转换模块、HY2104 升压模块、交流变压器、直流开关、保险管、接线排等部件组成。

AC 220 V 市电输入电源箱后被分成两路:一路市电经电源转换模块转变为 DC 13.8 V 电源,给蓄电池充电以及采集器和升压模块供电,HY2104 升压模块将 DC 13.8 V 升压至 DC 24 V 给能见度传感器供电;另一路市电经 24 V 100 W 交流变压器变压为 AC 24 V 电源,为能见度传感器提供加热用电。当 AC 220 V 市电输入中断,蓄电池提供持续工作电源,放电电压达到保护阀值时,电源转换模块切断负载输出,避免电池因过度放电而损坏。

6.2.2.3　技术规格

测量范围	10～35000 m
测量精度	±10%(10～10000 m);±15%(10～35 km)
仪器一致性	+5%
时间常数	60 s
更新间隔	15 s

供电范围	DC 12～50 V,功耗 3 W
亮度传感器	DC 24 V,功耗 2 W
护罩加热器	DC 24 V 或 AC 24 V,功耗 65 W
传感器供电	DC 24 V
接口类型	RS-232
通信参数	波特率 9600、校验位 EVEN、数据位 7、止位 1
采集器供电	DC 12 V

6.2.3 安装

6.2.3.1 安装环境

合适的方位对前向散射能见度仪的测量非常重要,主要要求为:

① 安装位置的能见度测量值应能代表周围的天气状况;

② 安装位置不能有影响光学测量的障碍物和反射表面,也不能有明显的污染源;

③ 接收器不可对着太阳。

6.2.3.2 安装基础

(1)混凝土基础大小为 400 mm×400 mm×550 mm(长、宽、深),高出地面 50 mm,外露面平整光洁;用 4 件 M16 螺栓和适量钢筋做成钢框架将地脚螺栓浇注在混凝土中(或者用膨胀螺丝固定),并使其顶部高出混凝土表面约 50 mm。基础中央位置预埋入∅50 mm 的 PVC 线管(管内注意预留铁丝),从水泥基础的底部通向地沟(图 6.2.4)。

(2)能见度采样区域中心距地高度 280±10 cm,横臂为南北向。

(3)用 16 mm^2 接地线将仪器接地端子就近与观测场防雷地网连接。

(4)螺栓定位尺寸按 SL3-1 型雨量传感器设计。

6.2.3.3 安装流程

(1)开箱

① 阅读随货文件中提供的装箱单。比较装箱单,确保发货完整。

② 打开盖子,如果发现缺货或损坏,请立即和厂家联系。

③ 将包装材料和盖子放回箱中保存,以备后用。

(2)安装设备

① 将立杆架在预埋件上,固定螺栓。

② 将接地杆安装在离立杆尽可能近的地方,接地杆长度取决于当地地下水水位。接地杆的下端应持续接触潮湿土壤。接地质量可以用摇表(测地电阻用)来检测。接地电阻必须小于 10 Ω。

③ 将能见度传感器安装架安装在立杆的顶端,调好方位,固定螺栓。

④ 将能见度传感器安装在卡具或横臂上。

⑤ 把能见度仪的线缆(信号和电源电缆)从立杆内部穿过后与机箱下面的固定连接器连

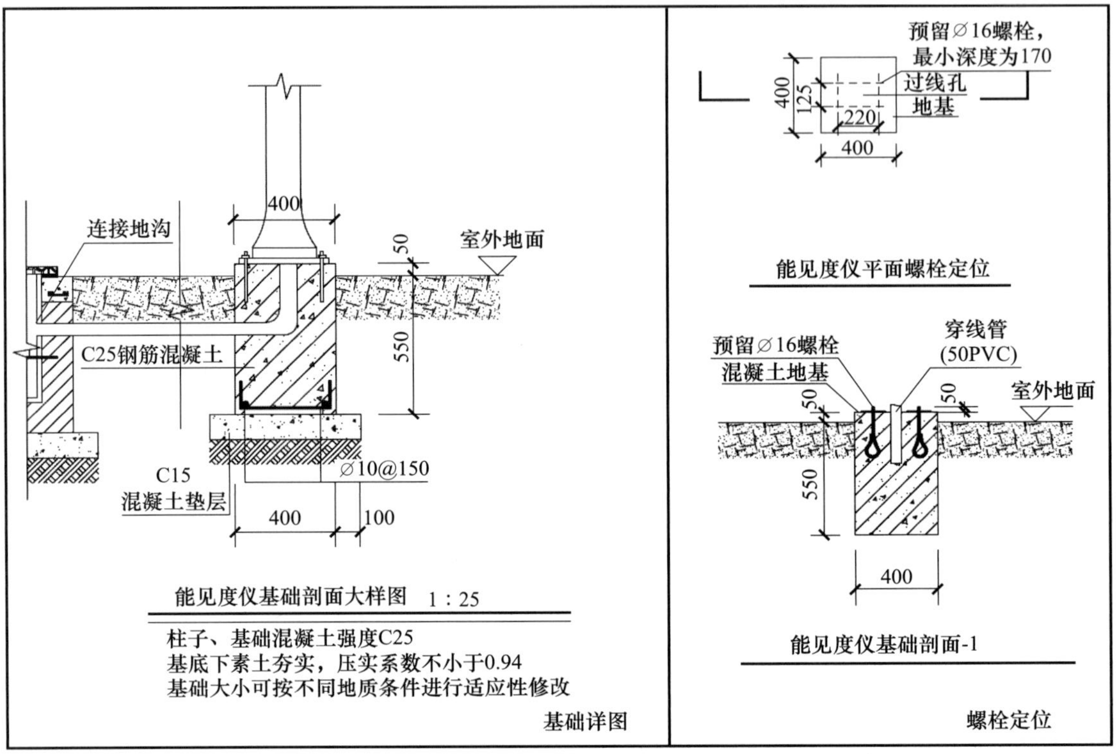

图 6.2.4　前向散射能见度仪基础示意图(单位:mm)

接。线缆连接器必须与传感器机壳上的插座完全紧密连接,不应松动。

注意:安装时先看好接头的豁口,抓住电缆头的后部的电缆对准插入,并少许转动着向前插入,插入后就没有转动的旷量,此时再顺时针转动电缆头的外壳直到紧固。

⑥ 按照厂家提供的信号原理图连接线缆,如图 6.2.5 所示。

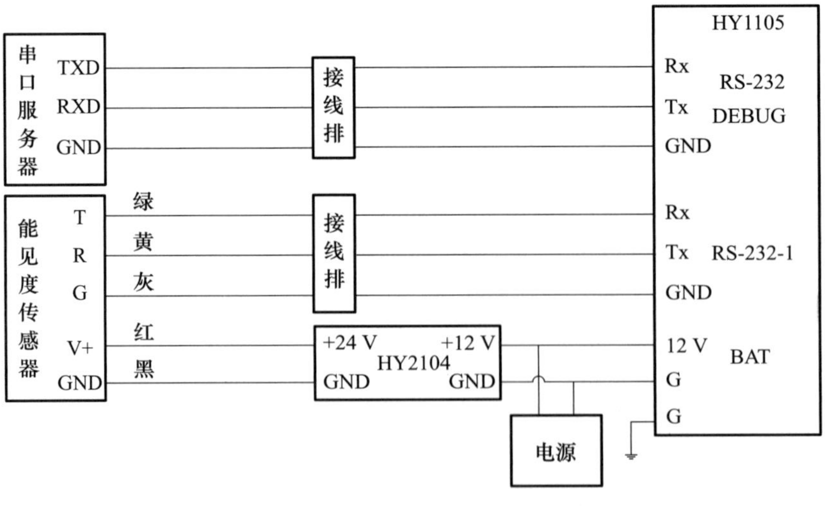

图 6.2.5　前向散射能见度仪信号连接示意图

⑦ 机壳利用供电/数据电缆屏蔽线接地。传感器的外壳和连接杆是互相连接的(电阻很小)。将供电线和数据线从机箱引出,分别接往供电系统和远程终端。将远程设备,如 PC 数据记录终端、显示器等接地,保护它们免受闪电的损害。

⑧ 检查所有部件都正确安装后,给系统供电,通过串口查看数据是否正常。

6.2.4 常规维护

6.2.4.1 **安装检查**

仪器安装距地高度:280 cm±10 cm;

采样中心距地高度:280 cm;

距观测场西边缘:10 m;

距观测场北边缘:4 m。

6.2.4.2 **维护要求**

前向散射能见度仪投入运行后,应做好日常巡视、维护等工作。现场维护操作中,观测员切忌长时间直视发射端镜头,避免损伤眼睛。

(1)值班期间,每个正点前 10 min 应查看能见度自动观测数据。发现数据错误或异常应及时处理,启动维护或维修程序。

(2)每日日出后和日落前巡视能见度仪,发现能见度仪(尤其是采样区)有蜘蛛网、鸟窝、灰尘、树枝、树叶等影响数据采集的杂物,应及时清理(可在基座、支架管内放置硫黄,预防蜘蛛)。及时清除太阳能板上的灰尘、积雪等。切忌长时间直视发射端镜头。

(3)无线传输的能见度仪器,每月定期检查无线通信卡上的费用,提前充值。

(4)每月检查供电设施,保证供电安全。每三个月要对蓄电池进行充放电一次。

(5)每年春季对防雷设施进行全面检查,复测接地电阻。

(6)每两个月对无人值守的能见度站进行现场检查维护。

(7)一般每两个月定期清洁传感器透镜,可根据设备附近环境的情况,延长或缩短擦拭镜头的时间间隔(遇沙尘、降雪等影响能见度天气现象时,应及时清洁)。切忌长时间直视发射端镜头。

(8)定期检查、维护的情况应记入值班日志中。对能见度自动观测数据有影响的还要摘入备注栏。检查时应尽量避免用手电筒等光源照射能见度观测设备。

6.2.4.3 **维护步骤**

(1)在 ISOS 业务软件左侧树状结构中依次选择能见度传感器,点击右键,选择“维护”,如图 6.2.6 所示。弹出窗口如图 6.2.7 所示。

(2)打开当天能见度数据后看到如图 6.2.8 所示的数据,根据实际情况进行数据的维护与质量控制。

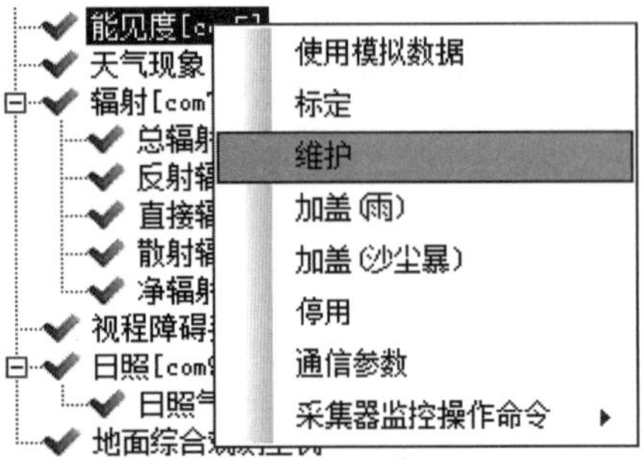

图 6.2.6　ISOS 软件界面图

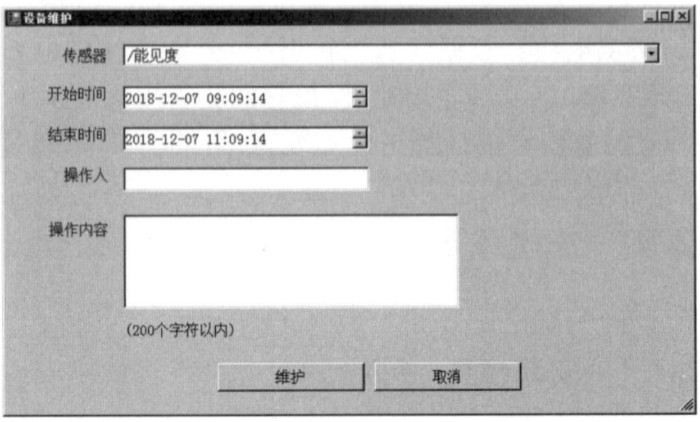

图 6.2.7　能见度传感器维护操作界面

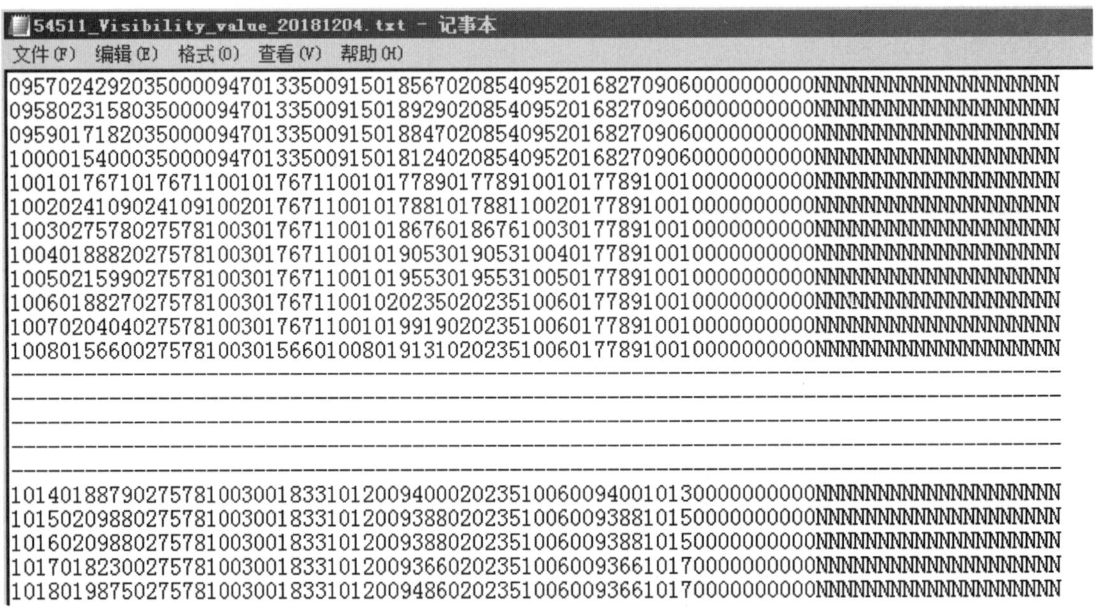

54511_Visibility_value_20181204.txt - 记事本

文件(F)　编辑(E)　格式(O)　查看(V)　帮助(H)

```
095702429203500009470133500915018567020854095201682709060000000000NNNNNNNNNNNNNNNNNNNN
095802315803500009470133500915018929020854095201682709060000000000NNNNNNNNNNNNNNNNNNNN
095901718203500009470133500915018847020854095201682709060000000000NNNNNNNNNNNNNNNNNNNN
100001540003500009470133500915018124020854095201682709060000000000NNNNNNNNNNNNNNNNNNNN
100101767101767110010176711001017789017789100101778910010000000000NNNNNNNNNNNNNNNNNNNN
100202410902410910020176711001017881017881100201778910010000000000NNNNNNNNNNNNNNNNNNNN
100302757802757810030176711001018676018676100301778910010000000000NNNNNNNNNNNNNNNNNNNN
100401888202757810030176711001019053019053100401778910010000000000NNNNNNNNNNNNNNNNNNNN
100502159902757810030176711001019553019553100501778910010000000000NNNNNNNNNNNNNNNNNNNN
100601882702757810030176711001020235020235100601778910010000000000NNNNNNNNNNNNNNNNNNNN
100702040402757810030176711001019919020235100601778910010000000000NNNNNNNNNNNNNNNNNNNN
100801566002757810030156601008019131020235100601778910010000000000NNNNNNNNNNNNNNNNNNNN
------------------------------------------------------------------------------------------
------------------------------------------------------------------------------------------
------------------------------------------------------------------------------------------
------------------------------------------------------------------------------------------
------------------------------------------------------------------------------------------
101401887902757810030018331012009400020235100600940010130000000000NNNNNNNNNNNNNNNNNNNN
101502098802757810030018331012009388020235100600938810150000000000NNNNNNNNNNNNNNNNNNNN
101602098802757810030018331012009388020235100600938810150000000000NNNNNNNNNNNNNNNNNNNN
101701823002757810030018331012009366020235100600936610170000000000NNNNNNNNNNNNNNNNNNNN
101801987502757810030018331012009486020235100600936610170000000000NNNNNNNNNNNNNNNNNNNN
```

图 6.2.8　能见度传感器数据

6.2.5　常见故障

6.2.5.1　故障案例 1:能见度数据缺测

(1)故障现象

能见度数据缺测。

(2)故障分析

能见度传感器输出为 RS-485 标准串口信号,并通过 RS-485 串口接入主采集器。引起能见度数据缺测的故障原因可能有:参数配置错误;电源故障;能见度传感器工作不正常;通信电缆故障;防雷模块故障;主采集器通道故障。

(3)技术依据

能见度测量信号接线图如图 6.2.9 所示。

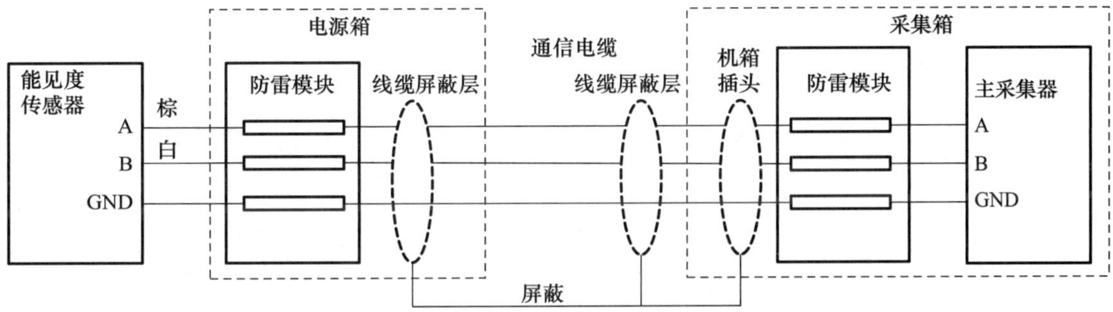

图 6.2.9 能见度信号接线图

(4)维修流程

具体详见图 6.2.10。

(5)维修要点

① 维护情况检查:传感器镜头和护罩内侧是否清洁,如污染须擦拭干净。务必定期做好清洁、维护工作。

② 参数设置检查:检查 ISOS 软件是否挂接能见度传感器。通过软件发送命令,检查通道开闭情况和质控参数配置情况。

③ 连接线路检查:检查能见度传感器供电线路、信号线线序是否正确、接触是否良好。

④ 交、直流供电检查:在线路连接正常情况下,用万用表 DC 20 V 挡,分别在能见度仪电源箱接线排两端、电源转换模块直流输出端,测量直流电压。正常情况下,接线排和电源转换模块直流电压应相同。若接线排输入端测量有电压,而输出端无电压,则接线排损坏,需要更换。正常电压值应在 DC 10~14.5 V。如果电源转换模块 AC 220 V 输入正常,而其输出低于 DC 10 V,通过调整其上电压微调旋钮也无法提高直流电压值,则电源转换模块故障,需要更换。若交流电源输入不正常,则需要检查交流防雷模块、空气开关、市电交流输入是否正常。

⑤ 通信电缆检查:断开线缆两端连接,用万用表"蜂鸣挡"测量两两芯线间电阻应为无穷大,否则电缆存在短路故障;在线缆一端两两短接芯线,在另一端测量对应一组芯线应有"蜂鸣"声,否则电缆有断路故障。

另外,还可通过软件命令查询的方式辅助判断电缆故障:直连传感器的计算机向传感器发送命令无响应,则有可能是通信电缆故障。此法可在确保传感器正常(包括换新)的情况下使用,否则只用来辅助判断,不可作为判断电缆故障的直接依据,因为传感器故障也会产生命令无响应现象。

⑥ 传感器检查:外观检查无破损、硬伤情况。通过软件命令响应信息判断传感器状态。

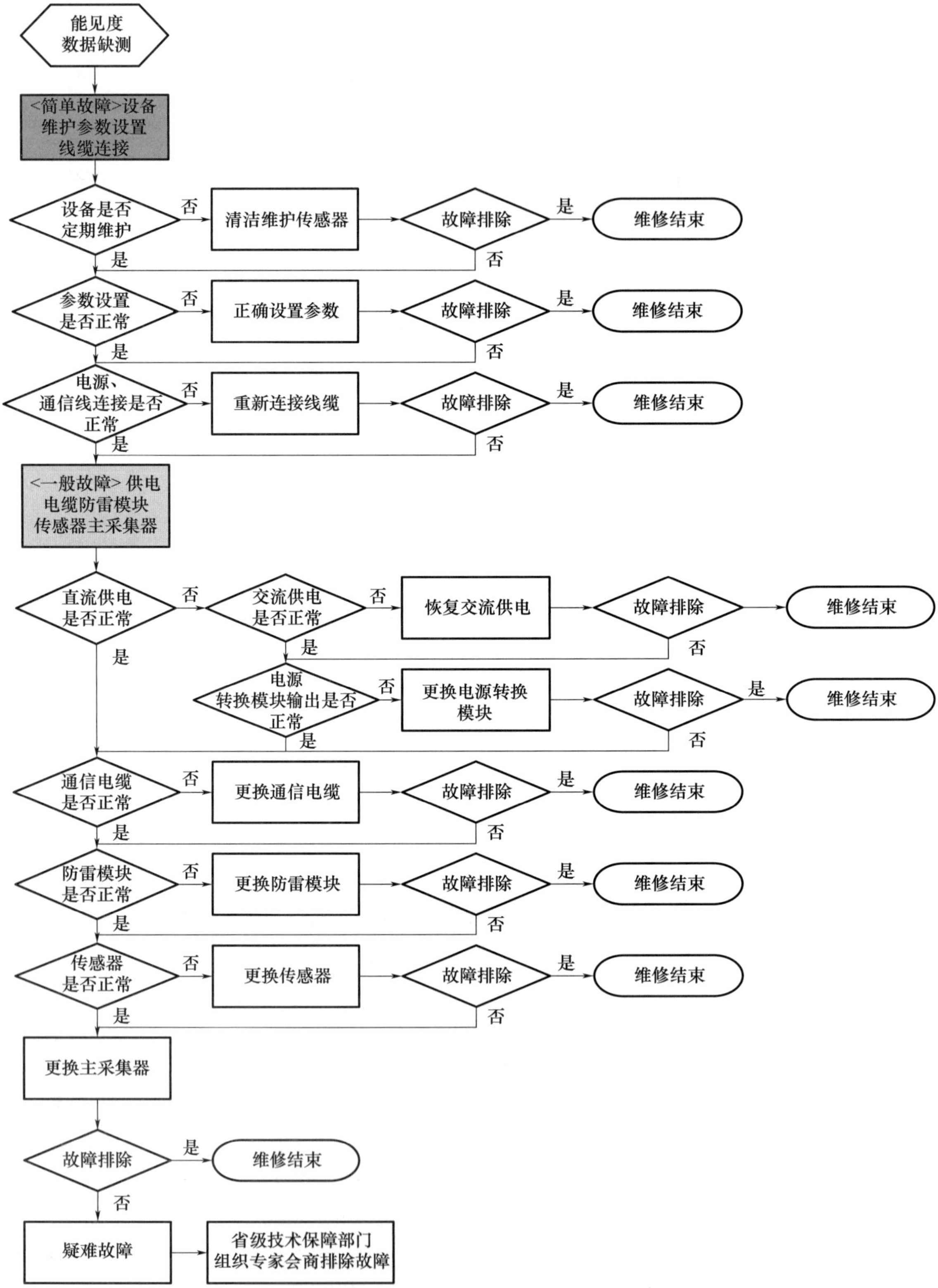

图 6.2.10 能见度数据缺测维修流程图

⑦ 信号和直流防雷模块故障：断开所有电源，用万用表测量模块输入、输出端是否断路和两端分别对接地端是否短路。如有说明该模块故障，需要更换。

⑧ 交流防雷模块故障：该模块故障主要表现为交流接入端与模块接地端短路。用万用表测量判断，如短路则须更换。另外，故障也可能是主采集器通道坏导致。

(6)恢复测试

通过业务软件查看监控界面实时数据，判断能见度是否恢复正常。

6.2.5.2 故障案例 2：能见度数据异常

(1)故障现象

传感器输出固定值（如：65535 或 99999）、数据偏大或偏小。

(2)故障分析

引起能见度数据异常的原因可能有：存在干扰源；能见度缺少维护；能见度传感器故障。

(3)技术依据

能见度测量信号接线图如图 6.2.9 所示。

(4)维修流程

具体详见图 6.2.11。

(5)维修要点

① 朝向、护罩检查：检查接收器朝向，如变化须调整复位；当外力或机械损坏改变或削弱了光学测量路径（即接收器或变送器护罩或者支撑接收器或变送器的横臂产生形变）时，则必须更换传感器。

② 干扰源排查：检查周围 100 m 内有无高大建筑物；有无产生热或阻碍降水的物体；光学取样区是否处在树荫中；光路中有无障碍物和反射面反射强光；附近有无明显的污染源。如有，清除干扰源。

③ 清洁维护：定期检查镜头，必要时进行清洗。清洗步骤：用异丙醇润湿无绒软布后擦拭镜头。注意不要刮伤镜头表面。镜头应保持干燥，以指示镜头加热功能正常。确保护罩内和镜头没有冷凝水、树叶、积雪或积冰。擦去护罩内表面和外表面的灰尘。正确清洁光学表面后，发出 CLEAN 命令。

(6)恢复测试

通过业务软件查看监控界面实时数据，判断能见度是否恢复正常。

6.2.5.3 传感器置换流程

(1)更换传感器时，先将整个系统断电。

(2)旋开能见度仪电缆的航空插头。

(3)拆下传感器底座的固定螺丝并移除传感器，移动时要动作轻柔，避免损坏传感器。

(4)替换上新传感器，保证传感器的发射端位于北侧，镜头朝南。光路测量取样区安装高度距下垫面 2.8 m。

(5)连接并旋紧新传感器航空插头。

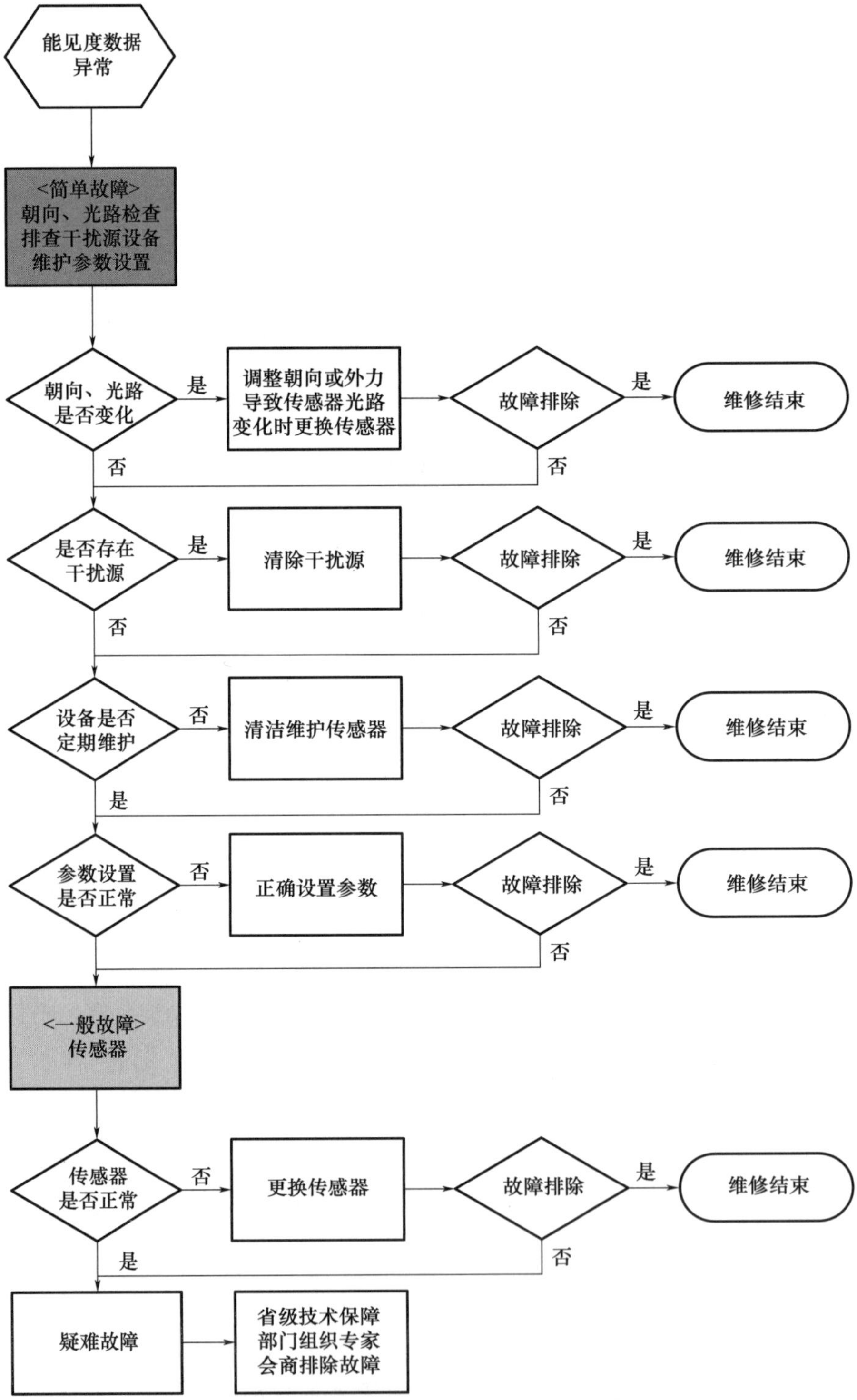

图 6.2.11　能见度数据异常维修流程图

任务 6.3 降水现象仪的原理与维护

6.3.1 概述

天气现象观测是地面气象观测的主要项目之一，主要观测天气现象有 21 种。其中，降水现象有雨、阵雨、毛毛雨、雪、阵雪、雨夹雪、阵性雨夹雪、冰雹 8 种；地面凝结现象有露、霜、雾凇、雨凇 4 种；视程障碍现象有雾、轻雾、霾、沙尘暴、扬沙、浮尘 6 种；其他现象有大风、积雪、结冰 3 种。

根据《地面气象自动观测规范(第一版)》，降水现象是天气现象的重要组成部分，是指从天空下降固态、液态、混合态降水的天气现象。目前，自动观测降水现象的仪器主要有降水现象仪、二维激光雨滴谱仪等。

降水现象自动观测仪器是一种采用现代激光技术的光学测量系统。能够自动实现降水天气现象要素观测、数据采样、存储和处理，并按照数据字典规定格式输出。实现对雨、毛毛雨、雪、雨夹雪、冰雹等 5 种天气现象的自动观测和识别。

降水现象自动观测仪器能够有效提高降水现象观测的自动化程度，减轻业务人员的工作量。通过降水现象自动观测仪器，业务人员可以监测地面降水量和降水相态、加强冰雹等强降水灾害天气的预警，服务人工影响天气。

此外，设备观测数据还可应用于数值天气预报降水订正、双偏振雷达数据和算法的校准等。

目前，国产降水现象仪主要有江苏省无线电科学研究所有限公司生产的 DSG1 型、中环天仪(天津)气象仪器有限公司生产的 DSG3 型、北京华创维想科技开发有限责任公司生产的 DSG4 型、华云升达(北京)气象科技有限责任公司生产的 DSG5 型等型号，这些设备结构与工作原理基本相同。

6.3.2 结构与原理

6.3.2.1 组成结构

降水现象仪主要由传感器、数据采集单元、供电控制单元及附件等部分组成。其外观与外形如图 6.3.1 所示，组成结构如图 6.3.2 所示。

(1)降水现象仪传感器

主要包括激光发射和接收、控制处理单元、温度控制等。

(2)数据采集单元

数据采集单元负责处理采样的降水粒子大小、速度、数量等信息，对采样样本进行质量控制、运算处理，输出降水现象类型、雨滴图谱、仪器工作状态等信息。

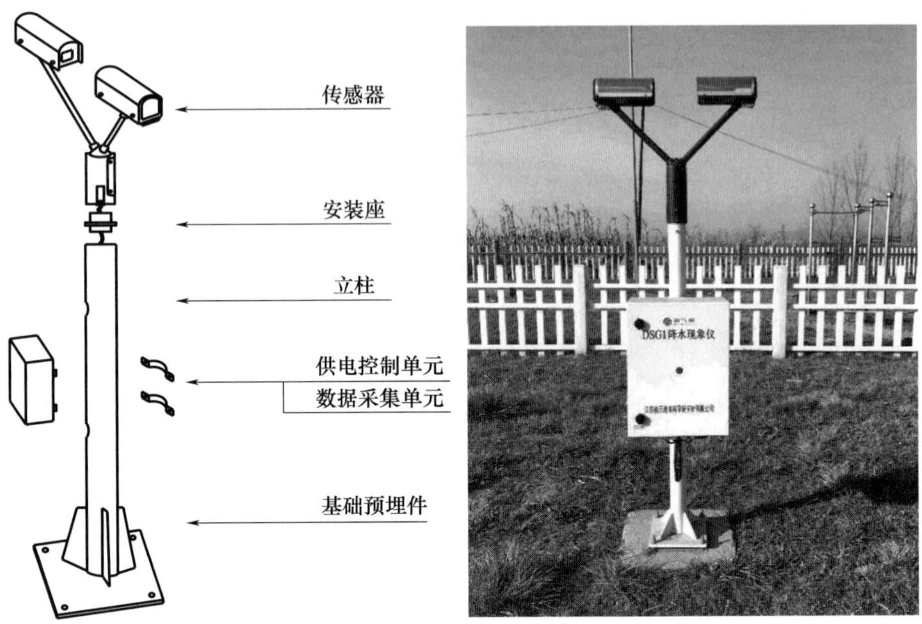

图 6.3.1　降水现象仪外形与外观图

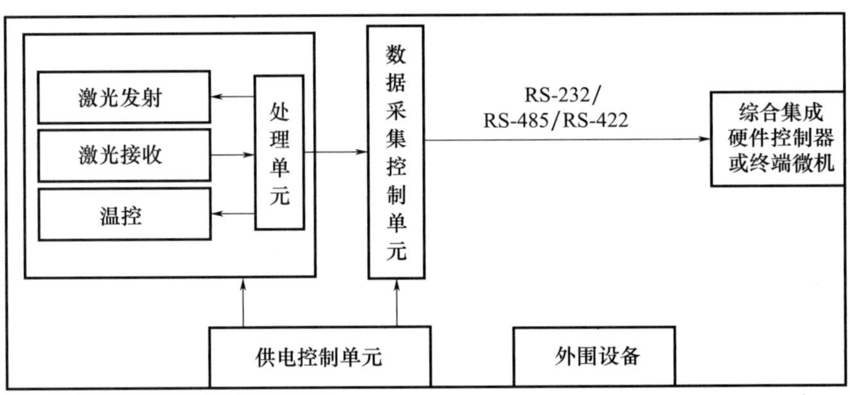

图 6.3.2　降水现象仪组成结构图

(3)供电控制单元

降水现象仪采用 DC 12 V 供电,应配蓄电池。

供电控制单元将交流电源或辅助电源(太阳能、风能等)进行转换,并为蓄电池充电。

(4)附件

降水现象仪附件包括安装底座、立柱、基础预埋件等。

6.3.2.2　工作原理

不同降水现象的降水粒子,因其物理特性的差异,在粒径和下落末速度的分布上有各自对应关系。根据降水粒子对激光信号的衰减影响程度,检测降水粒子的粒径和下落末速度,确定降水粒子的图谱分布,输出降水现象类型。

当激光束里没有降水粒子降落穿过时,接收装置收到最强的激光信号,输出最大的电压值。当降水粒子穿过水平激光束时，以其相应的粒径遮挡部分激光束，从而使接收装置输出的电压下降。

通过电压的大小可以确定降水粒子的粒径大小，从而实现降水粒子的粒径检测；粒子下降通过水平激光束需要一定的时间，通过检测电子信号的持续时间，即从降水粒子开始进入激光束到完全离开激光束所经历的时间，可以推导出降水粒子的下降速度。

降水现象仪工作原理如图 6.3.3 所示，计算原理如图 6.3.4 所示。

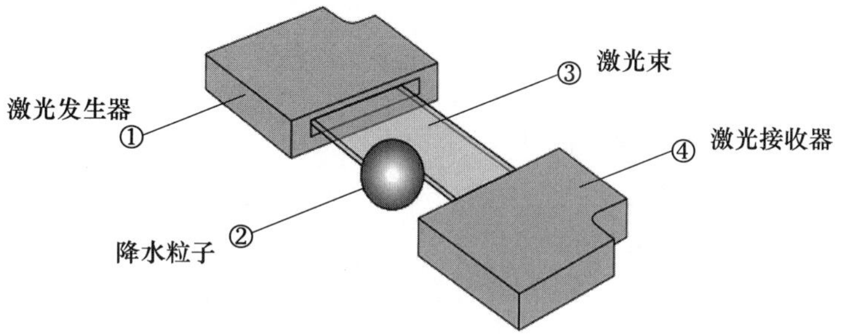

图 6.3.3　降水现象仪工作原理图

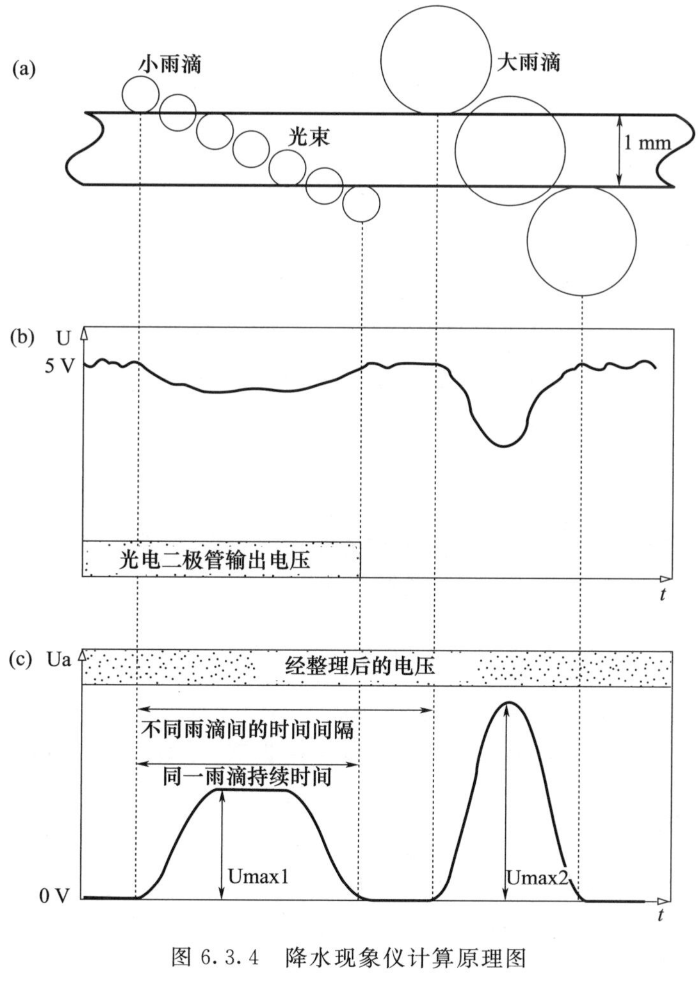

图 6.3.4　降水现象仪计算原理图

6.3.2.3 技术指标

传感器类型	激光发射源
降水类型	液体、固体、混合
测量区域	54 cm^2
可测量粒径	0.2～25 mm
可测速度	0.2～20 m/s
工作温度	－40～＋70 ℃
相对湿度	0～100%RH
大气压力	450～1060 hPa
太阳辐射	1120 W/m^2
降水强度	0～6 mm/min
供电	DC 220±15%V,50±2.5 Hz
蓄电池	12 V 38 Ah
功耗	＜2 W(不加热)；＜20 W(加热)
接口	RS-485,传输速度 9600,半双工,2 线
降水类型	毛毛雨、雨、雪、雨夹雪、冰雹等多种天气现象
准确性	雨、雪、冰雹相对人工观测准确率＞97%

6.3.3 安装调试

6.3.3.1 观测场地

降水现象仪应安装在对周围天气状况最具有代表性的地点,周边没有干扰光学测量的遮挡物和反射表面影响,远离产生热量及妨碍降水采集的设施,避免闪烁光源、树荫及污染源的影响。

6.3.3.2 仪器布局

降水现象仪安装在基层气象台站地面观测场内,应符合《地面气象自动观测规范(第一版)》及《新型自动气象站观测场值班室建设规范》中关于仪器布局的原则,具体可以参考《地面气象观测场规范化建设图册》中的要求。

(1)降水现象仪一般安装在观测场的西北角,距观测场北边缘 4 m,距离观测场西边缘 4 m。

(2)立柱牢固安装在混凝土基础上,采样区域中心距地高度为 200 cm±10 cm。

(3)传感器南北向安装,接收端在南侧,发射端在北侧,支架(横臂)应水平。

6.3.3.3 安装基础

设备安装前应首先制作基础,如图 6.3.5 所示。

(1)降水现象仪安装在预制混凝土基础上。基础预埋件用混凝土浇筑,其他地脚螺栓顶部高出混凝土表面约 35 mm。

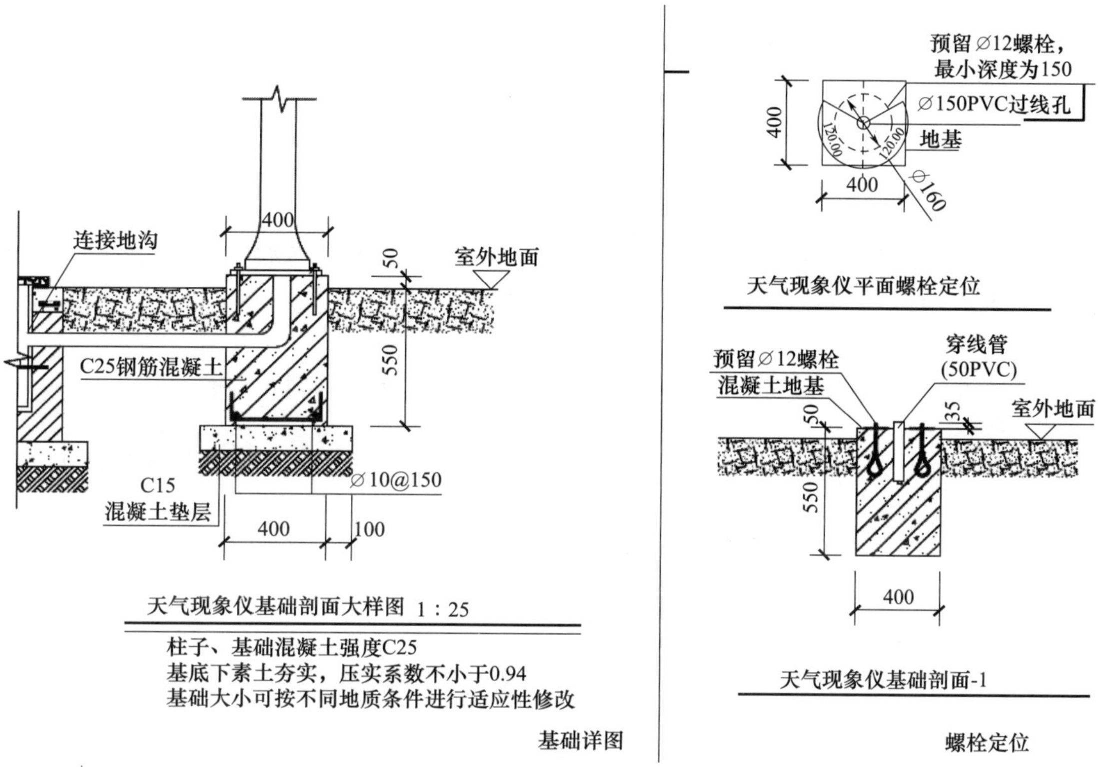

图 6.3.5 降水现象仪安装基础示意图(单位:mm)

(2)基础大小为 400 mm(长)×400 mm(宽)×600 mm(深)，埋入地下 550 mm，高出地面 50 mm，外露面平整光洁。

(3)基础中央预埋入∅50 mm 的 PVC 穿线管(管内预留铁丝或拉线)，从水泥基础的底部通向地沟。

6.3.3.4 安装硬件

(1)将立柱安装在混凝土基础上，调节立柱底部的圆形底板水平。底板水平是保持立柱与地面垂直的关键。

(2)将传感器转接座与立柱上部对接，拧紧固定螺钉。

(3)将两片防溅护罩分别安装于传感器接收端和发射端上部，并用螺钉固定。

(4)将传感器安装到转接座上，传感器线缆引入转接座孔径后，穿过立柱内从立柱底部小孔转出，待进入机箱接线排。

(5)将传感器接地线缆与传感器接地插口连接，并用螺栓固定；接地线缆的另一端正确接入降水现象仪地网接入点。

传感器安装方向为南北方向，贴有黄色标签的一端为发射端，安装在北侧。

安装好的传感器呈水平状，拧紧螺栓，将传感器固定在转接座上。

(6)用抱箍将机箱挂接在立柱上，紧固螺丝固定。

(7)将传感器线缆从机箱下部引出，按照绿灰白蓝黄红黑的顺序依次接入接线排下端 1～7

脚。用双芯数据传输电缆将机箱接线排电源接口脚与综合集成硬件控制器降水现象仪对应接口管脚相连。

(8)将蓄电池放入机箱中，正极连接电源控制器 4 脚，负极连接电源控制器 5 脚。

(9)从配电箱引入交流市电，电缆从机箱下部穿入连接到空气开关下端。

6.3.3.5 软件调试

降水现象仪硬件设备安装完成后，正确连接电源、信号线、业务终端，设置通信参数，输入通信控制命令，在发射端和接收端之间模拟降水，返回值正确则调试完成。

(1)调试软件

在调试过程中可以采用串口调试助手或超级终端、ISOS 业务软件进行相应设置与调试。

(2)调试步骤

降水现象仪在业务使用中，必须接入综合集成硬件控制器，才能正确挂接到软件中。以 ISOS 业务软件为例调试步骤如下。

① 查看计算机中降水现象仪对应虚拟串口号；

② 打开综合集成硬件控制器管理软件 SMOPORT；

③ 点击设备串口信息按钮；

④ 设置降水现象仪对应串口的工作方式：选择工作方式为 RS-485 方式，设置通信参数为 9600 8 N 1；

⑤ 打开 ISOS 软件，点击“参数设置”，下拉菜单中选择“台站项目挂接设置”，挂接降水现象仪；

⑥ 检查 ISOS 软件左侧列表中“天气现象”通信参数设置是否正确；

⑦ 点击“设备管理”，下拉菜单中选择“维护终端”，弹出界面选择“天气现象串口”，在命令输入窗口分别输入降水现象仪区站号设置命令 QZ，XXXXXX、纬度设置命令 LAT，XX. XX. XX、经度设置命令 LONG，XXX. XX. XX，点击发送，进行相应设置。降水现象仪软件调试命令参考表 6.3.1 所示。

表 6.3.1 降水现象仪软件调试命令

命令	含义
TIME	读取或设置传感器时间
DATE	读取或设置传感器日期
QZ	读取或设置区站号
READDATA	读取当前分钟数据
READMDATA	读取当前分钟谱图数据
AUTOCHECK	自检命令
SETCOMWAY	读取或设置通信方式
HELP	帮助

⑧ 发射端与接收端之间模拟降水，在维护终端中输入命令 READDATA，查看是否有实施观测数据返回，若有返回值，则调试完成。

若有降水现象时，会出现 ANA 代码；若无降水，则没有 ANA 代码。

ANA 代码解释:00 未知类型天气现象;01 雨;02 阵雨(取消阵性雨,合并为雨);03 毛毛雨;04 雪;05 阵雪(取消阵雪,合并为雪);06 雨夹雪;07 阵性雨夹雪(合并为雨夹雪);08 冰雹。

6.3.4 常规维护

6.3.4.1 日常维护

(1)定期清洁激光发射和接收装置

一般每三个月进行一次,清洁时用柔软不起毛的棉布或脱脂棉沾无水乙醇擦拭窗口玻璃,注意不要划伤玻璃表面。如果窗口加热功能良好,其表面将很快变干,勿用其他物品清洁。可根据设备附近环境的情况,延长或缩短维护的时间间隔,遇沙尘、降雨(雪)等影响观测时,应及时清洁。

注意:降水现象仪进行维护时应关闭传感器,如不能关闭,须戴上保护镜,请勿直视激光器,以免损伤眼睛。

(2)定期检查降水现象仪

每日日出后、日落前巡视仪器时,发现采样区有蜘蛛网、鸟窝、灰尘、树枝、树叶等影响数据采集的杂物,应及时清理。

(3)清洁防溅护罩

在操作防溅护罩时,其尖锐的边缘可能会对人体造成伤害,必须小心!必要时戴上手套!防溅护罩易弯曲,当心损坏设备;对防溅护罩进行清洁时,请将其放置在平面上;防溅护罩安装在传感器头部,表面设有许多小孔,这些小孔能够分解落入的水滴,由于防溅护罩的防溅作用,激光束将不会检测到错误的光谱,一旦小孔被鸟粪、花粉或类似物质堵住,这些物质将无法被分解,就必须对防溅护罩进行清理。

(4)供电系统维护

每月检查供电设施,保证供电安全。定期检查蓄电池电压,低于 12 V 时,应及时充电。

(5)防雷装置维护

每年春季对防雷设施进行全面检查,复测接地电阻。接地电阻值应≤4 Ω。

(6)其他维护内容

对其他需要维护的设备进行检查、清洁、保养等。

6.3.4.2 现场核查

(1)核查前准备

① 用目测的方法,对降水现象仪的外观进行检查。表面完好,标牌和标记完整、清晰,机械结构应完整且无变形。

② 将现场核查标准装置放入降水现象仪收发光路中间,确保降水现象仪的激光束处在降水粒子模拟单元透光孔的中心位置(即激光束处在标尺塞的有效区域内),并连接好通信线和电源线。

③ 当降水现象仪的激光束不在透光孔的中心位置时,通过调节测试装置进行高度调节,使激光束处在透光孔的中心位置,以获得准确的测量。

④ 必须保证测试转盘的洁净，然后再进行测试。如果测试转盘表面划伤，请及时更换。

(2)现场核查步骤

应在晴朗天气、能见度大于10 km、空气温度为10～30 ℃、风速小于等于5 m/s、相对湿度小于等于80%的环境条件下进行现场核查。

降水粒子直径核查点为：4.3 mm、9.5 mm、21 mm；降水粒子速度核查点为：2 m/s、7 m/s、12 m/s。

在每一个降水粒子直径测试点，通过电机控制转盘，分别以降水粒子速度核查点确定的速度进行试验，记录被测雨滴谱降水现象仪输出的降水粒子直径输出通道号、降水粒子速度输出通道号和输出的降水现象。

(3)核查结果

降水粒子直径稳定性测量误差计算见下列公式：

$$\Delta D = D' - D$$

式中：ΔD——降水粒子直径输出通道稳定性误差；

D'——被测降水现象仪本次测试输出的通道号；

D——被测降水现象仪第一次测试输出的通道号。

降水粒子速度稳定性测量误差计算见下列公式：

$$\Delta V = V' - V$$

式中：ΔV——降水粒子速度输出通道稳定性误差；

V'——被测降水现象仪本次测试输出的通道号；

V——被测降水现象仪第一次测试输出的通道号。

若$|\Delta D| \leqslant 2$且$|\Delta V| \leqslant 2$，即被核查降水现象仪本次降水现象输出，与第一次核查的输出结果一致，则判定被核查降水现象仪合格，否则应维修或送国家气象计量站进行校准。

(4)核查周期

第一次使用45日后，90日内现场核查一次；之后每1年现场核查一次；每次维修仪器之后都应做现场核查。

降水现象仪现场核查标准装置的校准周期应不超过2年。

任务 6.4 雪深传感器的原理与维护

6.4.1 原理

地面气象观测测量雪深使用的是雪深传感器，雪深传感器利用发射波束（光波、声波或电磁波等）遇到障碍物反射回来的特性测量雪深。

6.4.1.1 超声波式雪深传感器

通过测量超声波脉冲发射和返回的时间计算测距探头到目标物的距离，实现雪深的自动连续监测。超声波测距的原理如图 6.4.1 所示。

其核心测距部件是 50 kHz（超声波）压电传感器，并配置有温度传感器和通风辐射屏蔽罩进行温度补偿，用来修正声波速率随气温变化引起的误差，提高测量准确性。

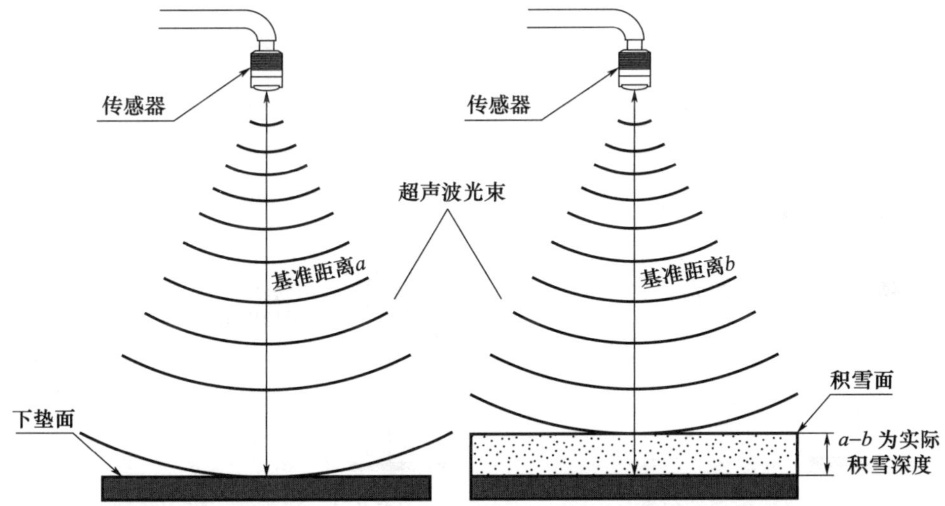

图 6.4.1 DSJ1 型超声波式雪深传感器测距原理图

6.4.1.2 激光式雪深传感器

采用相位法测距，用无线电波段频率对激光束进行幅度调制并测定调制光往返测线一次所产生的相位延迟，再根据调制光的波长，换算此相位延迟所代表的距离。相位法激光测距的原理如图 6.4.2 所示。

激光往返距离 L 产生的相位延迟为 φ，是所经历的 n 个完整波的相位及不足一个波长分量的相位 $\Delta\varphi$ 的和，即：$\varphi=2n\pi+\Delta\varphi$。

距离 L 与相位延迟 φ 的关系为：$L=(c/2)\varphi/(2\pi f)$。式中，c 为光速；f 为调制激光的频率；φ 为激光发射和接收的相位差。

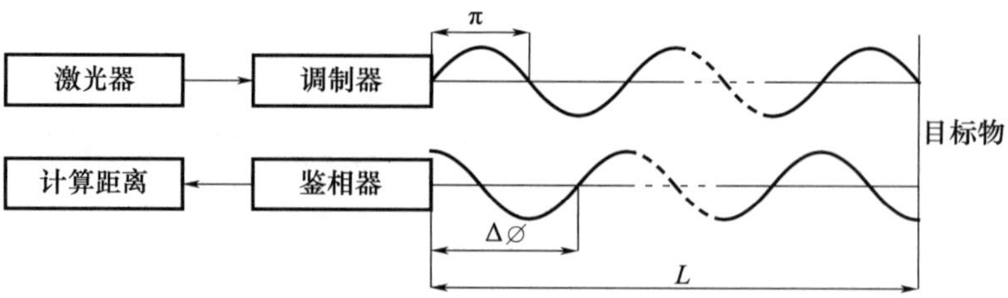

图 6.4.2　相位法激光测距原理图

6.4.2　组成结构

雪深传感器由测距探头、处理控制单元和安装支架等组成。其组成结构如图 6.4.3、图 6.4.4 所示。

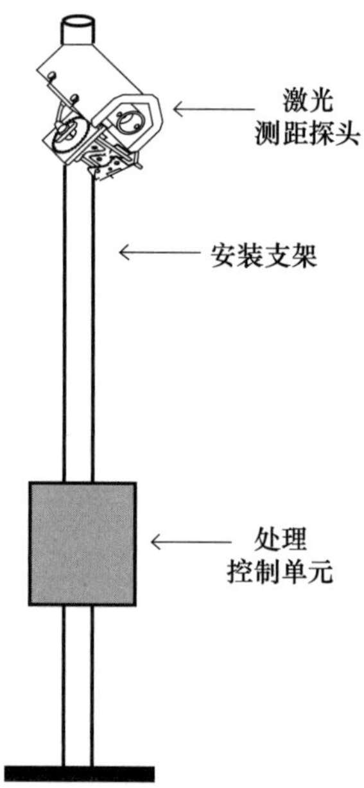

图 6.4.3　激光式雪深传感器组成结构图

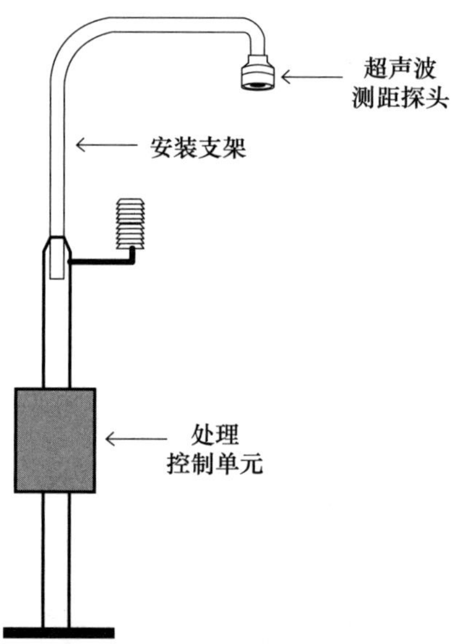

图 6.4.4　超声波式雪深传感器组成结构图

6.4.3　安装

6.4.3.1　安装要求

雪深传感器应布设在地面气象观测场内，安装位置应符合《地面气象观测规范》中观测场仪器布局的原则，布设在观测场西北角，不同台站因受地形影响，在布局原则下，可根据实际情况灵活调整。

6.4.3.2 安装工具

铁锹、水平尺、扳手、榔头、钳子、螺丝刀、万用表。

6.4.3.3 安装硬件

(1)雪深立柱安装

① 立柱调至 2.5 m,固定。

② 将立杆装入地脚螺栓,装入弹垫,拧上固定螺母,稍紧即可,将水平尺及准备置于安装立杆安装底板纵向,调整水平调节螺栓进行水平调整,直至水平尺上气泡位于玻璃管中心位置,将水平尺基准面置于立杆安装底板横向,调整水平调节螺栓,直至水平尺上气泡位于玻璃管中心位置。重复以上过程,直至立杆水平位置,调整结束后拧紧固定螺母。

(2)测距单元安装

用安装附件将测距单元固定于立柱顶端;松开传感器角度调整螺丝,调整传感器角度(也可在安装前调整好)。

① 传感器测距探头应朝向西方,测量路径上无任何遮挡。

② 应将传感器倾斜安装,倾斜角度应在 10°~30°范围内。

③ 调整传感器角度,使红色激光测雪点对准测雪板的中心基准面,将测雪板栅格内的土平整。夯实、固定,注意测雪板应与地面齐平。

④ 雪深传感器的安装支架应牢固安装在观测场混凝土基础上。测距探头距地面垂直高度一般选择 150±3 cm,在北方雪深较深的个别地区可根据实际情况调整至 200±3 cm。

(3)采集机箱安装

用抱箍将机箱用固定螺栓固定于立杆,箱体底部距地面高度约 80 cm,注意固定应牢靠,不得产生滑动。

(4)测雪板的安装

测距单元安装好后,再安装测雪板,使红色激光点照在测雪板中心的测雪点,按照测雪板尺寸挖坑深 10 cm,将坑内地面平整、夯实,固定测雪板于坑内,栅格内填充之前挖出的土,注意测雪板应与地面齐平。

(5)电缆连接

① 电源电缆敷设。AC 220 V 电源电缆应从选定的市电配电箱处引出,以适当的路径敷设到观测系统的电源箱,并穿 PVC 管。

② 传感器电缆敷设

a. 将测距单元的电源电缆、通信电缆穿进对应的防水接头;

b. 将 AC 220 V 电源电缆穿进对应的防水接头;

c. 根据接线图,将各电缆线接到规定的端子上;

d. 将电缆的屏蔽层接到屏蔽接地端子上;

e. 顺时针拧紧防水接头的螺母;

f. 蓄电池的端子装上连接线,注意橙色线接正极,黑色线接负极。

③ 电缆固定。各电缆应合理布排,并进行捆扎固定在立柱的适当位置,避免电缆晃动、摩擦,导致损伤。

6.4.4 调试

雪深传感器安装完成后，按要求设置业务终端参数，输入命令，查看返回值，确认仪器工作是否正常。

6.4.5 日常维护

(1)入冬前，应检查雪深供电、防雷接地、数据线连接等情况。平整好雪深观测地段，清除杂草，标定基准面，校准测距探头的高度。采用超声波式雪深传感器时，要校准测距探头水平。

(2)雪深传感器工作期间，定期检查设备外观、运行情况，保持基准面平整，禁止任何物体进入观测区域。定期检查超声波测距探头干燥剂，若失效应及时更换；定期检查并保持激光测距探头的清洁。

(3)雪深传感器长时间不用时，断开电源线和数据线；清洁激光测距探头，加防护罩，定期给蓄电池充放电。

(4)每月检查供电设施，保证供电安全。

(5)每年春季对防雷设施进行全面检查，复测接地电阻。

(6)按业务要求定期进行检定，检定周期应不超过 1 年。

(7)当设备故障时应及时进行维护或维修。

任务6.5 光电式日照计的原理与维护

6.5.1 原理

日照传感器采用置于光学镜筒中的3个同轴光电感应器对总辐射和散射辐射进行自动连续观测，根据计算出的直接辐照度判断有无日照。测量原理如图6.5.1所示，3个带有圆柱形漫射器的光电管 D_1、D_2、D_3 分别安置在同一轴线上，并通过遮光罩及其入射窗 W_1、W_2 对入射到 D_2、D_3 上的辐射进行约束。

光电管 D_1 在360°的环形范围内接收总辐射。D_2 和 D_3 接收环形范围内不同方向上的辐射，而太阳直接辐射只能照射到 D_2、D_3 中的一只，其中较小的输出值即为散射辐射。直接辐射为总辐射和散射辐射的差值，若直接辐照度≥120 $W \cdot m^{-2}$ 则算作有日照，按时间累计，得到每小时和每天的日照时数。

6.5.2 组成结构

光电式数字日照计主要由光电式数字日照传感器、数据处理单元、供电单元、通信单元、安装附件等部分组成。核心部件光电式数字日照传感器外观为一个玻璃圆筒，内部包括光学镜筒、光电探测器、遮光筒、信号处理电路和防霜露加热器等，组成结构如图6.5.2所示。

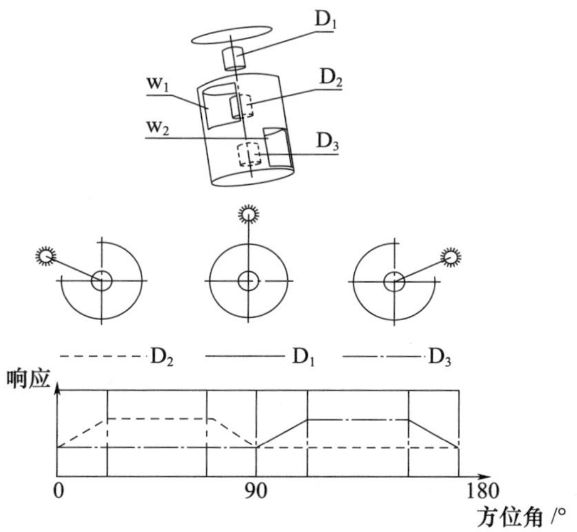

图6.5.1 光电式数字日照计测量原理图

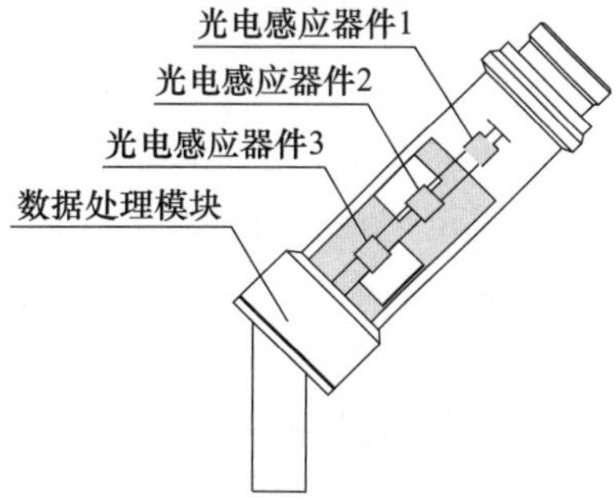

图6.5.2 光电式数字日照传感器组成结构图

6.5.3 安装

6.5.3.1 安装要求

(1)日照计应固定安装在开阔的、终年从日出到日落都能受到阳光照射的立柱台座上,底座应稳固,保持立柱台座长期处于水平状态。

(2)日照计中心距地高度150 cm,光学镜筒筒口对准正北,按照当地纬度调节日照计仰角。

(3)如安装在观测场内,须将日照计安装在观测场的南端,以免其他观测仪器影响其测量。如果观测场没有适宜地点,可安装在平台或附近较高的建筑物上。受环境所限,不采用150 cm立柱安装日照计时,其安装高度可以根据实际情况调整,以便于操作为准。

光电式数字日照计安装效果如图6.5.3所示。

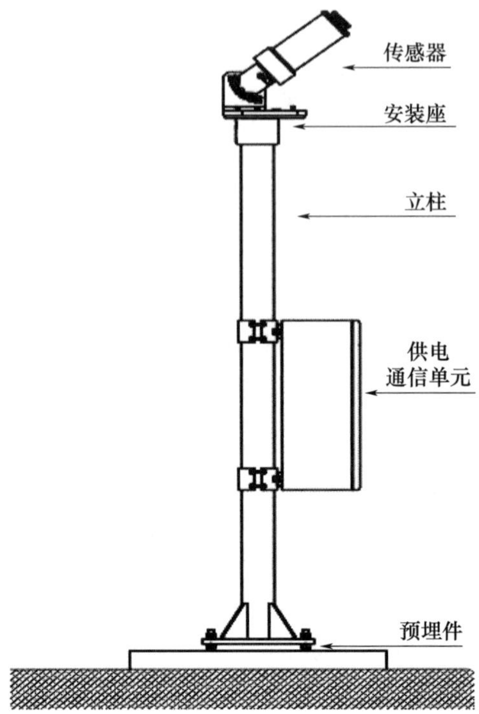

图6.5.3 光电式数字日照计安装图

6.5.3.2 安装步骤

(1)调整光筒南北向:精确测定南北线,调整日照计支架底板的方向,使日照计筒口对准正北。

(2)调水平:调节水平螺旋,使水平泡位于中央,保证日照计处于水平状态。

(3)对纬度:根据当地的纬度,调节日照计支架,使日照计光筒与水平面的夹角等于当地纬度。

6.5.4 调试

光电式数字日照计安装完成后,检查确保电源、信号线连接无误,上电启动检查,利用业务终端或串口调试工具,设置串口参数,输入通信控制命令,返回值正确则调试完成。

6.5.5 日常维护

(1)定期应检查光筒玻璃罩是否清洁,如有灰尘、雨、雪、水汽凝结物应及时用软布将光筒擦净。

(2)每周定期检查日照计内干燥剂状况,注意及时更换。

(3)定期查看设备的各个部分是否被腐蚀或者自然损坏,尤其是在自然条件较为恶劣的地区。如果有损坏或者腐蚀应当立即进行处理、更换相关部件。

(4)每月检查仪器的水平、方位、纬度等是否正确,发现问题,及时纠正。

(5)每月检查供电设施,保证供电安全。

(6)每年春季对防雷设施进行全面检查,复测接地电阻。

(7)按业务要求定期进行校准,校准周期应不超过2年。

(8)当设备故障时应及时进行维护或维修。

任务 6.6 冻土自动观测仪的原理与维护

6.6.1 原理

冻土自动观测仪根据传感器测量原理不同分为冻阻式冻土自动观测仪、电容式冻土自动观测仪和测温式冻土自动观测仪。

(1)冻阻式

利用水的相态发生改变时体积、电阻等物理特性随之变化的原理，通过非纯净水做感应介质，测量相关物理量得到冻结层次和上下限深度。

(2)电容式

利用土壤中水与冰发生相变时介电常数随之改变的特性，通过 LC 振荡电路频率响应变化，结合频率变化规律和土壤温度建立土壤冻融状态判别模型，获得冻结层次和上下限深度。

(3)测温式

根据水凝结成冰或冰融化成水的温度变化特性，结合冻点确定算法，获得冻结层次和上下限深度。

6.6.2 组成结构

冻土自动观测仪主要由传感器、数据采集器、通信单元、供电单元和外围设备等组成，其组成结构示意图见图 6.6.1。

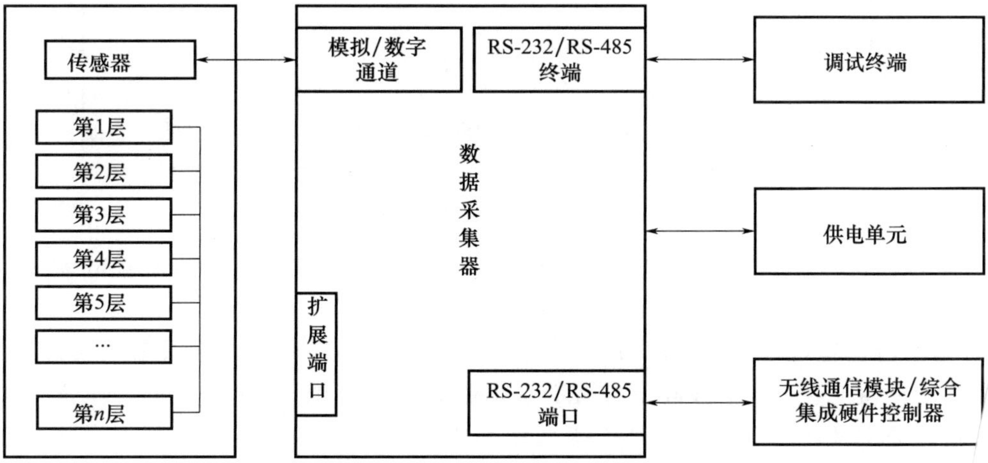

图 6.6.1 冻土自动观测仪组成结构图

6.6.3 安装

(1)冻土自动观测仪安装在观测场内南侧靠东区域，深层地温观测位置的南面 50 cm 处，与深层地温外套管平行布设冻土传感器外套管，如图 6.6.2 所示。依据台站所观测到最大冻土深度的历史资料，分以下 3 种方式进行安装。

① 当台站最大冻土深度小于 150 cm 时，只需要在对应 80 cm 地温南侧 50 cm 处安装一根 150 cm 外套管，将长度 0～150 cm 冻土传感器插入外套管中。

② 当台站最大冻土深度大于 150 cm 且小于 300 cm 时，分两段进行安装，在对应 80 cm 地温和 160 cm 地温南侧 50 cm 处分别安装长度为 150 cm 和 300 cm 的外套管，将长度 0～150 cm 和 150～300 cm 冻土传感器插入外套管中。

③ 当台站最大冻土深度大于 300 cm 且小于 450 cm 时，分三段进行安装，在对应 80 cm 地温、160 cm 地温和 320 cm 地温南侧 50 cm 处分别安装长度为 150 cm、300 cm 和 450 cm 的外套管，将长度 0～150 cm、150～300 cm 和 300～450 cm 冻土传感器插入外套管中。

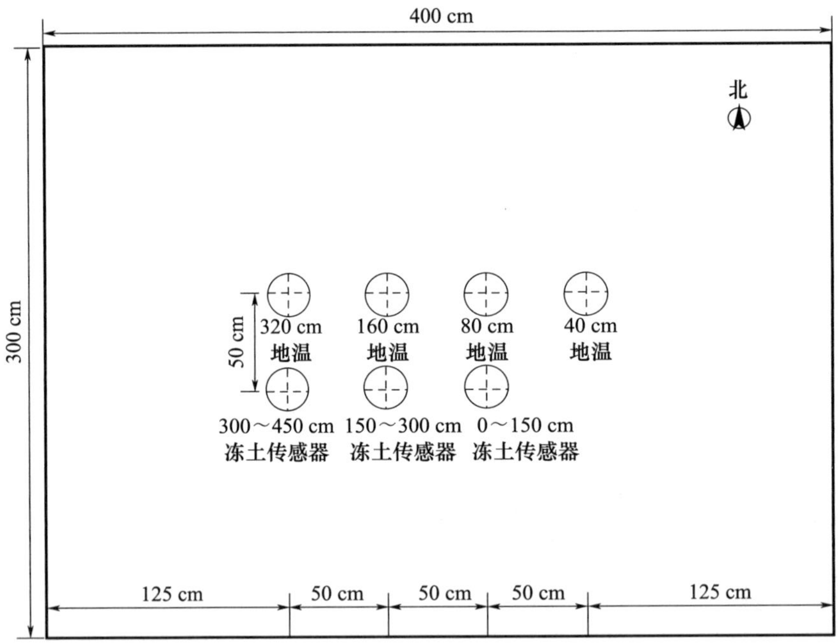

图 6.6.2 冻土自动观测仪安装布局示意图

外套管采用钻孔法进行安装，使外壁与土壤保持紧密接触，并避免产生自然沉降。传单元 0 cm 位置刻度须与地表面高度保持一致。

源箱安装在地温分采东侧 60 cm 处(设备间距)，且与地温分采东西成行排列，基用混凝土浇筑，外露面平整光洁，基础中预留 2 根∅30 mm 的 PVC 管，从水泥通向地沟，基础大小和安装高度与地温分采一致。电源箱安装在立柱上，箱

6.6.4 调试

冻土自动观测仪安装完成后，检查确保电源、信号线连接无误，上电启动检查，利用业务终端或串口调试工具，设置串口参数，输入通信控制命令，返回值正确则调试完成。

6.6.5 日常维护

(1)非冻土期维护内容

① 冻土传感器可断电停用，启用前须检测蓄电池电压。

② 冻土期前一个月左右，对传感器进行全面检查，查看外套管中有无积水、杂物；外套管与土壤接触是否紧密；传感器内管、外管的0标记线与地面是否齐平等。如发现问题，应及时处理。

③ 冻土传感器的校准周期为2年，必须在冻土期前一个月完成校准，并安装回原处等待启用。

④ 冻阻式传感器在冻土期前对其内管进行冲洗和注水，水柱中避免余留气泡；冻土期结束后，将内管水放掉，并冲洗晾干回收放置或安装原处。注意防止杂物等落入外套管内。

(2) 冻土期维护内容

① 定期通过传感器状态灯查看设备运行、通信状态。

② 定期查看设备各连接部分是否损坏或腐蚀，自然条件恶劣地区应缩短查看周期；如损坏或腐蚀应及时进行处理、更换。

③ 每周检查供电设施，保证交流电、电源转换控制模块和蓄电池供电正常；定期对蓄电池进行充放电。

④ 每年雷雨季前对防雷设施进行全面检查，复测接地电阻。

⑤ 设备故障时，及时进行维修或更换。

⑥ 冻土自动观测仪故障、维修和数据处理等情况须备注。

⑦ 冻阻式传感器补水维护时，应错开正点并避免内管中留有气泡。

任务6.7　云观测设备的原理与维护

6.7.1　概述

云的观测是当前地面气象观测最困难的，云观测包括总云量、云状和云高。总云量以成为单位，取整数；云高以米(m)为单位，取整数。

自动观测云量、云高的仪器主要有激光云高仪、全天空成像仪和毫米波云雷达等。其中激光云高仪主要观测云高，全天空成像仪主要观测云量和云状。此外，云的观测还可以利用卫星资料、雷达资料综合判识。

6.7.2　激光云高仪

6.7.2.1　原理

发射器向云底发射一束脉冲激光，经过时间 t 后，接收器接收到云层的激光回波信号，仪器至所测云底间的斜距 S 可表示为

$$S=\frac{ct}{2}$$

式中，c 为光速；由激光云高仪的仰角 α，即可求得云底高度 H，$H=S\cdot\sin\alpha$。

激光云高仪获取整个探测路径上的高空间分辨率的激光大气回波廓线，对距离校正过的回波强度廓线特征进行分析，确定观测点上空是否存在云。若有云，依据不同云的特征确定云底位置进而得到云高；若无云，则输出垂直能见度。

6.7.2.2　组成结构

激光云高仪主要由测量单元、供电电源、通信单元、加热吹风装置和外壳(包括底座、支架)等部分组成，其组成结构如图6.7.1所示。

(1)测量单元

测量单元包括发射单元、接收单元和控制处理器等。发射单元主要由发射光学系统和发射器电路组成，通过机械装置固定在发射筒中，仪器工作时发出周期性的脉冲激光信号。接收单元主要由接收光学系统和接收器电路组成，通过机械装置固定在接收筒中，仪器工作时接收大气回波信号。控制处理器完成对发射器发射信号的监控与接收器接收信号的采集处理。

(2)通信单元

通信单元实现采集器与业务终端、采集器与综合集成硬件控制器的连接。通信接口协议采用RS-232或RS-485。

(3)加热吹风装置

机箱内吹风加热主要用于保证低温时发射器稳定工作。当设备内温度低于某阈值时机箱

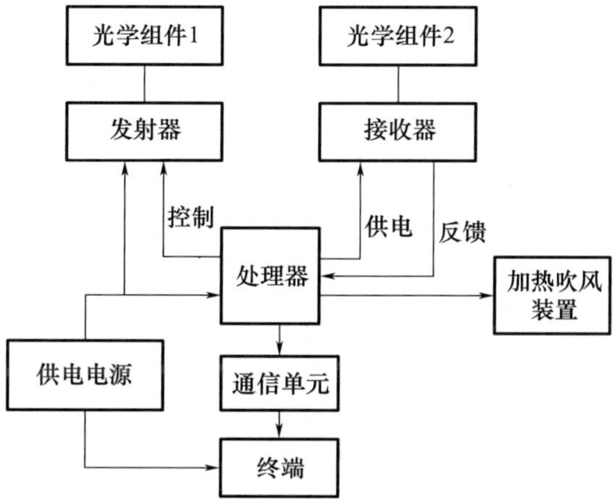

图 6.7.1 激光云高仪组成结构图

内部加热并吹风，当温度升高到某阈值后停止加热，延时 2 min 后停止吹风。

窗口吹风主要用于清除雪、霜、雨滴等。窗口污染值大于阈值时窗口内外风扇都吹风，污染值小于阈值时延时 2 min 后停止吹风。

6.7.2.3 安装

(1)预置混凝土基础，高出地面 3～5 cm，外露面平整光洁；预埋件与接地体连接，基础中预留电源、信号管线。

(2)激光云高仪探测云层时竖直摆放，固定时必须保证阳光不能垂直照射激光云高仪镜头，以免烧坏设备部件。随季节变化及时调整摆放方向，以避免阳光垂直照射入透镜。

6.7.2.4 日常维护

(1)定期检查激光云高仪是否正常工作。巡视时，发现激光云高仪(尤其是采样区)有蜘蛛网、鸟窝、灰尘、树枝、树叶等影响数据采集的杂物，应及时清理。

(2)定期更换冷却风机的空气过滤器。

(3)定期清洁光学透镜，可根据设备附近环境的情况，延长或缩短擦拭透镜的时间间隔，遇沙尘、降雨(雪)等天气现象时，应及时清洁。

(4)每月检查供电设施，保证供电安全。

(5)每年春季对防雷设施进行全面检查，复测接地电阻。

(6)激光云高仪的校准周期应不超过 2 年。

(7)当设备故障时应及时进行维护维修。

6.7.3 全天空成像仪

6.7.3.1 原理

仪器上方的照相机垂直向下拍摄带有加热装置的半球镜面，得到当时天空所呈现的图像，并将图像自动存储到业务终端进行云量计算和处理。

6.7.3.2 组成结构

全天空成像仪由可见光成像子系统、红外成像子系统、综合处理单元、供电单元和外围组件等构成，其组成结构如图 6.7.2 所示。全天空成像仪主要测量全天空云量。

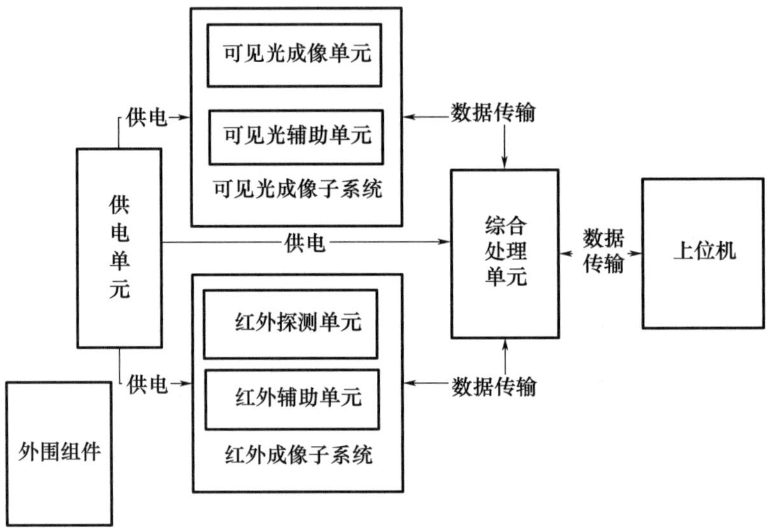

图 6.7.2 全天空成像仪组成结构图

目前全天空成像仪的云量用下式进行计算：

$$f=\frac{N_{cloudy}}{N_{total}}=\frac{N_{cloudy}}{N_{cloudy}+N_{clear}}$$

式中，f 为云量；N_{cloudy} 为云点数；N_{total} 为总点数；N_{clear} 为非云点数。

(1)可见光成像子系统

可见光判别云的物理原理是模拟人眼识别天空色彩与云颜色的差异。一般采用阈值判别法，设置合适的阈值作为云和晴空的判断依据。可见光成像子系统由可见光成像单元、可见光辅助单元组成。可见光成像单元包含镜头、可见光图像感应装置、防护罩等部件，在综合处理单元的控制下，定时获取全天空的图像信息。可见光辅助单元用于提高成像质量，有利于提高云量识别准确率。

(2)红外成像子系统

红外测云量主要有阈值法和亮温反演两种方法。

红外成像子系统采用红外感应成像技术获取天空的红外辐射数据，以亮温(或灰度值)的形式进行保存。红外成像子系统由红外探测单元、红外辅助单元组成。红外探测单元包含红外感温部件、保护壳体等，在综合处理单元的控制下，定时获取红外辐射图像。

红外辅助单元由旋转扫描单元、环境测量单元等部件组成，用于辅助全天空红外成像，提供亮温反演所需环境变量，以及保护红外探测单元。

(3)综合处理单元

用于接收可见光成像子系统和红外成像子系统获取的数据，经处理、计算得到所需结果，并完成本地存储和向上位机传输。

(4)供电单元

供电单元采用12 V的蓄电池为可见光成像子系统、红外成像子系统、综合处理单元等供电。由辅助电源对蓄电池供电,辅助电源可为市电、发电机或太阳能电池板等。

蓄电池应保证在脱离辅助电源的情况下连续工作24 h以上。

(5)外围组件

外围组件包括机箱、基座、立杆(柜/筒)等其他安装云量自动观测设备所需的相关部件。

6.7.3.3 安装

(1)预置混凝土基础,高出地面3～5 cm,外露面平整光洁;预埋件与接地体连接,基础中预留电源、信号管线。

(2)立柱牢固安装在混凝土基础上,将采集器安装在立柱要求的位置。传感器镜头面水平仰角15°以上应无明显遮挡。

(3)可见光成像子系统与红外成像子系统为两个独立设备时,其安装间距要求5 m以上。

(4)连接仪器的电源电缆和信号电缆,接好防雷地线。电缆应放入电缆沟内的金属线槽中。

6.7.3.4 调试

全天空成像仪安装后对可见光成像子系统、红外成像子系统进行调试,检查仪器运行与通信情况,确保数据正常。

6.7.3.5 日常维护

(1)在定期巡视中发现全天空成像仪光学传感器附近(尤其是采样区)有蜘蛛网、鸟窝、灰尘、树枝、树叶等影响数据采集的杂物时,应及时清理。

(2)定期清洁可见光成像子系统、红外成像子系统光学部件及环境感应装置,可根据设备附近环境的情况,延长或缩短清洁的时间间隔,遇沙尘、降雨(雪)等天气时,应及时清洁。

(3)每月检查供电设施,保证供电安全。

(4)每年春季对防雷设施进行全面检查,复测接地电阻。

(5)全天空成像仪的校准周期应不超过2年。

(6)当设备故障时应及时进行维护或维修。

任务 6.8　天气现象视频智能观测仪的原理与维护

6.8.1　概述

天气现象包括降水现象、视程障碍现象、地面凝结现象及其他现象。其中降水现象可以由降水现象仪完成测量，视程障碍现象由能见度结合湿度等气象要素综合判识，剩下的地面凝结现象和部分其他现象的测量就需要利用天气现象视频智能仪进行观测。

天气现象视频智能观测仪自动观测识别包括总云量、云状、霜、露、雨凇、雾凇、结冰、积雪和雪深等天气现象(或气象要素)。

6.8.2　原理

天气现象视频智能观测仪是应用计算机视觉和深度学习技术，对视频采集器拍摄的天气现象(或气象要素)实现自动观测识别。计算机视觉是使用计算机及相关设备实现对生物视觉的一种模拟，通过对采集的视频或图片进行处理以获得相应场景的三维信息；深度学习是一种以人工神经网络为架构，对数据进行表征学习的算法。

视频采集器自动定时采集视频和图片资料，数据处理单元对图片进行自动检查，质量合格的图片通过内嵌的识别软件运用计算机视觉或深度学习技术，模拟人眼对图片中的天气现象(或气象要素)场景进行感知、识别和理解，实现天气现象(或气象要素)的自动观测识别，并输出识别结果。

总云量、结冰、积雪和雪深等主要采用计算机视觉原理，云状、地面凝结现象(霜、露、雨凇、雾凇)等主要采用深度学习原理。

6.8.3　组成结构

天气现象视频智能观测仪主要由视频采集器、数据处理单元、通信单元、供电单元和附件组成。天气现象视频智能观测仪外观如图 6.8.1 所示。

(1)视频采集器

视频采集器由多个摄像机组成，根据观测对象特点和需要，一般由 1 个鱼眼镜头高清摄像机和 2～5 个普通镜头高清摄像机组成。现用组合方式为分离式视频采集器组，由 1 个独立鱼眼镜头高清摄像机、1 个长焦镜头高清摄像机和 1 个短焦镜头高清摄像机组成。

(2)数据采集单元

数据处理单元由控制处理器和存储单元组成，控制处理器是由 CPU、GPU、内存等组成的嵌入式 AI 计算机，控制处理器内置了嵌入式识别软件和控制管理软件，用于天气现象(或气象要素)的自动观测识别和设备控制管理，负责处理采集的视频和图片等信息，进行数据质量控制、数据运算处理和记录存储。

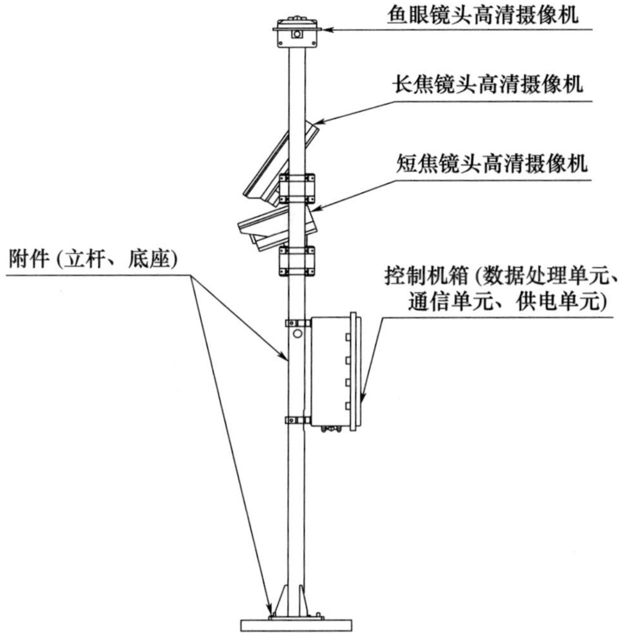

图 6.8.1 天气现象视频智能观测仪外观示意图

(3)通信单元

通信单元是主要完成数据发送、接收以及通信方式转换等功能的部件,采用 RS-232/RS-485 通信和光纤通信,可提高通信稳定性与可靠性,避免或减少遭受雷击。

(4)供电单元

供电单元主要由开关电源、浪涌保护器、空气开关等部件组成,将 220 V 交流电压转换为 12 V 和 24 V 直流电压,为天气现象视频智能观测仪供电。视频采集器供电电压为直流 24 V 和直流 12 V,其他设备供电电压为直流 12 V。

(5)附件

附件包括立柱、安装底座、基础预埋件以及观测识别所必需的辅助观测目标物等。

6.8.4 安装

天气现象视频智能观测仪及其辅助观测目标物的布设区域约为 2 m(东西向)×4 m(南北向),整体安装详见图 6.8.2。立柱牢固竖立在混凝土基础上,高度 2.8 m(±0.1 m)。

在仪器立柱南面设置一个地面集中观测区,用于安装结冰容器、电线积冰架、专用雪深尺等辅助观测目标物,具体安装如图 6.8.3 所示。

电线积冰架支架材质为铝或不锈钢,选用直径 26.8 mm、长度 100 cm 的 220 kV 电力传输电缆为导线,导线固定在支架上,距地面 1.5 m 高度的位置。电线积冰支架距离基础中心 1.65 m。专用雪深尺呈圆柱形,为金属材质,采用厘米刻度,距离基础中心 3.3 m。结冰容器放置于电线积冰支架下方的自然下垫面上。

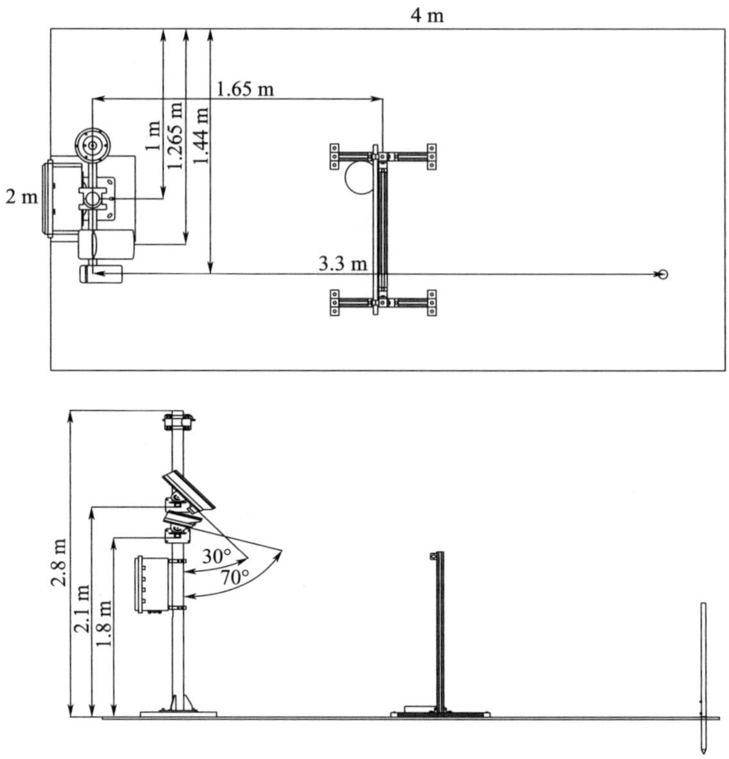

图 6.8.2　天气现象视频智能观测仪整体布局示意图

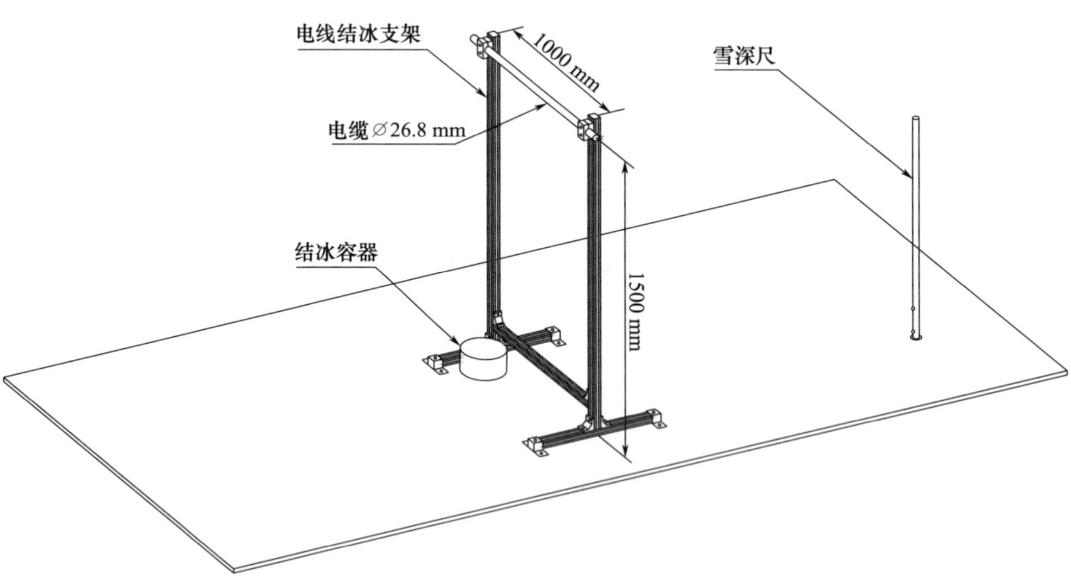

图 6.8.3　天气现象视频智能观测仪辅助观测目标物布局示意图

独立鱼眼镜头高清摄像机安装在立柱顶端向东伸出的平台上，长焦镜头高清摄像机和短焦镜头高清摄像机朝南面向地面集中观测区，分别安装于立柱向西伸出的距地 2.1 m、1.8 m 的平台上。

6.8.5　调试

天气现象视频智能观测仪安装完成后，使用地面综合观测业务软件(ISOS)或串口调试工具，对设备设置台站经度、纬度、日期、时间等必要参数，返回值正确则调试完成。

6.8.6　日常维护

(1)每周检查摄像机镜头的遮挡和污染情况，若有遮挡或污染应及时清理，清理应在日出前或日落后进行。清洁摄像机镜头时，护罩式镜头可用柔软不起毛的棉布或脱脂棉沾无水乙醇直接擦试镜头玻璃，鱼眼镜头可先用清水冲洗表面浮尘与沙粒，再用柔软不起毛的棉布或脱脂棉沾无水乙醇擦试镜头，注意不要划伤玻璃表面，勿用其他物品清洁。可根据设备附近环境的情况，延长或缩短维护的时间间隔(遇沙尘、降雪等影响观测时，应及时清洁)。

(2)每月定期检查摄像机的水平、方位和倾角，检查立柱是否稳固，检查辅助观测目标物是否稳固，发现问题及时纠正，避免振动等对摄像机拍摄产生的不良影响。

(3)每月检查地面集中观测区自然下垫面及露、霜目标物草地状况，保持平整良好。

(4)每月检查供电设施，保证供电安全。

(5)每年春季对防雷设施进行全面检查，复测接地电阻。

(6)结冰容器应尽可能使用代表当地自然水体(江、河、湖)的水，器内水量不足时须及时添加；专用量雪尺应保持竖直，刻度零线与地面集中观测区自然下垫面齐平。

(7)结冰容器、专用雪深尺、电线积冰支架上的观测导线等非结冰期时应收回室内妥善保管，结冰期开始前按照要求及时布设安装。

(8)定期更换设备易损件，尤其是在自然条件较为恶劣的地区；如果损坏或腐蚀应及时进行处理、更换。

(9)当设备故障时应及时进行维护或维修。

任务 6.9　闪电定位仪的原理与维护

6.9.1　探测原理

雷电现象包含很多单独的物理过程，每种过程均伴随着一定特征的电场和磁场，产生频谱范围极大的电磁辐射，电磁波以光速在地表、大气层中传播。理论上只要观测到任何来自闪电的辐射源信号，都可以用来探测和定位闪电。其中云闪主要产生甚高频电磁辐射，以射线方式传播，范围较小；地闪主要产生低频、甚低频电磁辐射，以地波方式传播，范围较大。

低频/甚低频闪电定位仪利用两个正交磁环天线，采集远距离的闪电辐射源电磁信号，通过放大滤波，分析波形特征鉴别闪电类别，经过数据处理计算测量闪电辐射源到达闪电定位仪的时间、方位角、磁场峰值、电场峰值等特征参量。

单个闪电定位仪可探测闪电的发生，但不能确定闪电发生位置和时间，闪电定位系统需要通过间距合理的多个闪电定位仪组网来定位计算。目前，常见的多站组网定位方法主要有磁方向法、到达时间差法和时差测向混合法。

① 磁方向法：2 个闪电定位仪采集到同一个闪电辐射源信号，通过测量的方位角计算得到闪电发生时间、位置、极性、峰值电流等信息。

② 到达时间差法：3 个或以上闪电定位仪采集到同一个闪电辐射源信号，通过测得的到达时间，计算辐射源到达各站的时间差值，计算得到闪电发生时间、位置、极性、峰值电流等信息。

③ 时差测向混合法为上述两种方法的结合。

描述闪电定位系统性能的参数主要有定位误差（一般为千米量级）和探测效率（在给定地区观测到的闪电与实际发生闪电的比例，通常以百分数表示）。需要利用地面实况资料对这两个特性进行评估。

6.9.2　组成结构

闪电定位仪主要由支柱和仪器舱两部分组成，其外观示意如图 6.9.1 所示，组成结构如图 6.9.2 所示。

（1）支柱

支柱是一根厚壁钢管，底部有安装盘。仪器舱安装在它的顶端。

（2）仪器舱

仪器舱是一个组合部件，由天线部件、电子盒、电源盒、内部连接电缆、密封圈以及保护罩组成。仪器舱被 4 颗特殊螺钉固定在支柱顶端的槽内，固定螺钉松开后，整个仪器舱可以用手转动，以便安装时校准天线部件的正北方向。在仪器舱的安装托盘上，设计有泄压阀，用于平衡罩内外的气压。

仪器舱实时监测电磁脉冲信号，甄别出雷电信号，进行处理计算，获得波形到达的准确时间、方位角、磁场峰值、电场峰值等相关特征参数,并实时发送。

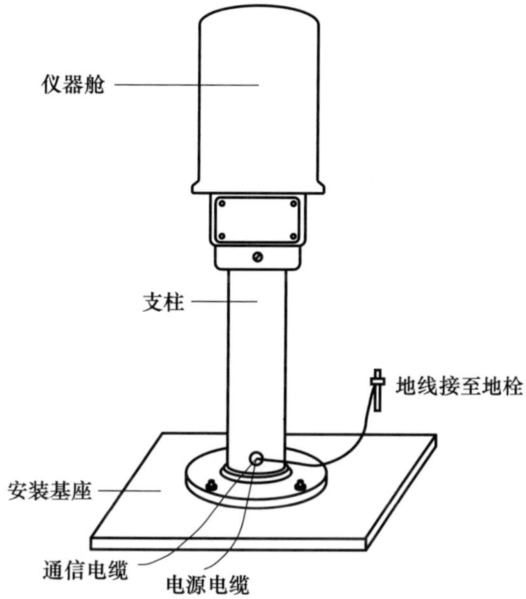

图 6.9.1 闪电定位仪外观示意图

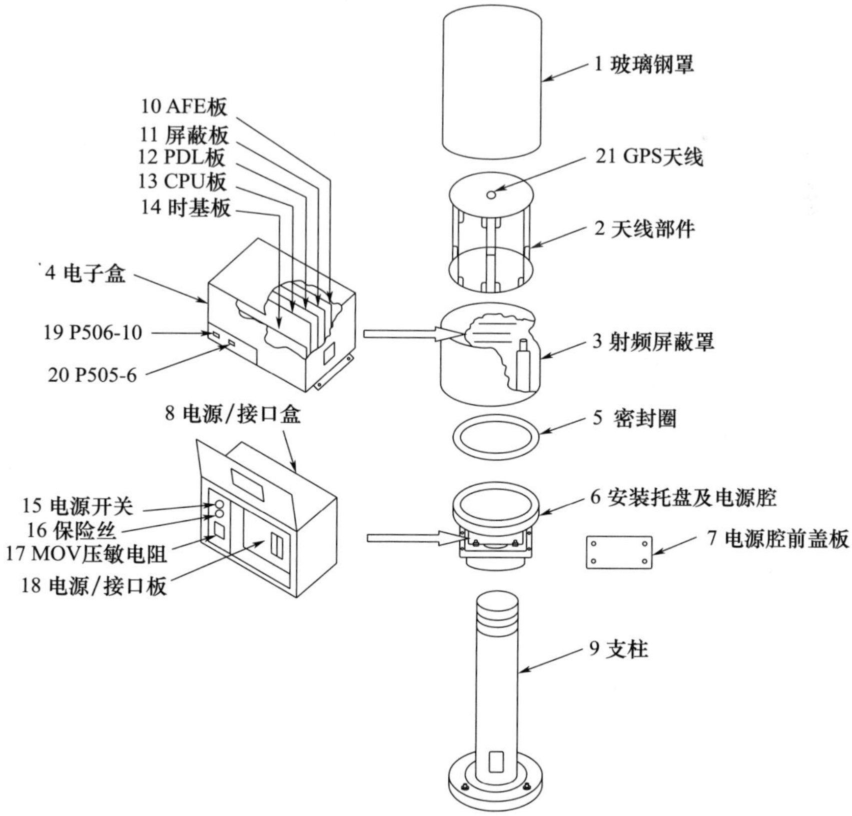

图 6.9.2 闪电定位仪组成结构图

6.9.3 安装

(1)场地及附近应尽量避免产生观测频段(1～450 kHz)的电磁干扰,电磁噪声应小于闪电定位仪雷电接收机的阈值范围。四周障碍物对探测天线形成的遮挡仰角不得大于10°。

(2)预置混凝土基础,高出地面3～5 cm,外露面平整光洁;预埋件与接地体连接,基础中预留电源、信号管线。

(3)设备在安装过程中应注意检查、调整底盘和天线水平。

(4)设备方位标志必须对准正北,方位误差应为±0.25°内。

6.9.4 调试

闪电定位仪安装完成后,检查设备与业务终端的数据通信,进行设备调试,确保数据正常。

6.9.5 日常维护

(1)每月定期对室内电源、通信模块、观测设备进行检查维护,灾害性天气发生后,应及时进行检查维护。

(2)每月检查供电设施,保证供电安全。

(3)每年应检查1次干燥剂是否失效,失效时应及时更换。

(4)每3年应检查一次密封海绵垫圈的密封性,电解电容失效时应及时更换。

(5)当设备故障时应及时进行维护或维修。

参考资料

[1] 中国气象局.《气象高质量发展纲要(2022—2035年)》辅导读本[M]. 北京:气象出版社,2022.

[2] 中国气象局. 地面气象自动观测规范(第一版)[M]. 北京:气象出版社,2020.

[3] 中国气象局综合观测司. DZZ6型自动气象站维修手册[M]. 北京:气象出版社,2019.

[4] 中国气象局综合观测司. DZZ3型自动气象站维修手册[M]. 北京:气象出版社,2019.

[5] 中国气象局综合观测司. DZZ4型自动气象站维修手册[M]. 北京:气象出版社,2018.

[6] 中国气象局综合观测司. DZZ5型自动气象站维修手册[M]. 北京:气象出版社,2018.

[7] 中国气象局气象探测中心. 新型自动气象站实用手册[M]. 北京:气象出版社,2016.

[8] 付植桐. 电工与电子技术(第5版)[M]. 北京:高等教育出版社,2016.

[9] 胡宴如. 模拟电子技术(第5版)[M]. 北京:高等教育出版社,2015.

[10] 马胜萍. 气象雷达维护与维修[M]. 北京:气象出版社,2014.

[11] 胡雯. 台站气象装备保障[M]. 北京:气象出版社,2013.

[12] 孟贵华. 电子技术工艺基础(第6版)[M]. 北京:电子工业出版社,2012.

[13] 姜勇. 新型自动气象站技术保障原理及应用[J]. 气象水文海洋仪器,2020,37(01):45-52.

[14] 吴瑾,曹兴锋,李翠华,等. DSC1称重式降水传感器安装调试及故障维修[J]. 气象水文海洋仪器,2020,37(04):108-110.

[15] 肖路,袁乙木,罗宇昂. DPZ1型综合集成硬件控制器的结构原理及故障维修方法[J]. 气象水文海洋仪器,2020,37(01):106-109.

[16] 金庆忠,李强. 浅谈自动气象站维修的基本思路和方法[J]. 技术与市场,2019,26(05):169.

[17] 晁红艳,袁志强. ZQZ-CY型便携式自动气象站应急保障应用及维护[J]. 气象水文海洋仪器,2018,35(04):92-94.

[18] 宋中玲,张静,潘艳秋. 前向散射能见度仪的日常维护及常见故障处理[J]. 气象水文海洋仪器,2016,33(03):109-113.

[19] 张鑫,李艳,包坤. 综合集成硬件控制器的设计与实现[J]. 黑龙江气象,2016,33(03):34-36.

[20] 周青,梁海河,李雁,等. 自动气象站故障分析排除方法[J]. 气象科技,2012,40(04):567-570.